流体力学
与传热学

潘小勇 编著

江西高校出版社
JIANGXI UNIVERSITIES AND COLLEGES PRESS

图书在版编目（CIP）数据

流体力学与传热学/潘小勇编著. --南昌:江西高校
出版社,2019.11（2022.2 重印）
ISBN 978 - 7 - 5493 - 9246 - 9

Ⅰ. ①流…　Ⅱ. ①潘…　Ⅲ. ①流体力学　②传
热学　Ⅳ. ①TK124

中国版本图书馆 CIP 数据核字（2019）第 271688 号

出 版 发 行	江西高校出版社	
社　　　址	江西省南昌市洪都北大道 96 号	
总 编 室 电 话	(0791)88504319	
销 售 电 话	(0791)88522516	
网　　　址	www. juacp. com	
印　　　刷	天津画中画印刷有限公司	
经　　　销	全国新华书店	
开　　　本	700mm×1000mm　1/16	
印　　　张	22.5	
字　　　数	340 千字	
版　　　次	2019 年 11 月第 1 版	
	2022 年 2 月第 2 次印刷	
书　　　号	ISBN 978 - 7 - 5493 - 9246 - 9	
定　　　价	58.00 元	

赣版权登字 -07 - 2019 - 1052

前　言

　　流体力学是力学的一个独立分支,是一门研究流体的平衡和流体机械运动规律及其实际应用的技术科学。流体力学在研究流体平衡和机械运动规律时,要应用物理学及理论力学中有关物理平衡及运动规律的原理,如力系平衡定理、动量定理、动能定理。因为流体在平衡或运动状态下,也同样遵循这些普遍的原理。所以物理学和理论力学的知识是学习流体力学课程必要的基础。

　　传热学是研究热量传递过程规律的科学。自然界和生产过程中,到处存在温度差,热量将自发地由高温物体传递到低温物体,热传递就成为一种极为普遍的物理现象。因此,传热学具有十分广泛的应用领域。如各类工业领域中锅炉和换热设备的设计以及为强化换热和节能而改进锅炉及其他换热设备的结构;化学工业生产中,为维持工艺流程的温度,要研究特定的加热、冷却以及余热的回收技术;电子工业中,解决集成电路或电子仪器的散热方法;机械制造工业测算和控制冷加工或热加工中机件的温度场;交通运输业在冻土地带修建铁路、公路;核能、航天等尖端技术也存在大量需要解决的传热问题;太阳能、地热能、工业余热利用及其他可再生能源工程中高效能换热器的开发和设计等;应用传热学知识指导强化传热或削弱传热达到节能目的;其他如农业、生物、医学、地质、气象、环境保护等部门,无一不需要传热学。因此,传热学已是现代技术科学的主要技术基础学科之一。近几十年来,传热学的成果对各部门的技术进步起了很大的促进作用,而对传热规律的深入研究,又推动了学科的迅速发展。

目　　录

第一篇　流体力学

第二篇 传热学

第一篇 流体力学

第一章 绪 论

1-1 流体力学及其任务

流体力学是力学的一个独立分支,是一门研究流体的平衡和流体机械运动规律及其实际应用的技术科学。流体力学在研究流体平衡和机械运动规律时,要应用物理学及理论力学中有关物理平衡及运动规律的原理,如力系平衡定理、动量定理、动能定理。因为流体在平衡或运动状态下,也同样遵循这些普遍的原理。所以物理学和理论力学的知识是学习流体力学课程必要的基础。

1. 流体力学的定义

研究流体平衡和运动的力学规律、流体与固体之间的相互作用及其在工程技术中的应用的一门学科。

2. 流体力学的任务

研究流体的宏观平衡、宏观机械运动规律及其在实际工程中的应用。

3. 研究对象:流体(包括气体和液体)。

4. 特性

• 流动性,流体在一个微小的剪切力作用下能够连续不断地变形,只有在外力停止作用后,变形才能停止。

• 液体具有自由表面(free surface),不能承受拉力、剪切力。

• 气体不能承受拉力,静止时不能承受剪切力,具有明显的压缩性,不具有一定的体积,可充满整个容器。

流体作为物质的一种基本形态,必须遵循自然界一切物质运动的普遍规律,如牛顿的力学定律、质量守恒定律和能量守恒定律等。

5. 易流动性

处于静止状态的流体不能承受剪切力,即使在很小的剪切力的作用下也将发生连续不断的变形,直到剪切力消失为止。这也是它便于用管道进行输送,适宜做供热、制冷等工作介质的主要原因。流体也不能承受拉力,只能承受压力。利用蒸汽压力推动汽轮机来发电,利用液压、气压传动各种机械,都是流体抗压能力强和流动性好的体现。流体没有固定的形状,其形状取决于约束边界的形状,不同的边界必将产生不同形状的流体。

6.流体的连续介质模型

流体微团是使流体具有宏观特性的允许的最小体积。这样的微团被称为流体质点。

流体微团:宏观上足够大,微观上足够小。

流体的连续介质模型为:流体是由连续分布的流体质点组成的,每一空间点都被确定的流体质点所占据,其中没有间隙,流体的任一物理量可以表达成空间坐标及时间的连续函数,而且是单值连续可微函数。

7.流体力学的应用

航空、造船、机械、冶金、建筑、水利、化工、石油输送、环境保护、交通运输等领域都有不少流体力学问题。例如,船舶结构、梁结构等要考虑风致振动以及水动力问题;海洋工程如石油钻井平台防波堤受到的外力除了风的作用力还有波浪、潮汐的作用力等;高层建筑的设计也要考虑抗风能力;船闸的设计直接与水动力有关;等等。

8.流体力学发展简史

• 公元前 20 世纪:流体力学开端。

• 18 世纪是流体力学的创建阶段。

• 19 世纪是流体动力学的基础理论全面发展阶段。流体动力学形成了两个重要分支:黏性流体动力学和空气与气体动力学。

• 20 世纪,空气动力学完整的科学体系创建并取得了蓬勃的发展。

• 19 世纪后半叶,蒸汽机的出现和工业叶轮机的产生,使人们萌发了建造飞机的想法

• 1906 年,儒可夫斯基发表了著名的升力公式,奠定了二维机翼理论的基础,并提出以他的名字命名的翼型。

• 在无黏流体动力学发展的同时,黏性流体力学也得到了迅猛的发展。普朗特于 1904 年首先提出划时代的附面层理论,从而使流体流动的无黏流动和黏性流动科学地协调起来,在数学和工程之间架起了桥梁。

•1946 年,第一台计算机出现了。之后,研究流体力学—空气动力学的数值计算方法蓬勃发展起来,形成了流体力学—空气动力学这门崭新的学科,并推进到一个新的阶段。

1－2　作用在流体上的力

1. 质量力

质量力(G)——长程力,质量↑,G↑。质量力包括重力和惯性力。在流体力学中,常用单位质量力来衡量质量力的大小。X、Y、Z 分别代表单位质量力在直角坐标轴 x、y、z 方向的分量,则

$$X = \frac{G_x}{m}$$

$$Y = \frac{G_y}{m} \tag{1－2－1}$$

$$Z = \frac{G_z}{m}$$

单位与加速度的单位相同,均是 m/s^2。

2. 表面力

表面力——近程力;

表面切向力(为摩擦力)——切应力或摩擦应力;

表面法向力(压力)——压应力,简称压强。

由流体黏性所引起的内摩擦力是表面切向力,平衡流体或理想流体不存在表面切向力,只有表面法向力。

1－3　流体的主要物理性质

1. 惯性

惯性是物体反抗外力作用而维持其原有运动状态的性质。惯性的大小取决于物体的质量,质量↑,惯性↑。

2. 密度

工程中常用体积来表示流体的量的多少,如煤气表、水表的示数都是体积。单位体积流体的质量——流体的密度,用 ρ 来表示。

对于均质流体,其密度为:$\rho = \frac{m}{V}$,单位为 kg/m^3。

3. 重度

单位体积流体的重量——流体的重度,用 γ 来表示。

对于均质流体,其重度(Formula)为: $\gamma = \dfrac{G}{V}$,单位为 N/m³。

在地球重力场的条件下,流体的密度和重度的关系为 $\gamma = \rho g$。

常温下,水的密度 $\rho_w = 1000 \ \text{kg/m}^3$,重度 $\gamma_w = 9800 \ \text{N/m}^3$。

注意:密度和重度的本质区别。

4. 黏性

黏性——流体阻止发生剪切变形的一种特性。黏性是流体的固有属性。当流体运动时,流体内部各质点间或流体层间会因相对运动而产生内摩擦力(剪切力)以抵抗其相对运动,流体的这种性质称为黏性。内摩擦力被称为黏滞力(黏性切应力)。

(1)牛顿内摩擦定律

图 1—1 为平行平板实验的示意图。假定在两板之间流体是分层运动的,没有不规则的流体运动及脉动加入其中,则下板和上板之间有许多流体层。各层流体由于质点间的内摩擦力的作用,其速度沿 y 方向的变化规律如图 1—1 所示。

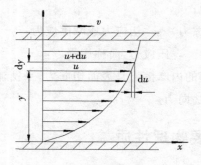

图 1—1　平行平板实验

设:各流体层间产生的内摩擦力为 F。大量实验证明,内摩擦力 F 与接触面积 A、相对速度差 $\mathrm{d}u$ 成正比,而与垂直距离 $\mathrm{d}y$ 成反比,即 $F \propto A \dfrac{\mathrm{d}u}{\mathrm{d}y}$。若乘以比例系数 μ,则有:

$$F = \pm \mu A \frac{\mathrm{d}u}{\mathrm{d}y} \tag{1-3-1}$$

$$\tau = \frac{F}{A} = \pm \mu \frac{\mathrm{d}u}{\mathrm{d}y} \tag{1-3-2}$$

式中　　F——内摩擦力,单位为 N;

τ——单位面积上的内摩擦力或切应力,单位为 N/m²;

A——流体层的接触面积,单位为 m²;

$\dfrac{\mathrm{d}u}{\mathrm{d}y}$——速度梯度,即速度在垂直于该速度方向上的变化率,单位为 s⁻¹;

μ——与流体性质有关的比例系数,被称为动力黏性系数,也叫动力黏度。

$(1-3-1)(1-3-2)$ 式称为牛顿内摩擦定律或黏性定律。

牛顿内摩擦定律只能应用于层流运动。非层流流场中的切应力规律将在第四章中讨论。

牛顿流体:符合牛顿内摩擦定律的流体。水、酒精、汽油和一般气体等分子结构简单的流体都是牛顿流体。

非牛顿流体:不符合牛顿内摩擦定律的流体,如泥浆、有机胶体、油漆、高分子溶液等。

(2)黏性系数

动力黏性系数(dynamic viscosity)μ:反应流体的黏性,具有动力学问题的量纲。$\mu\uparrow$,$\tau\uparrow$,$\mu=\tau\left/\left|\dfrac{\mathrm{d}u}{\mathrm{d}y}\right|\right.$

μ 值由实验测定。μ 值表示速度梯度等于 1 时的接触面上的切应力。

动力黏性系数 μ 的国际单位为 Pa·s(N·s/m²),物理单位为泊(P 或 dn·s/cm²)。

它们的换算关系为:1 N·s/m²=10 dn·s/cm²=10 P。

运动黏性系数或运动黏度:$\nu=\dfrac{\mu}{\rho}$。

液压油的牌号多用运动黏性系数表示。一种机械油的号数就是以这种油在 50 ℃时的运动黏性系数的平均值标注的,号数越大,黏性就越大。例如 30 号机械油,就是指这种油在 50 ℃时的运动黏性系数平均值为 30×10^{-6} m²/s。

【思考】$\tau=0$ 时,流体没有黏性,这种说法对吗?

例题 1-1　轴置于轴套中,如图 1-2 所示。以 $P=90$ N 的力由左端推轴向右移动,轴移动的速度 $V=0.122$ m/s,轴的直径 $d=75$ mm,其他尺寸见图 1-2。求轴与轴套间流体的动力黏性系数 μ。

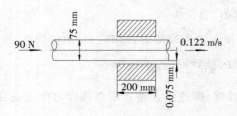

图 1—2　轴与轴套

解　因轴与轴套间的径向间隙很小,故设间隙内流体的速度为线性分布,则有 $\mu=\dfrac{Fh}{A\nu}$。

上式中,$F=P,A=\pi \mathrm{d}l$,则

$$\mu=\frac{Fh}{A\nu}=\frac{Ph}{\pi \mathrm{d}l\nu}=\frac{90\times 0.000075}{3.1416\times 0.075\times 0.2\times 0.122}=1.174(\mathrm{Pa}\cdot \mathrm{s})$$

(3)温度、压力对黏性系数的影响

液体:温度↑,黏性↓。气体:温度↑,黏性↑。

液体、气体:压力↑,黏性↑。

(4)理想流体与实际流体

自然界中存在的流体——黏性流体或实际流体,都具有黏性。

理想流体:是一种假想的无黏性的流体,即 $\mu=0$。

流体力学的研究方法:将实际流体假想为理想流体,找出它的运动规律后,再考虑黏性的影响,修正后再用于实际流体。

1—4　流体的其他属性

1.压缩性和膨胀性

(1)压缩性

当作用在流体上的压力↑时,流体的体积↓,密度↑,这种性质称为流体的压缩性。

流体可压缩性的大小通常用体积压缩系数 β_p 表示。在实际工程中,我们一般认为:液体是不可压缩的;对于气体,当压力和温度在整个流动过程中的变化很小时(如通风系统),可按不可压缩流体处理,如矿井通风系统。

如研究液体的振动、冲击时,则要考虑液体的压缩性。

(2)膨胀性

当温度↑时,体积↑,这种性质称为流体的膨胀性。流体膨胀性的大小用体积膨胀系数 β_t 表示。

在工程中:①液体的 β_t 很小,一般不考虑其膨胀性;②气体的 β_t 很大,当压力和温度变化时,密度或重度明显改变。它们之间的关系可用理想气体状态方程式来描述,且必须考虑膨胀性。

2.表面张力和毛细管现象

要点:①表面张力是如何产生的?表面张力的大小与什么有关,如何表示?

②什么是毛细管现象?

3.流体质点与连续介质的概念

(1)流体质点(fluid particle)的概念

流体是由大量不断做无规则的热运动的分子组成的。微观角度看,由于流体的物理量如密度、压强、流速等在空间上的分布是不连续的,同时,流体分子不断做随机的热运动,导致物理量在时间上的变化也不连续,所以,以离散的分子为对象来研究流体的运动是极其复杂的。

1)流体质点宏观尺寸非常小;

2)流体质点微观尺寸非常大;

3)流体质点具有一定的宏观量(质量、温度、压强、密度、流速、动量、动能);

4)质点之间没有间隙(质点的形状不定)。

(2)连续介质 continuum 的概念

把流体视为没有间隙地充满它所占据的整个空间的一种连续介质,且其所有的物理量都是空间坐标和时间的连续函数的一种假设模型:$u=u(t,x,y,z)$。

连续介质假设是对物质分子结构的宏观数学抽象,就像几何学是自然图形的抽象一样。

除稀薄气体、激波外的绝大多数流动问题,均可用连续介质假设做理论分析。

习题

1—1 连续介质假设的条件是什么?

答 所研究的问题中,物体的特征尺寸 L 远远大于流体分子的平均自由行程 l,即 $l/L < 1$。

1—2 设稀薄气体的分子自由行程是几米的数量级,问下列两种情况下的连续介质假设是否成立？

（1）人造卫星在飞离大气层进入稀薄气体层时；

（2）假设地球在这样的稀薄气体中运动时。

答　（1）不成立；（2）成立。

1—3　黏性流体在静止时有没有剪切应力？理想流体在运动时有没有剪切应力？静止流体有没有黏性？

答　（1）由于 $\dfrac{\mathrm{d}v}{\mathrm{d}y}=0$，因此 $\tau=\mu\dfrac{\mathrm{d}v}{\mathrm{d}y}=0$，即黏性流体静止时没有剪切应力。

（2）对于理想流体，由于黏性系数 $\mu=0$，因此 $\tau=\mu\dfrac{\mathrm{d}v}{\mathrm{d}y}=0$，没有剪切应力。

（3）黏性是流体的根本属性。只是在静止流体中，由于流场的速度为 0，流体的黏性没有表现出来。

1—4　在水池和风洞中进行船模试验时，需要测定由下式定义的无因次数（雷诺数）$\mathrm{Re}=\dfrac{UL}{\nu}$，其中 U 为试验速度，L 为船模长度，ν 为流体的运动黏性系数。如果 $U=20$ m/s，$L=4$ m，温度由 10 ℃增到 40 ℃时，分别计算在水池和风洞中试验时的 Re 数（10 ℃时，水和空气的运动黏性系数分别为 0.013×10^{-4} 和 0.014×10^{-4}；40 ℃时，水和空气的运动黏性系数为 0.0075×10^{-4} 和 0.179×10^{-4}）。

解　10 ℃时，水的 Re 为：$\mathrm{Re}=\dfrac{UL}{\nu}=\dfrac{20(\mathrm{m/s})\times4(\mathrm{m})}{0.013\times10^{-4}(\mathrm{m^2/s})}=6.154\times10^{7}$。

10 ℃时，空气的 Re 为：$\mathrm{Re}=\dfrac{UL}{\nu}=\dfrac{20(\mathrm{m/s})\times4(\mathrm{m})}{0.014\times10^{-4}(\mathrm{m^2/s})}=5.714\times10^{7}$。

40 ℃时，水的 Re 为：$\mathrm{Re}=\dfrac{UL}{\nu}=\dfrac{20(\mathrm{m/s})\times4(\mathrm{m})}{0.0075\times10^{-4}(\mathrm{m^2/s})}=1.067\times10^{8}$。

40 ℃时，空气的 Re 为：$\mathrm{Re}=\dfrac{UL}{\nu}=\dfrac{20(\mathrm{m/s})\times4(\mathrm{m})}{0.179\times10^{-4}(\mathrm{m^2/s})}=4.469\times10^{6}$。

1—5　底面积为 1.5 m² 的薄板在静水的表面以速度 $U=16$ m/s 做水平运动（如图 1—3），已知流体层厚度 $h=4$ mm，设流体的速度为线性分布 $u=\dfrac{U}{h}y$，移动平板需要多大的力（其中水温为 20 ℃）？

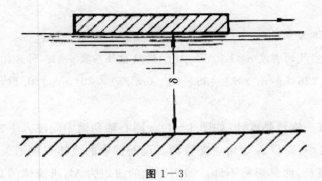

图 1—3

解　平板表面受到剪切应力的作用，根据牛顿内摩擦定律，剪切应力为：$\tau = \mu \dfrac{\mathrm{d}u}{\mathrm{d}y}$。

由于 $u = \dfrac{U}{h}y$，得到 $\dfrac{\mathrm{d}u}{\mathrm{d}y} = \dfrac{U}{h}$，因此 $\tau = \mu \dfrac{U}{h}$。

作用于平板上的黏性切向力 $F = \iint\limits_{S} \tau \mathrm{d}S = \iint\limits_{S} \mu \dfrac{U}{h} \mathrm{d}S = \rho\nu \dfrac{U}{h}S$。其中，水的密度 $\rho = 1.0 \times 10^3 \ \mathrm{kg/m^3}$。

20 ℃时，水的运动黏性系数 $\nu = 1.0037 \times 10^{-6} \ \mathrm{m^2/s}$，将该值代入上式，得

$$F = 1.0 \times 10^3 (\mathrm{kg/m^3}) \times 1.0037 \times 10^{-6} (\mathrm{m^2/s}) \times \frac{16(\mathrm{m/s})}{0.004(\mathrm{m})} \times 1.5(\mathrm{m^2}) =$$

$6.02(\mathrm{N})$

1—6　如果边界层 δ 内流速按抛物线分布：$v = U\left(2\dfrac{y}{\delta} - \dfrac{y^2}{\delta^2}\right)$，当 $U = 20 \ \mathrm{m/s}$，$\delta = 10 \ \mathrm{cm}$，温度为 15 ℃时，试求流体分别为水和空气时，作用于壁面 OAB 上的剪切应力。

解　物体表面的剪切应力 $\tau = \mu\left(\dfrac{\mathrm{d}v}{\mathrm{d}y}\right)\Big|_{y=0}$。由于 $\dfrac{\mathrm{d}v}{\mathrm{d}y} = \dfrac{\mathrm{d}}{\mathrm{d}y}\left[U\left(2\dfrac{y}{\delta} - \dfrac{y^2}{\delta^2}\right)\right] = U\left(\dfrac{2}{\delta} - \dfrac{2y}{\delta^2}\right)$，当 $y = 0$ 时，$\left(\dfrac{\mathrm{d}v}{\mathrm{d}y}\right)\Big|_{y=0} = \dfrac{2U}{\delta}$。

因此，$\tau = \mu \cdot \dfrac{2U}{\delta} = 2\rho\nu\dfrac{U}{\delta}$。

（1）当流体为水时

15 ℃时，水的密度 $\rho = 1.0 \times 10^3 \ \mathrm{kg/m^3}$，运动黏性系数 $\nu = 1.139 \times 10^{-6} \ \mathrm{m^2/s}$，则

$\tau = 2 \times 1.0 \times 10^3 (\mathrm{kg/m^3}) \times 1.139 \times 10^{-6} (\mathrm{m^2/s}) \times 20(\mathrm{m/s})/0.1(\mathrm{m}) =$

0.4556(Pa)。

(2)当流体为空气时

15 ℃时,空气的密度 $\rho = 1.226$ kg/m³,运动黏性系数 $\nu = 1.455 \times 10^{-5}$ m²/s,则
$$\tau = 2 \times 1.226 (\text{kg/m}^3) \times 1.455 \times 10^{-5} (\text{m}^2/\text{s}) \times 20 (\text{m/s})/0.1 (\text{m}) = 7.14 \times 10^{-3} (\text{Pa})。$$

1—7　有一旋转黏度计(如图1—4)。同心轴和筒中间注入牛顿流体,筒与轴的间隙 δ 很小,筒以 ω 等角速度转动。设间隙中的流体速度沿矢径方向且为线性分布, l 很长,底部影响不计。如测得轴的扭矩为 M,求流体的黏性系数。

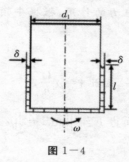

图 1—4

解　轴承受的剪切应力 $\tau = \mu \dfrac{\mathrm{d}v}{\mathrm{d}y} = \mu \dfrac{\omega \mathrm{d}}{2\delta}$,则轴受到的剪切力为 $F = \tau \cdot \pi \mathrm{d}l = \dfrac{\mu \pi \omega l \mathrm{d}^2}{2\delta}$;

由于轴受到的扭矩为 M,则 $F \cdot \dfrac{\mathrm{d}}{2} = M$,即 $\dfrac{\mu \pi \omega l \mathrm{d}^3}{4\delta} = M$,解得 $\mu = \dfrac{4M\delta}{\pi \omega l \mathrm{d}^3}$。

第二章 流体静力学

2—1 作用于流体的外力

　·在静止或运动的流体中划分一流体块作为研究对象,这一流体块被一闭曲面包围。作用于流体块的外力按性质可分为质量力和表面力。

　1. 质量力

　质量力指作用于流体块中各流体质点的非接触性外力,质量力大小与流体块质量成正比。质量力又称体积力,本书中的质量力主要指作用于流体块的重力。作用于单位质量流体上的质量力叫单位质量力。

　2. 表面力

　表面力指作用于流体块表面上的外力。这里所指的表面可能是液体与气体的分界面(自由表面)、流体与固体壁面的分界面或流体块与周围流体的分界面。表面力是流体块外部的气体、液体或固体作用于划分出的流体块表面的外力。

　表面力可按其作用方向分为垂直于流体块表面上且指向流体块的压力和与表面平行的切向力。设 A 点为流体块表面上的一点,ΔS 是包围 A 点且位于表面上的一微面积,作用这一微面积的垂直总压力大小为 ΔP,切向力大小为 ΔT,那么,微面积上的平均压应力 P 和平均切应力 τ 分别为

$$p=\frac{\Delta p}{\Delta s}$$

$$\tau=\frac{\Delta T}{\Delta s}$$

　当始终包含 A 点的微面积无限减小时,上面比值的极限值分别称为 A 点处的法向应力或压强 p_N 和切应力 τ。

　压强、切应力与流体块表面上的点的位置相联系,随点的位置而变化。

　一般情况下,对于运动流体块表面上的各点处,两种应力都存在。但是,在下列流体中,表面上将只有压强,而切应力不存在:理想的静止或运动流体、静止的黏性流体、流体各微团无相对运动的运动黏性流体。

2—2 静止流体中应力的特性

当流体处于静止状态时,由于任意划分出的流体块与固体壁面或周围流体没有相对运动,因而其表面上不存在摩擦力,流体黏性体现不出来,这时,表面上各点处只存在压强,没有切应力。

流体块表面上的压强有如下两项特性:

1. 法向应力的方向沿讨论流体块表面上某点的内法线方向,即压强沿垂直方向从外部指向表面。这是由于流体不能承受拉力,因而一点处的法向应力只能沿这点所在表面的内法线方向从外部指向表面。

2. 静止流体中任一点处的压强大小与它所作用的表面方位无关。这一特性可以证明如下。

在静止流体中划分出一四面体 MABC,其顶点为 M,三条分别平行于直角坐标系 x、y、z 轴的棱边长为 dx、dy、dz,如图 2—1 所示。

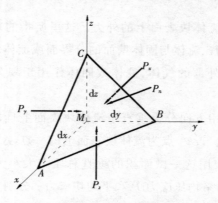

图 2—1 静止流体中的微四面体

四面体任一表面上各点处的压强虽不是常数,但在各表面都是微面积的条件下,可以认为表面压强均匀分布。假设作用于三角形 MBC、MAC、MAB 及 ABC 上的压强分别为 p_x、p_y、p_z 和 p_n。那么,这四个表面上作用的压力分别为 $p_x dydz/2$、$p_y dxdz/2$、$p_z dxdy/2$ 及 $P_N \Delta A_n$,这里 ΔA_n 指三角形 ABC 的面积,四个微表面上的压力将与各表面垂直并从外部指向表面。

在 x 轴方向上,表面 MAC 和 MAB 上的压力投影显然为 0。ABC 上总压力在 x 轴方向投影为 $-p_N \Delta A_n \cos(n,x)$,这里 $\cos(n,x)$ 表示表面 ABC 的外法线方向和 x 轴正向夹角的余弦,由数学分析可知,$\Delta A_n \cos(n,x)$ 等于三角形

ABC 在 Myz 平面的投影即三角形 MBC 的面积 $\mathrm{d}y\mathrm{d}z/2$，于是 $-p_n\Delta A_n\cos(n,x)$ $=-p_n\mathrm{d}y\mathrm{d}z/2$。作用于三角形 ABC 上的压力在 x 轴上的分量应指向 x 轴负向，这是上式中出现负号的原因。

设单位质量流体所受重力在 x、y、z 坐标轴上的投影分别为 f_x、f_y、f_z，这是重力在三个方向上的分量（如果 z 轴正向铅垂向上，其余两坐标轴水平设置，在这一特殊条件下，显然有 $f_x=0, f_y=0, f_z=-g$），因而四面体所受体积力在 x 轴的投影为 $f_x\rho\mathrm{d}x\mathrm{d}y\mathrm{d}z/6$。

由于四面体流体块处于静止状态，因而作用于这一流体的外力（包括表面力和重力），在任一坐标轴上，投影之和应为 0，在 x 轴方向上，有

$$(P_x-P_n)\mathrm{d}y\mathrm{d}z/2+f_x\rho\mathrm{d}x\mathrm{d}y\mathrm{d}z/6=0$$

上式中，第二项比第一项是高阶无穷小，略去后得到：

$$P_x=P_n$$

同样可以证明：

$$P_y=P_n$$

$$P_z=P_n$$

由此得到：

$$P_x=P_y=P_z=P_n$$

上面证明中并未规定三角形 ABC 的方向，这一方向的任意性即说明了静压强第二特性的正确性。

作用于静止流体内一给定点处不同方向的压强是常数，但在不同点处这一数值一般并不相等，因而静止流体内的压强是地点的函数：

$$P=P(x,y,z)$$

同时，作用于静止流体内某一点不同方向的压强可以简单说成"静止流体中某一点的压强"。

2—3　流体运动微分方程和流体平衡微分方程

一、流体运动微分方程

在一确定时刻，在理想运动流体中划分一微正方体，其中心 M 所在点的坐标为 (x,y,z)，正方体平行于 x、y、z 轴的边长分别为 $\mathrm{d}x$、$\mathrm{d}y$、$\mathrm{d}z$，如图 2—2。现分析作用于这一正方体流体块的表面力和质量力。

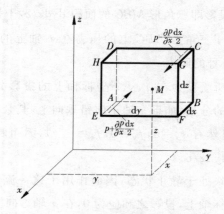

图 2-2 正方体流体微团的表面力

设 M 处的压强为 p，正方体与 x 轴垂直的两表面 $EFGH$ 和 $ABCD$ 的两形心仅 x 坐标与 M 点不同。在欧拉表达方法中，压强是坐标 x、y、z 的函数，因而微面积 $EFGH$ 形心处的压强为 $p+\dfrac{\partial p}{\partial x}\dfrac{\mathrm{d}x}{2}$，方向指向 x 轴负向。由于此微面积各点压强可认为等于形心处的压强，因此，作用于 $EFGH$ 微面积上的压力在 x 轴上的投影为 $(p+\dfrac{\partial p}{\partial x}\dfrac{\mathrm{d}x}{2})\mathrm{d}y\mathrm{d}z$。同样可以得到作用于矩形 $ABCD$ 的表面力在 x 轴上的投影 $(P-\dfrac{\partial p}{\partial x}\dfrac{\mathrm{d}x}{2})\mathrm{d}y\mathrm{d}z$，式中出现负号是因为 $\mathrm{d}x$ 本身是正值。正方体其余表面上作用的压力都与 x 轴垂直，因而在 x 轴上的投影均为 0。六面体所受表面力在讨论时刻在 x 轴上的投影和应为 $(P-\dfrac{\partial p}{\partial x}\dfrac{\mathrm{d}x}{2})\mathrm{d}y\mathrm{d}z-(P+\dfrac{\partial p}{\partial x}\dfrac{\mathrm{d}x}{2})\mathrm{d}y\mathrm{d}z=-\dfrac{\partial p}{\partial x}\mathrm{d}x\mathrm{d}y\mathrm{d}z$。

单位质量流体所受重力在 x 轴上的投影为 f_x，那么正方体流体块所受重力在 x 轴上的投影为 $f_x\rho\mathrm{d}x\mathrm{d}y\mathrm{d}z$。微正方体内，各流体质点的加速度可视为常数，设加速度在三个坐标轴上的投影为 a_x、a_y、a_z。

由牛顿第二定律，作用于流体块的表面力、重力在 x 轴上的投影之和应等于流体质量与其加速度在同一坐标轴上的投影之积，由此得到：

$$-\frac{\partial p}{\partial x}\mathrm{d}x\mathrm{d}y\mathrm{d}z+f_x\mathrm{d}x\mathrm{d}y\mathrm{d}z=a_x\rho\mathrm{d}x\mathrm{d}y\mathrm{d}z \qquad (2-3-1)$$

以 $\rho\mathrm{d}x\mathrm{d}y\mathrm{d}z$ 除上式两端，得到下面式（2-3-2）中的第一式，同样可以得到 y、z 轴方向的其余两式：

$$a_x = f_x - \frac{1}{\rho}\frac{\partial p}{\partial x}$$

$$a_y = f_y - \frac{1}{\rho}\frac{\partial p}{\partial y} \qquad\qquad (2-3-2)$$

$$a_z = f_z - \frac{1}{\rho}\frac{\partial p}{\partial z}$$

式（2—3—2）是流体运动微分方程。该方程是以 $\rho \mathrm{d}x\mathrm{d}y\mathrm{d}z$，即正方体流体块的质量，除式（2—3—1）获得的，因而这一方程组实质是牛顿第二定律在单位质量流体中的运用：方程组左边为单位质量流体的加速度，右边则为单位质量流体所受重力和表面力之和。

二、流体平衡微分方程

静止流体微团显然没有加速度，因而方程（2—3—2）中 a_x、a_y、a_z 三个加速度的投影项均为 0。由此得到反映单位质量流体所受重力和表面力平衡关系的流体平衡微分方程：

$$f_x - \frac{1}{\rho}\frac{\partial p}{\partial x} = 0$$

$$f_y - \frac{1}{\rho}\frac{\partial p}{\partial y} = 0 \qquad\qquad (2-3-3)$$

$$f_z - \frac{1}{\rho}\frac{\partial p}{\partial z} = 0$$

2—4 重力场中流体的静压分布、压强表示方法

一、重力作用下不可压缩流体中的压强

在不可压缩静止流体中建立直角坐标系，Oxy 平面位于同一水平面内，z 轴正向铅垂向上。单位质量流体所受重力大小为 g，它在三个坐标轴上的投影分别为：

$$f_x = 0, f_y = 0, f_z = -g$$

将它们代入适合静止流体的平衡微分方程，得到 $\frac{\partial p}{\partial x} = 0, \frac{\partial p}{\partial y} = 0, \frac{\partial p}{\partial z} = \rho g$。第一、二式表明，静止流体中的压强 p 不随 x、y 坐标而变化，p 只是 z 坐标的函数，于是上面第三式应写成 $\frac{\mathrm{d}p}{\mathrm{d}z} = -\rho g$。

对液体这类不可压缩流体，密度 ρ 是常数，积分上式可得：

$$z+\frac{p}{\rho g}=C \qquad\qquad (2-4-1)$$

在液体内取两点,这两点到 Oxy 水平面的距离分别为 z_1、z_2,压强分别为 p_1、p_2,由方程(2-4-1)得到:

$$z_1+\frac{p_1}{\rho g}=z_{12}+\frac{p_2}{\rho g} \qquad\qquad (2-4-2)$$

上式是不可压缩流体静压强的基本方程,这一方程具有下列物理意义和几何意义。

1.静压强基本方程的物理意义

先讨论方程中的 z 项。如果一块重量为 G 的流体位于基准平面(Oxy 平面)上的 z 处,则这一流体块对基准平面的位能为 zG,因此单位重量流体的位能为 $zG/G=z$,可见,z 是单位重量流体对基准平面的位能。

再讨论 $P/\rho g$ 项。图 2-3 中有一盛有均质流体的容器,容器壁 A 处的流体压强为 p,A 处壁面连接一顶部为完全真空的闭口玻璃管。在压强 p 的作用下,玻璃管中的液体将上升 h。利用方程(2-4-2),将 1、2 两点分别设在玻璃管液面和 A 处,可得到 $h=p/\rho g$。这说明,液体的压强有做功的能力,这种能力叫流体压力能,单位重量的流体具有的压力能为 $p/\rho g$。流体这种形式的机械能是固体所不具有的。

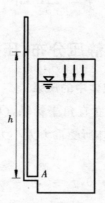

图 2-3　液体压力能

因此,流体静压强基本方程的物理意义是:单位重量静止流体的压力能 $p/\rho g$ 和位能 z 之和为一常数。这是能量守恒定律在静止流体能量特性上的表现。

2.静压强基本方程的几何意义

方程(2-4-1)中,z 表示流体中的一点到基准平面的垂直距离,具有长度量纲,称为单位重量流体的位置水头,$p/\rho g$ 也具有长度量纲,称为单位重量流体的压力水头。因此,静压强基本方程的几何意义是:单位重量流体的位置水头和压力水头之和是常数,这一常数与这一流体块所处位置无关。

在方程(2-4-2)中,液面上一点的压强为 p_0,液面下 h 处一点的压强为 p,位能的水平面通过第二点,于是 $z_2=0$,$z_1=h$,从而得到:

$$p=p_0+\rho gh \qquad\qquad (2-4-3)$$

式(2-4-3)表明,静止均质流体内一点处的压强,等于液面"传递"来的压强和液体重量产生的压强之和。

液体内部压强相等的流体质点构成的面叫等压面。静止均质液体的任一水平面上的点 z 是常数,由式(2-4-1)可知,这些点上的压强也是常数,即静止均质液体内的等压面是水平面。

二、压强的不同表达方式

同一压强以不同的基准计算有不同的数值。

以绝对真空状态为基准计算的压强值叫绝对压强 p。

相对压强用于绝对压强大于大气压的场合,即一点处的相对压强 p_m 指这点处的绝对压强 p 高于大气压 p_a 的部分:

$$p_m=p-p_a \qquad\qquad (2-4-4)$$

p_m 又叫表压强,恒正。

真空度用于绝对压强低于大气压的场合,即出现了真空的状态。一点处的真空度 p_v 指这点的绝对压强小于大气压的那一部分:

$$p_v=p_a-p \qquad\qquad (2-4-5)$$

p_v 值恒正,这一值越大,表明这点处的真空状态越显著。

大气压值 p_a 并非一个常数,而是一个随时间、地点变化的变量,上文中所提到的大气压都指当时当地的大气压值。大气压值本身是绝对压强,与大气相接触的液面、固体壁面所承受的压强都是当时当地的大气压值。

所有压强的单位都为 Pa(帕),也可以用液柱高表示压强值。比如,一点的绝对压强为 h 米水柱,则这点的绝对压强等于 h 米水柱产生的静压强。

图 2-4 可以帮助理解、记忆绝对压强、相对压强和真空度三者的关系。

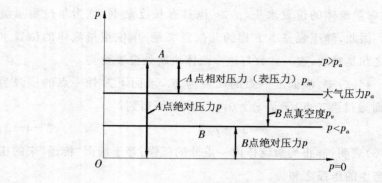

图 2—4　绝对压强、相对压强和真空度之间的关系

2—5　流体的相对平衡

　　流体随容器一起运动时,可能每个流体质点都有自己的速度和加速度。但是在运动过程中,如果各液体质点相对位置始终不变,各质点与容器的相对位置也不改变。这时,对随容器一起运动的观察者来说,流体与容器处于相对静止状态。流体的这种相对于运动容器静止的运动叫流体的相对平衡运动。刚体运动就有这种性质,讨论流体的相对平衡运动时不妨把流体想象为刚体。

　　盛有液体的一半径为 R 的圆筒容器绕其垂直轴心线以恒角速度 ω 旋转,筒内的液体随容器做相对平衡运动,液体自由表面各点的气体压强为 p_0。建立如下直角坐标系:坐标原点位于圆筒轴心线与液面交点上,z 轴与圆筒轴心线重合,正向向上,xOy 平面为一水平面,如图 2—5。这一坐标系是静止的,不随系统一起旋转。

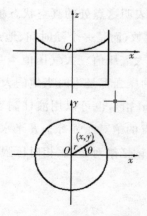

图 2—5　等角速度旋转圆筒中液体相对平衡

　　在液体中划分一单位质量液体块，它到 z 轴的垂直距离为 r，它的 x 坐标和 y 坐标分别为 x 和 y，显然 $r=\sqrt{x^2+y^2}$。

　　这一流体块随容器以角速度做圆周运动，其运动轨迹为一个与 z 轴垂直的圆，圆心在 z 轴上。这一流体块不存在与轨迹圆相切的切向加速度，其法向加速度位于轨迹圆所在平面内且指向 z 轴，大小显然为 $r\omega^2$，法向加速度在 z、x、y 轴上的投影分别为 $a_z=0$，$a_x=-\omega^2 r\cos\theta=-\omega^2\dfrac{x}{r}r=-\omega^2 x$，$a_y=-\omega^2 r\sin\theta=-\omega^2\dfrac{y}{r}r=-\omega^2 y$。

　　这一单位质量流体块所受重力大小为 g，方向铅垂向下，因而在 x、y、z 轴上的投影分别为 $f_x=0$，$f_y=0$，$f_z=-g$。

　　方程（2－3－2）是对单位质量的流体应用牛顿第二定律的结果。现将所讨论的单位质量液体的加速度和质量力分量代入方程（2－3－2），得到：

$$-\omega^2 x=-\frac{1}{\rho}\frac{\partial p}{\partial x}$$

$$-\omega^2 y=-\frac{1}{\rho}\frac{\partial p}{\partial y}$$

$$g=-\frac{1}{\rho}\frac{\partial p}{\partial z}$$

　　从而有

$$\mathrm{d}p=\frac{\partial p}{\partial x}\mathrm{d}x+\frac{\partial p}{\partial y}\mathrm{d}y+\frac{\partial p}{\partial z}\mathrm{d}z=\rho\omega^2(x\mathrm{d}x+y\mathrm{d}y)-\rho g\mathrm{d}z=\mathrm{d}(\rho\omega^2 x^2/2+\rho\omega^2 y^2/2-\rho gz+C)=\mathrm{d}(\rho\omega^2 r^2/2-\rho gz+C)$$

　　即

$$p=\frac{1}{2}\rho\omega^2 r^2-\rho gz+C \qquad\qquad (2-5-1)$$

　　式中的积分常数 C 以边界条件确定后即可得到液体中的压强分布。

　　由于液面的气体压强为 p_0，从而得到边界条件：$r=0$，$z=0$ 处，$p=p_0$，把它们代入上式，得到 $C=p_0$，由此得到液体内的绝对压强随 r 和 z 变化的规律：

$$p=\rho\omega^2 r^2/2-\rho gz+p_0 \qquad\qquad (2-5-2)$$

　　液体内的等压面方程可以由上式导出。给定一绝对压强值 $p_1(p_1>p_0)$，由绝对压强等于这一给定值的液体质点构成的曲面的坐标满足：

$$p=\rho\omega^2 r^2/2-\rho gz+p_0$$

由此得到等压面方程

$$z=\omega^2 r^2/2g-(p_1-p_0)/\rho g \qquad (2-5-3)$$

这是一个抛物面。

液体表面各点的压强为常数 p_0，因而自由表面为一等压面，将 $p_1=p_0$ 代入上式，得到自由表面方程：

$$z=\omega^2 r^2/2g \qquad (2-5-4)$$

应当注意方程$(2-5-2)(2-5-3)(2-5-4)$的应用条件：旋转流体具有自由表面，坐标系原点位于液面与转轴交点，z 轴正向向上且与转轴重合。工程中有这样的问题：旋转容器中充满了液体，这时的液体没有自由表面。但是，如果 z 轴仍与圆筒的垂直轴心线重合，筒内做相对平衡运动的液体的压强分布仍然由方程$(2-5-1)$给出，其中的积分常数 C 与坐标系原点在 z 轴上的位置和边界条件有关，见下例。

例题 $2-1$　一个高为 H、半径为 R 的有盖的圆筒内盛满密度为 ρ 的水，圆筒及水体绕容器铅垂轴心线以等角速度 ω 旋转，如图 $2-6$，求在水体自重和旋转作用下盖内表面的压力 F。上盖中心处有一小孔与大气相通。

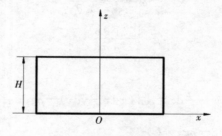

图 $2-6$　有盖旋转圆筒

解　将直角坐标原点置于下盖板内表面与容器的轴心线的交点上，z 轴与容器的轴心线重合，正向向上。在 $r=0$、$z=H$ 处，水与大气接触，相对压强 p_m 为 0，由方程$(2-5-1)$中的积分常数 $C=\rho g H$，可得容器内的相对压强 p_m 分布：

$$p_m=\frac{1}{2}\rho\omega^2 r^2+\rho g(H-z)$$

相对压强是不计大气压强，仅由水体自重和旋转引起的压强。在下盖内表面上，$z=0$，因此，相对压强只与半径 r 有关：

$$p_m=\frac{1}{2}\rho\omega^2 r^2+\rho g H$$

压力 F 可由上式积分得到：

$$F = \int_0^R 2\pi r p_m \mathrm{d}r = \int_0^R 2\pi r (\frac{1}{2}\rho\omega^2 r^2 + \rho g H)\mathrm{d}r = \pi\rho\omega^2 R^4/4 + \rho g H \pi R^2$$

可见,下盖内表面所受的压力由两部分组成:第一部分来源于水体的旋转角速度 ω;第二项正好等于筒中水体的重力。

如果将直角坐标原点置于旋转轴与上盖内表面的交点上,式(2−5−1)中的积分常数 C 和相对压强 p_m 的表达式都将发生变化,但不影响最终结果。

2−6 流体作用于液下平面的压力

一、平面图形的几何性质

xOy 平面上有一任意形状的几何图形,其形心在 C 点,面积为 A。直线 L 通过 C 点并平行于 x 轴,C 点到 x 轴的距离,即直线 L 与 x 轴的距离为 y_c,如图 2−7。

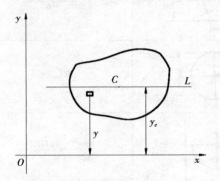

图 2−7 平面图形的几何性质

将平面图形划分成若干微面积,其中一微面积的面积为 ΔA,其形心到 x 轴的距离为 y,乘积 $y\Delta A$ 和 $y^2\Delta A$ 分别叫微面积对 x 轴的静矩和惯性矩。式 $\sum y\Delta A$ 和 $\sum y^2 \Delta A$ 代表所有微面积对 x 轴的静矩和惯性矩之和。当对平面图形的划分无限进行,每一微面积的大小趋于 0 时,上面两个和式变成积分 $\int_A y\mathrm{d}A, \int_A y^2\mathrm{d}A$,这两个积分值分别称为平面图形对 x 轴的静矩和惯性矩。

由数学分析可知,积分 $\int_A y\mathrm{d}A$ 等于平面图形的面积 A 与图形形心 C 到 x 轴的距离 y_c 之积:

$$\int_A y\mathrm{d}A = ycA \qquad (2-6-1)$$

平面图形对 x 轴的静矩常用以上公式计算。

由数学分析可知,积分 $\int_A y^2 dA$ 等于平面图形对过其形心且平行于 x 轴的直线 L 的惯性矩 J_c 和平面图形面积 A 与 y_c 平方之积的和:

$$\int_A y^2 dA = Jc + yc^2 A \qquad (2-6-2)$$

式($2-6-2$)是计算平面图形对 x 轴的惯性矩的常用公式。

工程中常用的对称规则平面的形心位置 y_c 和对通过平面形心水平轴的惯性矩见表 $2-1$。

表 $2-1$　　常见图形的形心坐标、惯性矩和面积

图形名称		对通过形心水平线的惯性矩	形心 y_c	面积 A
等边梯形		$\dfrac{h^3(a^2+4ab+b^2)}{36(a+b)}$	$\dfrac{h(a+2b)}{3(a+b)}$	$\dfrac{h(a+b)}{2}$
圆		$\dfrac{\pi R^4}{4}$	R	πR^2
半圆		$\dfrac{(9\pi^2-64)R^4}{72\pi}$	$\dfrac{4R}{3\pi}$	$\dfrac{\pi R^2}{2}$
圆环		$\dfrac{\pi(R^4-r^4)}{4}$	R	$\pi(R^2-r^2)$
矩形		$\dfrac{bh^3}{12}$	$\dfrac{h}{2}$	bh
三角形		$\dfrac{bh^3}{36}$	$\dfrac{2h}{3}$	$\dfrac{bh}{2}$

二、面壁上压力

一面积为 A 的平面完全淹没在密度为 ρ 的静止液体液面之下，平面上各点的压强是一个与作用点深度成正比的变量，从而在平面上作用了一非均匀的分布力系。可以用一集中力代替这一分布力系。由于平面各点的压强都与板面正交，因而合力也将垂直于板面，下面将讨论合力大小 F 的计算及合力与平面交点位置即压力中心 D 的确定。显然，在这两个待求量确定之后，合力的全部要素就清楚了。

　1. 合力大小 F 的计算

设液下一平面与液面的夹角为 α，平面直角坐标设在这一平面之内，y 轴通过平面形心 C 点，正向向下，坐标原点 O 在液面上，水平 x 轴在液面上，如图 2—8。图中 h_c 为平面形心 C 处的深度。y_c 为形心 C 的 y 坐标，显然，$h_c = y_c \sin \alpha$。

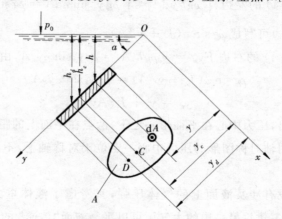

图 2—8　平面壁的液体压力

在平面上取一大小为 $\mathrm{d}A$ 的微面积，$\mathrm{d}A$ 形心处的水深为 h，于是微面积处的压强为 $\rho g h$。由于 $h = y \sin \alpha$，于是微面积形心处的压强可写成 $\rho g y \sin \alpha$。在 $\mathrm{d}A$ 充分小的条件下，可以认为微面积上的压强为常数，因而微面积上的压力大小为 $\rho g y \sin \alpha \mathrm{d}A$。于是，液下平面所受压力 F 为：

$$F = \int_A \rho g y \sin \alpha \mathrm{d}A = \rho g \sin \alpha \int_A y \mathrm{d}A$$

代入式（2—6—1），得出：

$$F = \rho g \sin \alpha y_c A = \rho g h_c A \qquad (2-6-3)$$

$\rho g h_c$ 是液下平面形心处的压强。该式表明，作用于液下平面由液体产生的压力大小等于平面形心处的压强与平面淹没面积的乘积，形心处的压强等于被淹没面积的平均压强。

   2. 压力中心的位置

   平面上的静水压力作用线与平面的交点叫压力中心 D。除平面水平放置的特殊情况,压力中心与平面形心并不重合,而在形心之下。事实上,形心是平面的几何属性,压力中心是合力的力学属性,两者并无联系。

   设压力中心 D 沿平面到液面的距离即 D 点的纵坐标为 y_d,y_d 可以由力矩定理确定。压力 F 对 x 轴的力矩 $F y_d$ 应等于平面上微面积的压力对 x 轴的力矩的和 $\int_A \rho g h y \mathrm{d}A$,即:

$$\int_A \rho g h y \mathrm{d}A = F y_d \qquad (2-6-4)$$

   式 $(2-6-4)$ 的左边,$\int_A \rho g h y \mathrm{d}A = \int_A \rho g y^2 \sin \alpha \mathrm{d}A = \rho g \sin \alpha \int_A y^2 \mathrm{d}A$,由式 $(2-6-2)$,左边可写成 $\rho g \sin \alpha (J_c + y_c^2 A)$。

   式 $(2-6-4)$ 的右边 $F y_d = y_d \rho g h_c A = \rho g y_c \sin \alpha y_d A$,由此得到:

$$\rho g \sin \alpha (J_c + y_c^2 A) = \rho g y_c \sin \alpha y_d A$$

   或 $$y_d = y_c + J_c / A y_c$$

   由此可看出,压力中心在平面形心之下,两点在平面上的距离为 $J_c / A y_c$。

   工程中常用轴对称图形的压力中心一定位于对称轴上,不必计算压力中心的 x 坐标。

   以上讨论没有涉及液面上的气体压强,只考虑了液体重力产生的作用效应,这是因为水工建筑另一边的大气压可以平衡液面"传递"的大气压。

   如果平面结构只有一部分淹没在液面下,上面的结果只适合被淹没的平面。

2-7　液体作用于曲面壁上的压力

   水工建筑中常使用二向曲面结构,二向曲面是一个柱面。静止水体作用于曲面各点的压强方向与曲面正交,大小随水深而变化,因而水体作用于曲面的静水压强的合力即压力是一倾斜的矢量。这一矢量可以分解为大小分别为 P_x 与 P_z 的水平分力与垂直分力,显然,这两个分量确定后就可以进一步找到合力的大小与方向,从而确定二向曲面的受力状态。我们在分析时,首先要计算二维固态壁面作用于静水的合力的大小,分别为 R_x 以及 R_z 的水平分量与垂直分量。由于水体作用于壁面的压力和曲面作用于静止水体的压力为一对作用力与反作用力,由牛顿第三定律即可确定固体壁面的受力。

过二向曲面的下边缘 b 作一铅垂面 bc,如图 2-9。铅垂面 bc、液面 cd、固体壁面 dab 构成了一封闭曲面,这一封闭曲面隔离出一静水体 $dabcd$,这一水体垂直于纸页的厚度为已知量。作用于这一水体的外力有:质量力即水体重力,表面力包括平面 cb 左侧的静止水体作用于水体 cb 面的静水压力,固体壁面 dab 作用于水体的表面力。这些外力构成了一面平衡力系,这是因为隔离水体是静止的,作用于这一水体的两平行于纸页的静水压强可以互相抵消。这里没有考虑作用于水体自由表面 cd 的气体压强,因而所得结果也不包括由大气引起的压力。

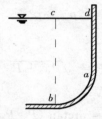

图 2-9　实压力体

一、水平分量 R_x 的确定

作用于隔离水体 cb 表面上的静水压强方向向右,其大小与作用点可以用液下平面受力分析中的方法确定。由于隔离水体处于平衡状态,由此固态壁面 dab 作用于水体表面压力的水平分量 R_x 方向向左,大小等于上面的计算值,作用线同样通过 cb 表面的压力中心。

二、铅垂分量的 R_y 的确定

图 2-9 中的隔离水体 $abcda$ 称为实压力体。这一水体所受的重力向下,大小等于隔离水体的重量,作用线通过水体的几何形心。由于隔离水体处于平衡状态,由固体壁面 dab 作用于水体表面压力的铅垂分量 R_z 方向向上,大小等于水体的重量,作用线同样通过隔离水体的几何形心。

在某些情况下将得到虚压力体,如图 2-10。

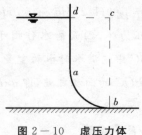

图 2-10　虚压力体

这一压力体位于通过二向曲面下边缘 b 的铅垂平面 bc、液面延长线 dc 和固体二维内表面 dab 所围成的封闭面内。实际上，虚压力体中并不包括任何流体质点。这种条件下，固体表面作用于静止水体的表面压力的铅垂面分量向下，R_z 的大小等于假设虚压力体中充满水时水的重量，作用线仍然通过虚压力体 dabcd 的几何形心。

工程中应注意液体作用于固态壁面的压力。由牛顿第三定律可知，这一总压力的水平分力 p_x 和铅垂分力 p_z 的大小分别为：

$$P_x = R_x$$
$$P_z = R_z \qquad (2-7-1)$$

合力大小 P 为：

$$P = \sqrt{P_x^2 + P_z^2} \qquad (2-7-2)$$

合力与水平方向的夹角 θ 为：

$$\theta = \arctan (P_z/P_x) \qquad (2-7-3)$$

合力通过水平分力作用线和铅垂分力作用线的交点。

例题 $2-2$ 坝顶一圆柱形闸门 AB 的半径为 R，门宽为 b，闸门可绕圆弧圆心 O 转动。求水面与 O 点在同一高程 H 时全关闭闸门所受的静水压力（图 $2-11$）。

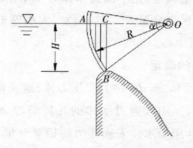

图 $2-11$ 圆弧形闸门受力分析图

解 由公式可知，水作用于圆弧形闸门的水平分力的大小应为：

$$p_x = \rho g(H/2)Hb = \rho g b H^2/2$$

由于压力体 ABC 为虚压力体，因而静水作用于闸门的表面的压力的铅垂分量方向向上，大小应为 ABC 中充满水时水的重量。平面图形 ABC 的面积应为扇形 AOB 的面积与三角形 BOC 的面积之差，即 $\alpha\pi R^2/(2\pi) - HR\cos \alpha/2$，从而 $p_z = \rho g[\alpha\pi R^2/(2\pi) - HR\cos \alpha/2]b$。

上式中，$\alpha = \arcsin (H/R)$（弧度）。

压力 P 的大小及它与水平的夹角可由式(2-7-2)和式(2-7-3)计算得出。

由于静水作用于弧形闸门表面每点处的水压强都通过弧心 O,因而压力作用线也通过 O 点。

习题

2-1　如果地面上的空气压力为 0.101325 MPa,求距地面 100 m 和 1000 m 高空处的压力。

解　空气密度 $\rho = 1.226(\text{kg/m}^3)$,注意:$1(\text{MPa}) = 10^6(\text{Pa})$。

(1)100 米高空处

$p = p_0 - \rho g h = 1.01325 \times 10^5(\text{Pa}) - 1.226(\text{kg/m}^3) \times 9.81(\text{m/s}^2) \times 100(\text{m}) = 101325(\text{Pa}) - 1203(\text{Pa}) = 1.00122 \times 10^5(\text{Pa})$

(2)1000 米高空处

$p = p_0 - \rho g h = 1.01325 \times 10^5(\text{Pa}) - 1.226(\text{kg/m}^3) \times 9.81(\text{m/s}^2) \times 1000(\text{m}) = 101325(\text{Pa}) - 12027(\text{Pa}) = 0.89298 \times 10^5(\text{Pa})$

2-2　如果海面的压力为一个工程大气压,请问潜艇下潜深度为 50 m、500 m 和 5000 m 时所承受的海水的压力分别为多少?

解　海水密度 $\rho = 1.025 \times 10^3(\text{kg/m}^3)$,且所求压力为相对压力。

(1) 当水深为 50 米时

$p = \rho g h = 1.025 \times 10^3(\text{kg/m}^3) \times 9.81(\text{m/s}^2) \times 50(\text{m}) = 5.028 \times 10^5(\text{Pa})$

(2) 当水深为 500 米时

$p = \rho g h = 1.025 \times 10^3(\text{kg/m}^3) \times 9.81(\text{m/s}^2) \times 500(\text{m}) = 5.028 \times 10^6(\text{Pa})$

(3) 当水深为 5000 米时

$p = \rho g h = 1.025 \times 10^3(\text{kg/m}^3) \times 9.81(\text{m/s}^2) \times 5000(\text{m}) = 5.028 \times 10^7(\text{Pa})$

2-3　设水深为 h,根据下列几种剖面形状的柱形水坝,分别计算水对单位长度水坝的作用力:(1) 抛物线:$z = ax^2$(a 为常数);(2) 正弦曲线:$z = a\sin bx$($b/a \leqslant 1$,a、b 为常数)。

解　(1) 当 $z = ax^2$(a 为常数) 时

水平分力 $P_x = \gamma \cdot h_c \cdot S_x$,其中,$h_c = \dfrac{1}{2}h$,$S_x = h \cdot 1 = h$,得出:$P_x = \gamma \cdot$

$$\frac{1}{2}h \cdot h = \frac{1}{2}\gamma h^2 ;$$

垂直分力 $P_z = \gamma \cdot V$,其中,$V = S \cdot 1 = S, S = h \cdot x_h - \int_0^{x_h} ax^2 \mathrm{d}x, x_h = \sqrt{h/a}$,因此,$V = h \cdot \sqrt{\dfrac{h}{a}} - \int_0^{\sqrt{\frac{h}{a}}} ax^2 \mathrm{d}x = h \cdot \sqrt{\dfrac{h}{a}} - \dfrac{a}{3} \cdot \left(\sqrt{\dfrac{h}{a}}\right)^3 = \dfrac{2}{3}h\sqrt{\dfrac{h}{a}}$,

得出:$P_z = \dfrac{2}{3}\gamma h \sqrt{\dfrac{h}{a}}$。

（2）当 $z = a\sin bx [b/a \leqslant 1 (a \,\text{、}\, b \text{ 为常数})]$ 时

水平分力 $P_x = \gamma \cdot h_c \cdot S_x = \dfrac{1}{2}\gamma h^2$;垂直分力 $P_z = \gamma \cdot V$,其中,$V = S \cdot 1 = S, S = h \cdot x_h - \int_0^{x_h} a\sin bx \mathrm{d}x, x_h = \dfrac{1}{b}\arcsin\dfrac{h}{a}$,得出:

$$V = x_h \cdot h - \int_0^{x_h} a\sin bx \mathrm{d}x = x_h \cdot h + \dfrac{a}{b} \cdot \cos bx \Big|_0^{x_h} = x_h \cdot h + \dfrac{a}{b}\cos bx_h - \dfrac{a}{b}$$

$$= \dfrac{h}{b}\arcsin\dfrac{h}{a} + \dfrac{a}{b}\cos\left(b \cdot \dfrac{1}{b}\arcsin\dfrac{h}{a}\right) - \dfrac{a}{b}$$

$$= \dfrac{h}{b}\arcsin\dfrac{h}{a} + \dfrac{1}{b}\sqrt{a^2 - h^2} - \dfrac{a}{b}$$

因此,$P_z = \dfrac{\gamma}{b}\left(h \cdot \arcsin\dfrac{h}{a} + \sqrt{a^2 - h^2} - a\right)$。

2—4 如图 $2-12, h_1 = 0.5 \text{ m}, h_2 = 1.8 \text{ m}, h_3 = 1.2 \text{ m}$,试根据水银压力计的读数,求水管 A 内的真空度及绝对压强,设大气压的压力水头为 10 m。

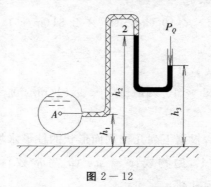

图 2—12

2—5 一圆筒形容器的半径为 r,所盛水的高度为 h。若该容器以等角速度 ω 绕其中心轴转动,设 $r = 0$、$z = h$ 点的压力为 p_0,试求容器内水的压力分布及自由表面方程（假设容器足够高,容器旋转时,水不会流出）。

解　(1)作用于筒内流体的质量力:与z坐标的方向相反的重力,重力加速度为g;沿r坐标方向的离心力,离心加速度为$\omega^2 r$。因此,单位质量力$\vec{f} = \omega^2 r \cdot \vec{e}_r - g \cdot \vec{e}_z$,其中,$\vec{e}_r$、$\vec{e}_z$分别为$r$、$z$方向的单位向量。

(2)静止流体的微分方程为$\vec{f} = \dfrac{1}{\rho}\nabla p$,其中,压力梯度$\nabla p = \dfrac{\partial p}{\partial r}\cdot\vec{e}_r + \dfrac{\partial p}{\partial z}\cdot\vec{e}_z$;

将质量力$\vec{f}$和压力梯度∇p代入上式,得出$\rho\omega^2 r \cdot \vec{e}_r - \rho g \cdot \vec{e}_z = \dfrac{\partial p}{\partial r}\cdot\vec{e}_r + \dfrac{\partial p}{\partial z}\cdot\vec{e}_z$。

比较方程两端,得出:$\dfrac{\partial p}{\partial r} = \rho\omega^2 r$,$\dfrac{\partial p}{\partial z} = -\rho g$。

(3)压力的全微分$\mathrm{d}p = \dfrac{\partial p}{\partial r}\mathrm{d}r + \dfrac{\partial p}{\partial z}\mathrm{d}z$,将$\dfrac{\partial p}{\partial r} = \omega^2 r$和$\dfrac{\partial p}{\partial z} = -\rho g$代入其中,得出:

$$\mathrm{d}p = \rho\omega^2 r\mathrm{d}r - \rho g\mathrm{d}z$$

将上式两端同时积分,得到:$p = \dfrac{1}{2}\rho\omega^2 r^2 - \rho g z + C$。

其中,C为常数。将条件$r = 0$、$z = h$时,$p = p_0$代入上式,可得:

$$C = p_0 + \rho g h$$

即流体内部的压力分布为:$p = \dfrac{1}{2}\rho\omega^2 r^2 - \rho g z + p_0 + \rho g h = p_0 + \rho g(h-z) + \dfrac{1}{2}\rho\omega^2 r^2$。

在自由表面上,$p = p_0$,将$p = p_0$代入上述压力分布式中,得出:$\dfrac{1}{2}\rho\omega^2 r^2 + \rho g(h-z) = 0$。

该式便是筒内流体的自由面方程。

2-6　边长为200 mm的正方形容器的质量$m_1 = 4$ kg,水的高度$h = 150$ mm,容器的质量$m_2 = 25$ kg,容器在重物的作用下沿平板滑动,设容器底面与平板间的摩擦系数为0.13,试求水不溢出的最小高度H。

解　(1)求水平加速度a_x

建立如图所示坐标系,设倾斜后水不溢出的最小高度为H,设容器内水的质量为m_1',容器和水的总质量为m,则有:

$$m_1' = \rho a^2 h = 1.0 \times 10^3 \times 0.2 \times 0.2 \times 0.15 = 6(\mathrm{kg})$$
$$m = m_1 + m_1' = 4 + 6 = 10(\mathrm{kg})$$

由牛顿第二定律可知，$m_2 g - \mu m g = (m + m_2)a_x$，其中，$\mu = 0.13$ 为摩擦系数，则水平加速度 $a_x = \dfrac{1}{m + m_2}(m_2 - \mu m)g = \dfrac{1}{35}(25 - 0.13 \times 10)g = 0.667g$。

（2）求作用于流体上的单位质量力

将单位质量力 $\vec{f} = -a_x \vec{i} - g\vec{k}$ 代入静止流体的平衡微分方程 $\vec{f} = \dfrac{1}{\rho}\nabla p$ 中，得到下式：

$$-a_x \vec{i} - g\vec{k} = \frac{1}{\rho}\left(\frac{\partial p}{\partial x}\vec{i} + \frac{\partial p}{\partial z}\vec{k}\right)$$

比较方程两端，得出：$\dfrac{\partial p}{\partial x} = -\rho a_x$，$\dfrac{\partial p}{\partial z} = -\rho g$。

（3）求自由表面方程

压力的全微分 $\mathrm{d}p = \dfrac{\partial p}{\partial x}\mathrm{d}x + \dfrac{\partial p}{\partial z}\mathrm{d}z$，在自由液面上，$p = p_0 = \mathrm{const}$，$\mathrm{d}p = 0$，将这些数据代入上式可得：$-\rho a_x \mathrm{d}x - g\rho \mathrm{d}z = 0$，对该式进行积分，可得自由表面方程：$a_x x + gz = C$（其中 C 为常数）。确定常数 C 和高度 H：由于自由表面方程通过两点 $(0, H)$、(a, h_1)，将两点的坐标代入自由表面方程中，可得：

$$0 \cdot a_x + gH = C \tag{1}$$
$$a \cdot a_x + gh_1 = C \tag{2}$$

将（1）代入（2）中，可得：

$$a \cdot a_x + gh_1 = gH \tag{3}$$

由于容器倾斜前后，水体积、质量保持不变，则有 $a^2 h = \dfrac{1}{2}a^2(H + h_1)$，整理得出：

$$h_1 = 2h - H \tag{4}$$

将（4）代入（3）中，得 $a \cdot a_x + g(2h - H) = gH$，整理得出：

$$H = \frac{a_x}{2g} \cdot a + h = \frac{0.667g}{2g} \times 0.2 + 0.15 = 0.2167(\mathrm{m})$$

即水不溢出的最小高度为 0.2167 m。

2—7 一物体位于互不相容的两种液体的交界处。若两液体的重度分别为 γ_1、γ_2（$\gamma_2 > \gamma_1$），物体浸入液体 γ_1 中的体积为 V_1，浸入液体 γ_2 中的体积为 V_2，求物体的浮力。

解 设面积微元 $\mathrm{d}S$ 上的压力为 p，其单位外法向量为 $\vec{n}$，则作用于 $\mathrm{d}S$ 上的

流体静压力 $\mathrm{d}\vec{P} = -p\vec{n}\mathrm{d}S$。沿物体表面积分，得到作用于整个物体表面的流体静压力：$\vec{P} = -\oiint\limits_{S} p\vec{n}\mathrm{d}S$。设 V_1 部分的表面积为 S_1，设 V_2 部分的表面积为 S_2，两种液体交界处的物体的截面积为 S_0，交界处的压力为 p_0，建立下述坐标系，即取交界面为 xOy 平面，z 轴垂直向上为正，液体深度 h 向下为正，显然 $h = -z$。因此，

$$\vec{P} = -\oiint\limits_{S} p\vec{n}\mathrm{d}S = -\iint\limits_{S_1} p\vec{n}\mathrm{d}S - \iint\limits_{S_2} p\vec{n}\mathrm{d}S。$$

在 S_1 上，$p = p_0 + \gamma_1 h = p_0 - \gamma_1 z$；在 S_2 上，$p = p_0 - \gamma_2 z$。将相应数值代入上式，可得：

$$\vec{P} = -\iint\limits_{S_1} (p_0 - \gamma_1 z)\vec{n}\mathrm{d}S - \iint\limits_{S_2} (p_0 - \gamma_2 z)\vec{n}\mathrm{d}S$$

$$= -\iint\limits_{S_1} p_0\vec{n}\mathrm{d}S + \iint\limits_{S_1} (\gamma_1 z)\vec{n}\mathrm{d}S - \iint\limits_{S_2} p_0\vec{n}\mathrm{d}S + \iint\limits_{S_2} (\gamma_2 z)\vec{n}\mathrm{d}S$$

$$= -\left(\iint\limits_{S_1} p_0\vec{n}\mathrm{d}S + \iint\limits_{S_2} p_0\vec{n}\mathrm{d}S\right) + \left(\iint\limits_{S_1} (\gamma_1 z)\vec{n}\mathrm{d}S\right) + \left(\iint\limits_{S_2} (\gamma_2 z)\vec{n}\mathrm{d}S\right)$$

由于物体在交界面上，因此，$z = 0$，即 $\iint\limits_{S_0} (\gamma_1 z)\vec{n}\mathrm{d}S = \iint\limits_{S_0} (\gamma_2 z)\vec{n}\mathrm{d}S = 0$。将这两项分别加入上式的第二个括号和第三个括号中，则原式变为：

$$\vec{P} = -\left(\iint\limits_{S_1} p_0\vec{n}\mathrm{d}S + \iint\limits_{S_2} p_0\vec{n}\mathrm{d}S\right) + \left(\iint\limits_{S_1} (\gamma_1 z)\vec{n}\mathrm{d}S + \iint\limits_{S_0} (\gamma_1 z)\vec{n}\mathrm{d}S\right) +$$

$$\left(\iint\limits_{S_2} (\gamma_2 z)\vec{n}\mathrm{d}S + \iint\limits_{S_0} (\gamma_2 z)\vec{n}\mathrm{d}S\right)$$

$$= -\oiint\limits_{S} p_0\vec{n}\mathrm{d}S + \oiint\limits_{S_1+S_0} (\gamma_1 z)\vec{n}\mathrm{d}S + \oiint\limits_{S_2+S_0} (\gamma_2 z)\vec{n}\mathrm{d}S$$

利用高斯公式计算，可得：

$$\vec{P} = -\iiint\limits_{V} \nabla(p_0)\mathrm{d}V + \iiint\limits_{V_1} \nabla(\gamma_1 z)\mathrm{d}V + \iiint\limits_{V_2} \nabla(\gamma_2 z)\mathrm{d}V$$

$$= 0 + \gamma_1 V_1 \vec{k} + \gamma_2 V_2 \vec{k} = (\gamma_1 V_1 + \gamma_2 V_2)\vec{k}$$

即物体受到的浮力 $\vec{P} = (\gamma_1 V_1 + \gamma_2 V_2)\vec{k}$。

第三章 流体运动学

3－1 描述流体运动的两种方法

流体运动物理量的描述方法是研究流体运动首先要考虑的问题。

流体运动物理量的描述方法有两种,一种是拉格朗日描述,它是以运动流体中的每一个流体质点作为研究对象,用研究固体力学的方法,着眼于每个流体质点的运动过程,探求每个流体质点的运动量和状态参数随时间和空间位置的变化规律。综合流场所有流体质点的运动情况,从而得到整个流体的运动规律。

流体中包含无数个流体质点,要选定某一流体质点作为研究对象,就必须把这个流体质点和周围连续分布的其他流体质点区分开来。由于运动中的每一流体质点在每一瞬时都占有一个唯一确定的空间位置,因此可在坐标系中取某一初始时刻 $t = t_0$,用该流体质点所在的空间位置坐标(a,b,c)来标记和区别各个流体质点。例如,以起始坐标(a_1,b_1,c_1)标记的流体质点在空间运动时,其位置坐标是时间 t 的函数:

$$\begin{cases} x = x(a_1,b_1,c_1,t) \\ y = y(a_1,b_1,c_1,t) \\ z = z(a_1,b_1,c_1,t) \end{cases} \tag{3－1－1}$$

以起始坐标(a_2,b_2,c_2)标记流体质点,其位置坐标是:

$$\begin{cases} x = x(a_2,b_2,c_2,t) \\ y = y(a_2,b_2,c_2,t) \\ z = z(a_2,b_2,c_2,t) \end{cases} \tag{3－1－2}$$

对任意一个流体质点,可用一般形式(a,b,c)标记,其空间位置坐标是:

$$\begin{cases} x = x(a,b,c,t) \\ y = y(a,b,c,t) \\ z = z(a,b,c,t) \end{cases} \tag{3－1－3}$$

对于不同的流体质点,(a,b,c)具有不同的常数值。将(a,b,c)这些变量和

时间 t 这个独立变量合在一起得到的变量,称为拉格朗日变数。

当 (a,b,c) 为某一常数时,上式所描述的是某一流体质点的运动轨迹;当 t 为某一常数时,上式表示的是在 t 这一瞬时所有流体质点在空间位置上的分布。由于 (x,y,z) 表示的是所有流体质点的运动轨迹的坐标,故可求它们对时间的导数,从而得到任一流体质点的速度和加速度分量。不同质点的压力 P、温度 T 和密度 ρ 也同样是 (a,b,c,t) 的函数,即

$$\begin{cases} p = p(a,b,c,t) \\ T = T(a,b,c,t) \\ \rho = \rho(a,b,c,t) \end{cases} \quad (3-1-4)$$

显然,我们采用拉格朗日法可以直观地了解每个流体质点的来龙去脉,找到它的运动规律。但是,跟踪、观察每一个流体质点的运动轨迹,并逐个去描述它的运动规律是很复杂的事情,而且对绝大多数的流体力学问题来说,没必要应用拉格朗日法进行描述。因此,拉格朗日法很少被应用。

另一种是欧拉描述。欧拉法不是研究每个流体质点的运动规律,而是把着眼点放在流场中流体所通过的各个固定的空间点上,研究和探求流体质点在经过固定的空间点时,运动量和状态参数随时间的变化规律。在每一瞬时流体质点通过每个空间点时,我们可以观察到运动量和状态参数在流场中的分布规律,综合上述两种规律,可以得到整个流场流体的运动规律。

用欧拉法研究流体运动,流场中的空间点是任选的,它的坐标位置 (x,y,z) 不是时间 t 的函数,而是独立变量。选定不同空间点的位置 (x,y,z),在同一瞬时观察流体质点经过这些空间点时,运动量和状态参数一般是不同的,它们是空间坐标 (x,y,z) 的函数。在同一坐标位置上,不同瞬时观察到的结果一般也不相同,因此,它们是时间 t 的函数。x、y、z、t 这四个独立变量称为欧拉变数。

在流场中,任一空间点上的流体质点的速度 v 在三个坐标方向上的分量可表示为:

$$v_x = v_x(x,y,z,t)$$
$$v_y = v_y(x,y,z,t)$$
$$v_z = v_z(x,y,z,t) \quad (3-1-5)$$
$$\boldsymbol{v} = \boldsymbol{i}v_x + \boldsymbol{j}v_y + \boldsymbol{k}v_z \quad (3-1-6)$$

状态参数可表示为:

$$\begin{cases} p = p(x,y,z,t) \\ T = T(x,y,z,t) \\ \rho = \rho(x,y,z,t) \end{cases} \qquad (3-1-7)$$

欧拉法是研究流体在流动空间所展布的矢量场和标量场的问题,它能给出某一瞬时流动速度和状态参数在整个流动空间的分布情况,这对研究工程实际问题很有用处。因此欧拉法得到了广泛的应用。

两种流动描述之间的关系   欧拉法在数学处理上的最大困难是方程式的非线性,而拉格朗日法中的加速度为线性,但直接利用拉格朗日法的基本方程解决流体力学的问题很困难。因此在处理流动问题时,常常需要应用拉格朗日的观点,并应用欧拉的方法,这里就必须研究拉格朗日与欧拉两种系统之间的变换关系。为此,我们引用雅克比行列式:

$$J(t) = \det \left| \frac{\partial x_i}{\partial \varepsilon_j} \right| \qquad (3-1-8)$$

拉格朗日变量 ε 与欧拉变量 x 可以互换的唯一条件是:$J(t) \neq 0, \infty$。

雅克比行列式的时间导数为:

$$\frac{\mathrm{d}J}{\mathrm{d}T} = \frac{\partial u_i}{\partial x_i} J = (\nabla \cdot \boldsymbol{u}) J \qquad (3-1-9)$$

3－2   质点的速度分解定理

虽然流体的运动相当复杂,但是如果我们取一微元体,并分析其中的运动轨迹,将可得出一些规律性的认识。

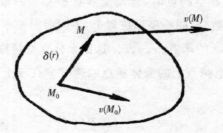

图 3－1   一点邻域的速度

如图 3－1,在时刻 t 的流场中取一点 $M_0(r) = M_0(x,y,z)$,邻域中的任一点 $M(r+\delta x, y+\delta y, \delta+\delta z)$,设 M_0 点的速度为 $v(M_0)$,由泰勒展开式可知,当 $|\delta r|$ 为小量时,邻点 M 的速度为:

$$v(M) = v(M_0) + \delta v$$

$$= v(M_0) + \frac{\partial v}{\partial x}\mathrm{d}x + \frac{\partial v}{\partial y}\mathrm{d}y + \frac{\partial v}{\partial z}\mathrm{d}z \qquad (3-2-1)$$

分量形式为：

$$\begin{cases} u(M) = u(M_0) + \delta u \\[2mm] \qquad = u(M_0) + \dfrac{\partial u}{\partial x}\delta x + \dfrac{\partial u}{\partial y}\delta y + \dfrac{\partial u}{\partial z}\delta z \\[2mm] v(M) = v(M_0) + \delta v \\[2mm] \qquad = v(M_0) + \dfrac{\partial v}{\partial x}\delta x + \dfrac{\partial v}{\partial y}\delta y + \dfrac{\partial v}{\partial z}\delta z \\[2mm] w(M) = w(M_0) + \delta w \\[2mm] \qquad = w(M_0) + \dfrac{\partial w}{\partial x}\delta x + \dfrac{\partial w}{\partial y}\delta y + \dfrac{\partial w}{\partial z}\delta z \end{cases} \qquad (3-2-2)$$

显然，δv 或（δu，δv，δw）是 M 点相对于 M_0 的相对运动速度，它可用矩阵表示：

$$\begin{bmatrix} \delta u \\ \delta v \\ \delta w \end{bmatrix} = \begin{bmatrix} \dfrac{\partial u}{\partial x} & \dfrac{\partial u}{\partial y} & \dfrac{\partial u}{\partial z} \\[2mm] \dfrac{\partial v}{\partial x} & \dfrac{\partial v}{\partial y} & \dfrac{\partial v}{\partial z} \\[2mm] \dfrac{\partial w}{\partial x} & \dfrac{\partial w}{\partial y} & \dfrac{\partial w}{\partial z} \end{bmatrix} \begin{bmatrix} \delta x \\ \delta y \\ \delta z \end{bmatrix} \qquad (3-2-3)$$

将上式中的方阵分解为两个方阵：

$$\begin{bmatrix} \dfrac{\partial u}{\partial x} & \dfrac{\partial u}{\partial y} & \dfrac{\partial u}{\partial z} \\[2mm] \dfrac{\partial v}{\partial x} & \dfrac{\partial v}{\partial y} & \dfrac{\partial v}{\partial z} \\[2mm] \dfrac{\partial w}{\partial x} & \dfrac{\partial w}{\partial y} & \dfrac{\partial w}{\partial z} \end{bmatrix} \begin{bmatrix} \delta x \\ \delta y \\ \delta z \end{bmatrix} = \begin{bmatrix} \dfrac{\partial u}{\partial x} & \dfrac{1}{2}\left(\dfrac{\partial u}{\partial y}+\dfrac{\partial v}{\partial x}\right) & \dfrac{1}{2}\left(\dfrac{\partial u}{\partial z}+\dfrac{\partial w}{\partial x}\right) \\[3mm] \dfrac{1}{2}\left(\dfrac{\partial u}{\partial y}+\dfrac{\partial v}{\partial x}\right) & \dfrac{\partial v}{\partial y} & \dfrac{1}{2}\left(\dfrac{\partial v}{\partial z}+\dfrac{\partial w}{\partial y}\right) \\[3mm] \dfrac{1}{2}\left(\dfrac{\partial w}{\partial x}+\dfrac{\partial u}{\partial z}\right) & \dfrac{1}{2}\left(\dfrac{\partial w}{\partial y}+\dfrac{\partial v}{\partial z}\right) & \dfrac{\partial w}{\partial z} \end{bmatrix}$$

$$+ \begin{bmatrix} 0 & \dfrac{1}{2}\left(\dfrac{\partial u}{\partial y}-\dfrac{\partial v}{\partial x}\right) & \dfrac{1}{2}\left(\dfrac{\partial u}{\partial z}-\dfrac{\partial w}{\partial x}\right) \\[3mm] \dfrac{1}{2}\left(\dfrac{\partial v}{\partial x}-\dfrac{\partial u}{\partial y}\right) & 0 & \dfrac{1}{2}\left(\dfrac{\partial v}{\partial z}-\dfrac{\partial w}{\partial y}\right) \\[3mm] \dfrac{1}{2}\left(\dfrac{\partial w}{\partial x}-\dfrac{\partial u}{\partial z}\right) & \dfrac{1}{2}\left(\dfrac{\partial w}{\partial y}-\dfrac{\partial v}{\partial z}\right) & 0 \end{bmatrix}$$

$$= \boldsymbol{S} + \boldsymbol{A} \qquad (3-2-4)$$

　　上式等式右端第一个矩阵 S 是对称的，第二个矩阵 A 是反对称的。反对称矩阵 A 的九个分量中只有三个独立分量，即 ω_1、ω_2、ω_3：

$$\begin{cases} \omega_1 = \dfrac{1}{2}\left(\dfrac{\partial w}{\partial y} - \dfrac{\partial v}{\partial z}\right) \\[2mm] \omega_2 = \dfrac{1}{2}\left(\dfrac{\partial u}{\partial z} - \dfrac{\partial w}{\partial x}\right) \\[2mm] \omega_3 = \dfrac{1}{2}\left(\dfrac{\partial v}{\partial x} - \dfrac{\partial u}{\partial y}\right) \end{cases} \qquad (3-2-5)$$

　　这三个分量恰好构成了速度矢量的旋度（差因子 $\dfrac{1}{2}$）：

$$\boldsymbol{\omega} = \frac{1}{2}\nabla \times \boldsymbol{v} \qquad (3-2-6)$$

且

$$\begin{bmatrix} 0 & \dfrac{1}{2}\left(\dfrac{\partial u}{\partial y} - \dfrac{\partial v}{\partial x}\right) & \dfrac{1}{2}\left(\dfrac{\partial u}{\partial z} - \dfrac{\partial w}{\partial x}\right) \\[3mm] \dfrac{1}{2}\left(\dfrac{\partial v}{\partial x} - \dfrac{\partial u}{\partial y}\right) & 0 & \dfrac{1}{2}\left(\dfrac{\partial v}{\partial z} - \dfrac{\partial w}{\partial y}\right) \\[3mm] \dfrac{1}{2}\left(\dfrac{\partial w}{\partial x} - \dfrac{\partial u}{\partial z}\right) & \dfrac{1}{2}\left(\dfrac{\partial w}{\partial y} - \dfrac{\partial v}{\partial z}\right) & 0 \end{bmatrix} \begin{bmatrix} \delta x \\[2mm] \delta y \\[2mm] \delta z \end{bmatrix}$$

$$= \begin{bmatrix} 0 & -\omega_3 & \omega_2 \\[2mm] \omega_3 & 0 & -\omega_1 \\[2mm] -\omega_2 & \omega_1 & 0 \end{bmatrix} \begin{bmatrix} \delta x \\[2mm] \delta y \\[2mm] \delta z \end{bmatrix}$$

$$= \begin{bmatrix} \omega_2 \delta z - \omega_3 \delta y \\[2mm] \omega_3 \delta x - \omega_1 \delta z \\[2mm] \omega_1 \delta y - \omega_3 \delta x \end{bmatrix} \qquad (3-2-7)$$

　　上式右端表示的是一个矢量，且它等价于矢量积：

$$\boldsymbol{\omega} \times \delta\boldsymbol{r} = \frac{1}{2}(\nabla \times v) \times \delta\boldsymbol{r} \qquad (3-2-8)$$

　　$(3-2-7)$ 式表明，相对运动速度 δv 的一部分为 $\dfrac{1}{2}(\nabla \times v) \times \delta\boldsymbol{r}$。它代表的是流体绕经过 M_0 点的瞬时转动轴旋转时在 M 点引起的速度。

　　矩阵 S 的九个分量中只有六个独立分量，它与 δr 的乘积 $S \cdot \delta r$ 将作为相对运动速度 δv 的另一部分。它表示流体变形在 M 点引起的速度。

　　将上述两个速度代回原式 $(3-2-1)$，得：

$$v(M) = v(M_0) + \delta v = v(M_0) + (A + S) \cdot \delta r$$

$$= v(M_0) + \frac{1}{2}\mathrm{rot}v + \delta r + S \cdot \delta r \qquad (3-2-9)$$

它表示 M 点的速度是与 M_0 点相同的平动速度 $v(M_0)$，流体绕 M_0 点转动在 M 点引起的速度 $\frac{1}{2}\mathrm{rot}v \times \delta r$ 及流体变形在 M 点引起的速度 $S \cdot \delta r$ 三者之和。这就是所谓的亥姆霍兹速度分解定理。

式（3-2-4）中，矩阵 S 及矩阵 A 在流体力学中也被称为二阶张量。根据速度分解定理的意义，S 称为应变力张量，A 称为旋转张量，而 $A + S$，即公式（3-2-4）称为速度梯度张量式。

由此可以看出，与刚体比较（这里要说明的是，流体与固体有很大的不同，固体运动的速度方程是 $v = v_0 + \boldsymbol{\omega} \times r$），流体在一点邻域或一微元体内，流体运动有与刚体一样的平动及运动，另外还会变形。需要强调的是，式（3-2-9）在流体的一点邻域或在流体的微元体内才成立。由此可知，流体运动比刚体运动复杂得多。把流体质点速度分解成三部分，可以清楚地看到流体质点运动的构成，这对研究流体运动是十分有意义的。我们如果把旋转运动分离出来，可以将流体运动分为有旋流动和无旋流动，无旋流动会使计算大为简化，并且能得到某些精确的理论解。我们如果把变形运动分离出来，可以把变形速度和作用在流体上的应力联系起来，这样便于我们研究流体的运动力学的基本规律。

3-3　实质导数

我们要研究流体的运动，就要掌握流体的矢量函数（速度、加速度、旋度等）和标量参数（温度、压力、密度等）随时间的变化率，也就是说，要求出这些参数对时间的导数。

用拉格朗日法研究流体运动：以个别流体质点的运动为着眼点，流体质点在不同时刻到达不同的空间位置。质点的空间坐标 (x,y,z) 和速度及其他状态参数都是时间 t 的函数，求它们对时间的导数是很自然的。

用欧拉法研究流体的运动：由于着眼点是流场中各空间点的参数变化特性，这些空间点的空间位置坐标 (x,y,z) 和时间 t 都是独立变量。流场参数虽然都表示为坐标和时间的函数，但 $\frac{\partial v}{\partial t}$，$\frac{\partial p}{\partial t}$ 只能表示某一固定坐标点上的流体质点由流动的非定常性引起流场参数对时间的变化率，无法表示一个确定的运动体质点对时间的变化率。为了在欧拉法中能表示运动的流体质点在流场中的流场参数对时间的变化率,我们需用拉格朗日法关于质点运动的观点来确定流体质点由流场中某一位置移动到相邻某一位置时的流场参数的变化。这就不仅考虑了流场随时间的变化引起某一空间点的流体质点的参数随时间的变化率,而且还考虑了流体质点在这段时间内由流场中的一点移动到另一点因位置的改变而引起流场参数的变化率。这时,流场中的这两点就不是任意的空间的点,而是流体质点在运动过程中先后经过的位置,是同一条轨迹上的空间点。因此,用欧拉法确定流场中流体质点的参数对时间的变化率,x、y、z 不是与 t 无关的独立变量,而是时间 t 的函数。例如,在瞬时 t,流场中的 $M(x,y,z)$ 点,其速度 $v = v(x,y,z,t)$,流体质点经 Δt 移动 $v\Delta t$,到达 $Q(x + v_x\Delta t, y + v_y\Delta t, z + v_z\Delta t)$ 点。

考虑到流场中的流体质点的坐标位置不变,流场参数随时间而变化,流体质点在同一时间内的位置的变化会引起流场参数的变化。在这一过程中得到的矢量流场参数和标量流场参数对时间的全导数,称为流场参数的随体导数(也称实质导数或随流导数),用 $\dfrac{\mathrm{D}}{\mathrm{D}t}$ 表示。

一、标量流场参数的实质导数

在瞬时 t,流体质点在位置 $M(x,y,z)$ 时,密度为 $\rho(x,y,z,t)$。经时间 Δt,流体质点移动到流场中的另一位置 $Q(x + v_x\Delta t, y + v_y\Delta t, z + v_z\Delta t, t + \Delta t)$,此时的密度为 $\rho(x + v_x\Delta t, y + v_y\Delta t, z + v_z\Delta t, t + \Delta t)$,密度的变化为:

$$\Delta\rho = \rho_Q - \rho_M = \rho(x + v_x\Delta t, y + v_y\Delta t, z + v_z\Delta t, t + \Delta t) - \rho(x,y,z,t)$$

用泰勒级数将等式右边展开:

$$\Delta\rho = \frac{\partial p}{\partial x}v_x\Delta t + \frac{\partial p}{\partial y}v_y\Delta t + \frac{\partial p}{\partial z}v_z\Delta t + \frac{\partial p}{\partial t}\Delta t + \cdots \qquad (3-3-1)$$

求某点的密度对时间的全变化率,将上式对时间取极限,得:

$$\frac{\mathrm{D}\rho}{\mathrm{D}t} = \lim_{\Delta t \to 0}\frac{\Delta\rho}{\Delta t} = \frac{\partial p}{\partial t} + v_x\frac{\partial p}{\partial x} + v_y\frac{\partial p}{\partial y} + v_z\frac{\partial p}{\partial z} \qquad (3-3-2)$$

同理,对温度 T、压力 p、焓 H 以及所有标量流场参数求导,可写出:

$$\frac{\mathrm{D}T}{\mathrm{D}t} = \frac{\partial T}{\partial t} + v_x\frac{\partial T}{\partial x} + v_y\frac{\partial T}{\partial y} + v_z\frac{\partial T}{\partial z} \qquad (3-3-3)$$

$$\frac{\mathrm{D}p}{\mathrm{D}t} = \frac{\partial p}{\partial t} + v_x\frac{\partial p}{\partial x} + v_y\frac{\partial p}{\partial y} + v_z\frac{\partial p}{\partial z} \qquad (3-3-4)$$

$$\frac{\mathrm{D}h}{\mathrm{D}t} = \frac{\partial h}{\partial t} + v_x\frac{\partial h}{\partial x} + v_y\frac{\partial h}{\partial y} + v_z\frac{\partial h}{\partial z} \qquad (3-3-5)$$

上式可写成矢量算子的形式，并用 Φ 来表示任意一种标量流场参数。标量流场参数的随体导数的一般形式为：

$$\frac{\mathrm{D}\Phi}{\mathrm{D}t} = \frac{\partial \Phi}{\partial t} + (\boldsymbol{v} \cdot \nabla)\Phi = \frac{\partial \Phi}{\partial t} + \boldsymbol{v} \cdot \nabla \Phi \qquad (3-3-6)$$

该式等式右边第一项表示，由流动的非定常性在坐标位置不变时所引起的标量流场参数随时间的变化率，称为局部偏导数；等式右边第二项表示，由于流场参数不均匀，流体质点在流场中移动时，引起标量流场参数随位置的变化率，称为迁移偏导数，它等于速度与标量流场参数梯度的点积。

二、矢量流场参数的实质导数

图 3－1 中的 $M(x,y,z)$ 点的速度矢量：

$$\boldsymbol{v} = \boldsymbol{v}(x,y,z,t) = \boldsymbol{i}v_x + \boldsymbol{j}v_y + \boldsymbol{k}v_z \qquad (3-3-7)$$

这里的 v_x、v_y、v_z 是矢量 $\boldsymbol{v}$ 在直角坐标系三个坐标轴上的投影。因为它们的方向已由坐标方向给定，故可将 v_x、v_y、v_z 作为标量函数处理。它们是坐标 x、y、z、t 的函数，可写成：

$$\begin{cases} v_x = v_x(x,y,z,t) \\ v_y = v_y(x,y,z,t) \\ v_z = v_z(x,y,z,t) \end{cases} \qquad (3-3-8)$$

根据标量流场参数的实质导数的确定规则，可写出 v_x、v_y、v_z 的实质导数：

$$\begin{cases} \dfrac{\mathrm{D}v_x}{\mathrm{D}t} = \dfrac{\partial v_x}{\partial t} + v_x\dfrac{\partial v_x}{\partial x} + v_y\dfrac{\partial v_x}{\partial y} + v_z\dfrac{\partial v_x}{\partial z} \\[2mm] \dfrac{\mathrm{D}v_y}{\mathrm{D}t} = \dfrac{\partial v_y}{\partial t} + v_x\dfrac{\partial v_y}{\partial x} + v_y\dfrac{\partial v_y}{\partial y} + v_z\dfrac{\partial v_y}{\partial z} \\[2mm] \dfrac{\mathrm{D}v_z}{\mathrm{D}t} = \dfrac{\partial v_z}{\partial t} + v_x\dfrac{\partial v_z}{\partial x} + v_y\dfrac{\partial v_z}{\partial y} + v_z\dfrac{\partial v_z}{\partial z} \end{cases} \qquad (3-3-9)$$

根据式（3－3－6），可写成矢量形式：

$$\begin{cases} \dfrac{\mathrm{D}v_x}{\mathrm{D}t} = \dfrac{\partial v_x}{\partial t} + (\boldsymbol{v} \cdot \nabla)v_x \\[2mm] \dfrac{\mathrm{D}v_y}{\mathrm{D}t} = \dfrac{\partial v_y}{\partial t} + (\boldsymbol{v} \cdot \nabla)v_y \\[2mm] \dfrac{\mathrm{D}v_z}{\mathrm{D}t} = \dfrac{\partial v_z}{\partial t} + (\boldsymbol{v} \cdot \nabla)v_z \end{cases} \qquad (3-3-10)$$

将式（3－3－10）三式分别乘以 i、j、k，等式两边分别相加，得

$$\frac{\overline{\mathrm{D}}\boldsymbol{v}}{\mathrm{D}t} = \frac{\overline{\partial}\boldsymbol{v}}{\partial t} + (\boldsymbol{v} \cdot \nabla)\boldsymbol{v} \qquad (3-3-11)$$

该等式左边是速度矢量对时间的全导数,称为速度矢量的随体导数,它表示流体质点的总加速度。等式右边由两部分组成:第一项表示流场某固定点上的非定常流场引起的速度矢量随时间的变化率,称局部加速度;第二项表示流体质点在流场中移动,由流场不均匀引起的速度矢量随位置的变化率,称迁移加速度。

若用 A 表示任何一个矢量流场参数,则式(3—3—11)可写成流场实质导数的一般形式:

$$\frac{\overline{D}A}{Dt} = \frac{\overline{\partial}A}{\partial t} + (v \cdot \nabla)A \qquad (3-3-12)$$

式(3—3—6)和(3—3—11)具有相同的形式。式(3—3—6)可写成:

$$\frac{D\Phi}{Dt} = (\frac{\partial}{\partial t} + v \cdot \nabla)\Phi \qquad (3-3-13)$$

式(3—3—12)可写成:

$$\frac{\overline{D}A}{Dt} = (\frac{\overline{\partial}}{\partial t} + v \cdot \nabla)A \qquad (3-3-14)$$

它们都包含 $\frac{D}{Dt} = (\frac{\partial}{\partial t} + v \cdot \nabla)$,该式被称为随体导数算子。这算子作用在标量流场参数上,就是标量流场参数的随体导数;作用在矢量流场参数上,就是矢量流场参数的随体导数,应用起来很方便。

另外,采用欧拉法研究流场时,还有一全微分算子:

$$\frac{d}{dt} = \frac{\partial}{\partial t} + \frac{\partial}{\partial x}\frac{dx}{dt} + \frac{\partial}{\partial y}\frac{dy}{dt} + \frac{\partial}{\partial z}\frac{dz}{dt}$$

或写成

$$\frac{d}{dt} = \frac{\partial}{\partial t} + \frac{dr}{dt} \cdot \nabla \qquad (3-3-15)$$

在这一公式内,dr 不是质点运动的向径改变量,而是空间中两个非常接近的点的向径差,因此 $v \neq \frac{dr}{dt}$。

式(3—3—15)为一般流场全微分算子,式(3—3—13)和式(3—3—14)是一个质点上参数的随体导数。虽然式(3—3—15)描述的范围比随体导数描述的范围更广,但它在流场研究中很少被应用。这里给出此式主要是为了更好地说明随体导数。

3—4　雷诺输运定理

首先介绍系统和控制体的概念。系统是包含确定不变的流体质点的集合，它随流体的流动而流动，体积和形状可能发生变化，但其所包含的流体质点不变。控制体是相对于空间坐标系固定不变的一个体积，流体质点随时间流入和流出这个空间体积。拉格朗日法的着眼点是系统研究流体的运动，而欧拉法的着眼点是控制体。为了由守恒定律来推导流体力学的基本方程，需研究一个系统在空间中的运动，从而解决系统的有关物理量在欧拉空间运动中对时间的全导数问题。流体系统的拉格朗日变化率用欧拉导数表示，即雷诺输运方程。

假设在某时刻的流场中，单位体积流体的物理量分布函数为 $f(\boldsymbol{r}, t)$，则 t 时刻在流体域 τ 上的流体的总物理量为 I。

$$I = \int_{\tau} f(\boldsymbol{r}, t) \mathrm{d}\tau \qquad (3-4-1)$$

例如，当 f 为单位体积流体的质量即密度分布函数 $\rho(\boldsymbol{r}, t)$ 时，流体域 τ 上的流体的总物理量即总流体质量 $M = \int_{\tau} \rho(\boldsymbol{r}, t) \mathrm{d}\tau$。

当 f 为单位体积流体的动量分布函数 ρv 时，流体域 τ 上的总物理量为总动量 $\boldsymbol{K}$。

$$\boldsymbol{K} = \int_{\tau} \rho v \mathrm{d}\tau \qquad (3-4-2)$$

当 f 为单位体积流体的动能分布时，流体域 τ 上的总动能为 k。

$$k = \int_{\tau(t)} f(\boldsymbol{r}, t) \mathrm{d}\tau \qquad (3-4-3)$$

一般来说，体积分 $(3-4-1)$ 中的积分域是可变的，即在 t 时刻积分域是 τ 这个区域，之后则占有另一个区域，而且其大小、形状都有可能发生改变。显然，体积分 $(3-4-1)$ 是时间 t 的函数 $I(t)$。

$$I(t) = \int_{\tau(t)} f(\boldsymbol{r}, t) \mathrm{d}\tau \qquad (3-4-4)$$

本章多处用到体积分（积分域上系统的总物理量）随时间的变化率。设 t 时刻在流体中取一体积 $\tau(t)$，其周界面为 $S(t)$，周界面外法线的单位矢量为 $\boldsymbol{n}$，速度为 v，现计算 $I(t)$ 的时间变化率。

$$\frac{\mathrm{D}}{\mathrm{D}t} I(t) = \frac{\mathrm{D}}{\mathrm{D}t} \int_{\tau(t)} f(\boldsymbol{r}, t) \mathrm{d}\tau \qquad (3-4-5)$$

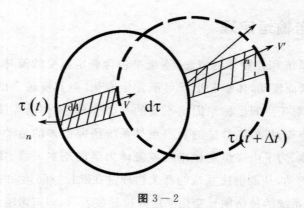

图 3－2

　　设 t 时刻体积在空间位置 $\tau(t)$ 上，$t+\Delta t$ 时刻该体积到达另一位置 $\tau(t+\Delta t)$，如图 3－2 所示。根据时间导数的定义，(3－4－5) 式可写成：

$$\frac{\mathrm{D}}{\mathrm{D}t}I(t) = \lim_{\Delta t \to 0} \frac{I(t+\Delta t) - I(t)}{\Delta t} \qquad (3-4-6)$$

式中，$I(t)$ 用 (3－4－4) 表示，得：

$$I(t+\Delta t) = \int_{\tau(t+\Delta t)} f(\boldsymbol{r}, t+\Delta t)\mathrm{d}\tau \qquad (3-4-7)$$

　　现将 $\tau(t+\Delta t)$ 分两部分（图 3－2），即与 $\tau(t)$ 重合的部分 τ_2 及 $\tau(t)$ 新占有的区域部分 τ_1，设从 $\tau(t)$ 空出的区域部分为 τ_3，得：

$$\begin{aligned} \tau(t+\Delta t) &= \tau_1 + \tau_2 \\ &= \tau_+ (\tau_3 + \tau_2) - \tau_3 \\ &= \tau_1 + \tau - \tau_3 \end{aligned}$$

其中，$\tau_3 + \tau_2$ 即体积 τ，则体积：

$$\boldsymbol{I}(t+\Delta t) = \boldsymbol{I}_{\tau_1}(t+\Delta t) + \boldsymbol{I}_{\tau}(t+\Delta t) + \boldsymbol{I}_{\tau_3}(t+\Delta t) \qquad (3-4-8)$$

因此

$$\begin{aligned} \frac{\mathrm{D}}{\mathrm{D}t}I(t) &= \lim_{\Delta t \to 0} \frac{I(t+\Delta t) - I(t)}{\Delta t} \\ &= \lim_{\Delta t \to 0} \frac{\boldsymbol{I}_{\tau_1}(t+\Delta t) + \boldsymbol{I}_{\tau}(t+\Delta t) - \boldsymbol{I}_{\tau_3}(t+\Delta t) - \boldsymbol{I}_{\tau}(t)}{\Delta t} \\ &= \lim_{\Delta t \to 0} \frac{\boldsymbol{I}_{\tau_1}(t+\Delta t) - \boldsymbol{I}_{\tau}(t)}{\Delta t} + \lim_{\Delta t \to 0} \frac{\boldsymbol{I}_{\tau_1}(t+\Delta t)}{\Delta t} - \lim_{\Delta t \to 0} \frac{\boldsymbol{I}_{\tau_3}(t+\Delta t)}{\Delta t} \end{aligned}$$

$$(3-4-9)$$

现分别计算上式右边的三个极限。在第一个极限中,因为 $I_\tau(t+\Delta t)$ 及 $I_\tau(t)$ 是同一个空间 τ 上不同时刻的积分,得:

$$\lim_{\Delta t\to0}\frac{I(t+\Delta t)-I(t)}{\Delta t}=\frac{\partial}{\partial t}I_\tau=\frac{\partial}{\partial t}\int_{\tau(t)}f(r,t)\mathrm{d}\tau \qquad (3-4-10)$$

在第二个极限中,体积分 $I_{\tau_0}(t+\Delta t)=\int_{\tau_1}f(r,t+\Delta t)\mathrm{d}\tau$ 中的积分元 $\mathrm{d}\tau$ 可取图 $3-2$ 的 τ_1 中的柱形体元,其底面积为空间域 τ 的边界上的面元 $\mathrm{d}A$,棱边长为 $|v\Delta t|$(这里,v 为流体质点相对于面元 $\mathrm{d}A$ 的速度矢量)。因为 τ 的边界上的外法向单位矢量为 n,则体积元:

$$\mathrm{d}\tau=v\cdot n\mathrm{d}A\Delta t \qquad (3-4-11)$$

这可理解为 Δt 时间内面元 $\mathrm{d}A$ 移动所产生的体积变化,于是得出第二个极限:

$$\lim_{\Delta t\to0}\frac{I_{\tau_1}(t+\Delta t)}{\Delta t}=\lim_{\Delta t\to0}\frac{\int_{\tau_1}f(r,t+\Delta t)\mathrm{d}\tau}{\Delta t}$$

$$=\lim_{\Delta t\to0}\frac{\int_{S_1}f(r,t+\Delta t)v\cdot n\mathrm{d}A\Delta t}{\Delta t}$$

$$=\int_{S_1}f(r,t+\Delta t)v\cdot n\mathrm{d}A\Delta t \qquad (3-4-12)$$

其中,S_1 为 τ_1 与 τ 的公共表面,上式右端表示单位时间内从 τ 的表面 S_1 移出的物理量。

同理,在第三个极限,其体积分中的体积元:

$$\mathrm{d}\tau=-v\cdot n\mathrm{d}A \qquad (3-4-13)$$

其中各项的意义与前面的公式相同,由于在 τ_3 中 v 与 n 夹角为钝角,为使 $\mathrm{d}\tau>0$,取 $-v\cdot n$。因此,第三个极限为:

$$-\lim_{\Delta t\to0}\frac{I_{\tau_3}(t+\Delta t)}{\Delta t}=\int_{S_2}f(r,t)v\cdot n\mathrm{d}A \qquad (3-4-14)$$

其中,S_2 为 τ_3 与 τ 的公共表面,上式的右端表示单位时间内从 τ 的表面 S_2 移入的物理量。S_1 和 S_2 组成 τ 的全部边界 S。这样,式($3-4-9$)中的第二个和第三个极限可合并写成:

$$\int_{S_1}f(r,t)v\cdot n\mathrm{d}A+\int_{S_2}f(r,t)v\cdot n\mathrm{d}A$$

$$= \int_{S_1+S_2} f(\boldsymbol{r},t)\boldsymbol{v}\cdot\boldsymbol{n}\mathrm{d}A$$

$$= \oint f(\boldsymbol{r},t)\boldsymbol{v}\cdot\boldsymbol{n}\mathrm{d}A \qquad (3-4-15)$$

上式右端表示时刻 t 在单位时间内从 τ 的表面 S 净向外输运的物理量。

将式（3－4－10）（3－4－15）一起代入（3－4－9）式，得：

$$\frac{\mathrm{D}}{\mathrm{D}t}I(t) = \frac{\mathrm{D}}{\mathrm{D}t}\int_{\tau(t)} f(\boldsymbol{r},t)\mathrm{d}\tau$$

$$= \frac{\partial}{\partial t}\int_{\tau(t)} f(\boldsymbol{r},t)\mathrm{d}\tau + \oint f(\boldsymbol{r},t)\boldsymbol{v}\cdot\boldsymbol{n}\mathrm{d}A \qquad (3-4-16)$$

上式表明，某时刻一可变体积上的系统总物理量的时间变化率，等于该时刻所在空间域（控制体）中的物理量的时间变化率与单位时间内通过该空间域边界净输运的流体物理量之和。这一定律被称为雷诺输运定理。

在这一定理中，注意以下几点是非常重要的。

1）在推导（3－4－16）式的过程中，若 $\tau^*(t)$ 为任一流体体积，$S^*(t)$ 为其周界面，周界面的速度为 $v(\boldsymbol{r},t)$，外法线的单位矢量为 $\boldsymbol{n}$，则以同样的过程推导可得：

$$\frac{\mathrm{d}}{\mathrm{d}t}\int_{\tau^*(t)} f(\boldsymbol{r},t)\mathrm{d}\tau^* = \int_{\tau^*(t)} \frac{\partial}{\partial t}f(\boldsymbol{r},t)\mathrm{d}\tau^* + \oint_{S^*(t)} f(\boldsymbol{r},t)\boldsymbol{v}\cdot\boldsymbol{n}\mathrm{d}A^*$$

$$(3-4-17)$$

当 S^* 为物质面时，上式即变为（3－4－16）式。

2）若将控制体从固定不动体积推广到可运动、可变形体积时，上式即为可用于各类固定的、运动的、不可变形的、可变形的控制体，物体流动时可以是三维的、三相的或非定常的。

3）在推导方程（3－4－16）时，系统在一指定的流场中运动。这样，在某一时刻，系统体积的流动物理量的总时间变化率（即方程的左边项）必须相对于随控制体一起运动的观察者进行计算。

4）如果控制体是运动的和变形的，计算方程右边的第一项时应注意：这时，控制体随其体积分上、下限都依赖于时间。当然，被积函数 $f(\boldsymbol{r},t)$ 也有可能依赖于时间。这样，计算时必须先计算积分，再进行微分。

5）如果控制体是固定的和不变形的，则右边第一对控制体的积分不再依赖于时间，即与微分和积分的顺序无关，也即右边第一项可写为 $\frac{\partial}{\partial t}\int_{\tau} f(\boldsymbol{r},t)\mathrm{d}\tau$，也

可写为 $\int_{\tau(t)} \dfrac{\partial}{\partial t} f(\boldsymbol{r},t)\mathrm{d}\tau$。

6）如果控制体以常速度运动但不变形，由于常速度对流体的净输运物理量没有贡献，那么计算时就要用相对速度或绝对速度。

7）右边第二项代表单位时间内通过控制体表面的流体的净输运物理量，式中的速度 v 为流体质点相对于控制体表面的速度。

3-5　连续、动量、能量方程

一、连续方程

流体运动遵守质量守恒定律，连续方程就是质量守恒的数学表达式。

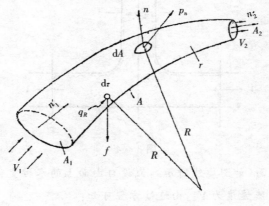

图 3-3

如图 3-3 所示，τ 为控制体体积，A 为控制面面积，n 为 $\mathrm{d}A$ 控制面外法线的单位向量，v 和 ρ 分别为流体速度和密度，将质量守恒定律运用于控制体 τ，可知，单位时间内流入控制体的质量等于控制体内质量的增加部分，其数学表达式如下：

$$-\oint_A (\boldsymbol{v} \cdot \boldsymbol{n})\rho\mathrm{d}A = \frac{\partial}{\partial t}\int_\tau \rho\mathrm{d}\tau \qquad (3-5-1)$$

（3-5-1）式称为积分形式连续方程。如果控制体是定常流动，则（3-5-1）式的右边等于零。若控制体 τ 由流管及其进出口横截面 A_1、A_2 构成，假设进出口截面上的流动参数均匀，即 $\rho_1 = \mathrm{const}, \rho_2 = \mathrm{const}, V_1 = \mathrm{const}, V_2 = \mathrm{const}$，则（3-5-1）式可变为：

$$\rho_1 V_1 A_1 = \rho_2 V_2 A_2 = \dot{m}$$

式中,$\dot{m}$ 表示单位时间内通过流管的质量流量,简称质量流量。

若流动是不可压的,则(3−5−1)式可改为:

$$V_1 A_1 = V_2 A_2 = Q \tag{3−5−2}$$

式中的 Q 表示单位时间内通过流管的体积流量,简称体积流量。

应该指出,由于流体不可压流动时,$\dfrac{\partial}{\partial t}\displaystyle\int_\tau \rho \mathrm{d}\tau = \int_\tau \dfrac{\partial \rho}{\partial t}\mathrm{d}\tau = 0$,所以(3−5−1)式也适用于不定常流动,而(3−5−2)式只适用于定常流动。

例题 某瞬间水流通过具有自由面的蓄水通道,如图3−4所示。已知通道的截面积 $A_1 = A_2 = 0.1\ \mathrm{m}^2$,自由面的截面积 $A_3 = 0.2\ \mathrm{m}^2$,A_1、A_2 截面上水流流动均匀,$V_1 = 1\ \mathrm{m/s}$,$V_2 = 1.2\ \mathrm{m/s}$,求该瞬间自由水面的变化率。

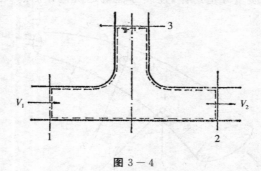

图 3−4

解 取控制面(如图虚线所示),假设自由面上的水位变化是均匀的,并设控制面 A_3 上的出流速度为 V_3,由连续方程可知:

$$V_1 A_1 - V_2 A_2 = V_3 A_3$$

$$1 \times 0.1 - 1.2 \times 0.1 = V_3 \times 0.2$$

$$V_3 = -1\ \mathrm{m/s}$$

该瞬间自由面 A_3 的下降速度为 $1\ \mathrm{m/s}$。

另外,我们可以直接用雷诺输运定理来推导连续方程:

$$\frac{\mathrm{D}}{\mathrm{d}t}\iiint_V \rho \mathrm{d}v = 0$$

$$\iiint \frac{\partial \rho}{\partial t}\mathrm{d}v + \oiint_s \rho \boldsymbol{v} \cdot \mathrm{d}s = 0$$

由于

$$\frac{\mathrm{D}(\rho \mathrm{d}v)}{\mathrm{d}t} = 0$$

即

$$\frac{\mathrm{D}\rho}{\mathrm{d}t}\mathrm{d}v + \rho \frac{\mathrm{D}\mathrm{d}v}{\mathrm{d}v\mathrm{d}t} \cdot \mathrm{d}\boldsymbol{S} = 0$$

得
$$\frac{D\rho}{dt} + \rho \nabla \cdot \mathbf{v} = 0$$

当我们将 Φ 看成 ρ 联立上式就很容易得到连续方程：

$$\frac{\partial \rho}{\partial t} + \nabla \cdot (\rho v) = 0 \qquad (3-5-3)$$

二、黏性流动的动量方程

动量方程是动量守恒定律在流体运动中的表现形式。运动着的流体微团的动量可表示为：$\mathbf{u} dm = \rho \mathbf{u} dV$。

动量守恒定律要求流体系统的动量变化率等于该系统的全部作用力：

$$\frac{d}{dt} \iiint_{v(t)} \rho \mathbf{u} dV = \sum \mathbf{F} \qquad (3-5-4)$$

流体运动中的作用力 F 包括：

1）体积力（包括质量力）：体积力是作用于流体质量上的非接触力，例如地心引力。这种力可以穿透流体的内部作用于每一个流体质点上。体积力可表示为 $\rho f V$，其中，f 为单位质量力，ρf 为单位体积力。

2）面积力：面积力为流体或固体通过接触面施加在另一部分流体上的力。它是流体在运动过程中作用在流体内部假想的面积上的由于流体的黏性和流体相互作用而在流体内部产生的各种应力，或者是流动的固体边界对流动所施加的面积力。设单位面积上的面积力为 $\mathbf{p}$，它是空间坐标 x、时间 t 和作用面外法线方向 $\mathbf{n}$ 的函数，$\mathbf{n}$ 为单位法线向量。

令

$$\mathbf{p} = (p_1, p_2, p_3)$$
$$\mathbf{n} = (n_1, n_2, n_3)$$

下标 1、2、3 分别表示在 x_1、x_2、x_3 轴上的分量。流场中，某一坐标点处某一时刻（t 时）的流体面积力是向量 $\mathbf{n}$ 的一个向量函数，所以可写为九项：

$$p_1 = \sigma_{11} n_1 + \sigma_{21} n_2 + \sigma_{31} n_3$$
$$p_2 = \sigma_{12} n_1 + \sigma_{22} n_2 + \sigma_{32} n_3 \qquad (3-5-5)$$
$$p_3 = \sigma_{13} n_1 + \sigma_{23} n_2 + \sigma_{33} n_3$$

σ_{ij} 为应力张量，下标 i 表示作用面的外法线方向，j 表示面积力的方向，σ_{ij} 为空间点坐标及时间 t 的函数。

$$\sigma_{ij} = \boldsymbol{\sigma} = \begin{bmatrix} \sigma_{11} & \sigma_{12} & \sigma_{13} \\ \sigma_{21} & \sigma_{22} & \sigma_{23} \\ \sigma_{31} & \sigma_{32} & \sigma_{33} \end{bmatrix}$$

式$(3-5-5)$可写成张量形式：

$$p = n \cdot \sigma \qquad (3-5-6)$$

$$或 \quad p_i = \sigma_{ji} n_j \qquad (3-5-7)$$

式$(3-5-6)$表明，面积力可以表示为受力面积外法线单位向量 n 与该点应力张量 σ 的点积。于是动量方程可以写成：

$$\frac{\mathrm{d}}{\mathrm{d}t} \iiint_{V(t)} \rho u \, \mathrm{d}V = \iiint_{V(t)} \rho f \, \mathrm{d}V + \iint_{S(t)} p \, \mathrm{d}S \qquad (3-5-8)$$

此即拉格朗日型积分形式的动量方程。右侧第一项为体积力，第二项为面积力。由雷诺第二输运方程可知，此式可改写为：

$$\iiint_{V(t)} \rho \frac{\mathrm{d}u}{\mathrm{d}t} \mathrm{d}V = \iiint_{V(t)} \rho f \, \mathrm{d}V + \iint_{S(t)} n \cdot \sigma \mathrm{d}S \qquad (3-5-9)$$

这是欧拉型积分形式的动量方程，此式也可写作：

$$\iiint_{V(t)} \rho \frac{\mathrm{d}u_i}{\mathrm{d}t} \mathrm{d}V = \iiint_{V(t)} \rho f_i \mathrm{d}V + \iint_{S(t)} n_j \sigma_{ji} \mathrm{d}S$$

由高斯公式可知，右侧第二项的面积分写为体积分的形式是：

$$\iint_{S(t)} n_j \sigma_{ji} dS = \iiint_{V(t)} \frac{\partial \sigma_{ji}}{\partial x_j} \mathrm{d}V$$

从而动量方程可以写为：

$$\iiint_{V(t)} \rho \frac{\mathrm{d}u_i}{\mathrm{d}t} \mathrm{d}V = \iiint_{V(t)} \rho f_i \mathrm{d}V + \iiint_{V(t)} \frac{\partial \sigma_{ji}}{\partial x_j} \mathrm{d}V \qquad (3-5-10)$$

由于 $V(t)$ 是任取一个控制体体积，则微分型的欧拉型动量方程为：

$$\rho \frac{\mathrm{d}u_i}{\mathrm{d}t} = \rho f_i + \frac{\partial \sigma_{ji}}{\partial x_j} \qquad (3-5-11)$$

$(3-5-11)$的向量形式可写为：

$$\rho \frac{\mathrm{d}u}{\mathrm{d}t} = \rho f + \nabla \cdot \sigma \qquad (3-5-12)$$

这里并未考虑作用力的物理性质，而只考虑力作用于流体的方式，即体积力与面积力的形式。

$(3-5-11)$的物质导数展开后为：

$$\rho \frac{\partial u_i}{\partial t} + \rho u_j \frac{\partial u_i}{\partial x_j} = \rho f_i + \frac{\partial \sigma_{ji}}{\partial x_j} \qquad (3-5-13)$$

$(3-5-3)$式乘于 u_i，得：

$$u_i \left(\frac{\partial \rho}{\partial t} + \frac{\partial (\rho u_j)}{\partial x_j} \right) = 0 \qquad (3-5-14)$$

$(3-5-13)(3-5-14)$ 相加,得:

$$\frac{\partial(\rho u_i)}{\partial t} = \rho f_i - \frac{\partial}{\partial x_j}(\rho u_i u_j - \sigma_{ji}) \qquad (3-5-15)$$

式中,$(\rho u_i u_j - \sigma_{ji}) = \pi_{ij}$ 称为动量通量张量,为一对称张量,所以又可写为:

$$\frac{\partial(\rho \boldsymbol{u})}{\partial t} = \rho \boldsymbol{f} - \nabla \cdot \boldsymbol{\pi} \qquad (3-5-16)$$

我们可以证明:σ_{ij} 为对称张量,同理也可证明 $\rho u_i u_j$ 是对称张量,因此 $(\rho u_i u_j - \sigma_{ji}) = \pi_{ij}$ 也是对称张量。

三、黏性流动的能量方程

能量方程是能量守恒定律在流体运动中的表现形式。令 e 代表单位质量流体所具有的内能,则 ρe 为单位体积所具有的内能。$\frac{1}{2}\rho \boldsymbol{u} \cdot \boldsymbol{u} = \frac{1}{2}\rho u^2$ 代表单位体积的动能,从而单位体积流体所包含的总能量为 $E = \rho e + \frac{1}{2}\rho u^2$。能量守恒定律可表示为:

$$\frac{\mathrm{d}}{\mathrm{d}t}\iiint_{V(t)} \rho(e + \frac{1}{2}\boldsymbol{u} \cdot \boldsymbol{u})\mathrm{d}V = \sum 外力对系统做功 + \sum 由外界传入系统的热量$$

单位时间内外力做的功为:

$$\iiint_{V(t)} \rho \boldsymbol{f} \cdot \boldsymbol{u}\mathrm{d}V + \iint_{S(t)} (\boldsymbol{n} \cdot \boldsymbol{\sigma}) \cdot \boldsymbol{u}\mathrm{d}S$$

由高斯公式可知,表面力做的功可写为体积分形式:

$$\iint_{S(t)} (\boldsymbol{n} \cdot \boldsymbol{\sigma}) \cdot \boldsymbol{u}\mathrm{d}S = \iiint_{V(t)} \frac{\partial}{\partial x_j}(\sigma_{ji}u_i)\mathrm{d}V \qquad (3-5-17)$$

式中,$i = 1,2,3\cdots\cdots; j = 1,2,3\cdots\cdots$

单位时间内传入系统的热量为:

1)$+\iint_{V(t)} Q\mathrm{d}V$,$Q$ 表示由辐射或化学能释放等因素而产生的系统内单位体积流体热量的增量。

2)$-\iint_{S(t)} \boldsymbol{q} \cdot \boldsymbol{n}\mathrm{d}S$,$\boldsymbol{q}$ 为热通量向量,负号表示热的流通量与外法线的方向 $\boldsymbol{n}$ 相反,即热量进入系统。

$$\iint_{S(t)} \boldsymbol{q} \cdot \boldsymbol{n}\mathrm{d}S = \iiint_{V(t)} \frac{\partial}{\partial x_i}q_i\mathrm{d}V \qquad (3-5-18)$$

应用雷诺第二输运方程级的欧拉型的能量方程的积分形式:

$$\frac{d}{dt}\iiint_{V(t)}\rho\left(\frac{1}{2}u_iu_i+e\right)dV$$

$$=\iiint_{V(t)}\rho\frac{d}{dt}\left(e+\frac{1}{2}u_iu_i\right)dV$$

$$=\iiint_{V(t)}\left[\rho f_iu_i+\frac{\partial}{\partial x_j}(\sigma_{ji}u_i)+Q-\frac{\partial q_i}{\partial x_i}\right]dV \qquad (3-5-19)$$

能量方程的微分形式为：

$$\rho\frac{de}{dt}+\rho u_i\frac{du_i}{dt}=\rho f_iu_i+u_i\frac{\partial\sigma_{ji}}{\partial x_j}+\sigma_{ji}\frac{\partial u_i}{\partial x_j}+Q-\frac{\partial q_i}{\partial x_i} \quad (3-5-20)$$

又因为
$$\rho u_i\frac{du_i}{dt}=\rho f_iu_i+u_i\frac{\partial\sigma_{ji}}{\partial x_j} \qquad (3-5-21)$$

联立上面两式,得：

$$\rho\frac{de}{dt}=\sigma_{ji}\frac{\partial u_i}{\partial x_j}+Q-\frac{\partial q_i}{\partial x_i} \qquad (3-5-22)$$

3－6　流体运动的描述的一般概念

对流体运动的描述有两类:一次描述和二次描述。

一次描述是指对可测量速度的描述。为了形象地从几何的角度了解特定的流体质点及其整体运动情况,以下将对迹线、流线、时间线及脉线做简单介绍。

1.迹线　迹线是流体质点的运动轨迹,即该流体质点在不同时刻的运动位置的连线。显然,迹线的概念直接与拉格朗日描述相联系。流体是由无数的流体质点组成的,因为每一个流体质点都有一个确定的迹线,因此对运动的流体来说,迹线是一族曲线。它的特点是:不同的流体质点有不同的迹线,不管什么时候去观察这些迹线,这些迹线的形状都不变,即迹线和时间无关。

2.流线　流线是用来描述流场中各点流动方向的曲线。它是某时刻速度场中的一条矢量线,即线上任一点的切线方向与该点在该时刻的速度矢量方向一致。显然,流线的概念直接与欧拉描述相联系。对于非定常流,不同瞬时每个空间点的速度大小和方向都是变化的,因此,流线的分布情况也不同,流线具有瞬时性。对于定常流,流场中各空间点的速度不随时间发生变化,流线的形状也不随时间发生变化,这时,每条流线就是流体质点在不同时间走过的轨迹,即流线和迹线重合。

根据以上分析,流线具有如下三种性质:

　　a) 在流场中,同一瞬时同一点上只能有一个流体质点,因此,同一瞬时经过一点的流线只可能有一条,不能有两条,流线一般是不相交的。

　　b) 流场中,所有空间点都有流线通过。流线不是一条而是流线族,形成流谱。

　　c) 对非定常流,流线具有瞬时性,其形状一般随时间发生变化;对定常流,流线的形状不随时间发生变化,流体质点沿流线运动。

　　3. 时间线　　时间线是某时刻 t_0 在流场中任意取一条线,该线上的每个流体质点在 t 时刻运动到新的位置上的连线,常称为流体线、时间面。

　　4. 脉线　　脉线是在某一段时间内相继经过某一空间固定点的流体质点在某一瞬时(即观察瞬时)连成的曲线。如果该空间固定点是释放染色的源,则在某一瞬间即可观察到一条染色线,故脉线也称染色线。

　　5. 涡线　　在涡量场中,在同一瞬时沿涡矢方向连成的点满足以下条件:涡线上每一点的切线方向,就是涡场中处于该点的流体质点曲线,涡线必须满足涡矢方向。涡线和流线一样具有瞬时性,对于非定常流,涡线的形状随时间而变化。涡矢和流体质点的旋转面垂直,因此,涡线就是沿各流体质点瞬时旋转的轴线。涡线的形状表示流体质点旋转方向的分布情况。

　　6. 涡管　　在涡量场中,任取一条不是涡线的封闭曲线,通过该曲线上的所有点在同一瞬时做涡线,这些涡线组成的封闭的管状涡面就是涡管。

　　二次描述是对不可测量的描述,如涡量、环量等。

3－7　流体运动学基本方程

一、运动学基本方程

速度导数张量及其转置张量的定义。

$$\nabla \cdot \boldsymbol{v} = \frac{\partial v_\beta}{\partial x_a} \cdot \boldsymbol{i}_a \boldsymbol{i}_\beta = \left(\frac{\partial v_\beta}{\partial x_a}\right) = \begin{bmatrix} \dfrac{\partial v_1}{\partial x_1} & \dfrac{\partial v_2}{\partial x_1} & \dfrac{\partial v_3}{\partial x_1} \\[2mm] \dfrac{\partial v_1}{\partial x_2} & \dfrac{\partial v_2}{\partial x_2} & \dfrac{\partial v_3}{\partial x_2} \\[2mm] \dfrac{\partial v_1}{\partial x_3} & \dfrac{\partial v_2}{\partial x_3} & \dfrac{\partial v_3}{\partial x_3} \end{bmatrix} \qquad (3-7-1)$$

$$\nabla \boldsymbol{v} = \frac{1}{2}\left[\nabla \boldsymbol{v} + (\nabla \boldsymbol{v})^T\right] + \frac{1}{2}\left[\nabla \boldsymbol{v} - (\nabla \boldsymbol{v})^T\right] = \boldsymbol{\Psi} + \boldsymbol{\Omega} \qquad (3-7-2)$$

$$\Psi = \frac{1}{2}\left[\nabla \boldsymbol{v} + (\nabla \boldsymbol{v})^T\right] = \frac{1}{2}\begin{bmatrix} 2\dfrac{\partial v_1}{\partial x_1} & \dfrac{\partial v_2}{\partial x_1} + \dfrac{\partial v_1}{\partial x_2} & \dfrac{\partial v_3}{\partial x_1} + \dfrac{\partial v_1}{\partial x_3} \\[2mm] \dfrac{\partial v_1}{\partial x_2} + \dfrac{\partial v_2}{\partial x_1} & 2\dfrac{\partial v_2}{\partial x_2} & \dfrac{\partial v_3}{\partial x_2} + \dfrac{\partial v_2}{\partial x_1} \end{bmatrix}$$

$$(3-7-3)$$

$$\Omega = \frac{1}{2}\left[\nabla \boldsymbol{v} - (\nabla \boldsymbol{v})^T\right] = \frac{1}{2}\begin{bmatrix} 0 & \dfrac{\partial v_2}{\partial x_1} - \dfrac{\partial v_1}{\partial x_2} & \dfrac{\partial v_3}{\partial x_1} - \dfrac{\partial v_1}{\partial x_3} \\[2mm] \dfrac{\partial v_1}{\partial x_2} - \dfrac{\partial v_2}{\partial x_1} & 0 & \dfrac{\partial v_3}{\partial x_2} - \dfrac{\partial v_2}{\partial x_1} \\[2mm] \dfrac{\partial v_1}{\partial x_3} - \dfrac{\partial v_3}{\partial x_1} & \dfrac{\partial v_2}{\partial x_3} - \dfrac{\partial v_3}{\partial x_2} & 0 \end{bmatrix}$$

$$(3-7-4)$$

上式中各项的物理意义如下：

$\Psi = (\varepsilon_{\alpha\beta})$ —— 变形率张量；

Ω —— 与流体微团的旋度有关，为速度场旋度（向量）；

对角线上，$\dfrac{\partial v_x}{\partial x} + \dfrac{\partial v_y}{\partial y} + \dfrac{\partial v_z}{\partial z} = \nabla \cdot \boldsymbol{v}$ 表示线变形，其他位置的各元素表示角变形。

$$I \times \Omega = I \times \nabla \times \boldsymbol{v}$$

$$= \boldsymbol{i}_\alpha \boldsymbol{i}_\alpha \times \left[\boldsymbol{i}_m \times \frac{\partial}{\partial y_m}(v_n \boldsymbol{i}_n)\right]$$

$$= \frac{\partial v_n}{\partial y_m} \boldsymbol{i}_\alpha \boldsymbol{i}_\alpha \times (\boldsymbol{i}_m \times \boldsymbol{i}_n)$$

$$= \frac{\partial v_n}{\partial y_m} \boldsymbol{i}_\alpha (\boldsymbol{i}_m \delta_n^\alpha - \boldsymbol{i}_n \delta_m^\alpha)$$

$$= \frac{\partial v_n}{\partial y_m} \boldsymbol{i}_\alpha (\delta_m^\beta \delta_n^\alpha - \delta_n^\beta \delta_m^\alpha) \boldsymbol{i}_\beta$$

$$= \frac{\partial v_n}{\partial y_m} \boldsymbol{i}_\alpha \delta_m^\beta \delta_n^\alpha \boldsymbol{i}_\beta - \frac{\partial v_n}{\partial y_m} \boldsymbol{i}_\alpha \delta_n^\beta \delta_m^\alpha \boldsymbol{i}_\beta$$

$$= \frac{\partial v_\alpha}{\partial y_\beta} \boldsymbol{i}_\alpha \boldsymbol{i}_\beta - \frac{\partial v_\beta}{\partial y_\alpha} \boldsymbol{i}_\alpha \boldsymbol{i}_\beta$$

$$= (\nabla \boldsymbol{v})^T - \nabla \boldsymbol{v} \tag{3-7-5}$$

其中

$$\boldsymbol{i}_\alpha \times (\boldsymbol{i}_m \times \boldsymbol{i}_n) = \boldsymbol{i}_m \delta_n^\alpha - \boldsymbol{i}_n \delta_m^\alpha = (\delta_m^\beta \delta_n^\alpha - \delta_n^\beta \delta_m^\alpha) \boldsymbol{i}_\beta$$

$$-I \times \Omega = \nabla \boldsymbol{v} - (\nabla \boldsymbol{v})^T \tag{3-7-6}$$

$$-I \times \boldsymbol{\omega} = \frac{1}{2}[\nabla \boldsymbol{v} - (\nabla \boldsymbol{v})^T] \tag{3-7-7}$$

$$\nabla \boldsymbol{v} = \boldsymbol{\Psi} - I\boldsymbol{\omega} \tag{3-7-8}$$

$$\boldsymbol{\lambda} \cdot \nabla \boldsymbol{v} = \boldsymbol{\lambda} \cdot \boldsymbol{\Psi} + \boldsymbol{\omega} \times \boldsymbol{\lambda} \tag{3-7-9}$$

$$d\boldsymbol{v} = d\boldsymbol{r} \cdot \nabla \boldsymbol{v} = d\boldsymbol{r} \cdot \boldsymbol{\Psi} + \boldsymbol{\omega} \times d\boldsymbol{r} = \boldsymbol{v} - \boldsymbol{v}_0 \tag{3-7-10}$$

$$\boldsymbol{v} = \boldsymbol{v}_0 + d\boldsymbol{r} \cdot \boldsymbol{\Psi} + \boldsymbol{\omega} \times d\boldsymbol{r} \tag{3-7-11}$$

其中：$\boldsymbol{v}_0$——平动速度；$d\boldsymbol{r} \cdot \boldsymbol{\Psi}$——变形速度；$\boldsymbol{\omega} \times d\boldsymbol{r}$——旋转速度；

符合亥姆霍兹速度分解定律。

$$\frac{d\boldsymbol{v}}{d\boldsymbol{r}} \cdot d\boldsymbol{r} = (\nabla \boldsymbol{v})^T \cdot d\boldsymbol{r} = d\boldsymbol{r} \cdot \nabla \boldsymbol{v} \tag{3-7-12}$$

$$\left.\begin{array}{l} \delta \boldsymbol{v} = \boldsymbol{v}_\Psi + \boldsymbol{v}_\omega \\ \boldsymbol{v} = \boldsymbol{v}_0 + \boldsymbol{v}_\Psi + \boldsymbol{v}_\omega \end{array}\right\} \tag{3-7-13}$$

$$\nabla \cdot (\nabla \boldsymbol{v}) = \nabla(\nabla \cdot \boldsymbol{v}) - \nabla \times (\nabla \times \boldsymbol{v})$$
$$= \nabla \boldsymbol{q} - \nabla \times \Omega \tag{3-7-14}$$

其中：$\nabla \boldsymbol{v}$——速度张量的散度；$\nabla \boldsymbol{q}$——速度场的散度；$\nabla \times \Omega$——速度场的旋度。

二、运动学基本方程的物理意义

$\nabla^2 \boldsymbol{v} = \nabla \cdot (\nabla \boldsymbol{v}) = \nabla \cdot (\boldsymbol{\Psi} - \boldsymbol{\omega} \times I)$ 表示：1）速度梯度张量 $\nabla \boldsymbol{v}$ 沿 x、y、z 方向的最大变化率；2）变形率张量 $\boldsymbol{\Psi}$ 和 $\boldsymbol{\omega} \times I$（表示旋转的张量）的变化。

对于 $q = \nabla \cdot \boldsymbol{v}$，如果 $q = 0$，$\nabla \times \Omega = 0$，则 $\nabla^2 \boldsymbol{v} = 0$。

三、基本方程的三种特殊形态

1）对于不可压流体，$\nabla \cdot \boldsymbol{v} = q = 0$；对于无旋流体，$\nabla \times \boldsymbol{v} = \Omega = 0$。此时，$\nabla^2 \boldsymbol{v} = 0$（代表三个方程 $\nabla^2 v_a = 0$，$a = 1,2,3$），流场有势。

如果 $\nabla \times \boldsymbol{v} = \Omega = 0$，则 $\boldsymbol{v} = \nabla \phi$，$\nabla(\nabla \cdot \phi) = 0$，$\nabla^2 \phi = 0$。其中，$\nabla^2 \phi = 0$ 被称为拉普拉斯方程。

2）对于可压流体，$\nabla \cdot \boldsymbol{v} = q \neq 0$；对于无旋流体，$\nabla \times \boldsymbol{v} = \Omega = 0$。此时 $\boldsymbol{v} = \nabla \phi$，$\nabla^2 \phi = q$，此方程称为泊桑方程，向量形式为：$\nabla^2 \phi = \nabla q$。

3）对于不可压流体，$\nabla \cdot \boldsymbol{v} = q \neq 0$；对于有旋流体，$\nabla \times \boldsymbol{v} = \Omega = 0$，$\boldsymbol{v} = -\nabla \times \Omega$。

对于 $q = 0$，对应管形场或无旋场，此时存在矢函数 $\boldsymbol{B}$，满足：

$$\boldsymbol{v} = \nabla \times \boldsymbol{B}, \quad \nabla \cdot (\nabla \times \boldsymbol{B}) = 0$$

$$\nabla \times (\nabla \times \boldsymbol{B}) = \nabla(\nabla \cdot \boldsymbol{B}) - \nabla^2 \boldsymbol{B}$$

可以构造 $\boldsymbol{B}$ 使 $\nabla \boldsymbol{B} = 0$，此时 $\Omega = -\nabla^2 \boldsymbol{B}$。

综上所述，流场通常表示为 $\boldsymbol{v} = \boldsymbol{v}_a + \boldsymbol{v}_q + \boldsymbol{v}_\Omega$，任何一个流场都可以分解成以上三个场。

黏性可压缩流体的涡量动力学方程，又称涡量输运方程，方程式如下：

$$\frac{\mathrm{d}\boldsymbol{\omega}}{\mathrm{d}t} = (\boldsymbol{\omega} \cdot \nabla)\boldsymbol{v} - \boldsymbol{\omega}(\nabla \cdot \boldsymbol{v}) + \nabla \times \boldsymbol{f} - \nabla\left(\frac{1}{\rho}\right) \times \nabla \boldsymbol{p} + \gamma\nabla^2\boldsymbol{\omega}$$

$$(3-7-14)$$

其具体推导过程和各项参数的物理意义见第四章。

3−8　不可压的无旋流动

一、不可压无旋流动的速度势方程

对于无旋流动，$\nabla \times \boldsymbol{v} = 0$，$\boldsymbol{v} = \nabla \phi$；对于不可压流动，$\nabla \cdot \boldsymbol{v} = 0$，$\nabla \cdot \nabla \phi = \nabla^2 \phi = 0$，不可压无旋流动的速度势方程为：

$$\nabla^2 \phi = 0 \qquad\qquad (3-8-1)$$

它在直角坐标系、柱坐标系及球坐标系中的表达式分别为：

$$\frac{\partial^2 \phi}{\partial x^2} + \frac{\partial^2 \phi}{\partial y^2} + \frac{\partial^2 \phi}{\partial z^2} = 0 \qquad\qquad (3-8-1a)$$

$$\frac{\partial^2 \phi}{\partial r^2} + \frac{1}{r^2}\frac{\partial^2 \phi}{\partial \varepsilon^2} + \frac{\partial^2 \phi}{\partial z^2} + \frac{1}{r}\frac{\partial \phi}{\partial r} = 0 \qquad\qquad (3-8-1b)$$

$$\frac{\partial^2 \phi}{\partial R^2} + \frac{1}{R^2}\frac{\partial^2 \phi}{\partial \theta^2} + \frac{1}{R^2\sin^2\theta}\frac{\partial^2 \phi}{\partial \varepsilon^2} + \frac{2}{R}\frac{\partial \phi}{\partial R} + \frac{\mathrm{ctg}\,\theta}{R^2}\frac{\partial \phi}{\partial \theta} = 0 \;(3-8-1c)$$

方程（3−8−1）是线性方程。如果边界条件也为线性，则可以叠加。拉普拉斯方程属于椭圆形方程，定解条件必须四周都给定，而且不同连通域的定解条件是不一样的。

二、不可压无旋流动的流场特点

1）单连通域中的势函数是单值的，复连通域中的势函数是多值的。

对于单连通区域：

$$\phi_{AB} = \int_A^B \mathrm{d}\phi = \int_A^B \mathrm{d}\boldsymbol{r} \cdot \nabla \phi = \int_A^B \boldsymbol{v} \cdot \mathrm{d}\boldsymbol{r} = \Gamma = \phi_B - \phi_A \qquad (3-8-2)$$

$$\phi_B - \phi_A = \oint \mathrm{d}\phi = \oint \mathrm{d}\boldsymbol{r} \cdot \nabla \phi = \oint \boldsymbol{v} \cdot \mathrm{d}\boldsymbol{r} = \Gamma = \iint_A \Omega_A \mathrm{d}A = 0$$

$$(3-8-3)$$

由斯托克斯公式,得:

$$\Gamma = \oint_L \boldsymbol{v} \cdot \mathrm{d}\boldsymbol{r} = \iint_A \Omega \mathrm{d}A \qquad (3-8-4)$$

此时,势函数在一点处的值是唯一的。

对于复连通区域:

$$\phi_{AB} = \int_A^B \mathrm{d}\boldsymbol{\phi} = \int_A^B \mathrm{d}\boldsymbol{r} \cdot \nabla \phi = \int_A^B \boldsymbol{v} \cdot \mathrm{d}\boldsymbol{r} = \Gamma = \phi_B - \phi_A \qquad (3-8-5)$$

$$\begin{cases} \oint \boldsymbol{v} \cdot \mathrm{d}\boldsymbol{r} = \oint_{AB} + \oint_{BC} + \oint_{CD} + \oint_{DA} = 0 \\[2mm] \oint_{AB} = -\oint_{CD} = \oint_{DC} = \phi_B - \phi_A \neq 0 \end{cases} \qquad (3-8-6)$$

此时,某点的函数有多个也无妨,我们关心的是它的梯度。

2)速度有势,加速度也有势。

由 $\dfrac{\mathrm{D}\boldsymbol{v}}{\partial t} = \dfrac{\partial \boldsymbol{v}}{\partial t} + \boldsymbol{v} \cdot \nabla \boldsymbol{v} = \dfrac{\partial \boldsymbol{v}}{\partial t} + \nabla \dfrac{v^2}{2} - \boldsymbol{v} \times (\nabla \times \boldsymbol{v})$ 可知,对于不可压无旋流动,$\boldsymbol{v} \times (\nabla \times \boldsymbol{v}) = 0$,此时,加速度的表达式为:

$$\boldsymbol{a} = \frac{\mathrm{D}\boldsymbol{v}}{\mathrm{d}t} = \frac{\partial(\nabla \phi)}{\partial t} + \nabla \frac{v^2}{2} = \nabla \frac{\partial \phi}{\partial t} + \nabla \frac{v^2}{2} = \nabla(\frac{\partial \phi}{\partial t} + \frac{v^2}{2})$$
$$(3-8-7)$$

能量表达式为 $E = \dfrac{\partial \phi}{\partial t} + \dfrac{v^2}{2}$。

可见 $\boldsymbol{a} = \nabla E$,在定常条件下,$E = \dfrac{v^2}{2}$,速度的环量 $\Gamma_v = \oint \boldsymbol{v} \cdot \mathrm{d}\boldsymbol{r}$,加速度的环量 $\Gamma_a = \oint \boldsymbol{a} \cdot \mathrm{d}\boldsymbol{r}$,此时 $\dfrac{D\Gamma_a}{\mathrm{d}t} = 0$。一般情况下,$\Gamma_a = \dfrac{D\Gamma_V}{\mathrm{d}t}$。

3)不可压无旋流动的动能:

$$E = \iiint \frac{v^2}{2} \mathrm{d}v = 0 \qquad (3-8-8)$$

三、不可压无旋流动问题的求解思想

对于求解域的边界形状是已知的不可压无旋流动,通常四周的边界条件是可以给出关于 ϕ 或它对坐标轴的导数的关系式。这样,可由现有方程 $\nabla^2 \phi = 0$ 及边界条件解出 ϕ,然后再由 $\boldsymbol{v} = \nabla \phi$ 求得速度场。所以在这种情况下,求解速度场问题纯粹是运动学问题,运动学问题求解时只与这个时刻的边界条件有关,与运动的历史无关。也就是说,求解 ϕ 时不需要即时条件(因为方程和边界条件中

没有对时间 t 的微分），场的不定常性仅仅反映不同时刻的边界形状或边界条件的不同。

具体建立并求解这种运动学问题时，可以采用绝对坐标系也可以采用固定于物体上的坐标系。讨论的运动可以是绝对运动，也可以是相对运动，视便利性而定。但应注意，固定于物体上的坐标系上建立的边界条件形式比较简单，而无旋流动通常都是指绝对运动，是无旋的，这样，不可压无旋运动学问题常常采用固定于物体上的坐标系讨论绝对运动。这时，基本方程为 $\nabla^2 \phi = 0$，而边界条件又比较简单，所以求解很方便。当物体做平移运动时，采用固定于物体上的坐标系讨论相对运动也很方便，因为这时的相对运动也是无旋的。

四、不可压无旋流动的定解条件

定解条件是指方程的解存在唯一且连续依赖于边界的条件，一般包括边界条件和起始条件。边界条件已知的不可压无旋流动不需要起始条件，所以定解条件只包含边界条件。定解条件的给定视具体问题而定。原则上，对于椭圆形方程，所有边界条件都必须给定 ϕ 或所有边界给定 $\dfrac{\partial \phi}{\partial n}$（$n$ 为变界面的法线方向）或部分边界给定 ϕ，其余边界给定 $\dfrac{\partial \phi}{\partial n}$，则 ϕ 有唯一解，并且这样给出的边界条件就是定解条件。这样建立的问题分别称为第一类、第二类和第三类边值问题。

这里给出不可压无旋流动中最常见的一些边界条件。

首先给出物面条件的几种表达式，令 $F(x,y,z,t) = 0$ 为物面方程，n 为其法线方向，v 为流体速度，v_b 为物体速度，则由物面条件可得到其表达式。

1）黏性流体：

$$v = v_b, \quad F(x,y,z,t) = 0 \text{ 上} \tag{3-8-9}$$

如物面不动，则 $F(x,y,z,t) = 0$ 上，$v = 0$。

2）理想流体：

$$\frac{\partial F}{\partial t} + v \cdot \nabla F = 0, \quad F(x,y,z,t) = 0 \text{ 上} \tag{3-8-10a}$$

$$\text{或 } v \cdot \nabla F = v_b \cdot \nabla F, \quad F(x,y,z,t) = 0 \text{ 上} \tag{3-8-10b}$$

$$\text{或 } v \cdot n = v_b \cdot n, \quad F(x,y,z,t) = 0 \text{ 上} \tag{3-8-10c}$$

物面条件也可在固定于物体的坐标系 (x',y',z') 上建立，物面方程为 $F(x',y',z') = 0$，在该坐标系上看到的运动速度（即相对速度）用 v' 表示，则物面条件如下。

黏性流体：$v' = 0$，　$F(x', y', z') = 0$ 上 　　　　　　　　$(3-8-11)$

理想流体：$v' \cdot \nabla' F = 0$，　$F(x', y', z') = 0$ 上 　　　　　$(3-8-12a)$

或 $v'_b \cdot \nabla' F = 0$，　$F(x', y', z') = 0$ 上 　　　$(3-8-12b)$

比较 $(3-8-10)$ 与 $(3-8-12)$ 可知，此二式是可以互相推导出来的，因为 $\nabla F = \nabla' F$，$\boldsymbol{n} = \boldsymbol{n}'$（向量与坐标系无关）且物面上 $v' = v - v_b$。

① 理想流体的物面条件。

在动力学中可以证明：除个例外，无旋流动只可能发生在理想流体的流动中，所以无旋流动的物面边界条件只可能采用理想流体的物面条件。

② 无穷远处或进出口边界的速度条件。

③ n 连通域需要给出 $n-1$ 个环量条件。

五、用速度势建立不可压无旋流动运动学问题举例

建立数学物理问题是指给出封闭的微分方程组及定解条件。这时，求解问题的前提是至关重要的。一般来说，只要正确地建立了问题，即使找不到解析解，也可以用计算解找到数值解。

例　试用速度势建立图 $3-5$ 所示的不可压无旋流动的运动学问题。图中物面方程 $F_1 = x^2 + y^2 + z^2 - b^2 = 0$，$F_2 = (x - U_0 t)^2 + y^2 + z^2 - a^2 = 0$。

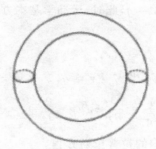

图 $3-5$

解　采用固结域外壳的坐标系 (x, y, z) 讨论流体的绝对运动，这是在单连通域内求解如下方程：

$$\frac{\partial^2 \phi}{\partial x^2} + \frac{\partial^2 \phi}{\partial y^2} + \frac{\partial^2 \phi}{\partial z^2} = 0 \tag{1}$$

利用物面条件 $(3-8-10)$ 可以得到内外球面上的 $\dfrac{\partial \phi}{\partial n}$ 值，即定解条件。

由 $(3-8-10)$ 式 $v \cdot n = v_b \cdot n$，现选择 n 为域的边界面的外法线方向的单位向量，并且 $v \cdot n = n \cdot \nabla \phi = \dfrac{\partial \phi}{\partial n}$，外球面上，$v_b = U_0 i$，得：

$$\frac{\partial \phi}{\partial \boldsymbol{n}} = 0, \quad x^2 + y^2 + z^2 - b^2 = 0 \tag{2}$$

$$\frac{\partial \phi}{\partial \boldsymbol{n}} = U_0 \boldsymbol{i} \cdot \frac{-\nabla F_2}{|\nabla F_2|} = \frac{-U_0(x - U_0 t)}{[(x - U_0 t)^2 + y^2 + z^2]^{1/2}}$$

$$(x - U_0 t)^2 + y^2 + z^2 - a^2 = 0 \tag{3}$$

将(1)(2)(3)联立就建立了本问题,解出 ϕ 后,由 $u = \frac{\partial \phi}{\partial x}, v = \frac{\partial \phi}{\partial y}, w = \frac{\partial \phi}{\partial z}$ 即可得到速度分布。

六、不可压无旋流动运动方程的积分方程

在这种情况下,运动学方程变为 $\frac{\partial \phi}{\partial t} + \frac{v^2}{2} + p + U = f(t)$,其中,$\nabla p = \frac{1}{\rho} \nabla p$,对于 U 有 $\nabla U = \boldsymbol{m}$。这是一种动力学的无旋运动。

3－9　可压缩无旋流动

一、给定散度的可压无旋流动的基本方程

给定散度 $\nabla \cdot v = q$,q 表示单位体积流进或流出的流量,即对应点源。对于无旋流动,$\nabla \times v = 0$,$\nabla^2 \phi = q$,此时,运动学基本方程可简化为 $\nabla^2 v = \nabla q$。

二、点源对应的势函数

$v = \nabla \phi = v_r \boldsymbol{i}_r$,其中,$\phi = f(r)$。

对于坐标原点外的流场,当 $\nabla \cdot v = q$,$\nabla \times v = 0$ 时,有 $\nabla^2 \phi = 0$,即:

$$\frac{1}{\sqrt{g}} = \frac{\partial_\beta}{\partial x^\alpha}(\sqrt{g} g^{\alpha\beta} \frac{\partial \phi}{\partial x^\beta}) = 0 \tag{3-9-1}$$

此方程为曲线坐标系中的拉普拉斯方程。

在正交曲线坐标系中:

$$g = \begin{bmatrix} g_{11} & g_{12} & g_{13} \\ g_{12} & g_{22} & g_{23} \\ g_{13} & g_{23} & g_{33} \end{bmatrix} = \begin{bmatrix} g_{11} & 0 & 0 \\ 0 & g_{22} & 0 \\ 0 & 0 & g_{33} \end{bmatrix} = g_{11} \cdot g_{22} \cdot g_{33} = H_1{}^2 H_2{}^2 H_3{}^2$$

$$\tag{3-9-2}$$

其中,$g_{\alpha\beta} = \boldsymbol{e}_\alpha \cdot \boldsymbol{e}_\beta$ 为基本度量张量的协变分量。

由　　　　　　$\mathrm{d}\boldsymbol{R}^1 \mathrm{d}\boldsymbol{R}^1 = \mathrm{d}x^1 \mathrm{d}x^1 \boldsymbol{e}_1 \cdot \boldsymbol{e}_1 = (\mathrm{d}x^1)^2 g_{11} = |\mathrm{d}\boldsymbol{R}^1|^2$

得　　　　　　　　　　$g_{11} = \frac{\mathrm{d}\boldsymbol{R}^1}{\mathrm{d}x^1} = H_1{}^2 \tag{3-9-3}$

同理有
$$g_{22} = \frac{\mathrm{d}\boldsymbol{R}^2}{\mathrm{d}x^2} = H_2{}^2, \quad g_{33} = \frac{\mathrm{d}\boldsymbol{R}^3}{\mathrm{d}x^3} = H_3{}^2$$

定义 $\sqrt{g} = H_1 H_2 H_3$ 为拉梅系数。

在非正交曲线坐标系中：
$$\boldsymbol{e}_\alpha \cdot \boldsymbol{e}^\beta = \delta_\alpha{}^\beta = g_{\alpha\mu}\boldsymbol{e}^\mu\boldsymbol{e}^\beta = g_{\alpha\mu}g^{\mu\beta} \tag{3-9-4}$$

由 $g_{1\mu}g^{\mu1} = 1$，即 $g_{11}g^{11} + g_{12}g^{21} + g_{13}g^{31} = 1, g_{12}g^{21} = 0, g_{13}g^{31} = 0$，得：
$$g_{11}g^{11} = 1$$

所以
$$g_{11} = \frac{1}{g^{11}} = \frac{1}{H_1{}^2}$$

$$g_{22} = \frac{1}{g^{22}} = \frac{1}{H_2{}^2}$$

$$g_{33} = \frac{1}{g^{33}} = \frac{1}{H_3{}^2} \tag{3-9-5}$$

$$\frac{1}{H_1 H_2 H_3}\Big[\frac{\partial}{\partial x^1}\Big(\frac{H_2 H_3}{H_1}\frac{\partial\phi}{\partial x^1}\Big) + \frac{\partial}{\partial x^2}\Big(\frac{H_1 H_3}{H_2}\frac{\partial\phi}{\partial x^2}\Big) + \frac{\partial}{\partial x^3}\Big(\frac{H_1 H_2}{H_3}\frac{\partial\phi}{\partial x^3}\Big)\Big] = 0 \tag{3-9-6}$$

在球坐标系中，$H_R = \frac{\mathrm{d}R}{\mathrm{d}R} = 1, H_\theta = \frac{R\mathrm{d}\theta}{\mathrm{d}\theta} = R, H_t = \frac{\mathrm{d}tR\sin\theta}{\mathrm{d}t} = R\sin\theta$，定义 $x^1 - R$ 方向、$x^2 - R$ 方向、$x^3 - R$ 方向，则在球坐标系下：

$$H_t = \frac{\partial}{\partial R}\Big(R^2\sin\theta\frac{\partial\phi}{\partial R}\Big) + \frac{\partial}{\partial\theta}\Big(\sin\theta\frac{\partial\phi}{\partial\theta}\Big) + \frac{\partial}{\partial t}\Big(\frac{1}{\sin\theta}\frac{\partial\phi}{\partial t}\Big) = 0 \tag{3-9-7}$$

因为在球坐标系中势函数只与 R 有关，所以
$$\begin{cases} \dfrac{\partial\phi}{\partial\theta} = 0 \\[2mm] \dfrac{\partial\phi}{\partial t} = 0 \end{cases}$$

故有
$$\frac{\mathrm{d}}{\mathrm{d}R}\Big(R^2\frac{\mathrm{d}\phi}{\mathrm{d}R}\Big) = 0 \tag{3-9-8}$$

其中，$\dfrac{\mathrm{d}\phi}{\mathrm{d}R} = \dfrac{c_1}{R^2}, \phi = \dfrac{c_2}{R} + c_3$。

若对应点源的流量为 Q，则单位时间内流入或流出的体积流量 $Q = 4\pi R^2 v_R$，此时，$v_R = \dfrac{\mathrm{d}\phi}{\mathrm{d}R} = \dfrac{Q}{4\pi R^2} = \dfrac{c_1}{R^2}$，故 $c_1 = \dfrac{Q}{4\pi}$，又 $c_1 = -c_2$，所以 $c_2 = -\dfrac{Q}{4\pi}$。因此

$$\phi = -\frac{Q}{4\pi R} + c_3 \qquad (3-9-9)$$

$$v = \frac{\mathrm{d}\phi}{\mathrm{d}R} = \frac{Q}{4\pi R^2}\frac{\boldsymbol{R}}{R} = \frac{Q}{4\pi R^2}\boldsymbol{i}_R \qquad (3-9-10)$$

以上两式合称拉格朗日点源解,这是点源势函数的一般形式。

如果将坐标系平移至点 $O'(\xi, \eta, \zeta)$,则:

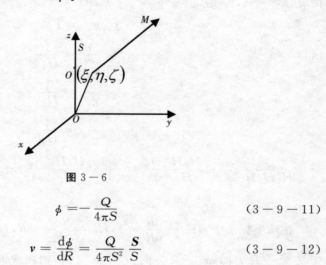

图 3—6

$$\phi = -\frac{Q}{4\pi S} \qquad (3-9-11)$$

$$v = \frac{\mathrm{d}\phi}{\mathrm{d}R} = \frac{Q}{4\pi S^2}\frac{\boldsymbol{S}}{S} \qquad (3-9-12)$$

其中,$S = \sqrt{(x-\xi)^2 + (y-\eta)^2 + (z-\zeta)^2}$,$\boldsymbol{S} = \frac{x-\xi}{S}\boldsymbol{i} + \frac{y-\eta}{S}\boldsymbol{j} + \frac{z-\zeta}{S}\boldsymbol{k}$。

三、泊桑方程的特解

这种情况是针对边界条件无穷大、区间内布满点源或点汇的流场。

$$\phi = -\sum_{i=1}^{n}\frac{Q_i}{4\pi S}, \quad Q_i = q_i V$$

其中,Q 表示单位时间内流进或流出的体积流量;q 表示单位时间内单位体积流进或流出的体积流量。

$$\phi = -\sum_{i=1}^{n}\frac{q_i \mathrm{d}v}{4\pi S} = -\iiint\limits_{V}\frac{q_i \mathrm{d}v}{4\pi S} = -\frac{1}{4\pi}\iiint\limits_{V}\frac{q_i}{S}\mathrm{d}v \qquad (3-9-13)$$

$$v = \frac{1}{4\pi}\iiint\limits_{V}\frac{\boldsymbol{S}q_i}{S^3}\mathrm{d}v \qquad (3-9-14)$$

四、线源方程

$$\phi = -\frac{1}{4\pi}\iiint\limits_{V}\frac{q_i \mathrm{d}A}{S}\mathrm{d}v = -\frac{1}{4\pi}\int\limits_{L}\frac{q_1}{S}\mathrm{d}l \qquad (3-9-15)$$

$$v = \frac{1}{4\pi} \int_L \frac{\boldsymbol{S}q_1}{S^3} \mathrm{d}l \qquad (3-9-16)$$

例　在 L 上布满 $q_l = c$ 的源，垂直于 xOy 的面上布满这样的线源，求诱导出任何空间一点的 ϕ、v。

解
$$\phi = -\frac{q_l}{4\pi} \ln \sigma^2$$

$$v = \frac{q_l}{4\pi\sigma^2} [(x-\xi)\boldsymbol{i} + (y-\eta)\boldsymbol{j}]$$

$$\sigma = \sqrt{(x-\xi)^2 + (y-\eta)^2}$$

3－10　不可压有旋流动

一、不可压有旋流动方程

不可压流体 $\nabla \cdot v = 0$，无旋流体 $\nabla \times v = \Omega$，此时，运动学基本方程可简化为 $\nabla^2 v = \nabla \times \Omega$，$\nabla^2 \boldsymbol{B} = -\Omega$。

二、不可压有旋流动的特解

当 $\boldsymbol{B} = \dfrac{1}{4\pi} \iiint\limits_V \dfrac{\Omega}{S} \mathrm{d}v$ 时：

$$\nabla^2 \phi = q - \phi = -\frac{1}{4\pi} \iiint\limits_V \frac{q}{S} \mathrm{d}v \qquad (3-10-1)$$

$$\nabla^2 B_x = -\Omega_x, \quad \nabla^2 B_y = -\Omega_y, \quad \nabla^2 B_z = -\Omega_z$$

$$\Omega = \Omega(\xi, \eta, \zeta) \qquad (3-10-2)$$

$$\begin{aligned}
v &= \nabla \times \boldsymbol{B} \\
&= \frac{1}{4\pi} \nabla \times \iiint\limits_V \frac{\Omega}{S} \mathrm{d}v \\
&= \frac{1}{4\pi} \iiint\limits_V \nabla \left(\frac{1}{S}\right) \cdot \Omega \mathrm{d}v \\
&= -\frac{1}{4\pi} \iiint\limits_V \frac{\nabla S \times \Omega}{S^2} \mathrm{d}v \\
&= -\frac{1}{4\pi} \iiint\limits_V \frac{\boldsymbol{S} \times \Omega}{S^3} \mathrm{d}v \qquad (3-10-3)
\end{aligned}$$

其中，$\nabla S = \dfrac{\boldsymbol{S}}{S}$。

所以
$$\boldsymbol{B} = \frac{1}{4\pi} \iiint\limits_V \frac{\Omega}{S} \mathrm{d}v \qquad (3-10-4)$$

$$v = -\frac{1}{4\pi}\iiint\limits_{V}\frac{S \times \Omega}{S^3}\mathrm{d}v \tag{3-10-5}$$

上面两式合称 Biot $-$ Savart 定理。

$$\nabla \cdot B = \frac{1}{4\pi}\iiint\limits_{V}\nabla\left(\frac{1}{S}\right)\times\Omega\mathrm{d}v \tag{3-10-6}$$

其中，$\nabla = i\dfrac{\partial}{\partial x} + j\dfrac{\partial}{\partial y} + k\dfrac{\partial}{\partial z}$。

由　　　　$\Omega = \Omega(\xi,\eta,\zeta),\quad S = \sqrt{(x-\xi)^2 + (y-\eta)^2 + (z-\zeta)^2}$

$$\nabla\left(\frac{1}{S}\right) = \nabla'\left(\frac{1}{S}\right),\quad \nabla' = i'\frac{\partial}{\partial x} + j'\frac{\partial}{\partial y} + k'\frac{\partial}{\partial z}$$

得

$$\nabla \cdot B = -\frac{1}{4\pi}\iiint\limits_{V}\nabla\left(\frac{1}{S}\right)\times\Omega\mathrm{d}v = -\frac{1}{4\pi}\iiint\limits_{V}\nabla\nabla\cdot\left(\frac{\Omega}{S}\right)\mathrm{d}v = -\frac{1}{4\pi}\oint\frac{\Omega \cdot \mathrm{d}A}{S}$$

三、涡线对应的速度场

$$v = -\frac{1}{4\pi}\iiint\limits_{V}\frac{S \times \Omega}{S^3}\mathrm{d}v = -\frac{\Gamma}{4\pi}\int\limits_{L}\frac{S \times \mathrm{d}l}{S^3} \tag{3-10-7}$$

$$\Omega_l = \Omega\mathrm{d}A\mathrm{d}l = \Gamma i_l\mathrm{d}l = \Gamma\mathrm{d}l \tag{3-10-8}$$

其中，Γ 沿 L 方向不变。

四、对涡面

$$v = -\frac{1}{4\pi}\iint\limits_{A}\frac{S \times \Omega_A}{S^3} \tag{3-10-9}$$

$$\Omega\mathrm{d}V = \Omega\mathrm{d}A\mathrm{d}l = \Omega_A\mathrm{d}A \tag{3-10-10}$$

$$\nabla^2 v = \nabla q - \nabla \times \Omega \tag{3-10-11}$$

例　如图 $3-7$ 所示，M 上布满了涡量，方向与 Z 轴正方向相同，求其速度矢量。

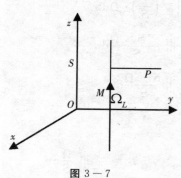

图 $3-7$

解
$$v = -\frac{1}{4\pi}\int_L \frac{\boldsymbol{S} \times \mathrm{d}\Omega_l}{S^3} = -\frac{\Gamma}{4\pi}\int_L \frac{\boldsymbol{S} \times \mathrm{d}l}{S^3}$$

$$v = -\frac{\Gamma}{4\pi}\int_0^\pi \frac{\sin\theta\mathrm{d}\theta}{\sigma}\boldsymbol{i}_\theta$$

$$v = \frac{\Gamma}{2\pi\sigma}\boldsymbol{i}_\theta$$

其中,$\sigma = \sqrt{(x-\xi)^2 + (y-\eta)^2}$。

因此
$$v = \frac{\Gamma}{2} \frac{r^2}{(r^2+z^2)^{3/2}}\boldsymbol{i}_\beta$$

习题

3-1 黏性流体平面定常流动中是否存在流函数?

答 黏性流体定常平面流动的连续方程为$\frac{\partial(\rho u)}{\partial x} + \frac{\partial(\rho v)}{\partial y} = 0$。

黏性流体平面定常流动存在函数:$P(x,y,t) = -\rho v$ 和 $Q(x,y,t) = \rho u$,并且满足条件$\frac{\partial(Q)}{\partial x} = \frac{\partial(P)}{\partial y}$。因此,黏性流体平面定常流动中存在流函数:

$$\psi(x,y,t) = \int P\mathrm{d}x + Q\mathrm{d}y = \int -(\rho v)\mathrm{d}x + (\rho u)\mathrm{d}y$$

3-2 轴对称流动中的流函数是否满足拉普拉斯方程?

答 如果流体为不可压缩流体,流动为无旋流动,那么流函数为调和函数,满足拉普拉斯方程。

3-3 根据下面两种平面不可压缩流场的速度分布分别求加速度:$(1)u = \frac{m}{2\pi} \cdot \frac{x}{x^2+y^2}, v = \frac{m}{2\pi} \cdot \frac{y}{x^2+y^2}$;$(2)u = \frac{Kt(y^2-x^2)}{(x^2+y^2)^2}, v = \frac{-2Ktxy}{(x^2+y^2)^2}$,其中 m、K 为常数。

解 (1) 流场的加速度表达式为:

$$a_x = \frac{\partial u}{\partial t} + u\frac{\partial u}{\partial x} + v\frac{\partial u}{\partial y}, a_y = \frac{\partial v}{\partial t} + u\frac{\partial v}{\partial x} + v\frac{\partial v}{\partial y}$$

由速度分布,可以计算得出$\frac{\partial u}{\partial t} = 0, \frac{\partial v}{\partial t} = 0$。

因此
$$\frac{\partial u}{\partial x} = \frac{m}{2\pi} \cdot \frac{y^2-x^2}{(x^2+y^2)^2}, \frac{\partial u}{\partial y} = \frac{m}{2\pi} \cdot \frac{-2xy}{(x^2+y^2)^2}$$

$$\frac{\partial v}{\partial x} = \frac{m}{2\pi} \cdot \frac{-2xy}{(x^2+y^2)^2}, \frac{\partial v}{\partial y} = \frac{m}{2\pi} \cdot \frac{x^2-y^2}{(x^2+y^2)^2}$$

将上式代入加速度表达式,得:

$$a_x = 0 + \frac{m}{2\pi} \cdot \frac{x}{x^2+y^2} \cdot \frac{m}{2\pi} \cdot \frac{y^2-x^2}{(x^2+y^2)^2} + \frac{m}{2\pi} \cdot \frac{y}{x^2+y^2} \cdot \frac{m}{2\pi} \cdot \frac{-2xy}{(x^2+y^2)^2}$$

$$= -\left(\frac{m}{2\pi}\right)^2 \cdot \frac{x}{(x^2+y^2)^2}$$

$$a_y = 0 + \frac{m}{2\pi} \cdot \frac{x}{x^2+y^2} \cdot \frac{m}{2\pi} \cdot \frac{-2xy}{(x^2+y^2)^2} + \frac{m}{2\pi} \cdot \frac{y}{x^2+y^2} \cdot \frac{m}{2\pi} \cdot \frac{x^2-y^2}{(x^2+y^2)^2}$$

$$= -\left(\frac{m}{2\pi}\right)^2 \cdot \frac{y}{(x^2+y^2)^2}$$

(2) 由速度分布函数可以得到:

$$\frac{\partial u}{\partial t} = \frac{K(y^2-x^2)}{(x^2+y^2)^2}, \frac{\partial v}{\partial t} = \frac{-2Kxy}{(x^2+y^2)^3};$$

$$\frac{\partial u}{\partial x} = 2Ktx \cdot \frac{(x^2-3y^2)}{(x^2+y^2)^3}, \frac{\partial u}{\partial y} = 2Kty \cdot \frac{(3x^2-y^2)}{(x^2+y^2)^3};$$

$$\frac{\partial v}{\partial x} = -2Kty \cdot \frac{(y^2-3x^2)}{(x^2+y^2)^3}, \frac{\partial v}{\partial y} = -2Ktx \cdot \frac{(x^2-3y^2)}{(x^2+y^2)^3}$$

将上式代入加速度表达式中,得:

$$a_x = K \cdot \frac{y^2-x^2}{(x^2+y^2)^2} + Kt \cdot \frac{y^2-x^2}{(x^2+y^2)^2} \cdot 2Ktx \cdot \frac{x^2-3y^2}{(x^2+y^2)^3}$$

$$- Kt \cdot \frac{2xy}{(x^2+y^2)^2} \cdot 2Kty \cdot \frac{3x^2-y^2}{(x^2+y^2)^3}$$

$$= K \cdot \frac{y^2-x^2}{(x^2+y^2)^2} - (Kt)^2 \frac{2x}{(x^2+y^2)^3}$$

$$a_y = -K \cdot \frac{2xy}{(x^2+y^2)^2} + Kt \cdot \frac{y^2-x^2}{(x^2+y^2)^2} \cdot (-2Kty) \cdot \frac{y^2-3x^2}{(x^2+y^2)^3}$$

$$- Kt \cdot \frac{2xy}{(x^2+y^2)^2} \cdot (-2Ktx) \cdot \frac{x^2-3y^2}{(x^2+y^2)^3}$$

$$= -K \cdot \frac{2xy}{(x^2+y^2)^2} - (Kt)^2 \frac{2y}{(x^2+y^2)^3}$$

3－4　已知欧拉参数表示的速度场分布为 $u = x+t, v = y+t$,试求质点位移和速度的拉格朗日表达式。已知 $t = 0$ 时,$x = a, y = b$。

解　(1) 流体质点的轨迹方程为:

$$\begin{cases} \mathrm{d}x = u\mathrm{d}t \\ \mathrm{d}y = v\mathrm{d}t \end{cases}$$

将速度分布代入上式,得到:

$$\begin{cases} \mathrm{d}x = (x+t)\mathrm{d}t \\ \mathrm{d}y = (y+t)\mathrm{d}t \end{cases}$$

两个方程除自变量外,完全一致,只需要解一个即可。将第一个方程改写为:$\dfrac{\mathrm{d}x}{\mathrm{d}t} - x = t$。

该方程为一阶非齐次常微分方程,非齐次项为 t。先求齐次方程的通解,齐次方程为:$\dfrac{\mathrm{d}x}{\mathrm{d}t} = x$,即 $\dfrac{\mathrm{d}x}{x} = \mathrm{d}t$;两端同时积分,得 $\ln x = t + C, x = Ce^t$。

(2)令非齐次方程的特解 $x^*(t) = C(t) \cdot e^t$;

对其两端求导,得:$\dfrac{\mathrm{d}x^*(t)}{\mathrm{d}t} = C'(t) \cdot e^t + C(t) \cdot e^t$。

将上述 $x^*(t)$ 和 $\dfrac{\mathrm{d}x^*(t)}{\mathrm{d}t}$ 代入非齐次方程,得 $C'(t) \cdot e^t + C(t) \cdot e^t - C(t) \cdot e^t = t$,整理得到:$C'(t) = t \cdot e^{-t}$。两端同时积分,得:

$$C(t) = \int t \cdot e^{-t}\mathrm{d}t = -(t+1)e^{-t} + C_1$$

将上式代入特解中,得:

$$x^*(t) = C(t) \cdot e^t = [-(t+1)e^{-t} + C_1]e^t = -(t+1) + C_1 e^t$$

(3)将初始条件 $t = 0$ 时 $x = a$ 代入上式,得 $C_1 = a + 1$,因此,$x^*(t) = -(t+1) + (a+1)e^t$。

同理可得:$y^*(t) = -(t+1) + (b+1)e^t$。

轨迹方程为:

$$\vec{r}(t) = x^*(t)\vec{i} + y^*(t)\vec{j} = [-(t+1) + (a+1)e^t]\vec{i} + [-(t+1) + (b+1)e^t]\vec{j}$$

(4)用拉格朗日法表达的速度为:

$$\vec{v}(t) = \frac{\partial \vec{r}(t)}{\partial t} = [(a+1)e^t - 1]\vec{i} + [(b+1)e^t - 1]\vec{j}$$

3-5　已知平面不可压缩流体的速度分布为(1)$u = y, v = -x$;(2)$u = x - y, v = x + y$;(3)$u = x^2 - y^2 + x, v = -(2xy + y)$。判断此流场是否存在势函数 φ 和流函数 ψ,若存在,则求之。

解　(1)$u = y, v = -x$

① 求速度势函数

$\omega_z = \dfrac{1}{2}\left(\dfrac{\partial v}{\partial x} - \dfrac{\partial u}{\partial y}\right) = \dfrac{1}{2}(-1-1) = -1 \neq 0$,因此流体为有旋流动,不存在势函数 $\varphi(x, y)$;

② 求流函数

由于 $\dfrac{\partial u}{\partial x}+\dfrac{\partial v}{\partial y}=0+0=0$，满足不可压缩流体的连续方程，存在流函数 $\psi(x,$ $y)$，且

$$\psi(x,y)=\int_{(0,0)}^{(x,y)}-v\mathrm{d}x+u\mathrm{d}y=\int_{(0,0)}^{(x,0)}x\mathrm{d}x+\int_{(x,0)}^{(x,y)}y\mathrm{d}y=\frac{1}{2}(x^2+y^2)$$

(2) $u=x-y,v=x+y$

① 求速度势函数

$\omega_z=\dfrac{1}{2}\left(\dfrac{\partial v}{\partial x}-\dfrac{\partial u}{\partial y}\right)=\dfrac{1}{2}(1+1)=1\neq 0$，此时，流体为有旋流动，不存在势函数 $\varphi(x,y)$；

② 求流函数

由于 $\dfrac{\partial u}{\partial x}+\dfrac{\partial v}{\partial y}=1+1=2\neq 0$，不满足不可压缩流体的连续方程，不存在流函数 $\psi(x,y)$。

(3) $u=x^2-y^2+x,v=-(2xy+y)$

① 求速度势函数

$\omega_z=\dfrac{1}{2}\left(\dfrac{\partial v}{\partial x}-\dfrac{\partial u}{\partial y}\right)=\dfrac{1}{2}\left[-2y-(-2y)\right]=0$，因此流体为无旋流动，存在势函数 $\varphi(x,y)$，且

$$\varphi(x,y)=\int_{(0,0)}^{(x,y)}u\mathrm{d}x+v\mathrm{d}y=\int_{(0,0)}^{(x,0)}(x^2+x)\mathrm{d}x-\int_{(x,0)}^{(x,y)}(2xy+y)\mathrm{d}y$$

$$=\frac{1}{2}(x^2+y^2)=\frac{1}{x^3}+\frac{1}{2}x^2-xy^2-\frac{1}{2}y^2$$

② 求流函数

由于 $\dfrac{\partial u}{\partial x}+\dfrac{\partial v}{\partial y}=(2x+1)-(2x+1)=0$，满足不可压缩流体的连续方程，存在流函数 $\psi(x,y)$，且

$$\psi(x,y)=\int_{(0,0)}^{(x,y)}-v\mathrm{d}x+u\mathrm{d}y=\int_{(0,0)}^{(x,0)}2xy\mathrm{d}x+\int_{(x,0)}^{(x,y)}(x^2-y^2+y)\mathrm{d}y$$

$$=2x^2y+xy-\frac{1}{3}y^3$$

3－6 已知欧拉参数表示的速度分布为 $u=Ax,v=-Ay$，求流体质点的轨迹。

解　轨迹方程为 $\dfrac{\mathrm{d}x}{u}=\dfrac{\mathrm{d}y}{v}=\mathrm{d}t$，将 $u=Ax$ 和 $v=-Ay$ 代入上式，得：

$$\mathrm{d}x=Ax\,\mathrm{d}t$$

$$\mathrm{d}y=-ay\,\mathrm{d}t$$

或者写成

$$\frac{\mathrm{d}x}{x}=A\,\mathrm{d}t$$

$$\frac{\mathrm{d}y}{y}=-A\,\mathrm{d}t$$

两端同时积分，得 e^{-At}。$\mathrm{Ln}\,x=At+C_1$，$\mathrm{Ln}\,y=-At+C_2$，即 $x=C_1e^{At}$，$y=C_2e^{-At}$。

3-7　已知流场的速度分布为 $u=x+t$，$v=-y+t$，求 $t=0$ 时通过 $(-1,1,1)$ 点的流线。

解　将速度分布函数代入连续方程，得：$\dfrac{\partial u}{\partial x}+\dfrac{\partial v}{\partial y}+\dfrac{\partial w}{\partial z}=0$，整理得出：$\dfrac{\partial w}{\partial z}=0$。由此可知，速度分布与 z 坐标无关，流动为二维流动。由流函数定义式可得：

$$\psi(x,y)=\int_{(0,0)}^{(x,y)}-v\mathrm{d}x+u\mathrm{d}y=\int_{(0,0)}^{(x,0)}(y-t)\mathrm{d}x+\int_{(x,0)}^{(x,y)}(x+t)\mathrm{d}y$$
$$=(y-t)x+(x+t)y$$

由于流函数为常数时 $\psi=C$ 表示流线，因此流线方程为：$(y-t)x+(x+t)y=C$。

将条件 $t=0$，$x=-1$、$y=1$ 代入上式，得 $C=-2$。因此，该瞬时过 $(-1,1,1)$ 的流线方程为 $xy+1=0$。

3-8　已知平面不可压缩流体的速度分布为 $u=x^2t$，$v=-2xyt$，求 $t=1$ 时过 $(-2,1)$ 点的流线及此时处在这一空间点上流体质点的加速度和轨迹。

解　(1) 求流线方程

由于 $\dfrac{\partial u}{\partial x}+\dfrac{\partial v}{\partial y}=2xt-2xt=0$，因此流体存在流函数 $\psi(x,y,t)$，且 $\psi(x,y,$

$$t)=\int_{(0,0)}^{(x,y)}-v\mathrm{d}x+u\mathrm{d}y=\int_{(0,0)}^{(x,0)}0\cdot\mathrm{d}x+\int_{(x,0)}^{(x,y)}x^2t\mathrm{d}y=x^2yt。$$

则流线方程为 $x^2yt=C$，将条件当 $t=1$ 时，$x=-2$、$y=1$ 代入，得 $C=4$，则该瞬时过 $(-2,1)$ 点的流线方程为 $x^2y=4$。

（2）求加速度

$$a_x = \frac{\partial u}{\partial t} + u\frac{\partial u}{\partial x} + v\frac{\partial u}{\partial y} = x^2 + x^2 t \cdot 2xt + (-2xyt) \cdot 0 = x^2(1 + 2xt^2)$$

$$a_y = \frac{\partial v}{\partial t} + u\frac{\partial v}{\partial x} + v\frac{\partial v}{\partial y} = -2xy + x^2 t \cdot (-2yt) + (-2xyt) \cdot (-2xt) = -2xy + 2x^2 yt^2$$

将条件 $t=1$ 时，$x=-2$、$y=1$ 代入，得到该瞬时过 $(-2,1)$ 点的流体质点的加速度 $a_x = -12$，$a_y = 12$。

（3）轨迹方程为：$x = -\dfrac{2}{t^2}$，$y = t^4$。

3－9　设不可压缩流体的速度分布为（1）$u = ax^2 + by^2 + cz^2$，$v = -dxy - eyz - fzx$；

（2）$u = \ln\left(\dfrac{y^2}{b^2} + \dfrac{z^2}{c^2}\right)$，$v = \sin\left(\dfrac{x^2}{a^2} + \dfrac{z^2}{c^2}\right)$。其中 a、b、c、d、e、f 为常数，试求第三个速度分布 w。

解　（1）将速度分布代入连续方程 $\dfrac{\partial u}{\partial x} + \dfrac{\partial v}{\partial y} + \dfrac{\partial w}{\partial z} = 0$，得 $\dfrac{\partial w}{\partial z} = ez + (d-2a)x$。

两端同时积分，得：

$$w(x,y,z) = \frac{1}{2}ez^2 + (d-2a)xz + C_1(x,y)$$

（2）将速度分布代入连续方程 $\dfrac{\partial u}{\partial x} + \dfrac{\partial v}{\partial y} + \dfrac{\partial w}{\partial z} = 0$，由于 $\dfrac{\partial u}{\partial x} = 0$，$\dfrac{\partial v}{\partial y} = 0$，因此 $\dfrac{\partial w}{\partial z} = 0$。

两端同时积分，得 $w(x,y,z) = C_2(x,y)$。

3－10　有一扩大渠道，已知两壁面的交角为 1 弧度，两壁面相交处有一条小缝，通过此缝隙流出的体积流量为 $\theta = \left[\dfrac{1}{2} - t\right]$（m/s），试求（1）速度分布；（2）$t=0$ 时，壁面上 $r=2$ 处的速度和加速度。

解　（1）求速度分布

设半径为 r 处的径向速度为 v_r，周向速度为 v_θ。显然 $v_\theta = 0$，且 $v_r \cdot S = Q$，其中，$S = 1 \cdot r \cdot 1 = r$，因此径向速度分布为 $v_r = \dfrac{1}{r}Q = \dfrac{1}{r}\left(\dfrac{1}{2} - t\right)$。

（2）加速度 $a_r = \dfrac{\partial v_r}{\partial t} + v_r \cdot \dfrac{\partial v_r}{\partial r} = -\dfrac{1}{r} - \dfrac{1}{r^3}\left(\dfrac{1}{2} - t\right)^2$。

（3）当 $t=0$ 时，在 $r=2$ 处：$v_r=\dfrac{1}{2}\left(\dfrac{1}{2}-0\right)=\dfrac{1}{4}$，$a_r=-\dfrac{1}{2}-\dfrac{1}{2^3}\left(\dfrac{1}{2}-0\right)^2$

$=-\dfrac{17}{32}$。

3—11　已知不可压缩平面势流的分速度 $u=3ax^2-3ay^2$，$(0,0)$ 点上 $u=v=0$，试求通过 $(0,0)$ 及 $(0,1)$ 两点连线的体积流量。

解　（1）求速度分布

由平面不可压缩流体的连续方程 $\dfrac{\partial u}{\partial x}+\dfrac{\partial v}{\partial y}=0$，可得 $\dfrac{\partial v}{\partial y}=-\dfrac{\partial u}{\partial x}=-6ax$。两端同时对 y 积分，得 $v=-6axy+C(x)$。

将条件在 $(0,0)$ 点，$v=0$ 代入上式，得 $C(x)=0$，因此，$v=-6axy$，流动的速度分布为 $u=3ax^2-3ay^2$，$v=-6axy$。

（2）流函数 $\psi(x,y,t)=\displaystyle\int_{(0,0)}^{(x,y)}-v\mathrm{d}x+u\mathrm{d}y=\int_{(0,0)}^{(x,0)}0\cdot\mathrm{d}x+\int_{(x,0)}^{(x,y)}(3ax^2-3ay^2)\mathrm{d}y$

$=3ax^2y-ay^3$。

（3）求流量

由于流场中任意两点的流函数之差等于通过两点之间连线的体积流量，且 $\psi_{(0,0)}=0$，$\psi_{(0,1)}=-a$，因此，流量 $Q=\psi_{(0,0)}-\psi_{(0,1)}=0-(-a)=a$。

3—12　设流场的速度分布为 $u=ax$，$v=ay$，$w=-2az$，其中，a 为常数：（1）求线变形速率、角变形速率、体积膨胀率；（2）问该流场是否为无旋场？若是无旋场，求出速度势。

解　（1）线形变速率为 $\varepsilon_{xx}=\dfrac{\partial u}{\partial x}=a$，$\varepsilon_{yy}=\dfrac{\partial v}{\partial y}=a$，$\varepsilon_{zz}=\dfrac{\partial w}{\partial z}=-2a$；

角形变速率为 $\varepsilon_{xy}=\dfrac{1}{2}\left(\dfrac{\partial v}{\partial x}+\dfrac{\partial u}{\partial y}\right)=0$，$\varepsilon_{yz}=\dfrac{1}{2}\left(\dfrac{\partial w}{\partial y}+\dfrac{\partial v}{\partial z}\right)=0$，$\varepsilon_{zx}=\dfrac{1}{2}\left(\dfrac{\partial u}{\partial z}+\dfrac{\partial w}{\partial x}\right)=0$；

体积膨胀率为 $\varepsilon_{xx}+\varepsilon_{yy}+\varepsilon_{zz}=a+a-2a=0$。

（2）求速度势

由于平均角速度的三个分量分别为：$\omega_x=\dfrac{1}{2}\left(\dfrac{\partial w}{\partial y}-\dfrac{\partial v}{\partial z}\right)=0$，$\omega_y=\dfrac{1}{2}\left(\dfrac{\partial u}{\partial z}-\dfrac{\partial w}{\partial x}\right)=0$，$\omega_z=\dfrac{1}{2}\left(\dfrac{\partial v}{\partial x}-\dfrac{\partial u}{\partial y}\right)=0$。

因此，$\vec{\omega}=\omega_x\vec{i}+\omega_y\vec{j}+\omega_z\vec{k}=0$，即流场为无旋流场，存在速度势函数 φ，且

$$\varphi(x,y,z) = \int_0^x u\mathrm{d}x + \int_0^y v\mathrm{d}y + \int_0^z w\mathrm{d}z = \frac{1}{2}ax^2 + \frac{1}{2}ay^2 - az^2 \text{。}$$

3 - 13　设流场的速度分布为 $u = y + 2z, v = z + 2x, w = x + 2y$。试求：(1) 涡量及涡线方程；(2) $x + y + z = 1$ 平面上通过横截面积 $\mathrm{d}A = 1\ \mathrm{mm}^2$ 的涡通量。

解　(1) 求涡量和涡线方程

流场的平均旋转角速度 $\vec{\omega}$ 的三个分量分别为：$\omega_x = \frac{1}{2}\left(\frac{\partial w}{\partial y} - \frac{\partial v}{\partial z}\right) = \frac{1}{2}(2 - 1) = \frac{1}{2}, \omega_y = \frac{1}{2}\left(\frac{\partial u}{\partial z} - \frac{\partial w}{\partial x}\right) = \frac{1}{2}(2 - 1) = \frac{1}{2}, \omega_z = \frac{1}{2}\left(\frac{\partial v}{\partial x} - \frac{\partial u}{\partial y}\right) = \frac{1}{2}(2 - 1) = \frac{1}{2}$。

因此，平均旋转角速度 $\vec{\omega} = \frac{1}{2}(\vec{i} + \vec{j} + \vec{k})$，涡量 $\vec{\Omega} = 2\vec{\omega} = (\vec{i} + \vec{j} + \vec{k})$。

其三个分量分别为：$\Omega_x = \vec{i}, \Omega_y = \vec{j}, \Omega_z = \vec{k}$。将相关量代入涡线方程 $\frac{\mathrm{d}x}{\Omega_x} = \frac{\mathrm{d}y}{\Omega_y} = \frac{\mathrm{d}z}{\Omega_z}$，得：

$$\mathrm{d}x = \mathrm{d}z$$
$$\mathrm{d}y = \mathrm{d}z$$

两端同时积分，得到涡线方程：

$$x = z + C_1$$
$$y = z + C_2$$

(2) 涡通量

将涡量 $\vec{\Omega}$ 在 S 上积分，得到涡通量：

$$J = \iint\limits_S \vec{\Omega} \cdot \vec{n}\mathrm{d}S = \iint\limits_S (\Omega_x\vec{i} + \Omega_y\vec{j} + \Omega_y\vec{k}) \cdot (n_x\vec{i} + n_y\vec{j} + n_z\vec{k})\mathrm{d}S$$
$$= \iint\limits_S (\Omega_x n_x + \Omega_y n_y + \Omega_y n_z)\mathrm{d}S$$

其中，$\vec{n} = n_x\vec{i} + n_y\vec{j} + n_z\vec{k}$，为平面 $x + y + z = 1$ 的单位外法向量。

设 $F(x,y,z) = x + y + z - 1$，则 $\frac{\partial F}{\partial x} = 1, \frac{\partial F}{\partial y} = 1, \frac{\partial F}{\partial z} = 1$。$S$ 平面外法向量 $\vec{n}$ 在三个坐标轴上的分量为：

$$n_x = \frac{\dfrac{\partial F}{\partial x}}{\sqrt{\left(\dfrac{\partial F}{\partial x}\right)^2 + \left(\dfrac{\partial F}{\partial y}\right)^2 + \left(\dfrac{\partial F}{\partial z}\right)^2}} = \frac{1}{\sqrt{1+1+1}} = \frac{\sqrt{3}}{3}$$

$$n_y = \frac{\dfrac{\partial F}{\partial y}}{\sqrt{\left(\dfrac{\partial F}{\partial x}\right)^2 + \left(\dfrac{\partial F}{\partial y}\right)^2 + \left(\dfrac{\partial F}{\partial z}\right)^2}} = \frac{1}{\sqrt{1+1+1}} = \frac{\sqrt{3}}{3}$$

$$n_z = \frac{\dfrac{\partial F}{\partial z}}{\sqrt{\left(\dfrac{\partial F}{\partial x}\right)^2 + \left(\dfrac{\partial F}{\partial y}\right)^2 + \left(\dfrac{\partial F}{\partial z}\right)^2}} = \frac{1}{\sqrt{1+1+1}} = \frac{\sqrt{3}}{3}$$

因此

$$J = \iint\limits_{S}(\Omega_x n_x + \Omega_y n_y + \Omega_y n_z)\mathrm{d}S = \iint\limits_{S}\left(1 \cdot \frac{\sqrt{3}}{3} + 1 \cdot \frac{\sqrt{3}}{3} + 1 \cdot \frac{\sqrt{3}}{3}\right)\mathrm{d}S$$

$$= \sqrt{3} \cdot \mathrm{d}S = \sqrt{3} \cdot \mathrm{d}A = \sqrt{3}$$

3—14　已知流场的流线为同心圆族,速度分布为:$r \leqslant 5$ 时,$u = -\dfrac{1}{5}y$,$v = \dfrac{1}{5}x$;$r > 5$ 时,$u = -\dfrac{5y}{x^2+y^2}$,$v = \dfrac{5x}{x^2+y^2}$。试求沿圆周 $x^2+y^2=r^2$ 的速度环量,其中圆的半径 r 分别为 $(1)r=3$;$(2)r=5$;$(3)r=10$。

解　(1)极坐标下的速度分布

在半径为 r 的圆周上,$v_r = 0$,$v_\theta = \sqrt{u^2+v^2}$。

当 $r \leqslant 5$ 时:

$$u = -\frac{1}{5}y = -\frac{1}{5}\sin\theta \cdot r$$

$$v = \frac{1}{5}x = \frac{1}{5}\cos\theta \cdot r$$

$$v_\theta = \sqrt{u^2+v^2} = \sqrt{\left(-\frac{1}{5}\right)^2 \cdot (\sin^2\theta + \cos^2\theta)r^2} = \frac{r}{5}$$

当 $r > 5$ 时:

$$u = -\frac{5y}{x^2+y^2} = -\frac{5\sin\theta \cdot r}{(\sin\theta \cdot r)^2 + (\cos\theta \cdot r)^2} = -\frac{5\sin\theta}{r}$$

$$v = \frac{5x}{x^2+y^2} = \frac{5\cos\theta \cdot r}{(\sin\theta \cdot r)^2 + (\cos\theta \cdot r)^2} = \frac{5\cos\theta}{r}$$

$$v_\theta = \sqrt{u^2+v^2} = \sqrt{\left(-\frac{5\sin\theta}{r}\right)^2 + \left(\frac{5\cos\theta}{r}\right)^2} = \frac{5}{r}$$

（2）求速度环量

速度环量 $\Gamma_C = \oint_C \vec{v} \cdot \mathrm{d}\vec{l}$，其中，$\vec{v} = v_r \cdot \vec{e}_r + v_\theta \cdot \vec{e}_\theta$，$\mathrm{d}\vec{l} = \mathrm{d}r \cdot \vec{e}_r + r\mathrm{d}\theta \cdot \vec{e}_\theta$，$\vec{e}_r, \vec{e}_\theta$ 分别为 r 和 θ 方向上的单位向量，因此 $\Gamma_C = \oint_C (v_r \cdot \vec{e}_r + v_\theta \cdot \vec{e}_\theta) \cdot (\mathrm{d}r \cdot \vec{e}_r + r\mathrm{d}\theta \cdot \vec{e}_\theta) = \oint_C v_\theta r \mathrm{d}\theta = \int_0^{2\pi} v_\theta r \mathrm{d}\theta$。

当 $r = 3$ 时，$v_\theta = \dfrac{r}{5}$，$\Gamma_C = \displaystyle\int_0^{2\pi} \dfrac{r}{5} \cdot r\mathrm{d}\theta = \dfrac{2\pi}{5} r^2 = \dfrac{18}{5}\pi$；

当 $r = 5$ 时，$v_\theta = \dfrac{r}{5}$，$\Gamma_C = \displaystyle\int_0^{2\pi} \dfrac{r}{5} \cdot r\mathrm{d}\theta = \dfrac{2\pi}{5} r^2 = 10\pi$；

当 $r = 10$ 时，$v_\theta = \dfrac{5}{r}$，$\Gamma_C = \displaystyle\int_0^{2\pi} \dfrac{5}{r} \cdot r\mathrm{d}\theta = 10\pi$。

3－15　设在 $(1,0)$ 点置有 $\Gamma = \Gamma_0$ 的旋涡，在 $(-1,0)$ 点置有 $\Gamma = -\Gamma_0$ 的旋涡，试求下列路线的速度环量：$(1)x^2 + y^2 = 4$；$(2)(x-1)^2 + y^2 = 1$；$(3)x = \pm 2, y = \pm 2$ 的一个方形框；$(4)x = \pm 0.5, y = \pm 0.5$ 的一个方形框。

解　$(1)\Gamma = \Gamma_0 - \Gamma_0 = 0$；

$(2)\Gamma = \Gamma_0$；

$(3)\Gamma = \Gamma_0 - \Gamma_0 = 0$；

$(4)\Gamma = 0$。

第四章　流体动力学定理及应用

　　流体的运动特性可用流速、加速度等物理量来表示,这些物理量通称流体的运动要素。流体动力学的基本任务就是研究流体的运动要素随时间和空间的变化规律,并建立它们之间的关系式。

　　流体运动与其他物质运动一样,都要遵循物质运动的普遍规律,如质量守恒定律、能量守恒定律、动量定理等。将这些普遍规律应用于流体运动这类物理现象,即可得到描述流体运动规律的三个基本方程:连续性方程、能量方程(伯努利方程)和动量方程,现举例说明它们在工程中的应用。

4-1　研究流体运动的两种方法

　　研究流体运动的方法有两种:拉格朗日法和欧拉法。

4.1.1　拉格朗日法

　　拉格朗日法是一种以流体质点为研究对象,追踪观测某一流体质点的运动轨迹,并探讨其运动要素随时间变化的规律的方法。将所有流体质点的运动汇总起来,即可得到整个流体运动的规律。例如在 t 时刻,某一流体质点的位置可表示为:

$$\left.\begin{array}{l} x=x(a,b,c,t) \\ y=y(a,b,c,t) \\ z=z(a,b,c,t) \end{array}\right\} \qquad (4-1-1)$$

式中,(a,b,c) 为初始时刻 t_0 时该流体质点的坐标。拉格朗日法通常用 $t=t_0$ 时刻流体质点的空间坐标 (a,b,c) 来标识和区分不同的流体质点。显然,不同的流体质点有不同的 (a,b,c) 值,故将 a、b、c、t 称为拉格朗日变量。

　　式(4-1-1)对时间 t 求偏导数,即可得任意流体质点的速度:

$$\left.\begin{aligned}u_x &= \frac{\partial x}{\partial t} = u_x(a,b,c,t) \\ u_y &= \frac{\partial y}{\partial t} = u_y(a,b,c,t) \\ u_z &= \frac{\partial z}{\partial t} = u_z(a,b,c,t)\end{aligned}\right\} \qquad (4-1-2)$$

加速度

$$\left.\begin{aligned}a_x &= \frac{\partial u_x}{\partial t} = \frac{\partial^2 x}{\partial t^2} = a_x(a,b,c,t) \\ a_y &= \frac{\partial u_y}{\partial t} = \frac{\partial^2 y}{\partial t^2} = a_y(a,b,c,t) \\ a_z &= \frac{\partial u_z}{\partial t} = \frac{\partial^2 z}{\partial t^2} = a_z(a,b,c,t)\end{aligned}\right\} \qquad (4-1-3)$$

拉格朗日法与理论力学中研究质点系运动的方法相同,其物理概念明确,但数学处理复杂。所以,流体力学中一般不采用拉格朗日法,而采用较简便的欧拉法。

4.1.2　欧拉法

与拉格朗日法不同,欧拉法着眼于流场中的固定空间或空间上的固定点,研究空间中每一点上流体的运动要素随时间的变化规律。被运动流体连续充满的空间称为流场。需要指出的是,所谓空间每一点上流体的运动要素,是指占据这些位置的各个流体质点的运动要素。例如,空间本身不可能具有速度,欧拉法的速度指的是占据空间某个点的流体质点的速度。

在流场中任取固定空间,同一时刻,该空间各点流体的速度可能不同,即速度 u 是空间坐标(x,y,z)的函数;而某一固定的空间点不同时刻被不同的流体质点占据,速度也可能不同,即速度 u 又是时间 t 的函数。综合起来,速度是空间坐标和时间的函数,即

$$\boldsymbol{u} = \boldsymbol{u}(x,y,z,t)$$

或

$$\left.\begin{aligned}u_x &= u_x(x,y,z,t) \\ u_y &= u_y(x,y,z,t) \\ u_z &= u_z(x,y,z,t)\end{aligned}\right\} \qquad (4-1-4)$$

同理

$$p = p(x,y,z,t) \qquad (4-1-5)$$

$$\rho = \rho(x,y,z,t) \qquad (4-1-6)$$

式中，x、y、z、t 称为欧拉变量。

同样，欧拉法中某空间点的加速度是指某时刻占据该空间点的流体质点的加速度。要求质点的加速度就要追踪观察该质点沿程、速度的变化，此时，速度 $\boldsymbol{u}=\boldsymbol{u}(x,y,z,t)$ 中的 x、y、z 就不能视为常数，而是时间 t 的函数，即 $x=x(t)$，$y=y(t)$，$z=z(t)$，则速度可表示为 $\boldsymbol{u}=\boldsymbol{u}[x(t),y(t),z(t),t]$。

因此，欧拉法中质点的加速度应按复合函数的求导法，可导出：

$$\boldsymbol{a}=\frac{\mathrm{d}\boldsymbol{u}}{\mathrm{d}t}=\frac{\partial\boldsymbol{u}}{\partial t}+\frac{\partial\boldsymbol{u}}{\partial x}\frac{\mathrm{d}x}{\mathrm{d}t}+\frac{\partial\boldsymbol{u}}{\partial y}\frac{\mathrm{d}y}{\mathrm{d}t}+\frac{\partial\boldsymbol{u}}{\partial z}\frac{\mathrm{d}z}{\mathrm{d}t}$$

$$=\frac{\partial\boldsymbol{u}}{\partial t}+u_x\frac{\partial\boldsymbol{u}}{\partial x}+u_y\frac{\partial\boldsymbol{u}}{\partial y}+u_z\frac{\partial\boldsymbol{u}}{\partial z} \tag{4-1-7}$$

其分量形式为：

$$\left.\begin{aligned}a_x&=\frac{\mathrm{d}u_x}{\mathrm{d}t}=\frac{\partial u_x}{\partial t}+u_x\frac{\partial u_x}{\partial x}+u_y\frac{\partial u_x}{\partial y}+u_z\frac{\partial u_x}{\partial z}\\a_y&=\frac{\mathrm{d}u_y}{\mathrm{d}t}=\frac{\partial u_y}{\partial t}+u_x\frac{\partial u_y}{\partial x}+u_y\frac{\partial u_y}{\partial y}+u_z\frac{\partial u_y}{\partial z}\\a_z&=\frac{\mathrm{d}u_z}{\mathrm{d}t}=\frac{\partial u_z}{\partial t}+u_x\frac{\partial u_z}{\partial x}+u_y\frac{\partial u_z}{\partial y}+u_z\frac{\partial u_z}{\partial z}\end{aligned}\right\} \tag{4-1-8}$$

由式（4-1-7）可见，欧拉法中质点的加速度由两部分组成：第一部分 $\dfrac{\partial\boldsymbol{u}}{\partial t}$ 表示空间某一固定点上流体质点的速度对时间的变化率，称为时变加速度或当地加速度，它是由流场的非恒定性引起的；第二部分 $u_x\dfrac{\partial\boldsymbol{u}}{\partial x}+u_y\dfrac{\partial\boldsymbol{u}}{\partial y}+u_z\dfrac{\partial\boldsymbol{u}}{\partial z}$ 表示由流体质点空间位置变化引起的速度变化率，称为位变加速度或迁移加速度，它是由流场的不均匀性引起的。

如图 4-1 所示的管路装置，点 a、b 分别位于等径管和渐缩管的轴心线上。若水箱有水补充，水位 H 保持不变，则点 a、b 处质点的速度均不随时间变化，即时变加速度 $\dfrac{\partial u_x}{\partial t}=0$，点 a 处质点的速度随流动保持不变，即位变加速度 $u_x\dfrac{\partial u_x}{\partial x}=0$，而点 b 处质点的速度随流动增大，即位变加速度 $u_x\dfrac{\partial u_x}{\partial x}>0$，故点 a 处质点的加速度 $a_x=0$，点 b 处质点的加速度 $a_x=u_x\dfrac{\partial u_x}{\partial x}$；若水箱无水补充，水位 H 逐渐下降，则点 a、b 处质点的速度均随时间减小，即时变加速度 $\dfrac{\partial\boldsymbol{u}_x}{\partial t}<0$，$a$ 点的位

变加速度 $u_x \dfrac{\partial u_x}{\partial x}=0$，$b$ 点的位变加速度 $u_x \dfrac{\partial u_x}{\partial x}>0$，故点 a 处质点的加速度 $a_x =$

$\dfrac{\partial \boldsymbol{u}_x}{\partial t}$，点 b 处质点的加速度 $a_x = \dfrac{\partial \boldsymbol{u}_x}{\partial t} + u_x \dfrac{\partial u_x}{\partial x}$。

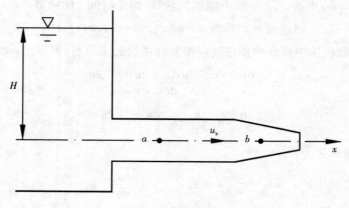

图 4—1　管路出流

　　应用欧拉法研究流体运动时，选取的固定空间区域称为控制体，其边界面称为控制面。控制体的形状、体积和位置根据所研究的问题任意选定，流体通过时可不受影响。选取控制体对流动进行研究是流体力学中很重要的研究方法。

　　拉格朗日法和欧拉法是研究流体运动、观察同一客观事物的不同途径。两种方法的表达式虽然不同但可以互相转换，这里不予详述。

　　例　已知流场的速度分布为 $u_x = 2x - yt$，$u_y = 3y - xt$。试求：$t=1$ 时，过点 $M(2,1)$ 上流体质点的加速度 a。

　　解　由式（4—1—8）得：

$$a_x = \frac{\partial u_x}{\partial t} + u_x \frac{\partial u_x}{\partial x} + u_y \frac{\partial u_x}{\partial y}$$

$$= -y + (2x - yt) \times 2 + (3y - xt) \times (-t)$$

当 $t=1$、$x=2$、$y=1$ 时，有 $a_x = 4 \ \text{m/s}^2$，同理可得，$a_y = -2 \ \text{m/s}^2$，即 $\boldsymbol{a} = 4\boldsymbol{i} - 2\boldsymbol{j}$。

4—2　欧拉法的基本概念

4.2.1　恒定流与非恒定流

流场中所有空间点上的一切运动要素均不随时间发生变化的流动称为恒

定流,反之则为非恒定流。在上一节列举的管路出流的例子中,水位 H 保持不变时是恒定出流,水位 H 随时间变化时是非恒定出流。

恒定流中一切运动要素仅是空间坐标(x,y,z)的函数,与时间 t 无关。

$$\frac{\partial \boldsymbol{u}}{\partial t}=\frac{\partial p}{\partial t}=\frac{\partial \rho}{\partial t}=0 \qquad (4-2-1)$$

或

$$\left.\begin{array}{l}\boldsymbol{u}=\boldsymbol{u}(x,y,z) \\ p=p(x,y,z) \\ \rho=\rho(x,y,z)\end{array}\right\}$$

比较恒定流与非恒定流,我们会发现,前者少了时间变量 t,使问题的求解大为简化。在实际工程中,许多非恒定流动由于流动参数随时间发生的变化很缓慢,可按恒定流处理。

4.2.2　三维流动、二维流动、一维流动

若流体的运动要素是三个空间坐标和时间 t 的函数,则这种流动称为三维流动;若流体的运动要素只是两个空间坐标和时间 t 的函数,则这种流动称为二维流动;若流体的运动要素仅是一个空间坐标和时间 t 的函数,则这种流动称为一维流动。

实际工程中的流体运动一般都是三维流动,但由于运动要素在空间三个坐标的方向有变化,所以分析、研究变得复杂、困难。我们可以通过适当的处理将某些三维流动变为二维流动或一维流动。例如,水流绕过长直圆柱体时,若忽略两端的影响,此时的流动即可简化为二维流动;对于管道和渠道内的流动,流动方向的尺寸远大于横向尺寸,流速取断面的平均速度,则流动可视为一维流动。

4.2.3　迹线与流线

(1)迹线

流体质点在某一时段的运动轨迹称为迹线。由运动方程:

$$\left.\begin{array}{l}\mathrm{d}x=u_x\mathrm{d}t \\ \mathrm{d}y=u_y\mathrm{d}t \\ \mathrm{d}z=u_z\mathrm{d}t\end{array}\right\}$$

可得迹线的微分方程:

$$\frac{\mathrm{d}x}{u_x}=\frac{\mathrm{d}y}{u_y}=\frac{\mathrm{d}z}{u_z}=\mathrm{d}t \qquad (4-2-2)$$

式中,时间 t 是自变量,x、y、z 是 t 的因变量。

（2）流线

流线是指某一时刻流场中的一条空间曲线,曲线上所有流体质点的速度矢量都与这条曲线相切,如图 4—2 所示。在流场中可绘出一系列同一瞬时的流线,即流线簇,画出的流线簇图称为流谱。

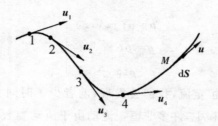

图 4—2　流线

设流线上某点 $M(x,y,z)$ 处的速度为 u,其在 x、y、z 坐标轴上的分速度分别为 u_x、u_y、u_z,ds 为流线在 M 点的微元线段矢量,$ds = dxi + dyj + dzk$。根据流线定义,u 与 ds 共线,则 $u \times ds = 0$,即

$$\begin{vmatrix} i & j & k \\ dx & dy & dz \\ u_x & u_y & u_z \end{vmatrix} = 0$$

展开上式,可得流线的微分方程:

$$\frac{dx}{u_x} = \frac{dy}{u_y} = \frac{dz}{u_z} \qquad\qquad (4-2-3)$$

式中,u_x、u_y、u_z 是空间坐标和时间 t 的函数。因流线是对某一时刻而言,所以微分方程中的时间 t 是参变量,在积分求流线方程时应作为常数。

根据流线的定义,我们可得出流线的特性:

1）在一般情况下,流线不能相交,否则,位于交点的流体质点在同一时刻就有与两条流线相切的两个速度矢量,这是不可能的。同样,流线不可能是折线,而是光滑的曲线或直线。流线只会在一些特殊点相交,如速度为零的点（图 4—3 中的 A 点）,通常称为驻点;速度无穷大的点（图 4—4 中的 O 点）,通常称为奇点;流线相切的点（图 4—3 中的 B 点）。

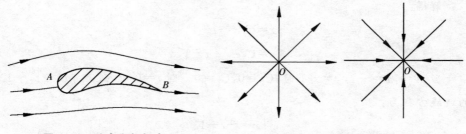

图4－3　驻点和相切点　　　　图4－4　奇点(源、汇)

2)不可压缩流体中,流线的疏密程度反映了该时刻流场中各点的速度的大小,流线越密,流速越大;流线越稀,流速越小。

3)恒定流动中,流线的形状不随时间发生改变,流线与迹线重合;非恒定流动中,一般情况下,流线的形状随时间发生变化,流线与迹线不重合。

例　已知二维非恒定流场的速度分布为 $u_x = x + t, u_y = -y + t$。试求:(1)$t = 0$ 和 $t = 2$ 时,过点 $M(-1, -1)$ 的流线方程;(2)$t = 0$ 时,过点 $M(-1, -1)$ 的迹线方程。

解　(1)由式(4－2－3),可得流线的微分方程:

$$\frac{\mathrm{d}x}{x+t} = \frac{\mathrm{d}y}{-y+t}$$

式中,t 为常数,可直接积分得:

$$\ln(x+t) = -\ln(y-t) + \ln C$$

上式可简化为　　　　　　　　$(x+t)(y-t) = C$

当 $t = 0, x = -1, y = -1$ 时,$C = 1$。则 $t = 0$ 时,过点 $M(-1, -1)$ 的流线方程为 $xy = 1$;

当 $t = 2, x = -1, y = -1$ 时,$C = -3$。则 $t = 2$ 时,过点 $M(-1, -1)$ 的流线方程为 $(x+2)(y-2) = -3$。由此可见,对非恒定流动,流线的形状随时间发生变化。

(2)由式(4－2－2)得迹线的微分方程:$\frac{\mathrm{d}x}{x+t} = \frac{\mathrm{d}y}{-y+t} = \mathrm{d}t$。

式中,x、y 是 t 的函数。上式可写为:

$$\begin{cases} \dfrac{\mathrm{d}x}{\mathrm{d}t} - x - t = 0 \\[2mm] \dfrac{\mathrm{d}y}{\mathrm{d}t} + y - t = 0 \end{cases}$$

解得：

$$\begin{cases} x = C_1 e^t - t - 1 \\ y = C_2 e^{-t} + t - 1 \end{cases}$$

当 $t=0$，$x=-1$，$y=-1$ 时，$C_1=0$，$C_2=0$。则 $t=0$ 时，过点 $M(-1,-1)$ 的迹线方程为：

$$\begin{cases} x = -t - 1 \\ y = t - 1 \end{cases}$$

消去时间 t，得：

$$x + y = -2$$

由此可见，$t=0$ 时，过点 $M(-1,-1)$ 的迹线是直线，流线为双曲线，两者不重合。

若将该题改为二维恒定流动，其速度分布为 $u_x = x$，$u_y = -y$，则过点 M $(-1,-1)$ 的流线方程和迹线方程相同，说明恒定流动中流线和迹线重合。

4.2.4　流面、流管、过流断面

（1）流面

在流场中任取一条不是流线的曲线，过该曲线上每一点作流线，由这些流线组成的曲面称为流面，如图 4-5 所示。由于流面由流线组成，而流线不能相交，所以，流面就好像是固体边界一样，流体质点只能顺着流面运动，不能穿越流面。

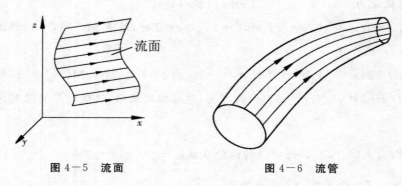

图 4-5　流面　　　　　　　　图 4-6　流管

（2）流管

在流场中任取一条不与流线重合的封闭曲线，过封闭曲线上各点作流线，流线所构成的管状表面称为流管，如图 4-6 所示。由于流线不能相交，所以流体不能穿过流管流进流出。对于恒定流动而言，流管的形状不随时间发生变

化,流体在流管内的流动就像在真实管道内流动一样。

流管内部的全部流体称为流束;断面积无限小的流束,称为元流。由于元流的断面积无限小,断面上各点的运动要素如流速、压强等可认为是相等的。断面积为有限大小的流束称为总流。总流由无数元流组成,其过流断面上各点的运动要素一般情况下不相同。

(3)过流断面

在流束上取一横断面,使它在所有各点上都和流线正交,这一横断面称为过流断面。过流断面可以是平面,也可以是曲面,流线互相平行时,过流断面是平面;流线互相不平行时,过流断面是曲面,如图4-7所示。

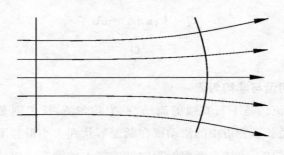

图 4-7　过流断面

4.2.5　流量、断面平均流速

(1)流量

单位时间内通过某一过流断面的流体量称为流量。流量可以用体积流量 $Q(\mathrm{m^3/s})$、质量流量 $Q_m(\mathrm{kg/s})$ 和重量流量 $Q_G(\mathrm{N/s})$ 表示。涉及不可压缩流体时,通常使用体积流量;涉及可压缩流体时,则使用质量流量或重量流量较方便。对元流来说,过流断面面积 $\mathrm{d}A$ 上各点的速度均为 u,且方向与过流断面垂直,所以单位时间内通过的体积流量 $\mathrm{d}Q=u\mathrm{d}A$。

总流的流量 Q 等于通过过流断面的所有元流流量之和,则总流的体积流量 $Q=\displaystyle\int\mathrm{d}Q=\int_A u\mathrm{d}A$。对于均质不可压缩流体,密度为常数,则

$$Q_m=\rho Q,\quad Q_G=\rho g Q \qquad (4-2-4)$$

(2)断面平均流速

总流过流断面上各点的流速 u 一般不相等,例如,流体在管道内流动时,靠近管壁处的流速较小,管轴处的流速大,如图4-8所示。

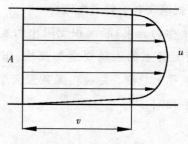

图 4—8　断面平均流速

为了便于计算,假设过流断面上各点的速度都相等,大小均为断面平均流速 v。以断面平均流速 v 计算所得的流量与实际流量相同,即

$$Q=\int_A u\,\mathrm{d}A=vA$$

或
$$v=\frac{Q}{A} \qquad\qquad (4-2-5)$$

4.2.6　均匀流与非均匀流

流场中所有流线是平行直线的流动,称为均匀流,反之则是非均匀流。例如,流体在等直径长直管道中的流动或在断面形状和大小沿程不变的长直渠道中的流动均属均匀流;流体在断面沿程收缩或扩大的管道中流动或在弯曲管道中流动,以及在断面形状和大小沿程变化的渠道中的流动均属非均匀流。

在均匀流中,过流断面是平面,位于同一流线上的各质点的流速的大小和方向相同,并且均匀流过流断面上的动压强分布符合流体静力学规律。

按非均匀程度的不同,非均匀流动又分为渐变流和急变流,如图 4—9 所示。凡流线间的夹角很小,接近于平行直线的流动称为渐变流,否则称为急变流。显然,渐变流近似于均匀流。因此,均匀流的性质对渐变流同样适用,主要有:

1)渐变流的流线接近于平行直线,过流断面接近于平面;

2)渐变流过流断面上的动压强分布规律与静止流体的压强分布规律相同,即 $z+\dfrac{p}{\rho g}=C$。

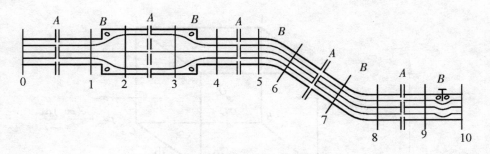

A 为渐变流　　　　B 为急变流

图 4—9　渐变流和急变流

由定义可知,渐变流与急变流没有明确的界定标准。流动是否按渐变流处理,这要由所得结果能否满足工程要求的精度而定。

4.2.7　有压流、无压流、射流

边界全部为固体(如边界全部为液体,则没有自由表面)的流体运动,称为有压流。边界部分为固体、部分为大气、具有自由表面的液体运动,称为无压流。流体从孔口、管嘴或缝隙中连续射出一股具有一定尺寸的流束,射到足够大的空间去继续扩散的流动称为射流。

例如,给水管道中的流动为有压流;河渠中的水流运动以及排水管道中的流动是无压流;经孔口或管嘴射入大气的水流运动为射流。

4—3　连续性方程

连续性方程是流体运动学的基本方程,是质量守恒定律在流体力学中的应用。下面,我们将根据质量守恒定律来推导三维流动连续性微分方程,并建立总流的连续性方程。

4.3.1　连续性微分方程

在流场中任取微元直角六面体作为控制体,其边长 dx、dy、dz 分别平行于 x、y、z 轴。设流体在该六面体形心 $O'(x,y,z)$ 处的密度为 ρ,速度 $u=u_x i+u_y j+u_z k$。根据泰勒级数展开上式,并略去二阶以上的无穷小量,可得 x 轴方向的速度和密度变化,如图 4—10 所示。

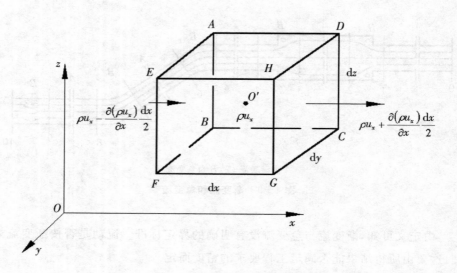

图 4—10 连续性微分方程

在 x 轴方向，单位时间内流进与流出控制体的流体质量差为：

$$\Delta m_x = \left[\rho u_x - \frac{\partial(\rho u_x)}{\partial x}\frac{\mathrm{d}x}{2}\right]\mathrm{d}y\mathrm{d}z - \left[\rho u_x + \frac{\partial(\rho u_x)}{\partial x}\frac{\mathrm{d}x}{2}\right]\mathrm{d}y\mathrm{d}z = -\frac{\partial(\rho u_x)}{\partial x}\mathrm{d}x\mathrm{d}y\mathrm{d}z$$

同理，在 y、z 轴方向，单位时间内流进与流出控制体的流体质量差分别为：

$$\Delta m_y = -\frac{\partial(\rho u_y)}{\partial y}\mathrm{d}x\mathrm{d}y\mathrm{d}z$$

$$\Delta m_z = -\frac{\partial(\rho u_z)}{\partial z}\mathrm{d}x\mathrm{d}y\mathrm{d}z$$

则单位时间内流进与流出控制体的总的质量差：

$$\Delta m_x + \Delta m_y + \Delta m_z = -\left[\frac{\partial(\rho u_x)}{\partial x} + \frac{\partial(\rho u_y)}{\partial y} + \frac{\partial(\rho u_z)}{\partial z}\right]\mathrm{d}x\mathrm{d}y\mathrm{d}z$$

由于流体连续充满整个控制体，而控制体的体积固定不变，所以，流进与流出控制体的总的质量差只可能引起控制体内的流体密度发生变化。由密度变化引起的单位时间内控制体内流体的质量变化为：

$$\left(\rho + \frac{\partial\rho}{\partial t}\right)\mathrm{d}x\mathrm{d}y\mathrm{d}z - \rho\mathrm{d}x\mathrm{d}y\mathrm{d}z = \frac{\partial\rho}{\partial t}\mathrm{d}x\mathrm{d}y\mathrm{d}z$$

根据质量守恒定律，单位时间内流进与流出控制体的总的质量差，等于单位时间内控制体内流体的质量变化：

$$-\left[\frac{\partial(\rho u_x)}{\partial x} + \frac{\partial(\rho u_y)}{\partial y} + \frac{\partial(\rho u_z)}{\partial z}\right]\mathrm{d}x\mathrm{d}y\mathrm{d}z = \frac{\partial\rho}{\partial t}\mathrm{d}x\mathrm{d}y\mathrm{d}z$$

化简后得：

$$\frac{\partial \rho}{\partial t}+\frac{\partial (\rho u_x)}{\partial x}+\frac{\partial (\rho u_y)}{\partial y}+\frac{\partial (\rho u_z)}{\partial z}=0 \qquad (4-3-1)$$

此式即为可压缩流体的连续性微分方程。由方程的推导过程可以看出，连续性方程实际上是质量守恒定律在流体力学中的应用。因此，任何不满足连续性方程的流动都不可能存在。在推导的过程中未考虑流体的受力情况，故连续性方程对理想流体和黏性流体均适用。

几种特殊情形下的连续性微分方程：

① 对恒定流，$\frac{\partial \rho}{\partial t}=0$。式（4-3-1）可简化为：

$$\frac{\partial (\rho u_x)}{\partial x}+\frac{\partial (\rho u_y)}{\partial y}+\frac{\partial (\rho u_z)}{\partial z}=0 \qquad (4-3-2)$$

② 对不可压缩均质流体，ρ 为常数。式（4-3-1）可简化为：

$$\frac{\partial u_x}{\partial x}+\frac{\partial u_y}{\partial y}+\frac{\partial u_z}{\partial z}=0 \qquad (4-3-3)$$

此式适用于三维恒定与非恒定流动，对二维不可压缩流体，不论流动是否恒定，上式都可简化为：

$$\frac{\partial u_x}{\partial x}+\frac{\partial u_y}{\partial y}=0 \qquad (4-3-4)$$

③ 柱坐标系下，三维可压缩流体的连续性微分方程为：

$$\frac{\partial \rho}{\partial t}+\frac{\partial (\rho u_r)}{\partial r}+\frac{\partial (\rho u_\theta)}{r\partial \theta}+\frac{\partial (\rho u_z)}{\partial z}+\frac{\rho u_r}{r}=0 \qquad (4-3-5)$$

式中，u_r 为速度的径向分速，u_θ 为周向分速，u_z 为轴向分速；

对不可压缩均质流体，式（4-3-5）可简化为：

$$\frac{\partial u_r}{\partial r}+\frac{\partial u_\theta}{r\partial \theta}+\frac{\partial u_z}{\partial z}+\frac{u_r}{r}=0 \qquad (4-3-6)$$

柱坐标系下的连续性微分方程可由直角坐标系下的连续性微分方程经坐标变换得到，也可通过在流场中建立控制体的方法导出。

4.3.2　总流的连续性方程

不可压缩流体总流的连续性方程可由连续性微分方程式（4-3-3）导出。如图 4-11，过流断面 1-1、2-2 及侧壁面围成的固定空间为控制体 V，对其空间积分可得：

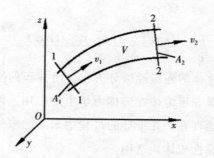

图 4—11　总流的连续性方程

$$\iiint_V \left(\frac{\partial u_x}{\partial x} + \frac{\partial u_y}{\partial y} + \frac{\partial u_z}{\partial z} \right) \mathrm{d}V = 0$$

根据高斯定理,上式的体积积分可用曲面积分来表示:

$$\iiint_V \left(\frac{\partial u_x}{\partial x} + \frac{\partial u_y}{\partial y} + \frac{\partial u_z}{\partial z} \right) \mathrm{d}V = \oiint_A u_n \mathrm{d}A = 0 \qquad (4-3-7)$$

式中,A 为体积 V 的封闭表面,u_n 是 u 在微元面积 $\mathrm{d}A$ 外法线方向的投影。因侧表面上 $u_n = 0$,故式(4—3—7)可简化为:

$$-\int_{A_1} u_1 \mathrm{d}A_1 + \int_{A_2} u_2 \mathrm{d}A_2 = 0$$

上式第一项取负号是因为速度 u_1 的方向与 $\mathrm{d}A_1$ 的外法线方向相反,由此可得:$\int_{A_1} u_1 \mathrm{d}A_1 = \int_{A_2} u_2 \mathrm{d}A_2$,即 $Q_1 = Q_2$,或写为:

$$v_1 A_1 = v_2 A_2 \qquad (4-3-8)$$

式(4—3—8)称为总流的连续性方程。对不可压缩均质流体,不论是恒定流动还是非恒定流动,上式均适用。对于非恒定流动,它表示同一时刻通过管道任意断面的流量相等;对于恒定流动,它表示流量的大小不随时间发生变化。

如图 4—12 所示,对于有分流或汇流的情况,根据质量守恒定律,总流连续性方程可表示为:

$$\left. \begin{aligned} Q_1 &= Q_2 + Q_3 \\ Q_1 + Q_2 &= Q_3 \end{aligned} \right\} \qquad (4-3-9)$$

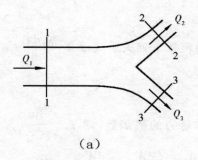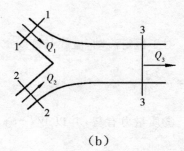

（a）　　　　　　　　　　　　　　　　（b）

图 4-12　分流和汇流

例　如图 4-12(b)所示,输水管道经三通管汇流,已知流量 $Q_1 = 1.5$ m³/s,$Q_3 = 2.6$ m³/s,过流断面面积 $A_2 = 0.2$ m²,试求断面平均流速 v_2。

解　流入和流出三通管的流量相等,即 $Q_1 + Q_2 = Q_3$,则断面平均流速为:

$$v_2 = \frac{Q_2}{A_2} = \frac{Q_3 - Q_1}{A_2} = \frac{2.6 - 1.5}{0.2} = 5.5 (\text{m/s})$$

4-4　元流的伯努利方程

4.4.1　理想流体元流的伯努利方程

为了推导方便,将理想流体的运动微分方程式(2-3-2)写成:

$$\left.\begin{aligned} f_x - \frac{1}{\rho}\frac{\partial p}{\partial x} &= \frac{\mathrm{d}u_x}{\mathrm{d}t} \\ f_y - \frac{1}{\rho}\frac{\partial p}{\partial y} &= \frac{\mathrm{d}u_y}{\mathrm{d}t} \\ f_z - \frac{1}{\rho}\frac{\partial p}{\partial z} &= \frac{\mathrm{d}u_z}{\mathrm{d}t} \end{aligned}\right\}$$

该方程为非线性偏微分方程,只有在特定条件下才能求解。这些特定条件为:

①恒定流动,由 $\boldsymbol{u} = \boldsymbol{u}(x, y, z)$,$p = p(x, y, z)$,可得:$\mathrm{d}p = \frac{\partial p}{\partial x}\mathrm{d}x + \frac{\partial p}{\partial y}\mathrm{d}y + \frac{\partial p}{\partial z}\mathrm{d}z$。

②沿流线积分,设流线上的微元线段矢量 $\mathrm{d}s = \mathrm{d}x\boldsymbol{i} + \mathrm{d}y\boldsymbol{j} + \mathrm{d}z\boldsymbol{k}$,将 $\mathrm{d}x$、$\mathrm{d}y$、$\mathrm{d}z$ 分别乘以理想流体的运动微分方程的三个分式,然后将三个分式相加,得:

$$(f_x\mathrm{d}x + f_y\mathrm{d}y + f_z\mathrm{d}z) - \frac{1}{\rho}\left(\frac{\partial p}{\partial x}\mathrm{d}x + \frac{\partial p}{\partial y}\mathrm{d}y + \frac{\partial p}{\partial z}\mathrm{d}z\right) = \frac{\mathrm{d}u_x}{\mathrm{d}t}\mathrm{d}x + \frac{\mathrm{d}u_y}{\mathrm{d}t}\mathrm{d}y + \frac{\mathrm{d}u_z}{\mathrm{d}t}$$

$\mathrm{d}z$ $\hspace{6cm}$ (4—4—1)

对于恒定流动,流线与迹线重合,所以沿流线下列关系式成立,即 $\dfrac{\mathrm{d}x}{\mathrm{d}t}=u_x$,

$\dfrac{\mathrm{d}y}{\mathrm{d}t}=u_y$, $\dfrac{\mathrm{d}z}{\mathrm{d}t}=u_z$。

③质量力有势,并以 $W(x,y,z)$ 表示质量力的势函数,则 $f_x=\dfrac{\partial W}{\partial x}$, $f_y=$

$\dfrac{\partial W}{\partial y}$, $f_z=\dfrac{\partial W}{\partial z}$。因此, $f_x\mathrm{d}x+f_y\mathrm{d}y+f_z\mathrm{d}z=\dfrac{\partial W}{\partial x}\mathrm{d}x+\dfrac{\partial W}{\partial y}\mathrm{d}y+\dfrac{\partial W}{\partial z}\mathrm{d}z=\mathrm{d}W$。

根据以上积分条件,式(4—4—1)可简化为:

$$\mathrm{d}W-\frac{1}{\rho}\mathrm{d}p=u_x\mathrm{d}u_x+u_y\mathrm{d}u_y+u_z\mathrm{d}u_z=\frac{1}{2}\mathrm{d}(u_x^2+u_y^2+u_z^2)=\mathrm{d}\left(\frac{u^2}{2}\right)$$

即 $$\mathrm{d}W-\frac{1}{\rho}\mathrm{d}p-\mathrm{d}\left(\frac{u^2}{2}\right)=0 \hspace{3cm} (4—4—2)$$

④对于不可压缩均质流体, ρ 为常数。上式可写为 $\mathrm{d}\left(W-\dfrac{p}{\rho}-\dfrac{u^2}{2}\right)=0$。

积分得

$$W-\frac{p}{\rho}-\frac{u^2}{2}=C \hspace{3cm} (4—4—3)$$

若流动在重力场中,作用在流体上的质量力只有重力,所选 z 轴铅垂向上,则质量力的势函数 $W=-gz$,代入式(4—4—3),整理得:

$$z+\frac{p}{\rho g}+\frac{u^2}{2g}=C \hspace{3cm} (4—4—4)$$

对同一流线上的任意两点1、2,有:

$$z_1+\frac{p_1}{\rho g}+\frac{u_1^2}{2g}=z_2+\frac{p_2}{\rho g}+\frac{u_2^2}{2g} \hspace{2cm} (4—4—5)$$

式(4—4—3)为理想流体的运动微分方程沿流线的伯努利积分,式(4—4—4)(4—4—5)为重力场中理想流体沿流线的伯努利积分式,称为伯努利方程。

由于元流的过流断面面积无限小,所以沿流线的伯努利方程也适用于元流。推导方程引入的限定条件就是理想流体元流(流线)伯努利方程的应用条件,归纳起来有:理想流体;恒定流动;质量力只有重力;沿元流(流线)积分;不可压缩流体。

4.4.2　理想流体元流伯努利方程的意义

在理想流体元流的伯努利方程中:

z 表示单位重量流体对某一基准面具有的位置势能,又称位置高度或位置水头,单位为 J;

$\dfrac{p}{\rho g}$ 表示单位重量流体具有的压强势能,又称测压管高度或压强水头,单位为 J;

$H_p = z + \dfrac{p}{\rho g}$ 表示单位重量流体具有的总势能,又称测压管水头,单位为 J;

$\dfrac{u^2}{2g}$ 表示单位重量流体具有的动能,又称流速高度或速度水头,单位为 J;

$H = z + \dfrac{p}{\rho g} + \dfrac{u^2}{2g}$ 表示单位重量流体具有的机械能,又称总水头,单位为 J。

因此,伯努利方程式(4-4-4)(4-4-5)的物理意义为:当理想不可压缩流体在重力场中做恒定流动时,沿同一元流(沿同一流线)单位重量流体的位置势能、压强势能和动能在流动过程中可以相互转化,但它们的总和保持不变,即单位重量流体的机械能守恒,故伯努利方程又称能量方程。

伯努利方程式(4-4-4)(4-4-5)的几何意义为:当理想不可压缩流体在重力场中做恒定流动时,沿同一元流(沿同一流线)流体的位置水头、压强水头和速度水头在流动过程中可以互相转化,但各断面的总水头保持不变,即总水头线是与基准面平行的水平线,如图 4-13 所示。

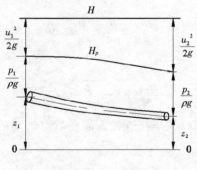

图 4-13　水头线

4.4.3　理想流体元流伯努利方程的应用

毕托管是一种测量点流速的仪器,是理想流体元流伯努利方程在工程中的典型应用。

直接测量流场某点的速度是比较困难的,但该点的压强可以很容易地通过测压计测出来。通过测量点压强,再应用伯努利方程间接得出点速度的大小,这就是毕托管的测速原理。如图 $4-14$ 所示,现欲测定均匀管流过流断面上 A 点的流速 u,可在 A 点所在断面设置测压管,测出该点的压强 p,即静压。另在 A 点同一流线下游取相距很近的 O 点,在该点放置一根两端开口的 L 型细管,使一端管口正对来流方向,另一端垂直向上,此管称为测速管。来流在 O 点由于受测速管的阻滞,速度为零,动能全部转化为压能,测速管中液面升高 $\dfrac{p'}{\rho g}$。O 点称为驻点,该点的压强称为总压或全压。

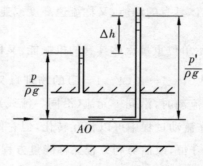

图 4-14 点流速测量

以 AO 所在流线为基准,忽略水头损失,对 A、O 两点应用理想流体元流伯努利方程:

$$\frac{p}{\gamma}+\frac{u^2}{2g}=\frac{p'}{\gamma}+0$$

$$\frac{u^2}{2g}=\frac{p'}{\rho g}-\frac{p}{\rho g}=\Delta h$$

则 A 点的流速为:

$$u=\sqrt{2g\frac{p'-p}{\rho g}}=\sqrt{2g\Delta h} \tag{4-4-6}$$

考虑到黏性的存在以及毕托管置入流场后对流动的干扰等因素的影响,引入修正系数 c,则:

$$u=c\sqrt{2g\Delta h} \tag{4-4-7}$$

式中,c 是修正系数,数值接近于 1,由实验测定。

根据上述原理,将测速管和测压管组合成测量点流速的仪器,即毕托管,其剖面如图 $4-15$ 所示。两端开口的管 1 为测速管,用来测量总压。几个小孔均匀分布的管 2 为测压管,用来测量静压。将管 1、2 分别与压差计的两端连接,即可测得总压和静压的差值,从而求出点流速。

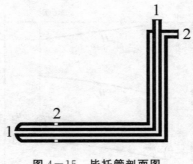

图 4-15 毕托管剖面图

4.4.4 实际流体元流的伯努利方程

实际流体都具有黏性,在流动过程中会产生流动阻力。流体克服阻力做功,流体的一部分机械能将不可逆地转化为热能,因此,实际流体的机械能沿程减小,总水头线沿程下降。根据能量守恒定律,实际流体元流的伯努利方程为:

$$z_1 + \frac{p_1}{\rho g} + \frac{u_1^2}{2g} = z_2 + \frac{p_2}{\rho g} + \frac{u_2^2}{2g} + h'_w \qquad (4-4-8)$$

式中,h'_w为实际流体元流单位重量流体从 1-1 过流断面流到 2-2 过流断面的机械能损失,称为元流的水头损失,单位为 m。

4-5 总流的伯努利方程

上一节已得到了实际流体元流的伯努利方程,但实际工程中研究的是流体在整个流场中的运动,其中很大一部分是流体在管道和渠道内的流动。所以,从工程应用的角度看,将实际流体元流的伯努利方程进行扩展,并建立实际流体总流的伯努利方程是非常有必要的。

4.5.1 总流的伯努利方程

图 4-16 所示为实际流体恒定总流,过流断面 1-1、2-2 为渐变流断面,面积为 A_1、A_2。在总流中任取元流,其过流断面的微元面积、位置高度、压强及流速分别为 dA_1、z_1、p_1、u_1,dA_2、z_2、p_2、u_2。

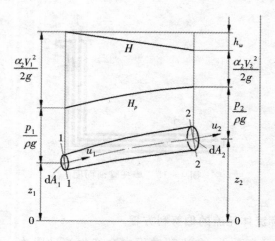

图 4-16　总流的伯努利方程

将实际流体元流伯努利方程式（4-4-8）两边同乘重量流量 $\rho g\mathrm{d}Q = \rho gu_1\mathrm{d}A_1 = \rho gu_2\mathrm{d}A_2$，得单位时间内通过元流两个过流断面的能量方程：

$$\left(z_1 + \frac{p_1}{\rho g} + \frac{u_1{}^2}{2g}\right)\rho gu_1\mathrm{d}A_1 = \left(z_2 + \frac{p_2}{\rho g} + \frac{u_2{}^2}{2g} + h'_w\right)\rho gu_2\mathrm{d}A_2$$

对上式积分，可得单位时间内通过总流两个过流断面的能量方程：

$$\int_{A_1}\left(z_1 + \frac{p_1}{\rho g}\right)\rho gu_1\mathrm{d}A_1 + \int_{A_1}\frac{u_1{}^2}{2g}\rho gu_1\mathrm{d}A_1 = \int_{A_2}\left(z_2 + \frac{p_2}{\rho g}\right)\rho gu_2\mathrm{d}A_2 + \int_{A_2}\frac{u_2{}^2}{2g}\rho gu_2\mathrm{d}A_2 +$$

$$\int_{Q_2}h'_w\rho g\mathrm{d}Q_2 \tag{4-5-1}$$

下面分别确定上式中三种类型的积分：

（1）$\displaystyle\int_A\left(z + \frac{p}{\rho g}\right)\rho gu\mathrm{d}A$

因所取过流断面 1-1、2-2 为渐变流断面，面上各点 $z + \dfrac{p}{\rho g} = C$，于是有：

$$\int_A\left(z + \frac{p}{\rho g}\right)\rho gu\mathrm{d}A = \left(z + \frac{p}{\rho g}\right)\rho gvA = \left(z + \frac{p}{\rho g}\right)\rho gQ$$

（2）$\displaystyle\int_A\left(\frac{u^2}{2g}\right)\rho gu\mathrm{d}A$

$\displaystyle\int_A\left(\frac{u^2}{2g}\right)\rho gu\mathrm{d}A = \frac{\rho g}{2g}\int_A u^3\mathrm{d}A = \frac{\rho g}{2g}\alpha v^2\cdot vA = \frac{\alpha v^2}{2g}\rho gQ$，式中的 α 为动能修正系数

（修正用断面平均流速代替实际流速计算动能时引起的误差）。$\alpha = \dfrac{\displaystyle\int_A u^3\mathrm{d}A}{v^3 A}$，$\alpha$ 取

决于过流断面上速度的分布情况,流速分布较均匀时,α 介于 $1.05\sim1.10$ 之间;流速分布不均匀时,α 值较大,通常取 1.0。

$(3)\displaystyle\int_Q h'_w \rho g\,\mathrm{d}Q$

单位时间内总流从过流断面 $1-1$ 流到 $2-2$ 的机械能损失 $\displaystyle\int_Q h'_w \rho g\,\mathrm{d}Q$ 不易通过积分确定,可令 $\displaystyle\int_Q h'_w \rho g\,\mathrm{d}Q$。式中,$h_w$ 表示单位重量流体从过流断面 $1-1$ 流到 $2-2$ 的平均机械能损失,称为总流的水头损失。

将以上积分结果代入式(4-5-1),得:

$$\left(z_1+\frac{p_1}{\rho g}\right)\rho g Q_1+\frac{\alpha_1 v_1{}^2}{2g}\rho g Q_1=\left(z_2+\frac{p_2}{\rho g}\right)\rho g Q_2+\frac{\alpha_2 v_2{}^2}{2g}\rho g Q_2+h_2 \rho g Q_2$$

因两断面间无分流及汇流,即 $\rho g Q=\rho g Q_1=\rho g Q_2$,故上式可简化为:

$$z_1+\frac{p_1}{\rho g}+\frac{\alpha_1 v_1{}^2}{2g}=z_2+\frac{p_2}{\rho g}+\frac{\alpha_2 v_2{}^2}{2g}+h_w \qquad (4-5-2)$$

式(4-5-2)即实际流体的总流伯努利方程。若式中的 $h_w=0$,则:

$$z_1+\frac{p_1}{\rho g}+\frac{\alpha_1 v_1{}^2}{2g}=z_2+\frac{p_2}{\rho g}+\frac{\alpha_2 v_2{}^2}{2g} \qquad (4-5-3)$$

式(4-5-3)即理想流体的总流伯努利方程。

总流伯努利方程式中各项的意义与元流伯努利方程中的对应项类似,但须注意,总流伯努利方程中各项具有"平均"意义,如:$z+\dfrac{p}{\rho g}$ 为总流过流断面上单位重量流体具有的平均势能,因渐变流过流断面上 $z+\dfrac{p}{\rho g}=C$;$\dfrac{\alpha v^2}{2g}$ 为总流过流断面上单位重量流体具有的平均动能;h_w 为总流两个过流断面间单位重量流体的平均机械能损失。

4.5.2　总流伯努利方程的应用条件和注意事项

应用总流伯努利方程时必须满足下列条件:①恒定流动;②质量力只有重力;③不可压缩流体;④所取过流断面为渐变流或均匀流断面,且两个断面间允许存在急变流;⑤两个过流断面间无分流或汇流;⑥两过流断面间无其他机械能输入输出。

应用总流伯努利方程时还需注意以下几点:

①过流断面除必须选取渐变流或均匀流断面外,一般还应选取包含较多已

知量或包含需求未知量的断面。

②过流断面上的计算点原则上可以任意选取,这是因为在均匀流或渐变流断面上任一点的测压管水头都相等,即 $z+\dfrac{p}{\rho g}=C$,并且过流断面上的平均流速水头 $\dfrac{\alpha v^2}{2g}$ 与计算点位置无关。但若计算点选取恰当,可使计算大为简化。管流的计算点通常选在管轴线上,明渠的计算点通常选在自由液面上。

③基准面是任意选取的水平面,但 z 一般为正值。同一方程必须以同一基准面来度量,不同方程可采用不同的基准面。

④方程中的压强 p_1 与 p_2 可用绝对压强或相对压强,但同一方程必须采用同种压强来度量。

4.5.3　水头线及水力坡度

总水头线是沿程各断面总水头 $H=z+\dfrac{p}{\rho g}+\dfrac{\alpha v^2}{2g}$ 的连线。参见图 4−13、图 4−16,理想流体的总水头线是水平线,实际流体的总水头线沿程却单调下降,下降的快慢用水力坡度 J 表示:

$$J=-\frac{\mathrm{d}H}{\mathrm{d}l}=\frac{\mathrm{d}h_w}{\mathrm{d}l} \tag{4-5-4}$$

因 $\mathrm{d}H$ 恒为负值,故在 $\dfrac{\mathrm{d}H}{\mathrm{d}l}$ 前加负号,以确保 J 为正值。

测压管水头线是沿程各断面测压管水头 $H_p=z+\dfrac{p}{\rho g}$ 的连线。由于测压管水头的大小受速度水头的影响,故测压管水头线沿程可升、可降、可水平,其变化快慢用测压管水头线坡度 J_p 表示:

$$J_p=-\frac{\mathrm{d}H_p}{\mathrm{d}l}=-\frac{\mathrm{d}\left(z+\dfrac{p}{\rho g}\right)}{\mathrm{d}l} \tag{4-5-5}$$

当测压管水头线下降时,J_p 为正值,上升时为负值,故在 $\dfrac{\mathrm{d}H_p}{\mathrm{d}l}$ 前加负号。

4.5.4　总流伯努利方程的应用

(1)文丘里管

文丘里管是一种测量管道流量的仪器,是总流伯努利方程在工程中的典型应用。

文丘里管由收缩段、喉管与扩散段三部分组成。在文丘里管收缩段进口与喉管处安装测压管或压差计,以测出两断面的测压管水头差,再根据伯努利方程便可实现对流体流量的测量。

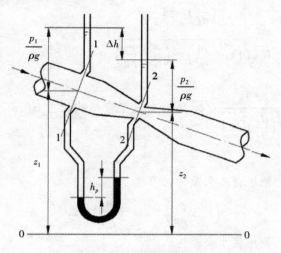

图 4-17　文丘里流量计

如图 4-17 所示,选水平基准面 0-0,令收缩段进口断面与喉管断面分别为 1-1、2-2 计算断面,两断面均为渐变流断面,计算点取在管轴线上。设 1-1、2-2 断面的平均速度、压强和过流断面面积分别为 v_1、p_1、A_1 和 v_2、p_2、A_2,流体密度为 ρ。1-1、2-2 断面的伯努利方程如下:

$$z_1 + \frac{p_1}{\rho g} + \frac{\alpha_1 v_1^2}{2g} = z_2 + \frac{p_2}{\rho g} + \frac{\alpha_2 v_2^2}{2g} + h_2$$

因收缩段的水头损失很小,故可令 $h_w = 0$,取动能修正系数 $\alpha_1 = \alpha_2 = 1.0$,则上式可简化为:

$$z_1 + \frac{p_1}{\rho g} + \frac{v_1^2}{2g} = z_2 + \frac{p_2}{\rho g} + \frac{v_2^2}{2g}$$

$$\frac{v_2^2}{2g} - \frac{v_1^2}{2g} = \left(z_1 + \frac{p_1}{\rho g}\right) - \left(z_2 + \frac{p_2}{\rho g}\right)$$

列 1-1、2-2 断面连续性方程如下:$v_1 A_1 = v_2 A_2$,得 $v_2 = \frac{A_1}{A_2} v_1 = \left(\frac{d_1}{d_2}\right)^2 v_1$。将此式代入前式,得:

$$v_1 = \frac{1}{\sqrt{\left(\frac{d_1}{d_2}\right)^4 - 1}} \sqrt{2g} \sqrt{\left(z_1 + \frac{p_1}{\rho g}\right) - \left(z_2 + \frac{p_2}{\rho g}\right)}$$

则通过文丘里管的流量:

$$Q = v_1 A_1 = \frac{\frac{1}{4}\pi d_1{}^2}{\sqrt{\left(\frac{d_1}{d_2}\right)^4 - 1}} \sqrt{2g} \sqrt{\left(z_1 + \frac{p_1}{\rho g}\right) - \left(z_2 + \frac{p_2}{\rho g}\right)}$$

$$= K \sqrt{\left(z_1 + \frac{p_1}{\rho g}\right) - \left(z_2 + \frac{p_2}{\rho g}\right)} \qquad (4-5-6)$$

式中，$K = \dfrac{\frac{1}{4}\pi d_1{}^2}{\sqrt{\left(\frac{d_1}{d_2}\right)^4 - 1}} \sqrt{2g}$ 是由文丘里管结构尺寸 d_1、d_2 确定的常数，称

为仪器常数。

装测压管时，测压管水头差为：

$$\left(z_1 + \frac{p_1}{\rho g}\right) - \left(z_2 + \frac{p_2}{\rho g}\right) = \Delta h$$

装压差计时，测压管水头差为：

$$\left(z_1 + \frac{p_1}{\rho g}\right) - \left(z_2 + \frac{p_2}{\rho g}\right) = \left(\frac{\rho_p}{\rho} - 1\right)h_p$$

将 K 和 $\left[\left(z_1 + \frac{p_1}{\rho g}\right) - \left(z_2 + \frac{p_2}{\rho g}\right)\right]$ 的值代入式（4-5-6），考虑到两断面间实际上存在能量损失，因此引入流量系数 ψ，则装测压管时，$Q = \psi K \sqrt{\Delta h}$；装压差计时，$Q = \psi K \sqrt{\left(\frac{\rho_p}{\rho} - 1\right)h_p}$。

（2）沿程有能量输入或输出的伯努利方程

总流伯努利方程式（4-5-2）是在两个过流断面间无其他机械能输入输出的条件下导出的。但当两断面间安装有水泵、风机或水轮机等流体机械装置时，流体流经水泵或风机时将获得能量，流经水轮机时将失去能量。设流体获得或失去的能量水头为 H，根据能量守恒定律，可得有能量输入或输出的总流伯努利方程：

$$z_1 + \frac{p_1}{\rho g} + \frac{\alpha_1 v_1{}^2}{2g} \pm H = z_2 + \frac{p_2}{\rho g} + \frac{\alpha_2 v_2{}^2}{2g} + h_w \qquad (4-5-7)$$

式中，H 前面的"+"号表示获得能量，"-"表示失去能量。

（3）沿程有分流或汇流的伯努利方程

总流伯努利方程式（4-5-2）是在两个过流断面间无分流或汇流的条件下导出的，而实际的供水、供气管道中，沿程大都有分流或汇流，此时的伯努利方程可分以下几种情况进行讨论。

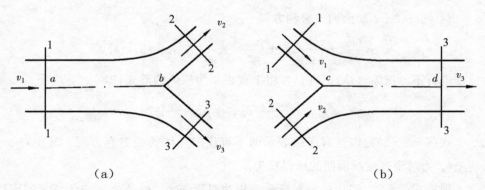

图 4—18　分流和汇流

设恒定分流，如图 4—18(a)所示。在分流处作分流面 ab，将分流划分为两支总流，每支总流的流量沿程不变。根据能量守恒定律，可对每支总流建立伯努利方程：

$$z_1 + \frac{p_1}{\rho g} + \frac{\alpha_1 v_1{}^2}{2g} = z_2 + \frac{p_2}{\rho g} + \frac{\alpha_2 v_2{}^2}{2g} + h_{w1-2}$$

$$z_1 + \frac{p_1}{\rho g} + \frac{\alpha_1 v_1{}^2}{2g} = z_3 + \frac{p_3}{\rho g} + \frac{\alpha_3 v_3{}^2}{2g} + h_{w1-3}$$

同理，设恒定汇流，如图 4—18(b)所示。可建立如下伯努利方程：

$$z_1 + \frac{p_1}{\rho g} + \frac{\alpha_1 v_1{}^2}{2g} = z_3 + \frac{p_3}{\rho g} + \frac{\alpha_3 v_3{}^2}{2g} + h_{w1-3}$$

$$z_2 + \frac{p_2}{\rho g} + \frac{\alpha_2 v_2{}^2}{2g} = z_3 + \frac{p_3}{\rho g} + \frac{\alpha_3 v_3{}^2}{2g} + h_{w2-3}$$

（4）不可压缩气体的伯努利方程

总流伯努利方程式（4—5—2）适用于不可压缩流体。这里补充介绍它应用于不可压缩气体流动的情况。

设恒定气流，如图 4—19 所示。气流的密度为 ρ，外部大气的密度为 ρ_a，过流断面 1—1、2—2 上计算点的绝对压强分别为 p_{1abs}、p_{2abs}。

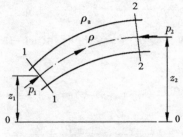

图 4—19　气体伯努利方程

列 1-1、2-2 断面的伯努利方程：

$$z_1 + \frac{p_{1abs}}{\rho g} + \frac{v_1^2}{2g} = z_2 + \frac{p_{2abs}}{\rho g} + \frac{v_2^2}{2g} + h_w, \alpha_1 = \alpha_2 = 1.0$$

进行不可压缩气体计算时，常将上式表示为压强的形式，即

$$\rho g z_1 + p_{1abs} + \frac{\rho v_1^2}{2} = \rho g z_2 + p_{2abs} + \frac{\rho v_2^2}{2} + p_w \qquad (4-5-8)$$

式(4-5-8)是以绝对压强表示的不可压缩气体的伯努利方程。其中，p_w $= \rho g h_w$ 为两个过流断面间的压强损失。

现将式(4-5-8)中的绝对压强改用相对压强 p_1、p_2 表示。由于气流的密度同外部大气的密度具有相同的数量级，不能简单地将上式等号两边的绝对压强值减去同一大小的大气压强值，而必须考虑外部大气压在不同高度的差值。

设高程 z_1 处的大气压强为 p_{a1}，高程 z_2 处的大气压强为 p_{a2}，$p_{a1} \neq p_{a2}$。假设大气压强沿高程按静压强分布，则 $p_{a2} = p_{a1} - \rho_a g (z_2 - z_1)$。

气流在过流断面 1-1、2-2 处的绝对压强为：$p_{1abs} = p_1 + p_{a1}$；$p_{2abs} = p_2 + p_{a2} = p_2 + [p_{a1} - \rho_a g (z_2 - z_1)]$。

将 p_{1abs}、p_{2abs} 代入式(4-5-8)，得：

$$p_1 + \frac{\rho v_1^2}{2} + (\rho_a - \rho) g (z_2 - z_1) = p_2 + \frac{\rho v_2^2}{2} + p_w \qquad (4-5-9)$$

式(4-5-9)是以相对压强表示的不可压缩气体的伯努利方程。式中各项的意义类似于总流伯努利方程式(4-5-2)中的对应项。人们习惯称 p_1、p_2 为静压，称 $\frac{\rho v_1^2}{2}$、$\frac{\rho v_2^2}{2}$ 为动压，称 $(\rho_a - \rho) g (z_2 - z_1)$ 为位压。

当气流的密度和外界大气的密度相同或相差非常小，或两个计算点的高度基本相同时，式(4-5-9)中的 $(\rho_a - \rho) g (z_2 - z_1)$ 项可略去不计，上式可简化为：

$$p_1 + \frac{\rho v_1^2}{2} = p_2 + \frac{\rho v_2^2}{2} + p_w$$

当气体的密度远大于外界大气的密度时，式(4-5-9)中的大气密度 ρ 可忽略不计，上式可简化为：

$$p_1 + \frac{\rho v_1^2}{2} - \rho g (z_2 - z_1) = p_2 + \frac{\rho v_2^2}{2} + p_w$$

即

$$z_1 + \frac{p_1}{\rho g} + \frac{v_1^2}{2g} = z_2 + \frac{p_2}{\rho g} + \frac{v_2^2}{2g} = h_w$$

该方程与液体总流伯努利方程相同。

例 如图 4—20 所示,水池通过直径有变化的有压管道泄水,已知管道直径 $d_1=125$ mm,$d_2=100$ mm,喷嘴出口直径 $d_3=80$ mm,水银压差计中的读数 $\Delta h=180$ mm,不计水头损失,求管道的泄水流量 Q 和喷嘴前端的压力表读数 p。

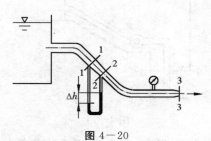

图 4—20

解 以出口管段中心轴为基准,列 1—1、2—2 断面的伯努利方程:

$$Z_1+\frac{p_1}{\rho g}+\frac{v_1^2}{2g}=Z_2+\frac{p_2}{\rho g}+\frac{v_2^2}{2g}$$

因

$$\left(Z_1+\frac{p_1}{\rho g}\right)-\left(Z_2+\frac{p_2}{\rho g}\right)=12.6\Delta h$$

将这一数值代入上式,得 $12.6\Delta h+\dfrac{v_1^2}{2g}=\dfrac{v_2^2}{2g}$。

由总流连续性方程 $v_2=\left(\dfrac{d_1}{d_2}\right)^2 v_1$ 联解两式,得:

$$v_1=\sqrt{\frac{12.6\Delta h\times 2g}{\left(\dfrac{d_1}{d_2}\right)^4-1}}=\sqrt{\frac{12.6\times 0.18\times 2\times 9.8}{\left(\dfrac{0.125}{0.1}\right)^4-1}}=5.55(\text{m/s})$$

$$Q=v_1A_1=v_1\frac{1}{4}\pi d_1^2=5.55\times\frac{1}{4}\times 3.14\times 0.125^2=0.068(\text{m}^3/\text{s})$$

列压力表所在断面及 4—3 断面的伯努利方程:$0+\dfrac{p}{\rho g}+\dfrac{v^2}{2g}=0+0+\dfrac{v_3^2}{2g}$,因压力表所在断面的管径与 2—2 断面的管径相同,于是有:

$$v=v_2=\left(\frac{d_1}{d_2}\right)^2 v_1=\left(\frac{0.125}{0.1}\right)^2\times 5.55=8.67(\text{m/s})$$

$$v_3=\left(\frac{d_1}{d_3}\right)^2 v_1=\left(\frac{0.125}{0.08}\right)^2\times 5.55=13.55(\text{m/s})$$

则压力表读数 $p=\rho g\left(\dfrac{v_3^2-v^2}{2g}\right)=1000\times\left(\dfrac{13.55^2-8.67^2}{2}\right)=54.2(\text{kPa})$。

例 如图 $4-21$ 所示,已知离心泵的提水高度 $z=20$ m,抽水流量 $Q=35$ L/s,效率 $\eta_1=0.82$。若吸水管路和压水管路总水头损失 $h_w=1.5$ m H_2O,电动机的效率 $\eta_2=0.95$。试求电动机的功率 P。

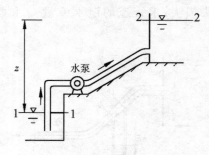

图 $4-21$

解 以吸水池面为基准,列 $1-1$、$2-2$ 断面的伯努利方程:

$$z_1+\frac{p_1}{\gamma}+\frac{v_1{}^2}{2g}+H=z_2+\frac{p_2}{\gamma}+\frac{v_2{}^2}{2g}+h_w$$

由于 $1-1$、$2-2$ 过流断面面积很大,故 $v_1\approx0$,$v_2\approx0$,并且 $p_1=p_2=0$,则:

$$0+0+0+H=z+0+0+h_w$$

$$H=20+1.5=21.5(\text{m})$$

故电动机的功率 $P=\dfrac{Q\rho gH}{\eta_1\eta_2}=\dfrac{35\times10^{-3}\times1000\times9.8\times21.5}{0.82\times0.95}=9.47(\text{kW})$。

例 如图 $4-22$ 所示,气体由相对压强为 12 mm H_2O 的气罐,经直径 d 为 100 mm 的管道流入大气,管道进、出口高差 $h=40$ m,管路的压强损失 $p_w=9\times\dfrac{\varrho v^2}{2}$。试求:(1)罐内气体为与大气密度相等($\rho=\rho_a=1.2$ kg/m³)的空气时,管内气体的速度 v 和流量 Q;(2)罐内气体为密度 $\rho=0.8$ kg/m³ 的煤气时,管内气体的速度 v 和流量 Q。

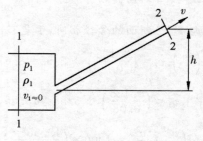

图 $4-22$

解　(1)罐内气体为空气时,由式(4—5—9),列气罐内 1—1 断面和管道出口断面 2—2 的伯努利方程:

$$p_1 + \frac{\rho v_1^2}{2} + (\rho_a - \rho)g(z_2 - z_{1'}) = p_2 + \frac{\rho v_2^2}{2} + p_w$$

因 $\rho = \rho_a$,$p_2 = 0$,$v_1 \approx 0$,$v_2 = v$,故上式可简化为 $p_1 = \frac{\rho v_2}{2} + 9 \times \frac{\rho v^2}{2} = 10 \times \frac{\rho v^2}{2}$,即 $0.012 \times 1000 \times 9.8 = 10 \times \frac{1.2 \times v^2}{2}$。

故管内气体的速度 $v = 4.43$ m/s;管内气体的速度流量 $Q = v \times \frac{\pi}{4}d^2 = 4.43 \times \frac{\pi}{4} \times 0.1^2 = 0.035$ m³/s。

(2)罐内气体为煤气时,$z_2 - z_1 = h$,$p_2 = 0$,$v_1 \approx 0$,$v_2 = v$。由式(4—5—9),列气罐内 1—1 断面和管道出口断面 2—2 的伯努利方程:

$$p_1 + (\rho_a - \rho)gh = \frac{\rho v^2}{2} + 9 \times \frac{\rho v^2}{2} = 10 \times \frac{\rho v^2}{2}$$

即 $0.012 \times 1000 \times 9.8 + (1.2 - 0.8) \times 9.8 \times 40 = 10 \times \frac{0.8 \times v^2}{2}$。故管内气体的速度 $v = 8.28$ m/s;

管内气体的速度流量 $Q = v \times \frac{\pi}{4}d^2 = 8.28 \times \frac{\pi}{4} \times 0.1^2 = 0.065$ m³/s。

4—6　总流的动量方程

由质点系动量定理可知,质点系的动量对时间的导数,等于作用于质点系的外力的矢量和,即:

$$\sum \boldsymbol{F} = \frac{\mathrm{d}\boldsymbol{K}}{\mathrm{d}t}$$

总流动量方程是质点系动量定理在流体力学中的应用,它和前面介绍的连续性方程、伯努利方程组成流体力学最基本、最重要的三大方程。下面我们将以质点系动量定理来推导总流的动量方程。

4.6.1　总流的动量方程

在恒定总流中,任取 1—1、2—2 两渐变流过流断面,面积分别为 A_1、A_2,以两个过流断面及总流的侧表面围成的空间为控制体,如图 4—23 所示。

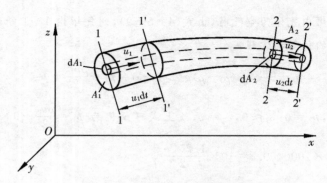

图 4—23　总流的动量方程

若控制体内的流体经 dt 时段,由 $1-2$ 运动到 $1'-2'$ 位置,则产生的动量变化 dK 应等于 $1'-2'$ 与 $1-2$ 流段内流体的动量 $K_{1'-2'}$ 和 K_{1-2} 之差,即:

$$dK = K_{1'-2'} - K_{1-2} = (K_{1'-2} + K_{2-2'})_{t+dt} - (K_{1-1'} + K_{1'-2})_t$$

对于恒定流动,$1'-2$ 流段的几何形状和流体的质量、流速均不随时间发生改变,因此 $K_{1'-2}$ 也不随时间发生改变,即:

$$(K_{1'-2})_{t+dt} = (K_{1'-2})_t$$

则

$$dK = K_{2-2'} - K_{1-1'}$$

为了确定动量 $K_{2-2'}$ 和 $K_{1-1'}$,在上述总流内任取一元流进行分析。令过流断面 $1-1$ 上元流的面积为 dA_1,流速为 u_1,密度为 ρ_1,则元流 $1-1'$ 流段内流体的动量为 $\rho_1 u_1\, dt dA_1 u_1$。因过流断面为渐变流断面各点的速度平行,按平行矢量的法则,可对断面 A_1 直接积分,得总流 $1-1'$ 流段内流体的动量为 $K_{1-1'} = \int_{A_1} \rho_1 u_1\, dt dA_1 u_1$。

同理,可得:

$$K_{2-2'} = \int_{A_2} \rho_2 u_2\, dt dA_2 u_2$$

$$dK = K_{2-2'} - K_{1-1'} = \int_{A_2} \rho_2 u_2\, dt dA_2 u_2 - \int_{A_1} \rho_1 u_1\, dt dA_1 u_1$$

对于不可压缩流体 $\rho_1 = \rho_2 = \rho$:

$$dK = \rho dt \left(\int_{A_2} u_2 u_2\, dA_2 - \int_{A_1} u_1 u_1\, dA_1 \right) = \rho dt (\beta_2 v_2 A_2 v_2 - \beta_1 v_1 A_1 v_1)$$

$$= \rho Q dt (\beta_2 v_2 - \beta_1 v_1)$$

式中,β 为动量修正系数(修正以断面平均流速代替实际流速计算动量时引起的误差）：

$$\beta = \frac{\int_A u^2 \mathrm{d}A}{v^2 A}$$

β 值取决于过流断面上速度的分布情况，流速分布较均匀时，$\beta = 1.02 \sim 1.05$，通常，$\beta = 1.0$。

由质点系动量定理，有 $\sum \boldsymbol{F} = \dfrac{\mathrm{d}\boldsymbol{K}}{\mathrm{d}t} = \dfrac{\rho Q \mathrm{d}t (\beta_2 \boldsymbol{v}_2 - \beta_1 \boldsymbol{v}_1)}{\mathrm{d}t}$，即：

$$\sum \boldsymbol{F} = \rho Q (\beta_2 \boldsymbol{v}_2 - \beta_1 \boldsymbol{v}_1) \qquad (4-6-1)$$

该式即为总流的动量方程。该方程是一个矢量方程，为方便计算，常将它投影到三个坐标轴上，即：

$$\left. \begin{aligned} \sum F_x &= \rho Q (\beta_2 v_{2x} - \beta_1 v_{1x}) \\ \sum F_y &= \rho Q (\beta_2 v_{2y} - \beta_1 v_{1y}) \\ \sum F_z &= \rho Q (\beta_2 v_{2z} - \beta_1 v_{1z}) \end{aligned} \right\} \qquad (4-6-2)$$

式中 v_{1x}、v_{1y}、v_{1z} 和 v_{2x}、v_{2y}、v_{2z} 分别为 $1-1$、$2-2$ 断面的平均流速在 x、y、z 轴方向的分量。$\sum F_x$、$\sum F_y$、$\sum F_z$ 为作用在控制体内流体上的所有外力在三个坐标方向的投影代数和。

4.6.2　总流动量方程的应用条件和注意事项

应用总流动量方程时必须满足下列条件：①恒定流动；②所取过流断面为渐变流或均匀流断面；③不可压缩流体。

应用总流动量方程时还需注意以下各点：

①总流动量方程对理想流体和实际流体均适用。

②正确选取控制体，全面分析作用在控制体内流体上的外力；注意控制体外的流体通过两个过流断面对控制体内流体的作用力，此力为断面上相对压强与过流断面面积的乘积。

③总流动量方程式中的动量差是指流出控制体的动量与流入控制体的动量之差，两者的顺序不能颠倒。

④由于动量方程是矢量方程，因此宜采用投影式进行计算。正确确定外力和流速的投影正负，若外力和流速的投影方向与选定的坐标轴方向相同，则投影方向为正，相反则为负。坐标轴的选择，可根据实际情况确定。

⑤流体对固体边壁的作用力 F 与固体边壁对流体的作用力 F' 是一对作用力和反作用力。应用动量方程可先求出 F'，再根据 $F=-F'$，求得 F。

例 如图4—24所示，有一水平放置的变直径弯曲管道，$d_1=500$ mm，$d_2=400$ mm，转角 $\theta=45°$，断面 1—1 处流速 $v_1=1.2$ m/s，相对压强 $p_1=245$ kPa。若不计弯管水头损失，试求水流对弯管的作用力分量 F_x、F_y。

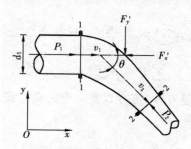

图 4—24

解 取过流断面 1—1、2—2 及管壁所围成的空间为控制体。

分析作用在控制体内流体上的力，包括过流断面上的压力 P_1、P_2；弯管对水流的作用力 F_x'、F_y'；选直角坐标系 xOy，重力在 xOy 水平面上无分量。

令 $\beta_1=\beta_2=1$，列总流动量方程 x、y 轴方向的投影式：

$$P_1-P_2\cos\theta-F_x'=\rho Q(v_2\cos\theta-v_1)$$
$$P_2\sin\theta-F_y'=\rho Q(-v_2\sin\theta-0)$$

由连续性方程，得：

$$v_2=v_1\left(\frac{d_1}{d_2}\right)^2=1.2\times\left(\frac{0.5}{0.4}\right)^2=1.875(\text{m/s})$$

$$Q=\frac{1}{4}\pi d_1^2\times v_1\approx0.236(\text{m}^3/\text{s})$$

以管轴线为基准，列 1、2 断面的伯努利方程：$0+\dfrac{p_1}{\rho g}+\dfrac{v_1^2}{2g}=0+\dfrac{p_2}{\rho g}+\dfrac{v_2^2}{2g}$，得：

$$p_2=p_1+\rho\frac{v_1^2-v_2^2}{2}=243.96(\text{kPa})$$

$$P_1=p_1\times\frac{1}{4}\pi d_1^2=245\times\frac{1}{4}\pi0.5^2\approx48.11(\text{kN})$$

$$P_2=p_2\times\frac{1}{4}\pi d_2^2=243.96\times\frac{1}{4}\pi0.4^2\approx30.66(\text{kN})$$

将上述值代入动量方程，得：$F_x'=26.38$ kN；$F_y'=21.98$ kN。

水流对弯管的作用力与弯管对水流的作用力大小相等、方向相反,即:

$$F_x = 26.38 \text{ kN},方向与 } Ox \text{ 轴方向相同;}$$

$$F_y = 21.98 \text{ kN},方向与 } Oy \text{ 轴方向相同。}$$

例 如图 $4-25$ 所示,夹角呈 $60°$ 的分岔管水流射入大气,干管及管的轴线处于同一水平面上。已知 $v_2 = v_3 = 10 \text{ m/s}, d_1 = 200 \text{ mm}, d_2 = 120 \text{ mm}, d_3 = 100$ mm,忽略水头损失,试求水流对分岔管的作用力分量 F_x、F_y。

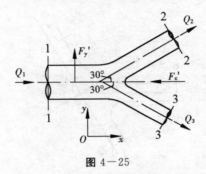

图 $4-25$

解 取过流断面 $1-1$、$2-2$、$4-3$ 及管壁所围成的空间为控制体。

分析作用在控制体内流体上的力,包括过流断面 $1-1$ 上的压力 P_1;过流断面 $2-2$ 和 $4-3$ 上的压力 $P_2 = P_3 = 0$;分岔管对水流的作用力 F_x'、F_y';选直角坐标系 xOy,重力在 xOy 水平面上无分量。

令 $\beta_1 = \beta_2 = 1$,列总流动量方程 x、y 轴方向的投影式:

$$P_1 - F_x' = (\rho Q_2 v_2 \cos 30° + \rho Q_3 v_3 \cos 30°) - \rho Q_1 v_1$$

$$F_y' = \rho Q_2 v_2 \sin 30° + (-\rho Q_3 v_3 \sin 30°) - 0$$

其中,$Q_2 = \dfrac{1}{4}\pi d_2^2 \times v_2 = 0.113 (\text{m}^3/\text{s})$;$Q_3 = \dfrac{1}{4}\pi d_3^2 \times v_3 = 0.079 (\text{m}^3/\text{s})$;$Q_1 = Q_2 + Q_3 = 0.192 (\text{m}^3/\text{s})$;$v_1 = \dfrac{Q}{\frac{1}{4}\pi d_1^2} = 6.115 (\text{m/s})$。

以分岔管轴心线为基准线,列 1、2 断面伯努利方程:

$$0 + \frac{p_1}{\rho g} + \frac{v_1^2}{2g} = 0 + 0 + \frac{v_2^2}{2g}$$

$$p_1 = \rho \frac{v_2^2 - v_1^2}{2} = 31.303 (\text{kPa})$$

将上述值代入动量方程,得弯管对水流的作用力 $F_x' = 0.49 \text{ kN}$,$F_y' = 0.17 \text{ kN}$。

　　水流对分岔管的作用力 $F_x = 0.49$ kN,方向与 Ox 轴方向相同;$F_y = 0.17$ kN,方向与 Oy 轴方向相反。

　　例　如图 4-26 所示,水平方向的水射流以 $v_0 = 6$ m/s 的速度冲击一斜置平板,射流与平板之间的夹角 $\alpha = 60°$,射流过流断面面积 $A_0 = 0.01$ m²,不计水流与平板之间的摩擦力。试求:(1)射流对平板的作用力 F;(2)流量 Q_1 与 Q_2 之比。

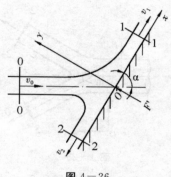

图 4-26

　　解　取过流断面 1-1、2-2、0-0 及射流侧表面与平板内壁为控制面,构成控制体。

　　因整个射流在大气中,过流断面 1-1、2-2、0-0 的压强可认为等于大气压强。因不计水流与平板之间的摩擦力,则平板对水流的作用力 F' 与平板垂直。

　　(1)求射流对平板的作用力 F

　　列 y 轴方向的动量方程:$F' = 0 - (-\rho Q_0 v_0 \sin \alpha)$,将 $Q_0 = v_0 A_0 = 6 \times 0.01 = 0.06$(m³/s)代入动量方程,得平板对射流的作用力 F',$F' = 0.312$ kN,则射流对平板的作用力 $F = 0.312$ kN,方向与 Oy 轴方向相反。

　　(2)求流量 Q_1 与 Q_2 之比

　　列 x 轴方向的动量方程:$0 = (\rho Q_1 v_1 - \rho Q_2 v_2) - \rho Q_0 v_0 \cos \alpha$,分别列 0-0、1-1 断面及 0-0、2-2 断面的伯努利方程,可得 $v_1 = v_2 = v_0 = 6$ m/s,因 $Q_0 = Q_1 + Q_2$,代入上式,解得 $\dfrac{Q_1}{Q_2} = 3$。

4-7　动量矩方程

　　由质点系动量矩定理可知,质点系对于任一固定点的动量矩对时间的导数,等于作用于质点系的所有外力对于同一点的矩的矢量和。

令恒定总流动量方程式(4－6－1)中的 $\beta_1 = \beta_2 = 1$,并将方程两边对流场中某固定点取矩,得:

$$\sum \boldsymbol{r} \times \boldsymbol{F} = \rho Q(\boldsymbol{r}_2 \times \boldsymbol{v}_2 - \boldsymbol{r}_1 \times \boldsymbol{v}_1) \qquad (4-7-1)$$

该式即恒定总流的动量矩方程。

动量矩方程主要应用在旋转式流体机械上,可以用来确定运动流体与旋转叶轮相互作用的力矩及其功率,进而建立涡轮机械的基本方程。

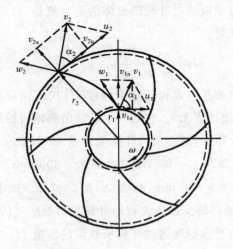

图 4－27　叶轮内的流动

图 4－27 为离心式泵或风机的叶轮。叶轮以一定的角速度 ω 旋转,流体从叶轮的内圈入口流入,经叶轮通道从外圈出口流出。流体在叶轮内,一方面以相对速度 w 沿叶轮叶片流动;另一方面以等角速度 ω 做旋转运动,牵连速度为 u,若 v 表示流体的绝对速度,则 $\boldsymbol{v} = \boldsymbol{w} + \boldsymbol{u}$。叶轮进、出口速度三角形见图 4－27,其中 α_1、α_2 分别表示进、出口的绝对速度与牵连速度之间的夹角。

将整个叶轮的两面轮盘及叶轮内圈与外圈之间的所有流道作为控制体,流道中的流动相对于匀速旋转的叶轮来讲是恒定的。若不考虑黏性,则通过内、外圈控制面作用在流体上的表面力为径向分布,力矩为零;考虑到对称性,作用在控制体内流体上的重力对转轴的力矩之和也为零,因此外力矩只有叶片对流道内流体的作用力对转轴的力矩,其总和为 M。假设流体的密度为 ρ;流过整个叶轮的流量为 Q;流体在叶轮进、出口处的绝对速度 v_1、v_2 沿周向数值不变,且与切线方向的夹角 α 也不变。由式(4－7－1)得:

$$M = \rho Q (v_2 r_2 \cos \alpha_2 - v_1 r_1 \cos \alpha_1)$$
$$= \rho Q (v_{2u} r_2 - v_{1u} r_1)$$

式中，v_{1u}、v_{2u}分别为进、出口的绝对速度 v_1、v_2 在圆周切线方向的投影；r_1、r_2 分别为叶轮内、外圈的半径。

单位时间内叶轮作用给流体的功：

$$N = M\omega = \rho Q (v_{2u} r_2 \omega - v_{1u} r_1 \omega)$$
$$= \rho Q (v_{2u} u_2 - v_{1u} u_1)$$

将上式两边同时除以通过叶轮的流体的重量流量，可得单位重量理想流体通过叶轮所获得的能量：

$$H_T = \frac{N}{\rho g Q} = \frac{1}{g} (v_{2u} u_2 - v_{1u} u_1) \tag{4-7-2}$$

该式即涡轮机械的基本方程。理论扬程 H_T 仅与流体在叶轮进、出口处的运动速度有关，与流动过程无关，它的大小反映出涡轮机械的基本性能。

例　如图 4-28 所示，离心风机叶轮的转速 $n = 1725$ r/min，叶轮进口直径 $d_1 = 125$ mm，进口气流角 $\alpha_1 = 90°$，出口直径 $d_2 = 300$ mm，出口安放角 $\beta_2 = 30°$，叶轮流道宽度 $b_1 = b_2 = b = 25$ mm，流量 $Q = 372$ m³/h。试求：(1)叶轮进口处空气的绝对速度 v_1 与进口的安放角 β_1；(2)叶轮出口处空气的绝对速度 v_2 与出口的气流角 α_2；(3)单位重量空气通过叶轮所获得的能量 H_T。

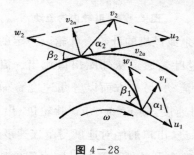

图 4-28

解　(1)叶轮进口的牵连速度：

$$u_1 = \omega r_1 = \frac{\pi d_1 n}{60} = \frac{3.14 \times 0.125 \times 1725}{60} = 11.28 (\text{m/s})$$

叶轮进口的绝对速度：

$$v_1 = \frac{Q}{\pi d_1 b} = \frac{372}{3600 \times 3.14 \times 0.125 \times 0.025} = 10.53 (\text{m/s})$$

叶片进口的安放角：

$$\beta_1 = \arctan \frac{v_1}{u_1} = \arctan \frac{10.53}{11.28} = 43.03°$$

（2）叶轮出口的绝对速度

因
$$u_2 = \omega r_2 = \frac{\pi d_2 n}{60} = \frac{3.14 \times 0.3 \times 1725}{60} = 27.08(\text{m/s})$$

$$v_{2n} = \frac{Q}{\pi d_2 b} = \frac{372}{3600 \times 3.14 \times 0.3 \times 0.025} = 4.39(\text{m/s})$$

$$v_{2u} = u_2 - v_{2n} \operatorname{ctg} \beta_2 = 27.08 - 4.39 \times \operatorname{ctg} 30° = 19.48(\text{m/s})$$

故
$$v_2 = \sqrt{v_{2n}^2 + v_{2u}^2} = \sqrt{4.39^2 + 19.48^2} = 19.97(\text{m/s})$$

$$\alpha_2 = \arccos \frac{v_{2u}}{v_2} = \arccos \frac{19.48}{19.97} = 12.72°$$

（3）单位重量空气通过叶轮获得的能量

因 $v_{1u} = 0$，由式（4—7—2）得：

$$H_T = \frac{1}{g}(v_{2u}u_2 - v_{1u}u_1) = \frac{1}{9.8} \times (19.48 \times 27.08 - 0) = 53.83(\text{m})$$

习题

4—1　"恒定流与非恒定流""均匀流与非均匀流""渐变流与急变流"是如何定义的？它们之间有什么联系？渐变流具有什么重要的性质？

4—2　简述伯努利方程中各项的几何意义和能量意义。

4—3　简述"总水头线与测压管水头线""水力坡度与测压管坡度"的概念，试确定均匀流测压管水头线与总水头线的关系。

4—4　试用能量方程解释以下说法："水一定是从高处往低处流"，"水是由压强大的地方流向压强小的地方"，"水是由流速大的地方向流速小的地方流"。

4—5　已知速度场 $u_x = x^2 y, u_y = -3y, u_z = 2z^2$，试求：（1）点（1,2,3）的加速度 a；（2）该流动是几维流动？（3）该流动是恒定流还是非恒定流？（4）该流动是均匀流还是非均匀流？

4—6　已知二维速度场 $u_x = x + 2t, u_y = -y + t - 3$。试求该流动的流线方程以及在 $t = 0$ 瞬时过点 $M(-1, -1)$ 的流线。

4—7　已知速度场 $u_x = a, u_y = bt, u_z = 0$，其中 a、b 为常数。试求：（1）流线方程及 $t = 0$、$t = 1$、$t = 2$ 时的流线图；（2）$t = 0$ 时过（0,0）点的迹线方程。

4—8　已知两平行平板间的速度分布为 $u = u_{\max}\left[1 - \left(\frac{y}{b}\right)^2\right]$，式中 $y = 0$ 为

中心线,$y=\pm b$ 为平板所在的位置,$u_{\max}$ 为常数。试求流体的单宽流量 q。

4—9　根据下列给出的不可压缩流体速度场,试用连续性方程判断相应的流动是否存在:

(1)$u_x=-(2xy+x)$,$u_y=y^2+y-x^2$;

(2)$u_x=2x^2+y^2$,$u_y=x^3-x(y^2-2y)$;

(3)$u_x=\dfrac{x}{x^2+y^2}$,$u_y=\dfrac{y}{x^2+y^2}$;

(4)$u_r=0$,$u_\theta=\dfrac{C}{r}$(C 为常数)。

4—10　空气从断面积 $A_1=0.4$ m$\times$0.4 m 的方形管中进入压缩机,密度 ρ_1 $=1.2$ kg/m^3,断面平均流速 $v_1=4$ m/s。压缩后,从直径 $d_1=0.25$ m 的圆形管中排出,断面平均流速 $v_2=3$ m/s。试求:压缩机出口断面的平均密度 ρ_2 和质量流量 Q_m。

4—11　图 4—29 所示为一变径管段 AB,直径 $d_A=0.2$ m,$d_B=0.4$ m,高差 $\Delta h=1.5$ m。今测得 $p_A=30$ kN/m^2,$p_B=40$ kN/m^2,B 处断面平均流速 v_B $=1.5$ m/s。试判断水在管中的流动方向。

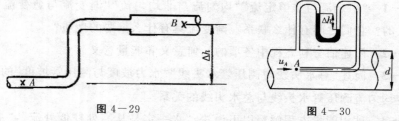

图 4—29　　　　　　　　　　　　　图 4—30

4—12　如图 4—30 所示,利用毕托管原理测量输水管中的流量。已知输水管直径 $d=200$ mm,水银压差计读数 $\Delta h=60$ mm,若输水管断面平均流速 v $=0.84u_A$,式中 u_A 是管轴上未受扰动的 A 点的流速。试确定输水管的流量 Q。

4—13　如图 4—31 所示,用抽水量 $Q=24$ m^3/h 的离心水泵由水池抽水,水泵的安装高程 $h_s=6$ m,吸水管的直径为 $d=100$ mm,如水流通过进口底阀、吸水管路、90°弯头至泵叶轮进口的总水头损失为 $h_w=0.4$ m H$_2$O,求该泵叶轮进口处的真空度 p_v。

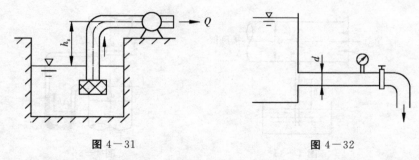

图 4—31   图 4—32

4—14 如图 4—32 所示，直径 $d=25$ mm 的高压水箱泄水管，当阀门关闭时，测得安装在此管路上的压力表读数为 $p_1=280$ kPa，当阀门开启后，压力表上的读数变为 $p_2=60$ kPa。试求每小时的泄水流量 Q（不计水头损失）。

4—15 如图 4—33 所示，大水箱中的水经水箱底部的竖管流入大气，竖管直径 $d_1=200$ mm，管道出口处为收缩喷嘴，其出口直径 $d_2=100$ mm。不计水头损失，求管道的泄流量 Q 及 A 点的相对压强 p_A。

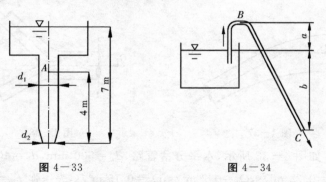

图 4—33   图 4—34

4—16 如图 4—34 所示，虹吸管从水池引水至 C 端流入大气，已知 $a=1.6$ m，$b=4.6$ m。若不计损失，试求：(1)管中流速 v 及 B 点的绝对压强 p_B；(2)若 B 点的绝对压强水头下降到 0.24 m 以下时，水将发生汽化。设 C 端保持不动，问欲使水不发生汽化，a 不能超过多少？

4—17 如图 4—35 所示，离心风机可采用集流器测量流量，已知风机吸入侧管道的直径 $d=350$ mm，插入水槽中的玻璃管内水的上升高度 $\Delta h=100$ mm，空气的密度 $\rho_a=1.2$ kg/m³，水的密度 $\rho_w=1000$ kg/m³，不计流动损失，求离心风机吸入的空气流量 Q。

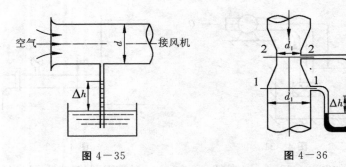

图 4-35　　　　　　　　　　　图 4-36

4-18　如图 4-36 所示,利用文丘里流量计测量竖直水管中的流量。已知 $d_1=300$ mm,$d_2=150$ mm,水银压差计读数 $\Delta h=20$ mm。试确定水流量 Q。

4-19　如图 4-37 所示,水流经水平弯管流入大气,已知 $d_1=100$ mm,$d_2=75$ mm,$v_1=1.5$ m/s,$\theta=30°$。若不计水头损失,试求水流对弯管的作用力 F_x、F_y。

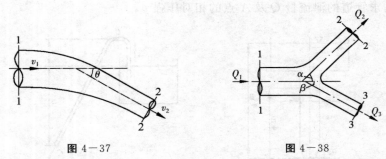

图 4-37　　　　　　　　　　　图 4-38

4-20　如图 4-38 所示,水平分岔管路,$d_1=500$ mm,$d_2=400$ mm,$d_3=300$ mm,$Q_1=0.35$ m³/s,$Q_2=0.2$ m³/s,$Q_3=0.15$ m³/s,表压强 $p_1=8000$ N/m²,夹角 $\alpha=45°$,$\beta=30°$。忽略水头损失,求水流对分岔管的作用力 F_x、F_y。

4-21　如图 4-39 所示,闸下出流,平板闸门宽 $b=2$ m,闸前水深 $h_1=4$ m,闸后水深 $h_2=0.5$ m,出流量 $Q=8$ m³/s,不计摩擦阻力,试求水流对闸门的作用力 F。

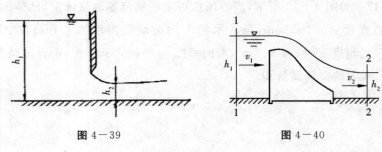

图 4-39　　　　　　　　　　　图 4-40

4—22　如图 4—40 所示,溢流坝宽度为 B(垂直于纸面),上游和下游水深分别为 h_1 和 h_2,不计水头损失,试推导坝体受到的水平推力 F。

4—23　如图 4—41 所示,流量 $Q=0.036$ m³/s、平均流速 $v=30$ m/s 的射流冲击直立平板后,分成两股,一股沿板面直泻而下,流量 $Q_1=0.012$ m³/s,另一股以倾角 α 射出。若不计摩擦力和重力的影响,试求射流对平板的作用力 F 和倾角 α。

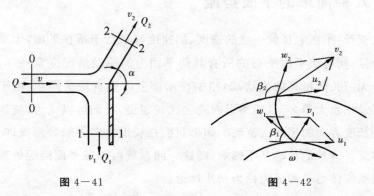

图 4—41　　　　　　　　　　　图 4—42

4—24　如图 4—42 所示,已知离心式通风机叶轮的转速 $n=1500$ r/min,叶轮进口的直径 $d_1=480$ mm,进口角 $\beta_1=60°$,入口的宽度 $b_1=105$ mm,出口的直径 $d_2=600$ mm,出口角 $\beta_2=120°$,出口的宽度 $b_2=84$ mm,流量 $Q=12000$ m³/h。试求:(1)叶轮进出口空气的牵连速度 u_1、u_2,相对速度 w_1、w_2,绝对速度 v_1、v_2;(2)单位重量空气通过叶轮所获得的能量 H。

4—25　图 4—43 为臂长 $l_1=1.2$ m,$l_2=1.5$ m 的旋转式洒水器的示意图,喷口的直径 $d=25$ mm,每个喷口的水流量 $Q=3\times10^{-3}$ m³/s。若不计摩擦阻力,试求洒水器的转速 ω。

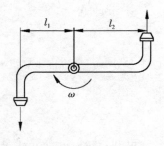

图 4—43

第五章　势流理论

5—1　几种简单的平面势流

平面流动:平面上任何一点的速度、加速度都平行于所在平面,无垂直于该平面的分量,同与该平面平行的所有其他平面上的流动情况完全一样。例如:1)绕一个无穷长的机翼的流动;2)船舶在水面上的垂直振荡问题,由于船的长度比宽度及吃水大得多,且船型纵向变化比较缓慢,我们可以认为,流体只在垂直于船的长度方向的平面内流动。如果我们在长度方向将船分割成许多薄片,并且假定绕各薄片的流动互不影响,则这一问题就可以按平面问题处理。这一方法在船舶流体力学领域内称为切片理论。

(1)均匀流

流体质点沿 x 轴平行的均匀速度为 V_0:

$$V_x = V_0 \tag{5—1—1}$$

$$V_y = 0 \tag{5—1—2}$$

平面流动速度势的全微分为:

$$d\varphi = \frac{\partial \varphi}{\partial x}dx + \frac{\partial \varphi}{\partial y}dy = V_x dx + V_y dy = V_0 dx \tag{5—1—3}$$

积分得:

$$\varphi = V_0 x \tag{5—1—4}$$

流函数的全微分为:

$$d\psi = \frac{\partial \psi}{\partial x}dx + \frac{\partial \psi}{\partial y}dy = -V_y dx + V_x dy = V_0 dy$$

积分得:

$$\psi = V_0 y \tag{5—1—5}$$

由(5—1—4)和(5—1—5)可知:流线 $y = \text{const}$ 是一组平行于 x 轴的直线;等势线 $x = \text{const}$ 是一组平行于 y 轴的直线。均匀流的速度势还可用来表示平行平壁间的流动或薄平板的均匀纵向绕流,如图 5—1 所示。

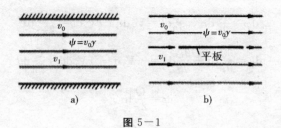

图 5-1

（2）源或汇

平面源即流体由坐标原点出发沿射线流出；流体从各个方向流过来汇聚于一点，称为平面汇，汇的流动方向与源的流动方向相反。设源的体积流量为 Q，速度以源为中心，沿矢径方向向外，沿圆周切线方向速度分量为零。现以原点为中心，以任一半径 r 作一圆，则根据不可压缩流体的连续性方程，体积流量：

$$Q = 2\pi r v r$$

因此　　　　　　　　　　　　　　$$v r = Q/2\pi r \qquad (5-1-6)$$

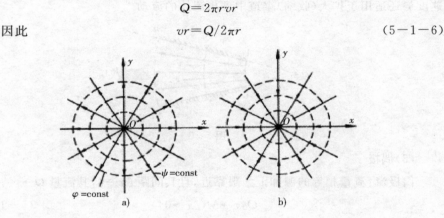

图 5-2

在直角坐标中，有：

$$V_x = \frac{\partial \varphi}{\partial x} = \frac{\partial \psi}{\partial y}$$

$$V_y = \frac{\partial \varphi}{\partial y} = -\frac{\partial \psi}{\partial x}$$

在极坐标中，有：

$$V_r = \frac{\partial \varphi}{\partial r} = \frac{\partial \psi}{\partial s} = \frac{1}{r}\frac{\partial \psi}{\partial \theta}$$

$$V_s = \frac{\partial \varphi}{\partial s} = \frac{1}{r}\frac{\partial \varphi}{\partial \theta} = -\frac{\partial \psi}{\partial r} \qquad (5-1-7)$$

极坐标中，φ 和 ψ 的全微分为：

$$d\varphi = \frac{\partial \varphi}{\partial r}dr + \frac{\partial \varphi}{\partial \theta}d\theta = V_r dr + rV_s d\theta = \frac{Q}{2\pi r}dr$$

$$d\psi = \frac{\partial \psi}{\partial r}dr + \frac{\partial \psi}{\partial \theta}d\theta = -V_s dr + rV_r d\theta = \frac{Q}{2\pi}d\theta$$

(5−1−8)

$$\varphi = \frac{Q}{2\pi}\ln r$$

$$\psi = \frac{Q}{2\pi}\theta$$

流线 $\theta = $ const，是从原点引出的一组射线；等势线 $r = $ const，是和流线正交的一组同心圆。

由(5−1−6)式可看出，当 $Q > 0$，则 $vr > 0$，坐标原点为源点；当 $Q < 0$ 时，则 $vr < 0$，流体向源点汇合。图 5−3 扩大壁面和源的互换性即是汇点。源(汇)的速度势还适用于扩大(收缩)渠道中理想流体的流动。

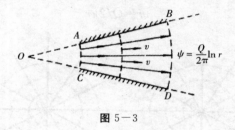

图 5−3

（3）偶极子

偶极流：流量相等的源和汇无限靠近，且其间距 $\delta x \to 0$，其流量 $Q \to \infty$，且

$$Q\delta x \to M(\delta x \to 0)$$

(5−1−9)

则这种流动的极限状态称为偶极子，M 称为偶极矩。

用叠加法求 φ 和 ψ。

$$\varphi = \varphi_1 + \varphi_2 + \frac{Q}{2\pi}(\ln r_1 - \ln r_2)$$

如图 5−4 所示，$r_1 \approx r_2 + \delta x \cos \theta_1$。

因此

$$\varphi = \varphi_1 + \varphi_2 + \frac{Q}{2\pi}(\ln r_1 - \ln r_2)$$

$$= \frac{Q}{2\pi}\ln \frac{r_1}{r_2}$$

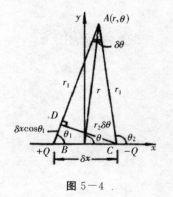

图 5−4

$$= \frac{Q}{2\pi} \ln \frac{r_2 + \delta x \cos \theta_2}{r_2}$$

$$= \frac{Q}{2\pi} \ln \left(1 + \frac{\delta x \cos \theta_2}{r_2}\right)$$

式中,$z = \delta x \cos \theta_1 r_2$ 是个小量,我们利用泰劳展开式展开:

$$\ln (1+z) = z - \frac{z^2}{2} + \frac{z^3}{3} - \cdots\cdots$$

将 φ 展开并略去 δx 二阶以上小量,得:

$$\varphi = \frac{M}{2\pi} \frac{\cos \theta}{r} \qquad \varphi \approx \frac{Q}{2\pi} \frac{\delta x \cos \theta_1}{r_2}$$

当 $\delta x \rightarrow 0$ 时,$Q\delta x \rightarrow M$,$\theta_1 \rightarrow \theta$,$r_2 \rightarrow r$。其中 r、θ 为 A 点的极坐标,这样便可从上式得到偶极子的速度势。

在直角坐标中:

$$\varphi = \frac{M}{2\pi} \frac{x}{x^2 + y^2} \tag{5-1-10}$$

在流函数中: $\qquad \psi = \psi_1 + \psi_2 + \frac{Q}{2\pi}(\theta_1 - \theta_2) = \frac{Q}{2\pi}(\delta\theta) \tag{5-1-11}$

图 5-4 中的三角形 BCD:$r_2 \delta\theta = \delta x \sin \theta_1$,有 $\delta\theta = \frac{\delta x \sin \theta_1}{r_2}$,所以 $\psi = \frac{M}{2\pi} \frac{\delta x \sin \theta}{r_2}$。

当 $\delta x \rightarrow 0$ 时,$Q\delta x \rightarrow M$,$r_2 \rightarrow r$,$\theta_1 \rightarrow \theta$,则:

$$\psi = -\frac{M}{2\pi} \frac{\sin \theta}{r} \tag{5-1-12}$$

在直角坐标中:

$$\psi = -\frac{M}{2\pi} \frac{y}{x^2 + y^2} \tag{5-1-13}$$

令 $\psi = C$,即得流线族:$-\frac{M}{2\pi} \frac{y}{x^2 + y^2} = c$,或 $\frac{y}{x^2 + y^2} = c_1$,即 $x^2 + y^2 - \frac{y}{c_1} = 0$。

配方后,得:

$$x^2 + \left(y - \frac{1}{2c_1}\right)^2 = \frac{1}{4c_1^2} \tag{5-1-14}$$

流线:圆心在 y 轴上、与 x 轴相切的一组圆,如图 5-5 中的实线。流体沿着下图中的圆周,由坐标原点流出,又重新流入原点。

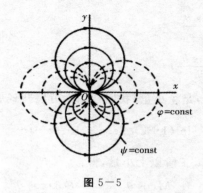

图 5—5

等势线:中心在 x 轴上、与 y 轴相切的一组圆,并与 $\psi=$ const 正交,如图 5—4中的虚线。偶极子有轴线和方向:源和汇所在的直线就是偶极子的轴线,由汇指向源的方向,就是偶极轴的方向,偶极子的方向是 x 轴的负向。

(4)点涡(环流)

流场中的坐标原点处有一根无穷长的直涡索,方向垂直于 xy 平面,与 xy 平面的交点为一个点涡。点涡在平面上的诱导速度与以点涡为中心的圆周的切线方向相同,大小与半径成反比,即:

$$v_s=\frac{\Gamma}{2\pi r} \qquad v_r=0 \tag{5-1-15}$$

极坐标下,$\mathrm{d}\varphi=v_r\mathrm{d}r+v_s r\mathrm{d}\theta=\frac{\Gamma}{2\pi}\mathrm{d}\theta$,积分,得:

$$\varphi=\frac{\Gamma}{2\pi}\theta \tag{5-1-16}$$

在流函数中,$\mathrm{d}\psi=-v_s v_r\mathrm{d}r+v_r r\mathrm{d}\theta=-\frac{\Gamma}{2\pi r}\mathrm{d}r$,积分,得:

$$\psi=-\frac{\Gamma}{2\pi}\ln r \tag{5-1-17}$$

流线 $\psi=$ const 就是 $r=C$,即一组以涡点为中心的同心圆,如图 5—6 所示。

注意:$\Gamma>0$ 对应逆时针的转动;

$\Gamma<0$ 对应顺时针的涡旋。

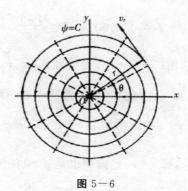

图 5—6

(5)绕圆柱体的无环量流动,达朗贝尔谬理

势流叠加法:

均匀流、源汇、偶极子、点涡这几种简单的势流具有可叠加性。将其中两个或两个以上叠加起来,再用物面边界条件来控制,即可获得有实际意义的结果。

绕圆柱体的无环流流动就是一个典型的实例。

理想流体的边界条件如下:

1)无穷远条件(远场条件)

$$r=\infty, \quad \begin{aligned} v_x &= v_\theta \\ v_y &= 0 \end{aligned}$$

或

$$r=\infty, \quad \begin{aligned} v_r &= -v_r \sin\theta \\ v_\theta &= v_\theta \cos\theta \end{aligned}$$

2)物面条件(近场条件)

$r=r_0, v_n=v_r=0$,称为不可穿透条件。

零流线 $r=r_0$ 处, $\psi=0$ 是一条流线。

圆柱在静止无界流体中做的等速直线运动=均匀流动+偶极子流动,如图 5—7 所示。

图 5—7

均匀流和偶极子叠加后的速度势和流函数为:

$$\varphi=\varphi_1+\varphi_2=v_0 r\cos\theta+\frac{M\cos\theta}{2\pi r} \qquad (5-1-18)$$

$$\psi = \psi_1 + \psi_2 = v_0 r \sin \theta - \frac{M \sin \theta}{2\pi r} \qquad (5-1-19)$$

观察 $\psi = 0$ 这条流线，由 $(5-1-19)$ 式可得 $\text{Sin } \theta (v_0 - \frac{M}{2\pi r}) = 0$。

若 $\sin \theta = 0$，则 $\theta = 0$ 或 π，因此 $\psi = 0$ 的流线中有一部分是 x 轴；

若 $v_{0r} - M 2\pi r = 0$，$v_0 r - \frac{M}{2\pi r} = 0$，即 $r_2 = M 2\pi v_0$，$r^2 = \frac{M}{2\pi v_0}$。

令 $\frac{M}{2\pi v_0} = r_0^2$，有 $r = r_0$，即 $r = r_0$ 的圆周也是 $\psi = 0$ 的流线的一部分，如图 5-8 所示。

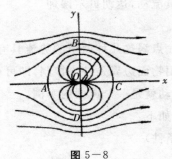

图 5-8

验证边界条件，将 $M = 2\pi v_0 r_0^2$ 代入 φ，得：

$$\varphi = v_0 \cos \theta (r + \frac{r_0^2}{r}) \qquad (5-1-20)$$

速度：

$$v_r = \frac{\partial \varphi}{\partial r} = v_0 \cos \theta (1 - \frac{r_0^2}{r^2})$$

$$\qquad (5-1-21)$$

$$v_\theta = \frac{1}{r} \frac{\partial \varphi}{\partial \theta} = -v_0 \sin \theta (1 + \frac{r_0^2}{r^2})$$

当 $r \to \infty$ 时，从上式可得：

$$v_r = v_0 \cos \theta$$

$$v_\theta = -v_0 \sin \theta$$

当 $r = r_0$ 时，$v_r = 0$。

这就证明了均匀流和偶极子叠加的速度势，满足绕圆柱体无环流流动的远场和近场的边界条件，$r \geqslant r_0$ 的流动与均匀流绕圆柱的流动完全一样。

如果把均匀流叠加偶极子的流动图案中 $r < r_0$ 的那一部分去掉，而在其中加入一个 $r = r_0$ 的圆柱体，这对流场流动不会有任何影响。

圆柱表面速度分布如下：

$$r=r_0 \text{ 时},\quad \begin{matrix} v_r=0 \\ v_\theta=-2v_0\sin\theta \end{matrix} \tag{5—1—22}$$

负号表示其方向与 s 坐标轴的方向相反，如图 5—9。

驻点位置：

A、C 两点 $\theta=\pi$ 或 0，$v_s=0$，称为驻点或分流点。

对 B、D 两点：

$$\theta=\pm\frac{\pi}{2}\quad v_\theta=\mp 2v_0 \tag{5—1—23}$$

B、D 两点：速度达到最大值，等于来流速度 v_0 的 2 倍，与圆柱体的半径无关；

B、D 两点：速度增至 $2v_0$，达最大值，然后逐渐减小，在 C 点汇合时，速度又降至零。离开 C 点后，又逐渐加速，流向后方的无限远处时，再恢复为 v_0。

圆柱表面压力分布如下：

运动是定常运动，设无穷远均匀流中的压力为 p_0，忽略质量力，拉格朗日方程为 $p+\dfrac{\rho v^2}{2}=p_0+\dfrac{\rho v_0^2}{2}$。将圆柱表面速度分布代入上式，即得圆柱表面压力分布：

$$p-p_0=\frac{\rho v_0^2}{2}(1-4\sin^2\theta) \tag{5—1—24}$$

物面上的压力分布：

$$C_p=\frac{p-p_0}{\frac{1}{2}\rho v_0^2} \tag{5—1—25}$$

由（5—1—24）式可得：

$$C_p=1-4\sin^4\theta \tag{5—1—26}$$

压力分布既对称于 x 轴也对称于 y 轴，见图 5—9(a)。

A、C 两点压力最大，$c_p=1$；

B、D 两点压力最小，$c_p=-3$。 $\tag{5—1—27}$

$\psi=0$ 这条流线的压力的变化为：左方无限远处，$c_p=0$，流体流到 A 点时，压力为极大值，$c_p=1$。流体在 A 点分为两支，分别流向 B、D 点，压力逐渐减小为极小值，$c_p=-3$。流体流向 C 点时，压力逐渐增大，C 点的压力达极大值，$c_p=$

1；流体由 C 点流向右方无限远处时，压力又再次减小，最后压力重新降至 p_0，c_p ＝0。

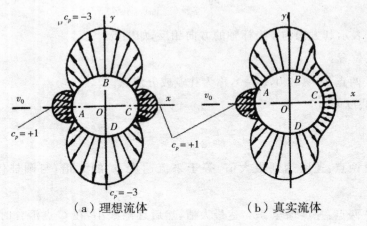

（a）理想流体　　　　（b）真实流体

图 5－9

因为其压力分布对称于 x 轴，显然合力在 y 轴上的分力 L（升力）为零。同样，因其压力分布对称于 y 轴，故合力在 x 轴上的分力 R（阻力）为零，

$$升力\ L=0$$
$$阻力\ R=0$$

$$(5-1-28)$$

这一结果与实验结果有严重矛盾，称为达朗贝尔谬理。

图 5－9(b)所示为圆柱表面压力分布的实测结果。与图 5－9(a)相比较，C 点的压力由正压变为负压，破坏了压力分布对 y 轴的对称性，从而引起了作用于物体的阻力。达朗贝尔谬理在理论上仍然有意义。成立的条件可归纳为下列五点：1)理想流体；2)无界流场；3)物体周围的流场中没有源、汇、涡等奇点存在；4)物体做等速直线运动；5)流动在物体表面上没有分离。

如果上述条件全部成立，那么任何物体都不受阻力作用。

上面任一条件被破坏，物体即受到流体的作用力（阻力或升力）的影响。因此，根据达朗贝尔谬理，我们可以分析物体在流体中运动时可能受力的种类及其本质。

5－2　绕圆柱体的有环量流动——麦格鲁斯效应

乒乓球和排球中的弧圈球的运动轨迹为什么不是直线？

圆柱在静止无界流体中做等速直线运动同时自身转动＝均匀流动＋偶极

子流动＋点涡。

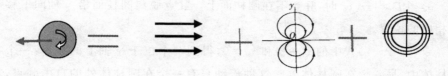

图 5－10

现在将绕圆柱体无环流流动与点涡进行叠加。

$$\varphi = v_0 \cos\theta\left(r+\frac{r_0^2}{r}\right) - \frac{\Gamma}{2\pi}\theta$$

$$\psi = v_0 \sin\theta\left(r-\frac{r_0^2}{r}\right) + \frac{\Gamma}{2\pi}\ln r$$
（5－2－1）

上式中的点涡取环量为－Γ，这是为了符合圆柱体顺时针转动的条件。由 (5－2－1)可知，当 $r=r_0$，$\psi=\dfrac{\Gamma}{2\pi}\ln r_0 = \text{const}$。

速度分布为：

$$v_r = \frac{\partial\varphi}{\partial r} = v_0\cos\theta\left(r+\frac{r_0^2}{r^2}\right)$$

$$v_\theta = \frac{1}{r}\frac{\partial\varphi}{\partial\theta} = -v_0\sin\theta\left(1+\frac{r_0^2}{r^2}\right) - \frac{\Gamma}{2\pi r}$$
（5－2－2）

将 $r=r_0$ 代入上式，得圆柱表面上的速度分布：

$$v_r = 0$$

$$v_\theta = -2v_0\sin\theta - \frac{\Gamma}{2\pi r}\frac{1}{r_0}$$
（5－2－3）

圆柱表面：法向速度仍为零，满足不可穿透条件。切向速度不为零，多出一项环流的速度。圆柱顺时针的环流和无环量绕流的方向相同，因而速度增加，而下表面方向相反，因而速度减少。

驻点位置：驻点位置离开 x 轴下移的距离与 Γ 的大小有关。

根据(5－2－3)式，有 $0 = -2v_0\sin\theta_s - \dfrac{\Gamma}{2\pi r_0}$，得 $\sin\theta_s = -\dfrac{\Gamma}{4\pi r_0 v_0}$。

1)当 $\Gamma < 4\pi r_0 v_0$ 时，则 $|\sin\theta_s| < 1$，两个驻点在圆柱面上，左右对称，位于第三、四象限，如图 5－11(a)所示，而且 A、B 两个驻点随 Γ 值的增加而向下移动，互相靠拢。

2)当 $\Gamma = 4\pi r_0 v_0$ 时，两个驻点重合，位于圆柱面的最下端，如图 5－11(b)

所示。

3）当 $\Gamma > 4\pi r_0 v_0$ 时，驻点不在圆柱面上。驻点脱离圆柱面沿 y 轴向下移动至相应的位置。

令（5—2—2）式中的 $v_r = 0$ 和 $v_\theta = 0$，得到两个位于 y 轴上的驻点：一个在圆柱体内，另一个在圆柱体外。这种流动只有一个在圆柱体外的自由驻点，如图 5—11(c) 所示。

结论：合成流动对称 y 轴，仍将不受阻力影响。但存在环量的流动图形不对称 x 轴，因此产生了向上的升力。

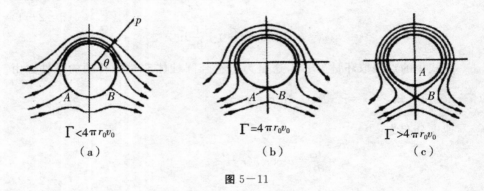

$$\Gamma < 4\pi r_0 v_0 \qquad\qquad \Gamma = 4\pi r_0 v_0 \qquad\qquad \Gamma > 4\pi r_0 v_0$$
$$(a) \qquad\qquad\qquad (b) \qquad\qquad\qquad (c)$$

图 5—11

升力的大小：

将圆柱表面上速度分布 $v_\theta = -2v_0 \sin\theta - \dfrac{\Gamma}{2\pi r_0}$ 代入伯努利方程：

$$p = C - \frac{\rho v^2}{2} = C - \frac{\rho}{2}\left(2v_0^2\sin\theta + \frac{\Gamma}{2\pi r_0}\right)^2$$

$$= C - \frac{\rho\Gamma^2}{8\pi^2 r_0^2} - 2\rho v_0^2\sin^2\theta - \frac{\Gamma\rho v_0\sin\theta}{\pi r_0} \qquad (5-2-4)$$

单位长圆柱所受到的升力为 $L = -\displaystyle\int_0^{2\pi} p\sin\theta\, r_0\mathrm{d}\theta$，将（5—2—4）代入上式，

已知 $\displaystyle\int_0^{2\pi}\sin\theta_0\mathrm{d}\theta = 0$，$\displaystyle\int_0^{2\pi}\sin^3\theta\mathrm{d}\theta = 0$，$\displaystyle\int_0^{2\pi}\sin^2\theta\mathrm{d}\theta = \pi$，得：

$$L = \rho v_0\Gamma \qquad (5-2-5)$$

这称为库塔—儒可夫斯基升力定理。

上式揭示了升力和环量之间的一个重要关系，即升力和环量 Γ 成正比。

升力的方向：来流速度矢量逆环量方向旋转 $90°$（图 5—12 所示）。

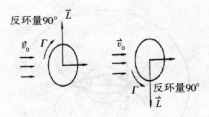

图 5—12

它在绕流问题中具有普遍意义,即不仅对圆柱适用,而且对有尖后沿的任意翼型都适用。由于流体具有黏性,圆柱后部会有分离,这时除升力外还会有阻力,但升力基本上可用(5—2—5)式计算。

麦格鲁斯效应:流体绕流后圆柱体会产生升力的现象。

1)分析乒乓球和排球中的弧圈球;

2)Buckan 号试验船。

1983 年,美国又造了一艘做了改进的试验船"追踪号",如图 5—13 所示。

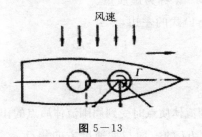

图 5—13

5—3　附加惯性力与附加质量

物体在无界流体内的运动可分为两大类:匀速直线运动和非匀速直线运动。

匀速直线运动:坐标与物体固定在一起,绕流问题转换为均匀、定常绕流问题。

非匀速直线运动:坐标固定于物体上,得到的绕流问题本身可能就是不定常运动,要另想办法来处理这一不定常运动问题。

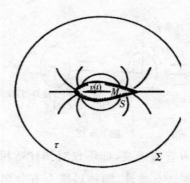

图 5—14

在无界的流体中取一半径非常大的球面 Σ,物体质量为 M,推动物体的力不仅必须为增加物体的动能而做功,而且还要为增加流体的动能而做功。力 F 将大于 Ma,设:

$$F=(M+\lambda)a \qquad (5-3-1)$$

λ 称为附加质量,$M+\lambda$ 称为虚质量。

将 λa 移到(5—3—1)式的左边,令:

$$FI=-\lambda a \qquad (5-3-2)$$

则有:

$$F+FI=Ma \qquad (5-3-3)$$

FI 为物体加速周围流体质点时受到周围流体质点的作用力,称为附加惯性力。

由(5—3—2)可知,FI 的方向与加速度方向相反。

当 $a>0$ 时,$FI<0$,即物体以加速度运动时,FI 为阻力;

当 $a<0$ 时,$FI>0$,即物体减速时,FI 为推力,即 FI 使物体既难于加速也难于减速,结果使物体惯性加大,在效果上相当于质量增加了一个附加质量 λ。

附加质量的计算:在物体外部,球面 Σ 内部流场 τ 体积内的流体动能为:

$$T=\iiint\limits_{\tau}\frac{1}{2}\rho v^2\,\mathrm{d}\tau$$

或

$$T=\frac{1}{2}\rho\iiint\limits_{\tau}v^2\,\mathrm{d}\tau \qquad (5-3-4)$$

式中:

$$v^2=(\frac{\partial\varphi}{\partial x})^2+(\frac{\partial\varphi}{\partial y})^2+(\frac{\partial\varphi}{\partial z})^2$$

$$=\frac{\partial}{\partial x}(\varphi\frac{\partial\varphi}{\partial x})+\frac{\partial}{\partial y}(\varphi\frac{\partial\varphi}{\partial y})+\frac{\partial}{\partial z}(\varphi\frac{\partial\varphi}{\partial z})-\varphi(\frac{\partial^2\varphi}{\partial x^2}+\frac{\partial^2\varphi}{\partial y^2}+\frac{\partial^2\varphi}{\partial z^2})$$

得出：

$$v^2 = \frac{\partial}{\partial x}(\varphi \frac{\partial \varphi}{\partial x}) + \frac{\partial}{\partial y}(\varphi \frac{\partial \varphi}{\partial y}) + \frac{\partial}{\partial z}(\varphi \frac{\partial \varphi}{\partial z}) \qquad (5-3-5)$$

根据高斯定理，在区域 τ 及外边界 Σ 和内边界 S 上所定义的单值连续函数 P、Q、R 有：

$$\iiint\limits_{\tau} (\frac{\partial P}{\partial x} + \frac{\partial Q}{\partial y} + \frac{\partial R}{\partial z}) \mathrm{d}\tau = \iint\limits_{\Sigma} [P\cos(n,x) + Q\cos(n,y) + R\cos(n,z)] \mathrm{d}\sigma -$$

$$\iint\limits_{s} [P\cos(n,x) + Q\cos(n,y) + R\cos(n,z)] \mathrm{d}\sigma$$

将上式用于 $(5-3-4)$ 和 $(5-3-5)$ 式，可得：

$$T = \frac{\rho}{2} \iint\limits_{\Sigma} [\varphi \frac{\partial \varphi}{\partial x}\cos(n,x) + \varphi \frac{\partial \varphi}{\partial y}\cos(n,y) + \varphi \frac{\partial \varphi}{\partial z}\cos(n,z)] \mathrm{d}\sigma -$$

$$= \frac{\rho}{2} \iint\limits_{s} [\varphi \frac{\partial \varphi}{\partial x}\cos(n,x) + \varphi \frac{\partial \varphi}{\partial y}\cos(n,y) + \varphi \frac{\partial \varphi}{\partial z}\cos(n,z)] \mathrm{d}\sigma$$

由方向导数的定义可知：

$$\frac{\partial \varphi}{\partial x}\cos(n,x) + \frac{\partial \varphi}{\partial y}\cos(n,y) + \frac{\partial \varphi}{\partial z}\cos(n,z) = \frac{\partial \varphi}{\partial n}$$

得出：$T = \frac{\rho}{2} \iint\limits_{\Sigma} \varphi \frac{\partial \varphi}{\partial n} \mathrm{d}\sigma - \frac{\rho}{2} \iint\limits_{s} \varphi \frac{\partial \varphi}{\partial n} \mathrm{d}\sigma$。

上式中对 Σ 的面积分可以略去不计。

以圆柱运动为例，当圆柱体在静止流体中运动时，其绝对速度势 $\varphi = V\cos\theta \frac{r_0^2}{r}$，速度势及其微分的量阶为：$\varphi \sim \frac{1}{r}, \frac{\partial \varphi}{\partial n} \sim \frac{1}{r^2}, s = 2\pi r \cdot 1 \sim r$。

当 Σ 取值足够大，即 $r \to \infty$ 时，则 $\iint\limits_{\Sigma} \varphi \frac{\partial \varphi}{\partial n} \mathrm{d}\sigma \sim \frac{1}{r^2} \to 0$。

所以动能计算式可简化为：

$$T = -\frac{\rho}{2} \iint\limits_{s} \varphi \frac{\partial \varphi}{\partial n} \mathrm{d}\sigma \qquad (5-3-6)$$

设单位速度 $V = 1$ 所对应的速度势用 φ_0 表示，则：

$$\varphi = V\varphi_0 \qquad (5-3-7)$$

式中，$\varphi = \varphi(x,y,z,t)$，$V = V(t)$，$\varphi_0 = \varphi_0(x,y,z)$，于是 $(5-3-6)$ 可写成：

$$T = \frac{\rho}{2} (-\rho \iint\limits_{s} \varphi_0 \frac{\partial \varphi_0}{\partial n} \mathrm{d}\sigma) V^2 \qquad (5-3-8)$$

可见，$-\rho\displaystyle\iint_s \varphi_0 \dfrac{\partial \varphi_0}{\partial n}\mathrm{d}\sigma$ 在动能表达中处于质量的地位，起质量的作用，也具有质量的量纲，令：

$$\lambda = -\rho\iint_s \varphi_0 \frac{\partial \varphi_0}{\partial n}\mathrm{d}\sigma \qquad (5-3-9)$$

上式即为附加质量的计算式。式中，φ_0 是 $V=1$ 所对应的单位速度势，仅与物体的形状和运动的方向有关，而与物体的速度或加速度无关，因而附加质量也具有此性质。

实际上，物体（如船舶）的运动有 6 个自由度，在船舶与海洋工程中：

纵荡（surge）：纵向非定常运动，附加质量 λ_{11}，$\lambda_{11}=(0.05\sim0.5)m$；

横荡（sway）：横向非定常运动，附加质量 λ_{22}，$\lambda_{22}\approx(0.9\sim1.2)m$；

升沉（Heave）：垂向非定常运动，附加质量 λ_{33}，$\lambda_{33}\approx(0.9\sim1.2)m$；

横摇（Roll）：绕 x 轴的转动，附加转动惯量 λ_{44}，$\lambda_{44}\approx(0.05\sim0.15)I_{xx}$；

纵摇（Pitch）：绕 y 轴的转动，附加转动惯量 λ_{55}，$\lambda_{55}\approx(1\sim2)I_{yy}$；

首摇（Yow）：船舶绕 z 轴的转动，相应有附加转动惯量 λ_{66}，$\lambda_{66}\approx\lambda_{55}$。

m、I_{xx}、I_{yy} 分别表示船舶排开的水的质量、绕 x 轴转动时的转动惯量、绕 y 轴的转动惯量。

船舶靠近或驶离码头时要做减速或加速运动，因此要考虑附加质量。另外，在研究船舶横摇、纵摇时要考虑附加转动惯量。

5－4　作用在物体上的流体动力和力矩

如图 5－15 所示，作用于 $\mathrm{d}S$ 上的力为 $p\mathrm{d}S$，在 x 和 y 方向上的投影分别为：

$$\mathrm{d}X = -p\mathrm{d}S\sin\theta = -p\mathrm{d}y$$
$$\mathrm{d}Y = p\mathrm{d}S\cos\theta = p\mathrm{d}x \qquad (5-4-1)$$

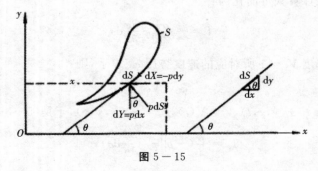

图 5－15

积分得 x 和 y 方向的总力：

$$X = \oint_s - p\,\mathrm{d}y$$

$$Y = \oint_s p\,\mathrm{d}x \qquad (5-4-2)$$

现按下述表达式定义作用力 P 和共轭作用力 $\bar{P}$：

$$P = X + iY \qquad (5-4-3)$$

$$\bar{P} = X - iY \qquad (5-4-4)$$

将（5-4-2）式代入（5-4-4）式，可得共轭作用力：

$$\bar{P} = -i\oint_s p(\mathrm{d}x - i\mathrm{d}y) = -i\oint_s p\,\mathrm{d}\bar{z} \qquad (5-4-5)$$

由伯努利方程式得 $p = C - \dfrac{1}{2}\rho\,|v|^2$。在物体周线上，$\mathrm{d}\bar{z} = \mathrm{d}Se^{-i\theta} = \mathrm{d}Se^{i\theta}e^{-i2\theta} = \mathrm{d}ze^{-i2\theta}$，因此，$\bar{P} = -i\oint_s (C - \dfrac{1}{2}\rho\,|v|^2)e^{-i2\theta}\mathrm{d}z$。

式中，$i\oint_s Ce^{-i2\theta}\mathrm{d}z = -i\oint_s C(\mathrm{d}x - i\mathrm{d}y) = -C\oint_s \mathrm{d}y - iC\oint_s \mathrm{d}x = 0$，即：

$$\bar{P} = i(\frac{\rho}{2})\oint_s |v|^2 e^{-i2\theta}\mathrm{d}z$$

$$= i(\frac{\rho}{2})\oint_s (|v|^2 e^{-i\theta})\mathrm{d}z$$

可得：

$$\bar{P} = i(\frac{\rho}{2})\oint_s (\frac{\mathrm{d}w}{\mathrm{d}z})^2 \mathrm{d}z \qquad (5-4-6)$$

即

$$\begin{cases} X = \mathrm{Re}\left[\dfrac{i\rho}{2}\oint_s (\dfrac{\mathrm{d}w}{\mathrm{d}z})^2 \mathrm{d}z\right] \\[2mm] Y = \mathrm{Im}\left[-\dfrac{i\rho}{2}\oint_s (\dfrac{\mathrm{d}w}{\mathrm{d}z})^2 \mathrm{d}z\right] \\[2mm] |P| = |\bar{P}| = \sqrt{X^2 + Y^2} \end{cases} \qquad (5-4-7)$$

上两式即为计算作用在物体上流体动力的卜拉休斯公式。如果绕任意形状的柱体流动的复势 $W(z)$ 为已知，就可以根据这一公式求出作用在单位长度柱体上的共轭作用力，取实部即得 X，取虚部加负号即得 Y。

现在来求作用在任意形状的柱体上的作用力对坐标原点的力矩。由图 5-19 及（5-4-1）式得 $\mathrm{d}M = \mathrm{d}Y \cdot x - \mathrm{d}X \cdot y = p(x\mathrm{d}x = y\mathrm{d}y)$，则：

$$M = \oint_s p(x\mathrm{d}x + y\mathrm{d}y) \qquad (5-4-8)$$

由于 $Z\mathrm{d}\bar{Z} = (x+iy)(\mathrm{d}x-i\mathrm{d}y) = x\mathrm{d}x+y\mathrm{d}y+i(y\mathrm{d}x-x\mathrm{d}y)$，所以 $x\mathrm{d}x+y\mathrm{d}y = \mathrm{Re}(z\mathrm{d}\bar{z})$。

将伯努利方程 $p = C-\dfrac{1}{2}\rho|v|^2$ 代入（5-4-8）式进行积分，因为 $\oint_s C(x\mathrm{d}x+y\mathrm{d}y) = C\left.\dfrac{x^2+y^2}{2}\right|_s = 0$，所以 $M = -\dfrac{\rho}{2}\oint_s|v|^2(x\mathrm{d}x+y\mathrm{d}y) = -\dfrac{\rho}{2}\oint_s|v|^2\mathrm{Re}z\mathrm{d}\bar{z}$。

又因 $\mathrm{d}\bar{z} = e^{-i2\theta}\mathrm{d}z$，$|v|^2$ 也是实数，上式因此可写成 $M = \mathrm{Re}(-\dfrac{\rho}{2}\oint_s|v|^2 e^{-i2\theta}z\mathrm{d}z)$，即：

$$M = \mathrm{Re}\left[-\frac{\rho}{2}\oint_s\left(\frac{\mathrm{d}w}{\mathrm{d}z}\right)z\mathrm{d}z\right] \qquad (5-4-9)$$

上式即为计算作用在物体上的流体动力力矩的卜拉休斯公式。

如果绕任意形状柱体流动的复势 $W(z)$ 为已知，则只要对上式方括号内的部分积分进行运算，然后取其实部，便可求得作用于单位长度柱体上的作用力对原点的力矩。

例 5.1 已知速度势 $\varphi = x^3-3xy^2$，求流函数 ψ。

解 $v_x = \dfrac{\partial\varphi}{\partial x} = 3x^2-3y \quad v_y = \dfrac{\partial\varphi}{\partial y} = -6xy$

$\dfrac{\partial\psi}{\partial y} = v_x = 3x^2-3y^2 \quad \dfrac{\partial\psi}{\partial x} = -v_y = 6xy$

将上式积分，得：

$$\psi = \int(3x^2-3y^2)\mathrm{d}y + f(x) = 3x^2y-y^2+f(x)$$

式中，$f(x)$ 为与 y 无关的函数。

将 ψ 对 x 求导，得：$\dfrac{\partial\psi}{\partial x} = 6xy+f'(x) = -v_y = 6xy$。

所以 $f(x) = C$，可得流函数 $\psi = 3x^2y-y^2+c$。

例 5.2 已知平面点涡的流函数 $\psi_1 = \dfrac{\Gamma}{2\pi}\ln r$，平面点汇的流函数 $\psi_2 = -\dfrac{Q}{2\pi}\theta$，求两者叠加后的速度势。

解 将两个基本解叠加，得 $\psi = \psi_1+\psi_2 = \dfrac{\Gamma}{2\pi}\ln r-\dfrac{Q}{2\pi}\theta$。

因
$$\frac{\partial \varphi}{\partial r} = \frac{1}{r} \frac{\partial \psi}{\partial \theta} = \frac{1}{r}\left(\frac{Q}{2\pi}\right) = -\frac{Q}{2\pi r}$$

积分,得
$$\varphi = -\frac{Q}{2\pi}\ln r + C(\theta)$$

对 θ 求导,得
$$\frac{\partial \varphi}{\partial \theta} = C(\theta)$$

另外
$$\frac{\partial \varphi}{\partial \theta} = -r\frac{\partial \psi}{\partial r} = -r\frac{\Gamma}{2\pi r} = -\frac{\Gamma}{2\pi}$$

所以 $C'(\theta) = -\dfrac{\Gamma}{2\pi}$,即 $C(\theta) = -\dfrac{\Gamma}{2\pi}\theta$。

将 $C(\theta)$ 代入上式,得势函数 $\varphi = -\dfrac{Q}{2\pi}\ln r - \dfrac{\Gamma}{2\pi}\theta$,将势函数与流函数 $\psi = \dfrac{\Gamma}{2\pi}\ln r - \dfrac{Q}{2\pi}\theta$ 比较,显然它们是相互正交的。

例 5.3 已知流函数 $\psi = 100r\sin\theta\left(1 - \dfrac{25}{r^2}\right) + \dfrac{628}{2\pi}\ln\dfrac{r}{5}$。求:(1)驻点位置;(2)绕物体的环量;(3)无穷远处的速度;(4)作用在物体上的力。

解 (1)求驻点位置需先求速度场
$$v_r = \frac{\partial \psi}{r\partial \theta} = 100\cos\theta\left(1 - \frac{25}{r^2}\right)$$

$$v_\theta = -\frac{\partial \psi}{\partial r} = -100\sin\theta\left(1 + \frac{25}{r^2}\right) - \frac{628}{2\pi r}$$

令 $\psi = 0$,可解出零流线为 $r = 5$,可知 $r = 5$ 的圆柱即为物面。

在物面上,$r = 5$ 时,$v_r = 0$,所以 $v_\theta = -200\sin\theta - \dfrac{628}{10\pi r}$。

令 $v_\theta = 0$,有 $\sin\theta_s = -\dfrac{628}{2000\pi} \approx -0.1$,即驻点位置为 $\theta_{s1} = -5°44'$;$\theta_{s2} = -174°16'$。

(2)求环量
$$\Gamma = \int_0^{2\pi} v_\theta r\,\mathrm{d}\theta = \int_0^{2\pi}\left(-200\sin\theta - \frac{628}{10\pi}\right) \times 5\mathrm{d}\theta = -628(\mathrm{m}^2/\mathrm{s})$$

(3)求速度

在物面上,$\Gamma = -4\pi r_0 V_\infty \sin\theta_s$,于是有:
$$V_\infty = -\frac{\Gamma}{4\pi r_0 \sin\theta_s} = \frac{628}{4\pi \times 5 \times \left(\dfrac{-1}{10}\right)} \approx -100(\mathrm{m/s})$$

此为无穷远的来流速度。

（4）求合力

若 $\rho = 1000 \text{ kg/m}^3$，则 $L = 5.28 \times 10^7 \text{ N/m}$。

例 5.4　在 $x > 0$ 的右半平面（y 轴为固壁）内，处于 x 轴上距壁面为 a 处有一强度为 m 的点源，求流动的复势及壁面上的速度分布。

解　用镜像法在 $z = a$ 的对称位置 $z = -a$ 处虚设一个等强度的点源，则可形成 y 轴处的固壁。这时流动的复势为 $w(z) = m\ln(z-a) + m\ln(z+a)$。

设 $z - a = r_1 e^{i\theta_1}$，$z + a = r_2 e^{i\theta_2}$，$\varphi = m\ln(r_1 r_2)$，$\psi = m(\theta_1 + \theta_2)$，则：

$$\tan\theta_1 = \frac{y}{x-a}，\tan\theta_2 = \frac{y}{x+a}$$

$$\varphi = \frac{Q}{2\pi}(\ln r_1 + \ln r_2) = \frac{Q}{2\pi}(\ln\sqrt{(x-a)^2+y^2} + \ln\sqrt{(x+a)^2+y^2})$$

$$= \frac{Q}{2\pi}\ln(\sqrt{(x-a)^2+y^2}\sqrt{(x+a)^2+y^2})$$

$$\Psi = \frac{Q}{2\pi}\theta = \frac{Q}{2\pi}\theta_1 + \frac{Q}{2\pi}\theta_2 = \frac{Q}{2\pi}\text{tg}^{-1}\frac{y}{x-a} + \frac{Q}{2\pi}\text{tg}^{-1}\frac{y}{x+a}$$

在 $x = 0$ 处即固壁上：

$$v_x = \frac{\partial\varphi}{\partial x}\Big|_{x=0} = \frac{Q}{2}\left[\frac{2(x-a)}{(x-a)^2+y^2} + \frac{2(x+a)}{(x+a)^2+y^2}\right]_{x=0} = 0$$

$$v_y = \frac{\partial\varphi}{\partial y}\Big|_{x=0} = \frac{Qy}{(x-a)^2+y^2}\Big|_{x=0} + \frac{Qy}{(x+a)^2+y^2}\Big|_{x=0} = \frac{2Qy}{y^2+a^2}$$

习题

5—1　流速 $u_0 = 10 \text{ m/s}$ 沿正向的均匀流与位于原点的点涡叠加。已知驻点位于 $(0, -5)$。试求：（1）点涡的强度；（2）$(0, 5)$ 点的流速以及通过驻点的流线方程。

解　（1）求点涡的强度 Γ

设点涡的强度为 Γ，则均匀流的速度势和流函数分别为 $\varphi_1 = u_0 x$，$\psi_1 = u_0 y$。

点涡的速度势和流函数分别为 $\varphi_2 = -\dfrac{\Gamma}{2\pi}\text{arctg}\dfrac{y}{x}$，$\psi_2 = \dfrac{\Gamma}{2\pi}\ln(x^2+y^2)^{\frac{1}{2}} = \dfrac{\Gamma}{2\pi}\ln r$。

因此，流动的速度势和流函数分别为：

$$\varphi = \varphi_1 + \varphi_2 = u_0 x - \frac{\Gamma}{2\pi}\text{arctg}\frac{y}{x} = u_0 r\cos\theta - \frac{\Gamma}{2\pi}\theta$$

$$\psi=\psi_1+\psi_2=u_0 y+\frac{\Gamma}{2\pi}\ln\ (x^2+y^2)^{\frac{1}{2}}=u_0 y\sin\theta+\frac{\Gamma}{2\pi}\ln r$$

则速度分布函数为:

$$u=\frac{\partial\varphi}{\partial x}=\frac{\partial\psi}{\partial y}=u_0+\frac{\Gamma}{2\pi}\cdot\frac{y}{x^2+y^2}$$

$$v=\frac{\partial\varphi}{\partial y}=-\frac{\partial\psi}{\partial x}=\frac{\Gamma}{2\pi}\cdot\frac{x}{x^2+y^2}$$

$(0,-5)$为驻点,代入上式第一式中,得:

$$u_0+\frac{\Gamma}{2\pi}\cdot\frac{-5}{0^2+(-5)^2}=0$$

整理后得:$\Gamma=10\pi u_0=100\pi$。

(2)求$(0,5)$点的速度

将$\Gamma=100\pi$代入速度分布中,得:

$$u=u_0+\frac{\Gamma}{2\pi}\cdot\frac{y}{x^2+y^2}=10+\frac{100\pi}{2\pi}\cdot\frac{y}{x^2+y^2}=10+\frac{50y}{x^2+y^2}$$

$$v=\frac{\Gamma}{2\pi}\cdot\frac{x}{x^2+y^2}=\frac{100\pi}{2\pi}\cdot\frac{x}{x^2+y^2}=\frac{50x}{x^2+y^2}$$

将$x=0$、$y=5$代入上述速度分布函数,得:

$$u=10+\frac{50\times5}{0^2+5^2}=10+10=20(\text{m/s})$$

$$v=\frac{50\times0}{0^2+5^2}=0(\text{m/s})$$

(3)求通过$(0,5)$点的流线方程

由流函数的性质可知,流函数为常数时,表示流线方程$\psi=C$,即$u_0 y+\frac{\Gamma}{2\pi}$ $\ln\ (x^2+y^2)^{\frac{1}{2}}=C$。将$x=0$、$y=5$代入上式,得:

$$C=10\times5+\frac{100\pi}{2\pi}\times\ln\ (0^2+5^2)^{\frac{1}{2}}=50+50\ln 5$$

则过该点的流线方程为:$10y+\frac{100\pi}{2\pi}\ln\ (x^2+y^2)^{\frac{1}{2}}=50+50\ln 5$,整理后得: $y+5\ln\ (x^2+y^2)^{\frac{1}{2}}=5+5\ln 5$。

5—2 平面势流由点源和点汇叠加而成,点源位于$(-1,0)$,其流量为$\theta_1=$ 20 m³/s,点汇位于$(2,0)$点,其流量为$\theta_2=40$ m³/s,已知流体密度$\rho=1.8$ kg/m³, 流场中$(0,0)$点的压力为0,试求点$(0,1)$和$(1,1)$的流速和压力。

解 (1)求$(0,0)$、$(0,1)$和$(1,1)$点的速度

点源的速度势为：$\varphi_1 = \dfrac{m_1}{2\pi}\ln\left[(x+1)^2+y^2\right]^{\frac{1}{2}} = \dfrac{m_1}{4\pi}\ln\left[(x+1)^2+y^2\right]$。

点汇的速度势为：$\varphi_2 = -\dfrac{m_2}{2\pi}\ln\left[(x-2)^2+y^2\right]^{\frac{1}{2}} = -\dfrac{m_1}{4\pi}\ln\left[(x-2)^2+y^2\right]$。

$$u = \frac{\partial \varphi}{\partial x} = \frac{\partial \varphi_1}{\partial x} + \frac{\partial \varphi_2}{\partial x} = \frac{m_1}{2\pi}\cdot\frac{(x+1)}{(x+1)^2+y^2} - \frac{m_2}{2\pi}\cdot\frac{(x-2)}{(x-2)^2+y^2}$$

$$v = \frac{\partial \varphi}{\partial y} = \frac{\partial \varphi_1}{\partial y} + \frac{\partial \varphi_2}{\partial y} = \frac{m_1}{2\pi}\cdot\frac{y}{(x+1)^2+y^2} - \frac{m_2}{2\pi}\cdot\frac{y}{(x-2)^2+y^2}$$

①将 $x=0$、$y=0$ 代入式中，同时，$m_1=\theta_1$ 及 $m_2=\theta_2$，即得到 $(0,0)$ 点的速度：

$$u = \frac{m_1}{2\pi}\cdot\frac{(0+1)}{(0+1)^2+0^2} - \frac{m_2}{2\pi}\cdot\frac{(0-2)}{(0-2)^2+0^2} = \frac{m_1}{2\pi} + \frac{1}{2}\cdot\frac{m_2}{2\pi} = \frac{20}{2\pi} + \frac{1}{2}\cdot\frac{40}{2\pi} = \frac{20}{\pi}$$

$$v = \frac{m_1}{2\pi}\cdot\frac{0}{(0+1)^2+0^2} - \frac{m_2}{2\pi}\cdot\frac{0}{(0-2)^2+0^2} = 0$$

其合速度为：$V_{(0,0)} = \sqrt{u^2+v^2} = \dfrac{20}{\pi}(\text{m/s})$。

②将 $x=0$、$y=1$ 代入式中，即得到 $(0,1)$ 点的速度：

$$u = \frac{m_1}{2\pi}\cdot\frac{(0+1)}{(0+1)^2+1^2} - \frac{m_2}{2\pi}\cdot\frac{(0-2)}{(0-2)^2+1^2} = \frac{1}{2}\cdot\frac{m_1}{2\pi} + \frac{2}{5}\cdot\frac{m_2}{2\pi}$$

$$= \frac{1}{2}\cdot\frac{20}{2\pi} + \frac{2}{5}\cdot\frac{40}{2\pi} = \frac{13}{\pi}$$

$$v = \frac{m_1}{2\pi}\cdot\frac{1}{(0+1)^2+1^2} - \frac{m_2}{2\pi}\cdot\frac{1}{(0-2)^2+1^2} = \frac{1}{2}\cdot\frac{20}{2\pi} - \frac{1}{5}\cdot\frac{40}{2\pi} = \frac{1}{\pi}$$

其合速度为：

$$V_{(0,1)} = \sqrt{u^2+v^2} = \sqrt{\left(\frac{13}{\pi}\right)^2 + \left(\frac{1}{\pi}\right)^2} = \frac{\sqrt{170}}{\pi}(\text{m/s})$$

③将 $x=1$、$y=1$ 代入式中，得到 $(1,1)$ 点的速度：

$$u = \frac{m_1}{2\pi}\cdot\frac{(1+1)}{(1+1)^2+1^2} - \frac{m_2}{2\pi}\cdot\frac{(1-2)}{(1-2)^2+1^2} = \frac{2}{5}\cdot\frac{m_1}{2\pi} + \frac{1}{2}\cdot\frac{m_2}{2\pi}$$

$$= \frac{2}{5}\cdot\frac{20}{2\pi} + \frac{1}{2}\cdot\frac{40}{2\pi} = \frac{14}{\pi}$$

$$v = \frac{m_1}{2\pi}\cdot\frac{1}{(1+1)^2+1^2} - \frac{m_2}{2\pi}\cdot\frac{1}{(1-2)^2+1^2} = \frac{1}{5}\cdot\frac{20}{2\pi} - \frac{1}{2}\cdot\frac{40}{2\pi} = -\frac{8}{\pi}$$

其合速度为：

$$V_{(1,1)} = \sqrt{u^2+v^2} = \sqrt{\left(\frac{14}{\pi}\right)^2 + \left(-\frac{8}{\pi}\right)^2} = \frac{\sqrt{260}}{\pi}(\text{m/s})$$

(2)设$(0,0)$ $(0,1)$和$(1,1)$点的压力分别为p_0、p_1和p_2,由题意可知$p_0=0$,由伯努利方程:

$$\frac{p_0}{\rho}+\frac{1}{2}V_{(0,0)}^2=\frac{p_1}{\rho}+\frac{1}{2}V_{(0,1)}^2$$

$$\frac{p_0}{\rho}+\frac{1}{2}V_{(0,0)}^2=\frac{p_2}{\rho}+\frac{1}{2}V_{(1,1)}^2$$

可得:

$$p_1=\frac{1}{2}\rho(V_{(0,0)}^2-V_{(0,1)}^2)=\frac{1}{2}\rho\left(\frac{20^2}{\pi^2}-\frac{170}{\pi^2}\right)=\frac{115}{\pi^2}\rho=\frac{115}{3.14^2}\times1.8\approx21(\text{N/m}^2)$$

$$p_2=\frac{1}{2}\rho(V_{(0,0)}^2-V_{(1,1)}^2)=\frac{1}{2}\rho\left(\frac{20^2}{\pi^2}-\frac{260}{\pi^2}\right)=\frac{70}{\pi^2}\rho=\frac{70}{3.14^2}\times1.8\approx12.8(\text{N/m}^2)$$

5—3　直径为 2 m 的圆柱体在水下,深度 $H=10$ m,以水平速度 $u_0=10$ m/s 运动。试求:(1)A、B、C、D 四点的绝对压力;(2)若圆柱体运动的同时还绕本身轴线以角速度 60 r/min 转动,试决定驻点的位置以及 B、D 两点的速度和压力。此时,若水深增至 100 m,求空泡产生时的速度(注:温度为 15°时,水的饱和蒸汽压力为 2.332×10^3 N/m²)。

解　(1)求 A、B、C、D 四点的绝对压力

设 A、B、C、D 四点的绝对压力分别为 p_A、p_B、p_C 和 p_D,相对压力分别为 p_{A0}、p_{B0}、p_{C0} 和 p_{D0},压力系数分别为 1、-3、1 和 -3,则 A、B、C、D 点的绝对压力分别为:

$$p_A=p_{A0}+C_{pA}\frac{1}{2}\rho u_0^2=p_a+\rho gH+C_{pA}\frac{1}{2}\rho u_0^2$$

$$=1.013\times10^5+1.0\times10^3\times9.81\times10+1\times\frac{1}{2}\times1.0\times10^3\times10^2$$

$$=249.4\times10^3(\text{N/m}^2)$$

$$p_B=p_{B0}+C_{pB}\frac{1}{2}\rho u_0^2=p_a+\rho g(H-R)+C_{pB}\frac{1}{2}\rho u_0^2$$

$$=1.013\times10^5+1.0\times10^3\times9.81\times(10-1)+(-3)\times\frac{1}{2}\times1.0\times10^3\times10^2$$

$$\approx39.6\times10^3(\text{N/m}^2)$$

$$p_C=p_{C0}+C_{pC}\frac{1}{2}\rho u_0^2=p_a+\rho gH+C_{pC}\frac{1}{2}\rho u_0^2$$

$$=1.013\times10^5+1.0\times10^3\times9.81\times10+1\times\frac{1}{2}\times1.0\times10^3\times10^2$$

$$=249.4\times10^3(\text{N/m}^2)$$

$$p_D = p_{D0} + C_{pD} \frac{1}{2} \rho u_0^2 = p_a + \rho g (H+R) + C_{pD} \frac{1}{2} \rho u_0^2$$

$$= 1.013 \times 10^5 + 1.0 \times 10^3 \times 9.81 \times (10+1) - 3 \times \frac{1}{2} \times 1.0 \times 10^3 \times 10^2$$

$$\approx 59.2 \times 10^3 (\text{N/m}^2)$$

（2）求驻点位置和 B、D 点的速度和压力

已知圆柱半径 $R=1$ m，旋转角速度 $\omega=60$ r/s，因此旋涡强度为：

$$\Gamma = \int_c \vec{v} \cdot d\vec{l} = \int_0^{2\pi} R\omega \cdot R d\theta = 2\pi \omega R^2 = (2\pi)^2$$

柱面上 $r=R$ 处的速度分布为：

$$v_r = 0$$

$$v_\theta = -2u_0 \sin\theta - \frac{\Gamma}{2\pi R}$$

①在驻点（A、C 点），$v_\theta=0$，即 $-2u_0 \sin\theta - \frac{\Gamma}{2\pi R} = 0$。将 $R=1$、$u_0=10$ 和 $\Gamma = (2\pi)^2$ 代入上式，得 $\sin\theta = -\frac{\pi}{10} = -0.314$，则 $\theta_1 = \pi + \arcsin 0.314$，$\theta_2 = -\arcsin 0.314$；

②在 B 点，$\theta = \frac{\pi}{2}$，则速度为：

$$v_\theta = -2u_0 \sin\theta - \frac{\Gamma}{2\pi R} = -2 \times 10 \times \sin\frac{\pi}{2} - \frac{(2\pi)^2}{2\pi \times 1} \approx -20 - 6.28$$

$$= -26.28 (\text{m/s})$$

压力系数为：

$$C_p = 1 - \left(2\sin\theta + \frac{\Gamma}{2\pi u_0 R}\right)^2 = 1 - \left(2 \times \sin\frac{\pi}{2} + \frac{(2\pi)^2}{2\pi \times 10 \times 1}\right)^2 \approx -5.91$$

相对压力为：

$$p_B - p_{B0} = C_p \cdot \frac{1}{2} \rho u_0^2 = -5.91 \times \frac{1}{2} \times 1.0 \times 10^3 \times 10^2 = -2.955 \times 10^5 (\text{N/m}^2)$$

其中，B 点的静水压力为：

$$p_{B0} = p_a + \rho g (H-R) = 1.013 \times 10^5 + 1.0 \times 10^3 \times 9.81 \times (10-1)$$

$$= 189590 (\text{N/m}^2)$$

B 点的绝对压力为：

$$p_B = p_{B0} + C_p \cdot \frac{1}{2} \rho u_0^2 = 189590 - 295500 = -105910 (\text{N/m}^2)$$

③在 D 点，$\theta = -\dfrac{\pi}{2}$，则速度为：

$$v_\theta = -2u_0 \sin\theta - \frac{\Gamma}{2\pi R} = -2 \times 10 \times \sin\left(-\frac{\pi}{2}\right) - \frac{(2\pi)^2}{2\pi \times 1}$$
$$= -13.72(\text{m/s})$$

压力系数为：

$$C_p = 1 - \left(2\sin\theta + \frac{\Gamma}{2\pi u_0 R}\right)^2 = 1 - \left(2 \times \sin\left(-\frac{\pi}{2}\right) + \frac{(2\pi)^2}{2\pi \times 10 \times 1}\right)^2 = -0.882$$

相对压力为：

$$p_D - p_{D0} = C_p \cdot \frac{1}{2}\rho u_0^2 = -0.882 \times \frac{1}{2} \times 1.0 \times 10^3 \times 10^2 = -44100(\text{N/m}^2)$$

其中，D 点的静水压力为：

$$p_{D0} = p_a + \rho g(H - R) = 1.013 \times 10^5 + 1.0 \times 10^3 \times 9.81 \times (10 + 1)$$
$$= 209210(\text{N/m}^2)$$

D 点的绝对压力为：

$$p_D = p_{D0} + C_p \cdot \frac{1}{2}\rho u_0^2 = 209210 - 44100 = 165110(\text{N/m}^2)$$

（3）由于 B 点的压力系数最低，首先在 B 点发生空泡；当水深增至 100 m 时，B 点的静水压力：

$$p_{B0} = p_a + \rho g(H - R) = 1.013 \times 10^5 + 1.0 \times 10^3 \times 9.81 \times (100 - 1)$$
$$= 1072490(\text{N/m}^2)$$

压力系数为：

$$C_p = 1 - \left(2\sin\theta + \frac{\Gamma}{2\pi u_0 R}\right)^2 = 1 - \left(2 \times \sin\frac{\pi}{2} + \frac{(2\pi)^2}{2\pi \times 10 \times 1}\right)^2 = 1 - \left(2 + \frac{2\pi}{u_0}\right)^2$$

绝对压力为：

$$p_B = p_{B0} + C_p \cdot \frac{1}{2}\rho u_0^2$$

B 点发生空泡的临界值为 $p_B = p_c$，且由给定条件可知，$p_c = 2.332 \times 10^3$ N/m²；代入上式，得：

$$p_c = p_{B0} + C_p \cdot \frac{1}{2}\rho u_0^2 = p_{B0} + \frac{1}{2}\rho u_0^2 \cdot \left[1 - (2 + 2\pi/u_0)^2\right]$$

将上式整理得到关于 u_0 的一元二次方程：$Au_0^2 + Bu_0 + C = 0$，其中，

$$A = 3$$
$$B = 8\pi$$

$$C=4\pi^2-\frac{2}{\rho}(p_{B0}-p_c)=4\times3.14^2-\frac{2}{1.0\times10^3}\times(1072490-2332)\approx-2100.9;$$

解得：

$$u_0=\frac{-8\pi+\sqrt{(8\pi)^2+4\times3\times2100.9}}{6}=\frac{-8\times3.14+160.75}{6}\approx22.61(\text{m/s})$$

即当 $u_0\geqslant22.61$ m/s 时，B 点将发生空泡。

5—4 写出下列流动的复势：(1)$u=U_0\cos a,v=U_0\sin a$；(2)强度为 m，位于 $(a,0)$ 点的平面点源；(3)强度为 Γ 位于原点的点涡；(4)强度为 M，方向为 a，位于原点的平面偶极。

解　(1)$u=u_0\cos\alpha,v=u_0\sin\alpha$ 时流动的复势

$$\varphi=\int u\mathrm{d}x+v\mathrm{d}y=\int u_0\cos\alpha\mathrm{d}x+u_0\sin\alpha\mathrm{d}y=u_0\cos\alpha\cdot x+u_0\sin\alpha\cdot y$$

$$\psi=\int-v\mathrm{d}x+u\mathrm{d}y=\int-u_0\sin\alpha\mathrm{d}x+u_0\cos\alpha\mathrm{d}y=-u_0\sin\alpha\cdot x+u_0\cos\alpha\cdot y$$

$$\begin{aligned}W(z)&=\varphi(x,y)+i\psi(x,y)\\&=(u_0\cos\alpha\cdot x+u_0\sin\alpha\cdot y)+i(-u_0\sin\alpha\cdot x+u_0\cos\alpha\cdot y)\\&=(u_0\cos\alpha\cdot x+iu_0\cos\alpha\cdot y)+(u_0\sin\alpha\cdot y-iu_0\sin\alpha\cdot x)\\&=u_0\cos\alpha(x+iy)-iu_0\sin\alpha(x+iy)\\&=u_0\cos\alpha\cdot z-iu_0\sin\alpha\cdot z\\&=u_0z(\cos\alpha-i\sin\alpha)=u_0ze^{-iz}\end{aligned}$$

(2)强度为 m，位于 $(a,0)$ 点的平面点源

$$\varphi=\frac{m}{2\pi}\ln\left[(x-a)^2+y^2\right]^{\frac{1}{2}},\psi=\frac{m}{2\pi}\mathrm{arctg}\frac{y}{x-a}$$

以 $(a,0)$ 点为原点，建立新的坐标系 $O'-x'y'$。在新坐标系中：

$$\varphi=\frac{m}{2\pi}\ln r',\psi=\frac{m}{2\pi}\mathrm{arctg}\theta',W(z')=\varphi+i\psi=\frac{m}{2\pi}\ln z'$$

由于新旧坐标系之间的关系为：$x'=x-a,y'=y;r'=\left[(x-a)^2+y^2\right]^{\frac{1}{2}},\theta'=\mathrm{arctg}\frac{y}{x-a}$。

因此，$W(z)=\frac{m}{2\pi}\ln(x'+iy')=\frac{m}{2\pi}\ln\left[(x-a)+iy\right]=\frac{m}{2\pi}\ln\left[(x+iy)-a\right]=\frac{m}{2\pi}\ln(z-a)$。

(3)强度为 Γ，位于原点的点涡

$$\varphi = -\frac{\Gamma}{2\pi}\text{arctg}\,\frac{y}{x} = -\frac{\Gamma}{2\pi}\theta$$

$$\psi = \frac{\Gamma}{2\pi}\ln\,(x^2+y^2)^{\frac{1}{2}} = \frac{\Gamma}{2\pi}\ln r$$

$$W(z) = \varphi + i\psi = -\frac{\Gamma}{2\pi}\theta + i\frac{\Gamma}{2\pi}\ln r = \frac{\Gamma}{2\pi}(i\ln r - \theta) = \frac{i\Gamma}{2\pi}(\ln r + i\theta)$$

$$= \frac{i\Gamma}{2\pi}(\ln r + \ln e^{i\theta}) = \frac{i\Gamma}{2\pi}\ln re^{i\theta} = \frac{i\Gamma}{2\pi}\ln z$$

(4)强度为 M,方向为 α,位于原点的平面偶极

以原点为圆心,将坐标系 $O-xy$ 逆时针旋转 α 角,得到新坐标系 $O-x'y'$。在新坐标系中,速度势和流函数分别为:$\varphi = \frac{M}{2\pi}\frac{\cos\theta'}{}$,$\psi = -\frac{M}{2\pi}\frac{\sin\theta'}{}$,$W(z) = \varphi + i\psi = \frac{M}{2\pi z'}$。

将新旧坐标系间的关系$(r'=r,\theta'=\theta-\alpha,z'=r'e^{i\theta'}=re^{i(\theta-\alpha)})$代入上式,可得:

$$W(z) = \frac{M}{2\pi z'} = \frac{M}{2\pi re^{i(\theta-\alpha)}} = \frac{Me^{i\alpha}}{2\pi re^{i\theta}} = \frac{Me^{i\alpha}}{2\pi z}$$

5—5 设在 $A(a,0)$ 点放置一强度为 2π 的平面点源,$x=0$ 是固壁面。试求:(1)固壁上流体的速度分布及速度达到最大值的位置;(2)固壁上的压力分布,设无穷远处压力为 p_∞;(3)若 $m=m(t)$,其中 t 为时间变量,求壁面上的压力分布。

解 (1)用位于 $(a,0)$ 和 $(-a,0)$,强度均为 $m=2\pi$ 的两个点源,可以构造位于 $x=0$ 的壁面,其速度势为:

$$\varphi_1 = \frac{m}{2\pi}\ln\,[(x-a)^2+y^2]^{\frac{1}{2}} = \frac{1}{2}\ln\,[(x-a)^2+y^2]$$

$$\varphi_2 = \frac{m}{2\pi}\ln\,[(x+a)^2+y^2]^{\frac{1}{2}} = \frac{1}{2}\ln\,[(x+a)^2+y^2]$$

$$\varphi = \varphi_1 + \varphi_2 = \frac{1}{2}\ln\,[(x-a)^2+y^2] + \frac{1}{2}\ln\,[(x+a)^2+y^2]$$

速度分布为:

$$u = \frac{\partial\varphi}{\partial x} = \frac{(x-a)}{(x-a)^2+y^2} + \frac{(x+a)}{(x+a)^2+y^2}$$

$$v = \frac{\partial\varphi}{\partial y} = \frac{y}{(x-a)^2+y^2} + \frac{y}{(x+a)^2+y^2}$$

在壁面上,$x=0$,则壁面上的速度分布为:$u=0,v=\dfrac{2y}{a^2+y^2}$。

由于$\dfrac{dv}{dy}=\dfrac{2(a^2+y^2)-2y\cdot 2y}{(a^2+y^2)^2}=\dfrac{2(a^2-y^2)}{(a^2+y^2)^2}$,令上式为 0,得:$y^2=a^2$,$y=\pm a$,即在点$(0,a)$和$(0,-a)$,速度达到最大值,且$v_{max}=\pm\dfrac{2a}{a^2+a^2}=\pm\dfrac{1}{a}$。

(2)当$y\rightarrow\pm\infty$时,$v_\infty=\lim\limits_{y\rightarrow\infty}\dfrac{2y}{a^2+y^2}=0$,由伯努利方程得:

$$\frac{p_\infty}{\rho}+\frac{1}{2}v_\infty^2=\frac{p}{\rho}+\frac{1}{2}v^2$$

$$p_\infty-p=\frac{1}{2}\rho(v^2-v_\infty^2)=\frac{1}{2}\rho v^2=\frac{1}{2}\rho\left(\frac{2y}{a^2+y^2}\right)^2=\frac{2\rho y^2}{(a^2+y^2)^2}$$

将壁面上的压力分布$p_\infty-p$沿整个壁面进行积分,得到流体作用于壁面的作用力P:

$$P=\int_{-\infty}^{+\infty}(p_\infty-p)dy$$

$$=\int_{-\infty}^{\infty}\frac{2\rho y^2}{(a^2+y^2)^2}dy=4\rho\int_0^\infty\frac{y^2}{(a^2+y^2)^2}dy=4\rho\frac{\pi}{4a}=\frac{\pi\rho}{a}$$

即壁面上的作用力$P=\dfrac{\pi\rho}{a}$。

(3)当$m=m(t)$时,速度势为:

$$\varphi_1=\frac{m(t)}{2\pi}\ln\left[(x-a)^2+y^2\right]^{\frac{1}{2}}=\frac{m(t)}{4\pi}\ln\left[(x-a)^2+y^2\right]$$

$$\varphi_2=\frac{m(t)}{2\pi}\ln\left[(x+a)^2+y^2\right]^{\frac{1}{2}}=\frac{m(t)}{4\pi}\ln\left[(x+a)^2+y^2\right]$$

$$\varphi=\varphi_1+\varphi_2=\frac{m(t)}{4\pi}\ln\left[(x-a)^2+y^2\right]+\frac{m(t)}{4\pi}\ln\left[(x+a)^2+y^2\right]$$

速度分布为:

$$u=\frac{\partial\varphi}{\partial x}=\frac{m(t)}{2\pi}\left[\frac{(x-a)}{(x-a)^2+y^2}+\frac{(x+a)}{(x+a)^2+y^2}\right]$$

$$v=\frac{\partial\varphi}{\partial y}=\frac{m(t)}{2\pi}\left[\frac{y}{(x-a)^2+y^2}+\frac{y}{(x+a)^2+y^2}\right]$$

在壁面上,$x=0$,则壁面上的速度分布为:$u=0,v=\dfrac{m(t)}{2\pi}\dfrac{2y}{a^2+y^2}=\dfrac{m(t)}{\pi}\dfrac{y}{a^2+y^2}$。

由于$\dfrac{\mathrm{d}v}{\mathrm{d}y}=\dfrac{m(t)}{\pi}\dfrac{(a^2+y^2)-y\cdot 2y}{(a^2+y^2)^2}=\dfrac{(a^2-y^2)}{(a^2+y^2)^2}$，令上式为 0，得：$y^2=a^2$，$y$

$=\pm a$，即在点$(0,a)$和$(0,-a)$，速度达到最大值，且$v_{\max}=\pm\dfrac{m(t)}{\pi}\dfrac{a}{a^2+a^2}=$

$\pm\dfrac{m(t)}{2\pi a}$。

(2)当$y\rightarrow\pm\infty$时，$v_\infty=\lim\limits_{y\rightarrow\infty}\dfrac{m(t)}{\pi}\dfrac{y}{a^2+y^2}=0$，由伯努利方程得：

$$\frac{p_\infty}{\rho}+\frac{1}{2}v_\infty^2=\frac{p}{\rho}+\frac{1}{2}v^2$$

$$p_\infty-p=\frac{1}{2}\rho(v^2-v_\infty^2)=\frac{1}{2}\rho v^2=\frac{1}{2}\rho\left(\frac{m(t)}{\pi}\frac{y}{a^2+y^2}\right)^2=\frac{\rho m^2(t)y^2}{2\pi^2(a^2+y^2)^2}$$

5—6　已知复势为$W(z)=2z+8/z+3i\ln z$，求：(1)流场的速度分布及绕圆周$x^2+y^2=10$的环量；(2)验证有一条流线与$x^2+y^2=4$的圆柱表面重合，并用卜拉休斯公式求圆柱体的作用力。

解　(1)求速度分布及绕圆周$x^2+y^2=10$的环量

①求速度分布

由复势的定义可知：$\dfrac{\mathrm{d}W(z)}{\mathrm{d}z}=u-iv$。

$$\frac{\mathrm{d}W(z)}{\mathrm{d}z}=2-\frac{8}{z^2}+\frac{3i}{z}$$

$$=2-\frac{8(x-iy)^2}{(x+iy)^2(x-iy)^2}+\frac{3i(x-iy)}{(x+iy)(x-iy)}$$

$$=2-\frac{8(x^2-2ixy-y^2)}{(x^2+y^2)^2}+\frac{3ix+3y}{(x^2+y^2)}$$

$$=2-\frac{8(x^2-y^2)}{(x^2+y^2)^2}+\frac{16ixy}{(x^2+y^2)^2}+\frac{3ix}{(x^2+y^2)}+\frac{3y}{(x^2+y^2)}$$

$$=\left[2+\frac{3x^2y+3y^3-8x^2+8y^2}{(x^2+y^2)^2}\right]+i\left[\frac{3x^2+3xy^2+16xy}{(x^2+y^2)^2}\right]$$

得：

$$u=2+\frac{3x^2y+3y^3-8x^2+8y^2}{(x^2+y^2)^2}$$

$$v=-\frac{3x^2+3xy^2+16xy}{(x^2+y^2)^2}$$

②求环量

该流动由三个简单流动组成：

$2z$ 为沿 x 方向的均匀流，$u_0=2$；

$\dfrac{8}{z}$ 是位于原点的偶极，设其强度为 M，则 $\dfrac{M}{2\pi}=8$，$M=16\pi$；

$3i\ln z$ 是位于原点的点涡，设其强度为 Γ，则 $\dfrac{\Gamma}{2\pi}=3$，$\Gamma=6\pi$。

因此，绕 $x^2+y^2=10$ 的环量 $\Gamma=16\pi$。

(2)将复势改写成下列形式：

$$
\begin{aligned}
W(z)&=2z+\frac{8}{z}+3i\ln z\\
&=2re^{i\theta}+8r^{-1}e^{-i\theta}+3i\ln re^{i\theta}\\
&=2re^{i\theta}+8r^{-1}e^{-i\theta}+3i\ln r+3i\cdot i\theta\\
&=2r(\cos\theta+i\sin\theta)+8r^{-1}(\cos\theta-i\sin\theta)+3i\ln r-3\theta\\
&=2r\cos\theta+2ir\sin\theta+8r^{-1}\cos\theta-8ir^{-1}\sin\theta+3i\ln r-3\theta\\
&=(2r\cos\theta+8r^{-1}\cos\theta-3\theta)+i(2r\sin\theta-8r^{-1}\sin\theta+3\ln r)
\end{aligned}
$$

则流函数

$$
\begin{aligned}
\psi(x,y)&=\ln W(z)=2r\sin\theta-8r^{-1}\sin\theta+3\ln r\\
&=2y-\frac{8y}{r^2}+3\ln r
\end{aligned}
$$

当 $x^2+y^2=4$ 时，$r=2$，代入上式，可得：

$$
\psi(x,y)=2y-\frac{8y}{r^2}+3\ln r=2y-\frac{8y}{4}+3\ln 2=3\ln 2=C\,(C\text{ 为常数})
$$

说明 $x^2+y^2=4$ 是一条流线。

由卜拉休斯公式可知，作用在柱面 $x^2+y^2=4$ 上的共轭合力为：

$$
\vec{P}=\frac{i\rho}{2}\oint_c\left(\frac{\mathrm{d}W}{\mathrm{d}z}\right)^2\mathrm{d}z
$$

其中：$\dfrac{\mathrm{d}W}{\mathrm{d}z}=2-\dfrac{8}{z^2}+3i\dfrac{1}{z}$，$\left(\dfrac{\mathrm{d}W}{\mathrm{d}z}\right)^2=\left(2-\dfrac{8}{z^2}+3i\dfrac{1}{z}\right)^2=4+12i\dfrac{1}{z}-\dfrac{41}{z^2}-\dfrac{48i}{z^3}+\dfrac{64}{z^4}$。

由留数定理可知，上式中仅第二项对积分有贡献，得：

$$
\oint_c\left(\frac{\mathrm{d}W}{\mathrm{d}z}\right)^2\mathrm{d}z=2\pi i\cdot 12i=-24\pi
$$

得到：$\vec{P}=\dfrac{i\rho}{2}\oint_c\left(\dfrac{\mathrm{d}W}{\mathrm{d}z}\right)^2\mathrm{d}z=\dfrac{i\rho}{2}\cdot(-24\pi)=12i\pi\rho$。由于 $\vec{P}=X-iY$，因此水平分力 $X=0$；垂向分力(升力)$Y=12\pi\rho$。

5—7　设直径 $D=2$ m 的圆柱体在水下深度为 $H=10$ m 的水体的水平面上以速度 $u_0=10$ m/s 做匀速直线运动,(1)试写出流动的绝对速度势、牵连速度势、相对速度势及对应的单位速度势;(2)求出圆柱体表面上 A、B、C、D 及 $\theta=45°$,$\theta=135°$六点的绝对速度。

解　(1)设圆柱半径 $a=\dfrac{1}{2}D$,则:

单位相对速度势 $\varphi_0^* = r\cos\theta\left(1+\dfrac{a^2}{r^2}\right)$;

相对速度势 $\varphi^* = u_0 r\cos\theta\left(1+\dfrac{a^2}{r^2}\right)$;

牵连速度势 $\varphi_e = -u_0 x = -u_0 r\cos\theta$;

绝对速度势 $\varphi = \varphi^* + \varphi_e = u_0 r\cos\theta\left(1+\dfrac{a^2}{r^2}\right) - u_0 r\cos\theta = u_0\cos\theta\dfrac{a^2}{r}$;

单位绝对速度势 $\varphi_0 = \cos\theta\dfrac{a^2}{r}$。

(2)由绝对速度势可得速度分布:

$$v_r = \frac{\partial\varphi}{\partial r} = -u_0\cos\theta\frac{a^2}{r^2}$$

$$v_\theta = \frac{1}{r}\cdot\frac{\partial\varphi}{\partial r} = -u_0\sin\theta\frac{a^2}{r^2}$$

在柱面上,$r=a$,代入上式,得到柱面上的速度分布:$v_r = -u_0\cos\theta$,$v_\theta = -u_0\sin\theta$。

$$A\text{ 点},\theta=\pi:v_r=u_0,v_\theta=0;$$

$$B\text{ 点},\theta=\frac{\pi}{2}:v_r=0,v_\theta=-u_0;$$

$$C\text{ 点},\theta=0:v_r=-u_0,v_\theta=0;$$

$$D\text{ 点},\theta=\frac{3\pi}{2}:v_r=0,v_\theta=u_0;$$

$$\theta=45°=\frac{\pi}{4}:v_r=-\frac{\sqrt{2}}{2}u_0,v_\theta=-\frac{\sqrt{2}}{2}u_0;$$

$$\theta=135°=\frac{3\pi}{4}:v_r=\frac{\sqrt{2}}{2}u_0,v_\theta=-\frac{\sqrt{2}}{2}u_0。$$

5—8　若一半经为 r_0 的圆球在静水中速度从 0 加速至 u_0,请问需对它做多少功?

解　当圆球加速至 u_0 时,其总动能为:$E_k = \dfrac{1}{2}(m+\lambda_{11})u_0^2$。

其中，$m = \frac{4}{3}\pi\rho_1 r_0^3$ 为圆球的质量，$\lambda_{11} = \frac{2}{3}\pi\rho_2 r_0^3$ 为水的附加质量，ρ_1 为圆球的密度，ρ_2 为水的密度。圆球在静水中的速度从 0 加速至 u_0 做的功等于动能，即 $W = E_k = \frac{1}{2}(m + \lambda_{11})u_0^2 = \frac{1}{2}\left(\frac{4}{3}\pi\rho_1 r_0^3 + \frac{2}{3}\pi\rho_2 r_0^3\right)u_0^2 = \frac{1}{3}\pi r_0^3(2\rho_1 + \rho_2)u_0^2$。

5—9 在无限深的液体中，有一长为 L、半径为 R 的垂直圆柱体，设其轴心被长度为 l 的绳子系住。它一边以角速度 Ω 在水平面内绕绳子固定端公转，一边又以另一角速度 ω 绕自身轴线自转。已知圆柱体重量为 G，液体密度为 ρ，并假定 $l > R$，试求绳子所受的张力。

解 设绳子的张力为 T，则圆柱体公转的向心力为：$T - F = M\Omega^2 l$。其中，F 为圆柱体自转所产生的升力。$F = \rho v\Gamma = \rho l\Omega\Gamma$，其中，$v = l\Omega$ 为公转线速度，Γ 为自转的速度环量，且 $\Gamma = \int_0^{2\pi}\vec{v_1}\cdot\mathrm{d}\vec{l_1} = \int_0^{2\pi}\omega R\cdot R\mathrm{d}\theta = 2\pi\omega R^2$。

其中，$v_1 = \omega R$ 为自转线速度，$\mathrm{d}l_1 = R\mathrm{d}\theta$ 为柱体表面微元弧长。因此，升力 $F = \rho l\Omega\Gamma = \rho l\Omega\cdot 2\pi\omega R^2 = 2\pi\rho\omega\Omega l R^2$；总质量 $M = m + m' = \pi\rho_1 LR^2 + \pi\rho LR^2 = \pi(\rho + \rho_1)LR^2$。

其中，m 为柱体质量，ρ_1 为柱体密度；m' 为水的附加质量，ρ 为水的密度。因此，张力 $T = M\Omega^2 l + F = \pi(\rho + \rho_1)\Omega^2 l LR^2 + 2\pi\rho\omega\Omega l R^2$。

5—10 设一半径为 R 的二元圆柱体在液体中以水平分速度 $u = u_0 t\,(\mathrm{m/s})$ 运动。设 $t = 0$ 时，它静止于坐标原点，液体密度为 ρ，圆柱体密度为 σ。试求流体作用在圆柱体上的推力及 $t = 2\,\mathrm{s}$ 时圆柱体的位置。

解 由牛顿第二定律可知，推力 $F = Ma$，其中，$a = \frac{\mathrm{d}u}{\mathrm{d}t} = u_0$；$M = m + m'$；$m = \pi\sigma R^2$ 为柱体质量；$m' = \pi\rho R^2$ 为液体的附加质量。因此，推力 $F = Ma = (\rho + \sigma)\pi R^2 u_0$。

由于柱体运动微元距离 $\mathrm{d}s = u\mathrm{d}t$，因此，$s = \int u\mathrm{d}t = \int u_0 t\mathrm{d}t = \frac{1}{2}u_0 t^2 + c$。由于 $t = 0$ 时 $s = 0$，代入上式，得 $c = 0$，则 $s = \frac{1}{2}u_0 t^2$；当 $t = 2$ 时，$s = \frac{1}{2}u_0 t^2 = \frac{1}{2}u_0 \times 2^2 = 2u_0$。

第六章　水波理论

6-1　液体运动分类和基本概念

（1）恒定流和非恒定流

流场中的液体质点通过空间点时所有的运动要素都不随时间而变化的流动称为恒定流；反之，只要有一个运动要素随时间而变化，就是非恒定流。非恒定流的流速、压强等运动要素是时间的函数，由于描述液体运动的变量增加，因此对水流运动的分析更加复杂和困难。虽然自然界的水流绝大部分是非恒定流，但在一定条件下，我们常将非恒定流简化为恒定流进行讨论。本课程主要讨论恒定流运动。

（2）迹线和流线

迹线是液体质点运动的轨迹，它是某一个质点不同时刻在空间位置的连线，迹线必定与时间有关。迹线是拉格朗日法描述液体运动的图线。

流线是某一瞬间在流场中画出的一条曲线，这个时刻位于曲线上各点的质点的流速方向与该曲线相切。流线是从欧拉法引出的，也是我们要重点理解的概念。对于恒定流，流线的形状不随时间而变化，这时的流线与迹线互相重合；对于非恒定流，流线形状随时间而改变，这时的流线与迹线一般不重合。

流线有两个重要的性质，即流线不能相交，也不能转折，否则交点（或转折）处的质点就有两个流速方向，这与流线的定义相矛盾。也可以说，某瞬时通过流场中的任一点只能画一条流线。

流线的形状和疏密反映了某瞬时流场内液体的流速的大小和方向，流线密的地方表示流速大，流线疏的地方表示流速小。

（3）元流、总流和过水断面

元流是横断面积无限小的流束，它的表面是由流线组成的流管。由无数个元流组成的宏观水流称为总流。

与元流或总流的所有流线正交的横断面称为过水断面。过水断面可以是平面（当流线是平行的直线时）或曲面（流线为其他形状）。

　　单位时间内流过某一过水断面的液体体积称为流量,流量用 Q 表示,单位为 m^3/s。

　　引入元流概念的目的有两个:1)元流的横断面积 dA 无限小,因此 dA 面积上各点的运动要素(点流速 u 和压强 p)都可以当作常数;2)元流是基本无限小单位,通过积分运算可求得总流的运动要素。元流的流量 $dQ=udA$,则通过总流过水断面的流量:

$$Q = \int dQ = \int_A u\,dA$$

　　(4)断面平均流速

　　一般情况下,组成总流的各个元流过水断面上的点流速是不相等的,而且有时流速的分布很复杂。为了使讨论简化,我们引入了断面平均流速 v 的概念。这是恒定总流分析方法的基础,也称为一元流动分析法,即认为液体的运动要素只是一个空间坐标(流程坐标)的函数。断面平均流速 v 等于通过总流过水断面的流量 Q 除以过水断面的面积 A,即 $V=Q/A$。

　　断面平均流速代替真实流速分布是对水流真实结构的一种简化的处理方法。对大多数水流运动来说,采用这样的处理方法可使问题的分析变得比较简单。在实际应用中,有时并不需要知道总流过水断面上的流速分布,仅需要了解断面平均流速的大小及沿程变化情况。

　　(5)均匀流与非均匀流

　　流线是相互平行的直线的流动称为均匀流。这里要满足两个条件,即流线既要相互平行,又必须是直线,若其中有一个条件不满足,则这个流动就是非均匀流。均匀流的概念也可以表述为液体的流速的大小和方向沿空间流程不变。

　　流动的恒定、非恒定是相对于时间而言的;均匀、非均匀是相对空间而言的。恒定流可以是均匀流,也可以是非均匀流,非恒定流也是如此。

　　均匀流具有下列特征:1)过水断面为平面,且形状和大小沿程不变;2)同一条流线上各点的流速相同,因此各过水断面上的平均流速 v 相等;3)同一过水断面上各点的测压管水头为常数(即动水压强分布与静水压强分布规律相同,具有 $z+\dfrac{p}{\gamma}=c$ 的关系)。

　　(6)一元流、二元流与三元流

　　根据水流运动要素与空间坐标有关的个数,我们把水流运动分为一元流、二元流与三元流。严格地说,自然界的实际水流都是三元流,但是我们为了简化分析过程,引入断面平均流速后,把许多问题转化为一元流动来讨论,这是重要的处理方法。

(7)渐变流与急变流

根据流线的不平行和弯曲程度,我们把非均匀流分为两类:流线不平行但流线间的夹角较小,或者流线弯曲但弯曲程度较小(即曲率半径较大)的流动称为非均匀渐变流,简称渐变流;反之则称为急变流。我们可以证明渐变流同一个过水断面上的测压管水头$(z+p/r)$近似于常数,这一点在讨论恒定总流能量方程时会应用到。对于急变流同一过水断面上各点,$z+p/r \neq c$。

自然界中的实际水流绝大多数是非均匀流,把非均匀流区分为渐变流和急变流是为了简化对非均匀流渐变流的讨论。

6—2　恒定总流的连续性方程

根据质量守恒定律可以导出没有分叉的不可压缩液体一元恒定总流任意两个过水断面的连续性方程,即 $Q_1 = Q_2$ 或 $v_1 A_1 = v_2 A_2$,则:

$$\frac{v_2}{v_1} = \frac{A_1}{A_2}$$

上式说明:任意两个过水断面的平均流速与过水断面的面积成反比。

对于有分叉的恒定总流,其连续性方程可以表示为:

$$\sum Q_{流入} = \sum Q_{流出}$$

连续性方程是一个运动学方程,它没有涉及作用力的关系。我们通常应用连续性方程来计算某一已知过水断面的面积和断面平均流速或者已知流速求流量。它是水力学中三个最基本的方程之一。

6—3　恒定总流的能量方程

(1)恒定元流的能量方程

根据物理学动能定理或牛顿第二定律,可以导出恒定元流的两个过水断面之间的能量关系式:

$$z_1 + \frac{p_1}{\gamma} + \frac{u_1^2}{2g} = z_2 + \frac{p_2}{\gamma} + \frac{u_2^2}{2g} + h_w' \tag{6—3—1}$$

式中,z 是相对某个基准面单位重量液体具有的位能,称为位置水头;$\frac{p}{\gamma}$ 是单位重量液体具有的压能,称为压强水头;$z+\dfrac{p}{\gamma}$ 是单位重量液体具有的位能和压能之和,称为总势能或测压管水头;$\dfrac{u^2}{2g}$ 表示单位重量液体具有的动能,称为流速水头;h'_w 表示单位重量液体从 1 断面流到 2 断面克服由液体黏滞性引起的阻力而损失的能量,称为水头损失。

式(6−3−1)表示水流在流动过程中,单位重量液体具有的位能、压能和动能的相互转换和守恒关系。理想液体不存在黏滞性,所以理想液体流动中水头损失 $h'_w=0$,表示液体机械能的守恒。但实际水流都有黏滞性,因此 $h'_w \neq 0$,说明水流沿流动方向的机械能总在减少。

应用毕托管测某点的流速,其理论依据就是恒定元流的能量方程(称为伯努利方程)。

(2)恒定总流的能量方程

将恒定元流能量方程沿总流的 2 个过水断面进行积分,并且引入过水断面处水流是均匀流或者渐变流的条件,就可得到恒定总流的能量方程,方程如下:

$$z_1+\frac{p_1}{\gamma}+\frac{\alpha_1 v_1^2}{2g}=z_2+\frac{p_2}{\gamma}+\frac{\alpha_2 v_2^2}{2g}+h_w \qquad (6-3-2)$$

请注意:积分过程中用到均匀流和渐变流条件,表明同一过流断面上各点的测压管水头具有 $(z+\dfrac{p}{\gamma})=c$ 的性质;用断面平均流速 v 替代过水断面上的实际流速,计算单位重量液体具有的动能并不相等,因此就必须引进动能修正系数 α,令:$\alpha\dfrac{v^2}{2g}=\dfrac{u^2}{2g}$ 或表示为 $\alpha=\dfrac{\displaystyle\int_A u^3\,\mathrm{d}A}{v^3 A}$。

在式(6−3−2)中,$\dfrac{u^2}{2g}$ 表示过水断面上单位重量液体具有的平均动能,同样 h_w 表示单位重量液体从 1 断面流到 2 断面的平均水头损失。

恒定总流能量方程是水力学的三个基本方程之一,也是最重要、最常用的基本方程,它与连续方程联合求解可以计算断面上的平均流速或平均压强,它们与后面讨论的恒定总流动量方程联解,可以计算水流对边界的作用力,在确定建筑物荷载和水力机械功能转换时十分有用。

(3)恒定总流能量方程的图示、水头线和水力坡度

恒定总流能量方程各项的量纲都是长度量,因此可以用比例线段表示位置

水头、压强水头、流速水头的大小。各断面的位置水头、测压管水头和总水头端点的连线分别称为位置水头线、测压管水头线和总水头线。

位置水头线与测压管水头线、测压管水头线与总水头线之间的距离分别表示该过水断面上各点的平均压强水头和平均流速水头。所以画出水流的水头线可以清楚地反映沿流程各个断面上的位能、压能和动能的变化关系,它对分析有压管道各个断面的压强变化十分重要。

假如水流从 1 断面流到 2 断面的平均水头损失为 h_w,流程长度为 l,则将单位长度上的水头损失定义为水力坡度 J,它也表示总水头线的斜率:

$$J = \frac{h_{w1-2}}{l}$$

J 是没有单位的纯数,也称为无量纲数。根据水头线表示的能量转换关系,恒定总流能量方程的几何意义可以这样来描述:对于理想液体($h_w = 0$),其总水头线是一条水平线;对于实际液体($h_w > 0$),其总水头线是一条下降的曲线或直线,它下降的数值等于两个过水断面之间水流的水头损失。

请注意:测压管水头线不一定是下降的曲线,其形状需要由位能与压能的相互转换情况来确定。对于均匀流,流速水头沿程不变,总水头线与测压管水头是相互平行的直线。

(4)应用恒定总流能量方程的条件和注意事项

我们在推导恒定总流能量方程的过程中曾经引入过一些条件,这些条件限制了恒定总流能量方程的使用范围,同时在应用能量方程解决工程实际问题时还必须处理好一些具体事项,现归纳说明如下。

1)恒定总流能量方程的应用条件

a)液体流动必须是恒定流,而且是不可压缩液体(ρ 为常数);b)作用在液体上的质量力只有重力;c)建立能量方程的两个过水断面都必须位于均匀流或渐变流段,但该两个断面之间的某些流动可以是急变流;d)在推导能量方程的过程中,两个计算断面之间没有流量的汇入或流出。如果有流量的汇入或分流,也可以建立相应的能量方程式。这时必须强调,能量方程的两侧都是单位重量液体具有的能量,但确定相应的水头损失非常困难。

2)应用恒定总流能量方程需要注意的具体问题

a)为了计算能量方程中的位置水头,必须确定基准面。基准面可以任意选择,但尽可能使所选的基准面简化能量方程,以便于求解。例如使所选基准面 z

＝0，这样能量方程项数减少。同一个能量方程只能选择同一个基准面，否则能量方程就不成立。

b)计算压强水头，既可选择绝对压强也可选用相对压强，但两个断面必须一致。实际工程计算中一般采用相对压强。

c)因为渐变流过水断面上各点的 $z+\dfrac{p}{\gamma}$ 的值相等，因此要在过水断面上选好计算点，便于计算测压管水头即 $z+\dfrac{p}{\gamma}$ 的值。对于管流，计算点通常取在管轴线上；对明渠水流，计算点取在自由表面上，这里的相对压强为零，所以 $z+\dfrac{p}{\gamma}$ ＝z。

d)选取过水断面除了满足渐变流条件外，还应使所选断面上的未知量尽可能少，这样可以简化能量方程的求解过程。

e)求解能量方程必须确定动能修正系数 α。α 值与断面的流速分布有关，流速分布越均匀，α 值越接近 1；断面流速分布不同，α 值也不同。严格地讲，两个断面上的 α_1 与 α_2 是不相等的，但是实际工程中的动能修正系数大多在 1.05～1.10 之间，一般可以取 $\alpha_1=\alpha_2=1$。对于流速分布相当不均匀的水流（例如层流运动），动能修正系数远大于 1。

f)能量方程中的水头损失 h_w 是十分重要又非常复杂的一项，如果不能正确地计算液体流动的 h_w，就难以利用能量方程解决实际问题。

g)当一个问题中有 2～3 个未知数时，能量方程需要和连续性方程、动量方程组成方程组联合求解。

6－4 恒定总流动量方程

恒定总流动量方程是动量定理在液体流动中的表达式，它反映水流动量变化与作用力之间的关系。

恒定总流动量方程主要用于求解水流与固体边界之间的相互作用力，如水流对弯管的作用力、水流作用在闸门和建筑物上的动水压力以及射流的冲击力等。

(1)恒定总流动量方程

根据动量定理可导出恒定总流的动量方程式：

$$\sum \vec{F} = \rho Q(\beta_2 \vec{v_2} - \beta_1 \vec{v})$$

恒定总流动量方程的物理意义表明：单位时间内流出控制体与流入控制体的水体动量之差等于作用在控制体内水体上的合外力。

恒定总流的动量方程是个矢量方程，把动量方程沿三个坐标轴投影，即得到投影形式的动量方程：

$$\begin{cases} \sum F_x = \rho Q(\beta_2 v_2 x - \beta_1 v_1 x) \\ \sum F_y = \rho Q(\beta_2 v_2 y - \beta_1 v_1 y) \\ \sum F_z = \rho Q(\beta_2 v_2 z - \beta_1 v_1 z) \end{cases}$$

式中，$\sum F_x$、$\sum F_y$、$\sum F_z$ 是作用在控制体上所有外力的合力沿 x、y、z 轴方向的分量；v_{1x}、v_{2x}、v_{1y} 和 v_{2y}、v_{1z}、v_{2z} 分别是控制体进、出口断面上的平均流速在 x、y、z 轴上的分量；β_1、β_2 为进、出口断面处的动量修正系数，已知断面上的点流速 u 分布规律时，可以按下式计算。

$$\beta = \frac{\int_A u^2 \, \mathrm{d}A}{v^2 A}$$

β 值一般约为 $1.02 \sim 1.05$，通常取 $\beta_1 = \beta_2 = 1$ 进行计算。

（2）恒定总流动量方程的应用条件和注意事项

a）水流是恒定流，并且控制体的进、出口断面都是渐变流，但两个断面之间可以是急变流。这与恒定总流能量方程的条件相同，这样在应用能量方程和动量方程进行联解时不会出现适用范围不一致的问题。

b）动量方程是矢量方程，方程中的流速和作用力都具有方向。因此，应用动量方程解题必须建立坐标系。坐标系可以任意选择，但所选的坐标系应使流速和作用力的投影分量越少越好，这样可以减少方程中的未知数。还必须注意，当流速或者作用力的投影分量与坐标方向一致时，值为正值，反之为负值。这种错误在解题中经常发生，学员应特别注意。

c）动量方程式的右端应该是流出液体的动量减去流入液体的动量。

d）$\sum \vec{F}$ 包括作用在控制体上的全部外力，不能遗漏，也不能多选，这也是学员在解题中常会出错的地方。

外力通常包括重力（质量力）、压力和周围固体边界对水体的反作用力。求水流与固体边界之间的作用力是应用动量方程解题的主要任务，当所求的力的方向不能事先确定时,可以先假设其方向进行求解。如果求出该力为正值,表示假设方向正确;否则表示该力的实际作用方向与假设方向相反。

e) 动量方程只能求解一个未知数,如果方程中的未知数多于 1 个,必须与连续性方程、能量方程联合求解。

f) 对于有分岔的管道,其动量方程的矢量形式为:

$$\sum \vec{F} = \sum (\rho Q \beta v)_{流出} - \sum (\rho Q \beta v)_{流入}$$

6−5　液体微团的运动形式

在理论力学中,刚体有两种基本运动形式,即平移和绕某瞬时固定轴转动。而液体能够流动、发生变形,因此液体微团具有四种基本运动形式。

(1)平移运动。平移的速度为 u_x、u_y、u_z。

(2)线变形运动。线变形速度为:

$$\varepsilon_x = \frac{\partial u_x}{\partial x}, \varepsilon_y = \frac{\partial u_y}{\partial y}, \varepsilon_z = \frac{\partial u_z}{\partial z}$$

(3)角变形运动。角变形速度为:

$$\theta_x = \frac{1}{2}\left(\frac{\partial u_z}{\partial y} + \frac{\partial u_y}{\partial z}\right), \theta_y = \frac{1}{2}\left(\frac{\partial u_x}{\partial z} + \frac{\partial u_z}{\partial x}\right), \theta_z = \frac{1}{2}\left(\frac{\partial u_y}{\partial x} + \frac{\partial u_x}{\partial y}\right)$$

(4)旋转运动。旋转角速度为:

$$\omega_x = \frac{1}{2}\left(\frac{\partial u_z}{\partial y} - \frac{\partial u_y}{\partial z}\right), \omega_y = \frac{1}{2}\left(\frac{\partial u_x}{\partial z} - \frac{\partial u_z}{\partial x}\right), \omega_z = \frac{1}{2}\left(\frac{\partial u_y}{\partial x} - \frac{\partial u_x}{\partial y}\right)$$

式中,ε_i 表示边线变形速度,θ_i 表示角变形速度,ω_i 表示旋转角速度。

在上述四种基本运动形式中,我们最关心的是旋转运动,因为它对讨论液体的运动和运动的求解十分重要。

如果液体微团的旋转角速度 $\omega_x = \omega_y = \omega_z = 0$,那么液体就做无旋流动或有势流动(存在流速势函数);当 ω_x、ω_y、ω_z 有一个不为 0,那么液体就做有旋流动或有涡流动。

6−6　平面势流的流函数和流速势函数

一、流函数:平面流动中的流线方程 $u_x \mathrm{d}y - u_y \mathrm{d}x = 0$ 能够进行积分的条件是,它必须是某函数 $\psi(x,y)$ 的全微分,我们把 ψ 称为流函数。

流函数 ψ 存在的充分必要条件是满足连续性方程,也就是说,对于连续的平面运动,流函数 ψ 总是存在的。

流函数与流速之间的关系可以表示为:

$$\frac{\partial \psi}{\partial x}=-u_y, \quad \frac{\partial \psi}{\partial y}=u_x$$

流函数具有四个重要的性质:

1)在平面无旋运动中,流函数满足拉普拉斯方程,即:

$$\frac{\partial^2 \psi}{\partial x^2}+\frac{\partial^2 \psi}{\partial y^2}=0$$

在数学中,满足拉普拉斯方程的函数称为调和函数,所以 ψ 是调和函数。

2)等流函数线就是流线,即 $\psi=$ 常数,它代表一条流线。

3)两条流线的流函数值之差等于两条流线之间通过的单宽流量。

4)流函数的增值方向是流速矢量方向逆时针旋转 $90°$ 的方向。

二、流速势函数:有势流动的流场中必定存在一个流速势函数 $\phi(x,y,z)$,流速势函数 ϕ 对各个坐标轴的偏导数等于流速向量在该坐标轴上的投影,即:

$$u_x=\frac{\partial \phi}{\partial x}, u_y=\frac{\partial \phi}{\partial y}, u_z=\frac{\partial \phi}{\partial z}$$

也可以表示为:

$$\mathrm{d}\phi=u_x\mathrm{d}x+u_y\mathrm{d}y$$

流速势函数具有下面四个性质:

1)某瞬时的流速势函数 ϕ 对某方向的偏导数等于流速在该方向上的投影。

2)流速势函数也满足拉普拉斯方程,即 ϕ 也是调和函数。

3)当势函数 ϕ 为常数时,它表示一条等势线。

4)流速势函数的增值方向与流速方向一致。

6—7 流网原理

在平面势流中,流速势函数 ϕ 等于不同常数时构成了一组等势线;流函数 ψ 为不同常数时代表一组流线,这些等势线和流线构成的网格即是流网。

流网有下列特征:

1)流线与等势线处处正交,也就是说,流网是正交网格。

2)如果取 $\triangle\phi=\triangle\psi$,则流网构成正交方格。利用组成流网的流函数与流速势函数的性质,可以求解流场内任何一点的流速和压强。

【思考题】

6—1 描述液体运动有哪两种方法？两种方法有什么区别？

6—2 什么是流线和迹线？流线具有什么性质？

6—3 什么是过水断面和断面平均流速？为何要引入断面平均流速？

6—4 叙述流动的分类及其特征？

6—5 有人说："均匀流一定是恒定流,急变流一定是非恒定流。"这种说法是否正确？为什么？

6—6 动水压强与静水压强有什么不同？在推导恒定总流能量方程时,为什么过流断面必须位于渐变流段？

6—7 在使用能量方程时应注意哪些问题？

6—8 应用能量方程判断下列说法是否正确:(1)水一定从高处向低处流动;(2)水一定从压强大的地方向压强小的地方流动;(3)水总是从流速大的地方向流速小的地方流动。

6—9 什么是水头线和水力坡度？总水头线、测压管水头线和位置水头线三者有什么关系？沿程变化特征是什么？

6—10 建立动量方程有哪些条件？应用动量方程时要注意哪些问题？

6—11 建立动量方程时如何建立坐标以简化计算过程？

6—12 为什么边界对水流的作用力方向可以任意假设？

6—13 液体运动的基本形式有哪几种？

6—14 什么是平面流动？

6—15 什么是有势流动和有旋流动？有势流动如何判别？

6—16 什么是流函数和流速势函数？它们存在的条件是什么？有哪些性质？

6—17 流网是怎么构成的？它具有什么性质？

【解题指导】

思 **6—5** 的提示:流动均匀与否是相对于空间分布而言的,流动恒定与否是相对于时间而言的,这是判别流动的两个不同标准。因此,这种说法是错误的。

思 **6—6** 的解答:静水压强具有下列特性:即静水液体内任何点的 $z+p/y$ 的值为常数。而动水压强在一定条件下才具有这个特性,即在均匀流过水断面上的各点的 $z+p/y$ 的值为常数。对于渐变流,可以近似将 $z+p/y$ 的值取常数。在推导能量方程时,可以将它作为常数提到积分号外,使积分运算变得十分简便。

思 6-8 提示：三种说法均不正确。由于水流在流动过程中总有能量损失，因此水流只能从能量大的地方流向能量小的地方，而位置的高低、压强的大小、流速的大小不是确定液体流动方向的依据。

例 6-1　如图 6-1 所示水泵管路系统，已知：流量 $Q=101 \text{ m}^3/\text{h}$，管径 $d=150 \text{ mm}$，管路的总水头损失 $h_{w1-2}=25.4 \text{ m}$，水泵效率 $\eta=75.5\%$，试求：

（1）水泵的扬程 H_p；

（2）水泵的功率 N_p。

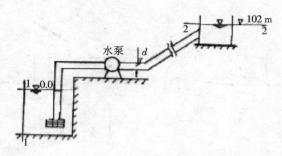

图 6-1

解　（1）计算水泵的扬程 H_p

以吸水池水面为基准写 1-1、2-2 断面的能量方程：

$$z_1+\frac{p_1}{\gamma}+\frac{v_1^2}{2g}+H_p=z_2+\frac{p_2}{\gamma}+\frac{v_2^2}{2g}+h_{w1-2}$$

即　　　　　　　$0+0+0+H_p=102+0+0+h_{w1-2}$

因此　　　　　$H_p=102+h_{w1-2}=102+25.4=127.4 \text{ m}$

（2）计算水泵的功率 N_p

$$N_p=\frac{\gamma \cdot QH}{\eta}=\frac{9800 \times 101/3600 \times 127.4}{0.755}=46.4 \text{ kW}$$

此题主要说明水流中有能量输入或输出时能量方程的应用。由于水泵是输给水流能量，因此 H_p 前取正号，这样才能与 2-2 断面的能量相等。同时要搞清楚水泵扬程 H_p 的概念：$H_p=z+h_{w1-2}$。

例 6-2　长 $l=50 \text{ m}$，两个 $30°$ 折角、进口和出口的局部水头损失系数分别为 $\zeta_1=0.2$，$\zeta_2=0.5$，$\zeta_3=1.0$，沿程水力摩擦系数 $\lambda=0.024$，上下游水位差 $H=3 \text{ m}$。求通过的流量 Q。

解　$H=h_w=(\lambda \dfrac{l}{4R}+\sum \xi)\dfrac{v^2}{2g}$

$$R=\frac{A}{x}=0.2 \text{ m} , \quad \sum \xi=1.9$$

解得:$v=4.16$ m/s,$Q=vA=2.662$ m³/s。

例 6－3　有一个水平放置的弯管,直径从 $d_1=30$ cm 渐变到 $d_2=20$ cm,转角 $\theta=60°$,如图 6－2 所示。已知弯管 1－1 断面的平均动水压强 $p_1=35000$ N/m²,断面 2－2 的平均动水压强为 $p_2=25840$ N/m²,通过弯管的流量 $Q=150$ L/s。求水流对弯管的作用力。

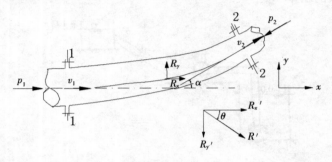

图 6－2

解　根据题意,水流对弯管的作用力要用动量方程进行求解。

(1)取弯管 1－1 与 2－2 断面之间的水体作为脱离体(如图)。断面 1－1 和 2－2 两过水断面的动水压力可以按静水总压力的公式计算。

(2)分析作用在脱离体上的外力:

断面 1－1 和 2－2 上的动水总压力分别为 P_1 与 P_2,$P_1=p_1A_1$,$P_2=p_2A_2$。

管壁对水流的作用力 R 实际上是水流对管壁的作用力 R' 的反作用力,二者大小相等,方向相反。这一作用力 R' 包括水流对管壁的动水总压力与水流对管壁表面作用的摩擦阻力,求出作用力 R 也就求出了水流对管壁的总作用力 R'。为了方便计算,将作用力 R 分解为 x 和 y 方向上的两个分量 R_x 和 R_y,R_x 和 R_y 的方向可以任意假设,如果计算结果为正值,说明假设方向是正确的;若为负值,说明假设方向与实际作用力的方向相反。重力(脱离体内水体的自重)垂直于水平面,对弯管内的水流运动没有影响。

(3)建立 x 轴与 y 轴方向的动量方程,所取坐标系如图所示。取动量修正系数 $\beta_1 \approx \beta_2 \approx \beta=1$。

沿 x 轴方向写动量方程,得:

$$\rho Q \beta(v_2 \cos 60°-v_1)=P_1-P_2 \cos 60°-R_x$$

$$v_1 = \frac{Q}{A_1} = \frac{4 \times 150 \times 10^3}{\pi \times 30^2} = 212.3 \text{ cm/s} = 2.12 (\text{m/s})$$

$$v_2 = \frac{Q}{A_2} = \frac{4 \times 150 \times 10^3}{\pi \times 20^2} = 477.7 \text{ cm/s} = 4.78 (\text{m/s})$$

$$P_1 = p_1 \frac{\pi d_1^2}{4} = 35000 \times \frac{3.14 \times 0.3^2}{4} = 2472.8 (\text{N})$$

$$P_2 = p_2 \frac{\pi d_2^2}{4} = 25840 \times \frac{3.14 \times 0.2^2}{4} = 811.4 (\text{N})$$

$$R_x = P_1 - P_2 \cos 60° - \beta \rho Q (v_2 \cos 60° - v_1)$$

$$= 2472.8 - 811.4 \times \frac{1}{2} - 1.0 \times 1000 \times 0.15 (4.78 \times \frac{1}{2} - 2.12)$$

$$= 2472.8 - 405.7 - 40.5 = 2026.5 (\text{N}) (\text{假设方向正确})$$

沿 y 轴方向写动量方程,得:$P_2 \sin 60° - R_y = \beta \rho Q (-v_2 \sin 60° - 0)$。

$$R_y = P_2 \sin 60° + \beta \rho Q v_2 \sin 60°$$

$$= 2472.8 \times \frac{\sqrt{3}}{2} + 1 \times 1000 \times 0.15 \times 4.78 \times \frac{\sqrt{3}}{2}$$

$$= 2141.5 + 620.9 = 2762.4 (\text{N}) (\text{假设方向正确})$$

合力的大小为:$R = \sqrt{R_x^2 + R_y^2} = \sqrt{2026.6^2 + 2762.4^2} = 3426 \text{ N}$。

合作用力的方向为:$\alpha = \tan^{-1} \frac{R_x}{R_y} = \tan^{-1} \frac{2762.4}{2026.6} = \tan^{-1} 1.3631 = 53°44'$。

所以水流对弯管的作用力为 $R' = R$,方向与 R 相反,与 x 轴的夹角 $\alpha = 53°44'$。

例 6-4　如图 6-3 所示,一个水平放置的三通管主管的直径 $D = 120$ cm,两根支管的直径 $d = 85$ cm,分叉角 $\alpha = 45°$,主管过水断面 1—1 处的动水压强水头 $p_1/\gamma = 100$ m(水柱),通过的流量 $Q = 3$ m³/s,两根支管各通过 1/2 的流量。假设不计损失,求水流对三通管的作用力。

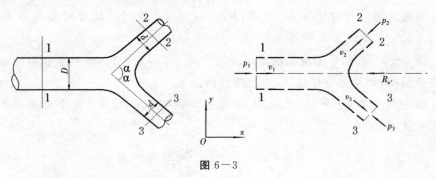

图 6-3

解　根据题意,计算水流对三通管的作用力必须用动量方程进行求解,并且首先要求出两根支管断面上的动水压力。

(1)运用能量方程计算断面 2—2 和 3—3 上的动水压强。因为不计损失,而且三通管位于同一个水平面上,高程相同,建立 1—1 断面和 2—2 断面的能量方程:

$$\frac{p_1}{\gamma} + \frac{\alpha_1 v^2}{2g} = \frac{p_2}{\gamma} + \frac{\alpha_2 v^2}{2g}$$

$$v_1 = \frac{Q}{A_1} = \frac{4Q}{\pi d_1^2} = \frac{4 \times 3}{3.14 \times 1.2^2} \approx 2.65 (\text{m/s})$$

$$\frac{v_1^2}{2g} = \frac{2.65^2}{19.6} \approx 0.358 (\text{m})$$

$$v_2 = \frac{Q}{A_2} = \frac{4Q}{\pi d_2^2} = \frac{4 \times 1.5}{3.14 \times 0.85^2} \approx 2.64 (\text{m/s})$$

$$\frac{v_2^2}{2g} = \frac{2.65^2}{19.6} \approx 0.358 (\text{m})$$

将上述各值和 $p_1/\gamma = 100$ m(水柱)代入能量方程,得 $p_2/\gamma = 100$ m(水柱),同理可得,$p_3/\gamma = 100$ m(水柱),所以,$p_2 = p_3 = 9.8 \times 10^5$ N/m²。

(2)我们再运用动量方程求解水流对三通管的作用力。首先建立坐标系,取断面 1—1、2—2 和 3—3 之间的水体作为脱离体。作用在水体上的外力有:断面 1—1、2—2 和 3—3 上的动水压力,三通管对水流的作用力 R(将 R 分解为沿 x 轴和 y 轴方向的分力 R_x 和 R_y),三通管水平放置,不考虑重力对管内水流运动的影响。

建立 x 方向的动量方程:

$$P_1 - 2P_2 \cos 45° - R_x = \beta \rho Q_2 v_2 \cos 45° - \beta \rho Q_1 v_1$$

$$R_x = P_1 - 2P_2 \cos 45° + \beta \rho Q_1 (v_2 \cos 45° - v_1)$$

$$= 11.084 \times 10^5 - 7.86 \times 10^5 + 0.0233 \times 10^5 \approx 3.25 \times 10^5 (\text{N})$$

因为三通管对称于 x 轴,可得,$R_y = 0$,所以水流对三通管的作用力 $R' = 6.24 \times 10^5$ N,方向与 R 相反。

例 6—5　已知平面流动的流速分量为 $u_x = 2y, u_y = 2x$,试判别该流动是否为有势流动,如果是有势流动,求流速势函数 ϕ。

解　对于在 xy 平面上的流动,如果可以证明 $\omega_z = 0$,那么这个流动就是平面有势流动。

$$\omega_z = \frac{1}{2} \left(\frac{\partial u_y}{\partial x} - \frac{\partial u_x}{\partial y} \right) = \frac{1}{2}(2 - 2) = 0$$

所以该流动是有势流动。

因为 $\mathrm{d}\phi=u_x\mathrm{d}x+u_y\mathrm{d}y=2y\mathrm{d}x+2x\mathrm{d}y=2\mathrm{d}(xy)$，得流速势函数 $\phi=2xy+c$。式中，c 是积分常数。

习题

6—1　求波长为 145 m 的海洋波传播速度和波动周期，假定海洋是无限深的。

解
$$c=1.25\sqrt{\lambda}=1.25\times\sqrt{145}\approx15.052(\mathrm{m/s})$$
$$\tau=0.8\sqrt{\lambda}=0.8\times\sqrt{145}\approx9.633(\mathrm{s})$$

即传播速度为 15.052 m/s，波动周期为 9.633 s。

6—2　海洋波以 10 m/s 的速度移动，试求这些波的波长和周期。

解
$$\lambda=c^2/1.25^2=10^2/1.25^2=64(\mathrm{m})$$
$$\tau=0.8\sqrt{\lambda}=0.8\times\sqrt{64}=6.4(\mathrm{s})$$

即波长为 64 m，波浪周期为 6.4 s。

6—3　证明 $W(z)=A\cos\dfrac{2\pi}{\lambda}(\zeta+iH-\Omega t)$ 为水深为 H 的进行波的复势，

其中，$\zeta=x+iy$ 为复变数，y 轴垂直向上，原点在静水面上。并证明 $\Omega^2=\dfrac{2\pi}{\lambda}th$

$\dfrac{2\pi H}{\lambda}$（提示：$\cos(x+iy)=\cos xchy-i\sin xshy$）。

解　平面进行波的速度势 $\varphi=\dfrac{agchk(y+H)}{\omega\quad chkH}\sin(kx-\omega t)$。

x、y 方向的速度分别为：
$$u=\frac{\partial\varphi}{\partial x}=a\omega\frac{chk(y+H)}{shkH}\cos(kx-\omega t)$$
$$v=\frac{\partial\varphi}{\partial y}=a\omega\frac{shk(y+H)}{shkH}\sin(kx-\omega t)$$

由上述速度分布得到二维波浪运动的流函数：

$$\psi=\int-v\mathrm{d}x+u\mathrm{d}y=\int-a\omega\frac{shk(y+H)}{shkH}\sin(kx-\omega t)\mathrm{d}x+$$

$$a\omega\frac{chk(y+H)}{shkH}\cos(kx-\omega t)\mathrm{d}y$$

$$=\frac{a\omega}{k}\cdot\frac{shk(y+H)}{shkH}\cdot\cos(kx-\omega t)$$

$$=\frac{ag}{\omega}\cdot\frac{shk(y+H)}{chkH}\cdot\cos(kx-\omega t)$$

因此,二维波浪运动的复势为:

$$W(z)=\varphi(x,y,t)+i\psi(x,y,t)$$

$$=\frac{ag}{\omega}\cdot\frac{chk(y+H)}{chkH}\sin\ (kx-\omega t)+i\frac{ag}{\omega}\cdot\frac{shk(y+H)}{chkH}\cos\ (kx-\omega t)$$

$$=\frac{ag}{\omega}\cdot\frac{1}{chkH}[chk(y+H)\sin\ (kx-\omega t)+ishk(y+H)\cos\ (kx-\omega t)]$$

在上式中,令 $A=\dfrac{ag}{\omega}\cdot\dfrac{1}{chkH}$,$X=kx-\omega t$,$Y=k(y+H)$,则可得到:

$$W(z)=A(chY\cdot\sin\ X+ishY\cdot\cos\ X)$$

$$=A\left[chY\cdot\cos\ \left(\frac{\pi}{2}-X\right)+ishY\cdot\sin\ \left(\frac{\pi}{2}-X\right)\right]$$

$$=A\left[chY\cdot\cos\ \left(X-\frac{\pi}{2}\right)-ishY\cdot\sin\ \left(X-\frac{\pi}{2}\right)\right]$$

已知 $\cos\ (x+iy)=\cos\ xchy-i\sin\ xshy$,得:

$$W(z)=A\cos\ \left(X-\frac{\pi}{2}+iY\right)$$

$$=A\cos\ \left(kx-\omega t-\frac{\pi}{2}+ik(y+H)\right)$$

$$=A\cos\ \left[k(x+iy)+ikH-\omega t-\frac{\pi}{2}\right]$$

6—4 在水深为 d 的水平底部(即 $z=-d$ 处),用压力传感器测量到沿 x 方向传播的进行波的波压力为 $p(t)$。设 $p(t)$ 的最大高度(相对平衡态来说)为 H,圆频率为 σ,试确定对应的自由面波动的圆频率和振幅。

解 微幅平面进行波的压力分布函数为: $\dfrac{p(t)-p_0}{\rho}=-\dfrac{\partial\varphi}{\partial t}-gz$。有限水深 d 的速度势为: $\varphi=\dfrac{ag}{\omega}\cdot\dfrac{chk(z+d)}{chkd}\sin\ (kx-\omega t)$。

对时间求导,得:

$$\frac{\partial\varphi}{\partial t}=-ag\cdot\frac{chk(z+d)}{chkd}\cos\ (kx-\omega t)$$

其中,a 为表面波幅值,ω 为波动的圆频率,代入压力分布函数中,得:

$$p(t)=p_0+\rho ag\frac{chk(z+d)}{chkd}\cos\ (kx-\omega t)-\rho gz$$

将 $z=-d$ 代入上式,得:

$$p(t)=p_0+\rho ag\frac{chk(-d+d)}{chkd}\cos\ (kx-\omega t)-\rho g(-d)$$

$$= p_0 + \rho g d + \frac{\rho a g}{chkd}\cos(kx - \omega t)$$

若波压高度为 H，则其幅值为 $H/2$，根据上式得 $\frac{H}{2} = \frac{\rho a g}{chkd}$，整理得出：$a = \frac{H}{2\rho g}chkd$。

从波压分布方程可见，若波压频率为 σ，则自由波面频率 $\omega = \sigma$。

6—5 有一全长 70 m 的船沿某一方向以等速 u_0 航行。现船后有与船的航行方向一致的波浪以传播速度 c 追赶该船。它赶过一个船长的时间是 16.5 s，而赶过一个波长的时间是 6 s。求波长及船速 u_0。

解 设船长为 L，波长为 λ，波速为 c，波浪周期为 T，则可得到：

$$(c - u_0) \times 16.5 = L \tag{1}$$

$$(c - u_0) \times 6 = \lambda \tag{2}$$

两式相比较得到：

波长 $\lambda = \frac{6}{16.5} \times L = \frac{6}{16.5} \times 70 = 25.45(\text{m})$；

波速 $c = 1.25\sqrt{\lambda} = 1.25 \times \sqrt{25.45} = 6.30(\text{m/s})$；

船速 $u_0 = c - \frac{\lambda}{6} = 6.30 - \frac{25.45}{6} = 2.06(\text{m/s})$。

6—6 重力场中有限水深微幅进行波的波面 $\zeta = A\cos(kx + \omega t)$，其中，$A$ 为波幅。设流场的速度势 $\varphi = Bchk(z+h)\sin(kx+\omega t)$，试求：(1)常数 B；(2)波数 k 与频率 ω 的关系；(3)波的传播速度 c 与波长 λ 的关系。

解 (1)由线性自由表面动力学条件得到：

$$\zeta = -\frac{1}{g} \cdot \frac{\partial \varphi}{\partial t} = B \cdot \frac{\omega}{g} \cdot chk(z+h)\cos(kx+\omega t)$$

在自由表面，$z=0$，代入上式得到：

$$\zeta = -\frac{1}{g} \cdot \frac{\partial \varphi}{\partial t} = B \cdot \frac{\omega}{g} \cdot chkh\cos(kx+\omega t)$$

将该式与给定的波面方程 $\zeta = A\cos(kx+\omega t)$ 进行比较，可得到：$A = B \cdot \frac{\omega}{g} \cdot chkh$。

整理得出：$B = \frac{Ag}{\omega chkh}$。

(2)将上述常数代入速度势函数中，得到：

$$\varphi = \frac{Agchk\,(z+h)}{\omega\quad chkh}\sin\,(kx+\omega t)$$

$$\frac{\partial\varphi}{\partial t} = Ag\,\frac{chk\,(z+h)}{chkh}\cos\,(kx+\omega t)$$

$$\frac{\partial^2\varphi}{\partial t^2} = -Ag\omega\,\frac{chk\,(z+h)}{chkh}\sin\,(kx+\omega t)$$

$$\frac{\partial\varphi}{\partial z} = \frac{Agkshk\,(z+h)}{\omega\quad chkh}\sin\,(kx+\omega t)$$

在自由表面,$z=0$,代入上式得到:

$$\frac{\partial^2\varphi}{\partial t^2} = -Ag\omega\,\frac{chk\,(0+h)}{chkh}\sin\,(kx+\omega t) = -Ag\omega\sin\,(kx+\omega t)$$

$$\frac{\partial\varphi}{\partial z} = \frac{Agkshk\,(0+h)}{\omega\quad chkh}\sin\,(kx+\omega t) = \frac{Agk}{\omega}thkh\cdot\sin\,(kx+\omega t)$$

代入自由表面条件:$\dfrac{\partial^2\varphi}{\partial t^2}+g\dfrac{\partial\varphi}{\partial z}=0$ 中,得到:

$$-Ag\omega\sin\,(kx+\omega t)+g\cdot\frac{Agk}{\omega}thkh\cdot\sin\,(kx+\omega t)=0$$

整理得出:$\omega^2=gkthkh$。

(3)波速 $c=\dfrac{\lambda}{T}=\dfrac{\lambda/2\pi}{T/2\pi}=\dfrac{\omega}{k}$,由 $\omega^2=gkthkh$,得到 $\omega=\sqrt{gkthkh}$;

因此,$c=\dfrac{\omega}{k}=\dfrac{1}{k}\sqrt{gkthkh}=\sqrt{\dfrac{g\lambda}{2\pi}th\left(\dfrac{2\pi}{\lambda}h\right)}$。

6—7　无限水深中一波浪的高度 $h=1$ m,而波形的最大坡度角 $\beta=\pi/8$。试求流体质点的旋转角速度。

解　设波面方程 $\zeta=a\sin\,(kx-\omega t)$,其中,波幅 $a=\dfrac{h}{2}=0.5(\text{m})$。

由于任意波倾角(坡度角)tg $\beta=\dfrac{\partial\zeta}{\partial x}=ak\cos\,(kx-\omega t)$,最大波倾角取在波节点处,即 $\cos\,(kx-\omega t)=1$,得 $ak=$ tg $\dfrac{\pi}{8}$,$k=2\times$ tg $\dfrac{\pi}{8}=0.828$,$\omega=\sqrt{gk}=$

$\sqrt{9.81\times0.828}\approx2.85(\text{r/s})$。

第七章　黏性流体动力学

自从建立了以 Navier－Stokes 方程为核心的黏性流体运动方程组之后，人们就开始寻求各种定解条件下的黏性流体运动方程的精确解。精确解对于深入认识和分析流体运动的规律具有重要意义，它也为检验各类数值方法的可靠性和精确度提供了重要的依据。得到基本流场的精确解也是流动稳定性分析的出发点。

Navier－Stokes 方程是一个非线性的二阶偏微分方程。在许多情况下，求黏性流体运动的精确解是一件非常困难的事。迄今为止，可以得到精确解的流动例子非常有限。

我们在本章首先介绍平行剪切流，由于这时 Navier－Stokes 方程的非线性项为零，寻求这一类流动的精确解在数学上处理起来比较容易，然后讨论包含有非线性项的 Navier－Stokes 方程精确解的几个著名的例子。

7－1　平行平板间的定常剪切流

图 7－1 为相距 $2h$ 的两块无限大的平行平板，下板静止，上板沿水平方向以匀速 U 运动。平板间的不可压缩黏性流体在恒定的压力梯度 $\mathrm{d}p/\mathrm{d}x$ 和运动平板的作用下沿 x 方向做定常运动。

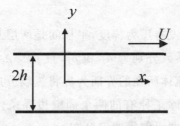

图 7－1　平行平板间的剪切流

在图 7－1 所示的直角坐标系中，流体运动速度只有沿 x 方向的分量 u，并且只是坐标 y 的函数。这里的流线相互平行，称为平行剪切流。连续方程自动满足，由于非线性项为零，N－S 方程在 x 方向上的投影为：

$$0 = -\frac{\mathrm{d}p}{\mathrm{d}x} + \mu\frac{\mathrm{d}^2 u}{\mathrm{d}y^2} \qquad (7-1-1)$$

边界条件为：

$$u(-h) = 0, \quad u(h) = U$$

将常微分方程(7-1-1)积分两次，并利用边界条件确定积分常数，可得到速度分布：

$$u = -\frac{h^2}{2\mu}\frac{\mathrm{d}p}{\mathrm{d}x}\left(1 - \frac{y^2}{h^2}\right) + \frac{U}{2}\left(1 + \frac{y}{h}\right)$$

其中，第一部分是由压力梯度引起的，为抛物线分布，与流体黏性系数有关；第二部分是由平板运动引起的，为线性分布，与流体黏性系数无关。

根据速度分布可以求出通过单位宽度平板间的体积流率：

$$Q = \int_{-h}^{h} u\,\mathrm{d}y = -\frac{2h^3}{3\mu}\frac{\mathrm{d}p}{\mathrm{d}x} + Uh$$

平均流速：

$$\bar{u} = \frac{1}{2h}Q = -\frac{h^2}{3\mu}\frac{\mathrm{d}p}{\mathrm{d}x} + \frac{1}{2}U$$

相应的切应力：

$$\sigma_{yx} = \mu\left(\frac{\partial u}{\partial y}\right) = y\frac{\mathrm{d}p}{\mathrm{d}x} + \mu\frac{U}{2h}$$

当 $\mathrm{d}p/\mathrm{d}x < 0$ 时，切应力的最小值和最大值分别在上板面和下板面处出现。

在黏性流体力学中，单纯由压力梯度引起的流动称为 Poiseuille 流动，比如管道中的流动；由运动固壁引起的流动称为 Couette 流动，比如本节讨论的平行壁间的剪切流。Couette 流动允许压力梯度存在，没有压力梯度的 Couette 流动称为简单 Couette 流动。

在以上问题中，如果没有压力梯度，平板间是两层互不掺混的黏性流体，厚度分别为 δ_1 和 δ_2，黏性系数分别为 μ_1 和 μ_2，且 $\mu_2 > \mu_1$。这时动量方程仍是方程(7-1-1)，求解时以流体所在的界面为界将流场分成两个区域，积分后共有四个积分常数需要确定，除了原有的两个固壁边界条件，在界面处增加速度和切应力连续的两个条件，便可解得速度分布：

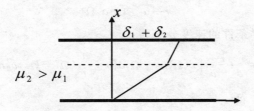

图 7-2 平行板间的分层剪切流

$$V_1 = \frac{\mu_2 U}{\mu_1 \delta_2 + \mu_2 \delta_1} y, \quad V_2 = \frac{\mu_1 U}{\mu_1 \delta_2 + \mu_2 \delta_1} (y - \delta_2 - \delta_1) + U$$

黏性大的流体层速度梯度较小。需要特别指出的是,在流体的界面处,两侧流场的涡量是不连续的。

7-2 同轴圆筒间的定常流

(1)同轴旋转圆筒间的 Couette 流

图 7-3 为两个同轴圆筒间的黏性流体,内筒的外径为 a_1,外筒的内径为 a_2。圆筒匀速旋转,角速度分别为 Ω_1 和 Ω_2。旋转式圆筒型黏度计内的流动可归入这一类流动。

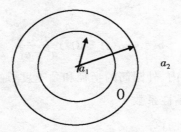

图 7-3 同轴圆筒间的流动

假定圆筒足够长,可以忽略圆筒底部壁面的影响。在筒壁的带动下,流体做轴对称定常运动,引入柱坐标系 (r, θ, z)。在此流场中,流体的运动速度只有沿 θ 方向的一个分量,且 $V_\theta = u$,速度只与坐标 r 有关。这时,连续方程自动满足,N-S 方程的非线性项为零,在 θ 方向上的投影式可简化为:

$$\frac{\mathrm{d}^2 u}{\mathrm{d}r^2} + \frac{\mathrm{d}}{\mathrm{d}r}\left(\frac{u}{r}\right) = 0$$

筒壁的边界条件为:

$$r = a_1, u = a_1 \Omega_1$$

$$r = a_2, u = a_2 \Omega_2$$

满足上述边界条件的速度分布为：

$$u = \frac{1}{a_2^2 - a_1^2} \left[r(\Omega_2 a_2^2 - \Omega_1 a_1^2) + \frac{1}{r}(\Omega_1 - \Omega_2) a_2^2 a_1^2 \right]$$

得到的涡量场为：

$$\omega_z = \frac{1}{r} \frac{\partial(ru)}{\partial r} = \frac{2(\Omega_2 a_2^2 - \Omega_1 a_1^2)}{a_2^2 - a_1^2}$$

它的特点是：涡量场与 r 无关。在两种情况下，涡量场为零：一是内、外筒的半径和旋转角速度满足关系 $\Omega_1 a_1^2 = \Omega_2 a_2^2 = K$ 时，这是涡量场变号的临界情况，这时的速度分布为 $u = K/r$；二是在 $\Omega_2 = 0$ 的同时让 $a_2 \rightarrow \infty$，这时的速度分布退化为 $u = \Omega_1 a_1^2 / r$，这相当于一个涡核半径为 a_1 的位势涡；根据前文中的分析，涡量为零是流场中曲率涡量和切变涡量正好相互抵消的结果。

进一步计算切应力：

$$\tau_{r\theta} = \mu \left(\frac{du}{dr} - \frac{u}{r} \right) = \frac{2\mu}{r^2} \frac{a_1^2 a_2^2}{a_2^2 - a_1^2}(\Omega_2 - \Omega_1)$$

这表明内筒壁面上受到的摩擦切应力较大，外筒壁面上受到的摩擦切应力较小。但是在单位长度的圆筒面上，内筒面和外筒面受到的摩擦力矩是相同的，即：

$$m = 4\pi\mu(\Omega_2 - \Omega_1) \frac{a_1^2 a_2^2}{a_2^2 - a_1^2}$$

上式表明，只要给定内、外圆筒的半径和角速度，通过测定圆筒受到的摩擦力矩就可以确定流体的黏性系数。

（2）同轴圆筒间的轴向流

仍以图 7-3 所示的同心圆筒为例，边界条件变为外管固定，内管以匀速 U 沿轴向运动，轴向压力梯度为 dp/dz，流体速度仅有沿轴向的一个分量，只是坐标 r 的函数。在柱坐标系中，速度可表示为 $V_z = u(r)$。这时连续方程自动满足，考虑到流动的轴对称性，N-S 方程在 z 方向上的投影为：

$$0 = -\frac{dp}{dz} + \mu \left(\frac{d^2 u}{dr^2} + \frac{1}{r} \frac{du}{dr} \right)$$

其中，对流项为零，方程是线性的。

筒壁上的边界条件是：

$$r = a_1, u = U$$

$$r = a_2, u = 0$$

满足边界条件的速度分布为：

$$u = -\frac{1}{4\mu}\frac{\mathrm{d}p}{\mathrm{d}z}\left[a_1^2 - r^2 + a_1^2\frac{\eta^2 - 1}{\ln \eta}\ln\left(\frac{r}{a_1}\right)\right] + U\left[1 - \frac{\ln(r/a_1)}{\ln \eta}\right]$$

其中，$\eta = a_2/a_1$。

当内圆管也静止时，流为同轴圆筒间的 Poiseuille 流，可求出最大速度发生在以下位置：

$$r_m = \sqrt{\frac{a_2^2 - a_1^2}{2\ln(a_2/a_1)}}$$

最大速度：

$$V_m = \frac{1}{4\mu}\frac{\mathrm{d}p}{\mathrm{d}z}\left[-a_1^2 + r_m^2\left(1 - \ln\frac{r_m^2}{a_1^2}\right)\right]$$

7-3　充分发展了的管流

直管道中流体的运动是一个具有实际应用背景的问题。本节讨论充分发展了的管流，即无限长管道中的 Poiseuille 流。管道入口段的流动和管内流动的起动过程将在以后的有关章节中讨论。

（1）圆管中的 Poiseuille 流

在柱坐标系 (r, θ, z) 中，z 轴与圆管的轴线重合。流体在轴向压力梯度下做定常运动，速度只有沿 z 轴方向的分量，只与坐标 r 有关，$V_z = u(r)$。这时连续方程可自动满足，动量方程中的对流项 $(\vec{V} \cdot \nabla)\vec{V} = u\frac{\partial}{\partial z}(u\,\vec{e}_z) = 0$。N-S 方程在 z 轴上的投影为：

$$\frac{1}{r}\frac{\mathrm{d}}{\mathrm{d}r}\left(r\frac{\mathrm{d}u}{\mathrm{d}r}\right) = \frac{1}{\mu}\frac{\mathrm{d}p}{\mathrm{d}z} \tag{7-3-1}$$

管壁上的边界条件是：

$$u\big|_{r=a} = 0 \tag{7-3-2}$$

方程（7-3-1）可以直接积分，满足管壁黏性边界条件的速度分布为：

$$u = \frac{1}{4\mu}\frac{\mathrm{d}p}{\mathrm{d}z}(r^2 - a^2) \tag{7-3-3}$$

由速度场可求出体积流率：

$$Q = \int_0^a u 2\pi r \mathrm{d}r = \frac{\pi}{2\mu}\frac{\mathrm{d}p}{\mathrm{d}z}\int_0^a (r^2 - a^2)r\mathrm{d}r = -\frac{\mathrm{d}p}{\mathrm{d}z}\frac{\pi a^4}{8\mu} \tag{7-3-4}$$

上式称为 Hagen－Poiseuille 公式。

平均速度则为：

$$\bar{u}=\frac{Q}{\pi a^2}=-\frac{a^2}{8\mu}\frac{\mathrm{d}p}{\mathrm{d}z}=\frac{1}{2}u_{\max} \qquad (7-3-5)$$

流体的切应力可由速度分布(7－3－3)式得到：

$$\tau=\mu\frac{\mathrm{d}u}{\mathrm{d}r}=\frac{r}{2}\frac{\mathrm{d}p}{\mathrm{d}z} \qquad (7-3-6)$$

在壁面上达最大值。管壁的摩擦应力为：

$$\tau_w=-\frac{a}{2}\frac{\mathrm{d}p}{\mathrm{d}z}=\frac{4\mu\,\bar{u}}{a} \qquad (7-3-7)$$

当压力梯度不变时，它与管径成正比。无量纲的表面摩阻系数定义为：

$$c_f=\frac{\tau_w}{\rho\,\bar{u}^2/2}=\frac{16}{\mathrm{Re}_d} \qquad (7-3-8)$$

它仅与雷诺数 $\mathrm{Re}_d=2a\rho\,\bar{u}/\mu$ 有关。

工程中将管道的无量纲阻力系数(Darcy 系数)定义为：

$$\lambda=-\frac{\mathrm{d}p}{\mathrm{d}z\rho}\frac{2a}{\bar{u}^2/2}=\frac{64}{\mathrm{Re}_d} \qquad (7-3-9)$$

（2）矩形截面管中的 Poiseuille 流

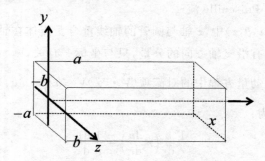

图 7－4　矩形截面管及坐标系

在图 7－4 所示的直角坐标系中，已知管内的压力梯度 $\mathrm{d}p/\mathrm{d}x$，矩形管截面的尺寸为 $2a\times2b$。流体运动速度仍只有沿 x 轴方向的一个分量，但它是两个坐标 y 和 z 的函数。这时连续方程自动满足，动量方程的对流项为零。考虑到流动定常，描述该问题的 N－S 方程在 x 方向上的投影为：

$$0=-\frac{\mathrm{d}p}{\mathrm{d}x}+\mu\left(\frac{\partial^2 u}{\partial y^2}+\frac{\partial^2 u}{\partial z^2}\right) \qquad (7-3-10)$$

固壁的黏附边界条件为：

$$u|_{y=\pm a}=0, \quad u|_{z=\pm b}=0 \tag{7-3-11}$$

将解写成平行平板间 Poiseuille 流动分布的修正形式：

$$u=\frac{1}{2\mu}\frac{\mathrm{d}p}{\mathrm{d}x}(y^2-a^2)+f(y,z) \tag{7-3-12}$$

其中，$f(y,z)$是待定函数，代入方程(7-3-10)后，得到：

$$\frac{\partial^2 f}{\partial y^2}+\frac{\partial^2 f}{\partial z^2}=0 \tag{7-3-13}$$

边界条件相应变为：

$$f|_{y=\pm a}=0, \quad f|_{z=\pm b}=\frac{1}{2\mu}\frac{\mathrm{d}p}{\mathrm{d}x}(a^2-y^2) \tag{7-3-14}$$

用分离变量法求解方程(7-3-13)，令：

$$f(y,z)=Y(y)Z(z) \tag{7-3-15}$$

代入(7-3-13)式后，得：

$$Y''+\lambda^2 Y=0 \tag{7-3-16}$$

$$Z''-\lambda^2 Z=0 \tag{7-3-17}$$

方程(7-3-16)满足边界条件的解为：

$$Y=A_n\cos\left(\frac{2n+1}{2a}\pi y\right), \quad n=0,1,2,\cdots \tag{7-3-18}$$

方程(7-3-17)的解为：

$$Z=C_n\cosh\left(\frac{2n+1}{2a}\pi z\right), \quad n=0,1,2,\cdots \tag{7-3-19}$$

考虑到边界条件(7-3-14)，最后得：

$$\frac{u}{U_m}=\left(1-\frac{y^2}{a^2}\right)+\sum_{n=0}^{\infty}\frac{32(-1)^{n+1}}{(2n+1)^3\pi^3}\cos\left(\frac{2n+1}{2a}\pi y\right)\frac{\cosh\left(\frac{2n+1}{2a}\pi z\right)}{\cosh\left(\frac{2n+1}{2a}\pi b\right)} \tag{7-3-20}$$

其中，

$$U_m=-\frac{a^2}{2\mu}\frac{\mathrm{d}p}{\mathrm{d}x} \tag{7-3-21}$$

这是二维 Poiseuille 流的速度最大值。该解为一个三角函数和双曲函数的无穷级数的求和。

(3)椭圆截面管中的 Poiseuille 流

取直角坐标系 x 轴与管轴方向一致，已知管内的压力梯度 $\mathrm{d}p/\mathrm{d}x$，速度只

有 x 方向的分量 $V_x = u(y, z)$。参见图 7—4,管截面为椭圆形。

N—S方程在 z 方向上的投影为:

$$\frac{\mathrm{d}p}{\mathrm{d}x} = \mu \left(\frac{\partial^2 u}{\partial y^2} + \frac{\partial^2 u}{\partial z^2} \right) \tag{7-3-22}$$

在椭圆边界 $\frac{y^2}{a^2} + \frac{z^2}{b^2} = 1$ 处,固壁边界条件为:

$$u = 0 \tag{7-3-23}$$

由此可以判断速度分布满足:

$$u = C \left(\frac{y^2}{a^2} + \frac{z^2}{b^2} - 1 \right)^n \tag{7-3-24}$$

对于二阶微分方程,要确定常数,幂次 n 只能取 1,代入(7—3—22)得 $C = \frac{\mathrm{d}p}{\mathrm{d}x} \frac{a^2 b^2}{2\mu(a^2 + b^2)}$,最后有:

$$u = \frac{\mathrm{d}p}{\mathrm{d}x} \frac{a^2 b^2}{2\mu(a^2 + b^2)} \left(\frac{y^2}{a^2} + \frac{z^2}{b^2} - 1 \right) \tag{7-3-25}$$

7—4　非定常平行剪切流

本节讨论非定常流动。我们在变化万千的自然界中观察到的流动绝大部分是非定常流,空中鸟类的飞翔和水中鱼类的遨游、大气中的气旋和龙卷风以及江河湖海中的波涛,都是典型的非定常流。在人类的生产实践活动中,随着科学技术的进步,对非定常流的研究已变得越来越重要。以飞机为例,当研究主要集中在巡航飞行阶段时,在不考虑大气紊流和大风的情况下,我们可以使用定常流模型。在涉及机动性、升空和降落、复杂气候条件下的飞行等与现代飞行器关系密切的问题时,我们必须研究非定常流问题。

在流体力学中,根据流动时间相关性的起因,我们可以把非定常流分成两大类:第一类非定常流动的时间相关性直接来源于外部条件的非定常,它可以是非定常运动的界面边界,比如平板的 Stokes 第一和第二问题,也可以是非定常的外加压力梯度,比如管道内的起动流和振荡流;第二类非定常流动的边界条件和其他外部边界条件都不具有时间相关性,流动的非定常完全是由于定常流动的稳定性得不到满足,比如大雷诺数圆球定常绕流的卡门涡街和圆管中的湍流。在雷诺数足够低的情况下,这两种流动都是定常的,随着雷诺数的增大,流动失稳变为非定常流。本节和下一节讨论第一类非定常流动,第二类非定常流动将在稳定性一节中讨论。

（1）平板突然起动

一块无限大平板置于静止的黏性流体之中，在某一瞬间突然起动，以常速 U 沿自身平面运动，求周围流体的非定常运动，这通常被称为 Stokes 第一问题。

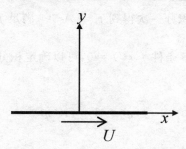

图 7－5　平板的突然起动

取绝对坐标系，x 轴沿平板运动方向，y 轴沿平板法线方向。流体在板面的带动下运动。速度只有沿 x 轴方向的一个分量，与坐标 y 和时间 t 有关，表示为 $V_x = u(y,t)$。作为平行剪切流，连续方程自动满足，N－S 方程的非线性项为零，在 x 方向上的投影为：

$$\frac{\partial u}{\partial t} = \nu \frac{\partial^2 u}{\partial y^2} \qquad (7-4-1)$$

初始条件为：

$$u(y, t \leqslant 0) = 0 \qquad (7-4-2)$$

固壁和无穷远边界条件为：

$$u(0, t \geqslant 0) = U, \quad u(\infty, t > 0) = 0 \qquad (7-4-3)$$

以上各式两边除以 U 后表明，无量纲速度 u/U 是坐标 y、时间变量 t 和流体运动黏性系数 ν 的函数，即 $u/U = f(y, t, \nu)$。量纲分析表明，由 y、t、ν 可组成的唯一无量纲数是：

$$\eta = \frac{y}{2\sqrt{\nu t}} \qquad (7-4-4)$$

因此将速度表示成：

$$u/U = f(\eta) \qquad (7-4-5)$$

将速度代入（7－4－1）式，得到以下二阶常微分方程：

$$f'' + 2\eta f' = 0 \qquad (7-4-6)$$

定解条件是：

$$f(0) = 1, f(\infty) = 0 \qquad\qquad (7-4-7)$$

前者为固壁边界条件,后者包含了初值和无穷远边值两个条件。

形式为 $u = Uf(\eta)$ 的解存在,表明该流动在空间时间的不同点上,只要 η 相同,其无量纲速度相同,这被称为自相似解。

将方程$(7-4-6)$积分一次得到 $f' = Ae^{-\eta^2}$,满足 $f(0) = 1$ 的解是 $f(\eta) = 1 + A\int_0^\eta e^{-\eta^2}\,\mathrm{d}\eta$。再利用定解条件 $f(\infty) = 0$,可以确定积分常数 $A = -2/\sqrt{\pi}$,于是有:

$$f(\eta) = 1 - \mathrm{erf}(\eta) \qquad\qquad (7-4-8)$$

其中:

$$\mathrm{erf}(\eta) = \frac{2}{\sqrt{\pi}}\int_0^\eta e^{-\lambda^2}\,\mathrm{d}\lambda \qquad\qquad (7-4-9)$$

这是误差函数。速度场为:

$$u = U[1 - \mathrm{erf}(\eta)] \qquad\qquad (7-4-10)$$

它到板面的距离按指数函数有规律地减小。比如当 $\eta = 2$ 时,在 $y = 4\sqrt{\nu t}$ 处,$u \approx U0.5\%$,表明黏性的影响已基本消失。因此该问题中板面黏性层厚度的量级为 $\sqrt{\nu t}$。

得到速度场后,再计算涡量场。

$$\omega_z = -\frac{\partial u}{\partial y} = -\frac{\mathrm{d}u}{\mathrm{d}\eta}\frac{\partial \eta}{\partial y} = \frac{U}{\sqrt{\pi \nu t}}e^{-\eta^2} \qquad\qquad (7-4-11)$$

由以下积分得到总涡量:

$$\int_0^\infty \omega_z\,\mathrm{d}y = \int_0^\infty \frac{U}{\sqrt{\pi \nu t}}e^{-\eta^2}\,\mathrm{d}y = U\int_0^\infty \frac{2}{\sqrt{\pi}}e^{-\eta^2}\,\mathrm{d}\eta = U\mathrm{erf}(\infty) = U$$

$$(7-4-12)$$

这表明总涡量是一个不变量,但涡量在空间的分布是随时间变化的。在平板起动的瞬间,涡量产生并集中在板面上;其后,涡量由板面向外部空间扩散,在流场中的分布逐渐趋于均匀。

在以上求解过程中,很关键的一步是量纲分析,它使偏微分方程简化为常微分方程。Stokes 第一问题也可以用其他的数学方法求解,比如分离变量法、拉普拉斯变换和运算微积中的 Heaviside 算子法。对此感兴趣的读者可进一步阅读有关的参考文献。

（2）平板振荡流

求一块在自身平面内做简谐振荡的无限大平板所引起的周围流体的运动，通常被称为 Stokes 第二问题。

平行剪切流的控制方程与 Stokes 第一问题相同，即方程（7-4-1）。在绝对坐标系中，固壁和无穷远边界条件分别为：

$$u(0)=U\exp(-i\omega t),u(\infty)=0 \qquad (7-4-13)$$

由于方程和边界条件都是线性的，平板做周期性振荡的余弦函数已用以上复数代替，最后在结果中取实部即可。用分离变量法，令 $u(y,t)=Y(y)T(t)$，代入（7-4-1）式后，得：

$$T'/T=\nu Y''/Y=-C \qquad (7-4-14)$$

其中，C 是一个待定常数，由此得到两个常微分方程：

$$T'+CT=0, \quad Y''+CY/\nu=0 \qquad (7-4-15)$$

它们满足定解条件（7-4-13）的解为：

$$u=U\exp(-i\omega t)\exp\left(y(i-1)\sqrt{\omega/2\nu}\right) \qquad (7-4-16)$$

取实部，最后得到速度分布：

$$u=U\exp(-y\sqrt{\omega/2\nu})\cos\left(\omega t-y\sqrt{\omega/2\nu}\right) \qquad (7-4-17)$$

上式表明：速度的振幅随无量纲坐标 $\eta=y\sqrt{\omega/2\nu}$ 增大而指数衰减，η 是相对于平板运动的相位滞后值。y 方向离开距离为 $2\pi\sqrt{2\nu/\omega}$ 的两层流体振动相位是相同的，这相当于沿板面法向传播的横波。振幅与指数衰减的程度、平板振动的频率和流体运动黏性系数有关，在距板面 $y=\sqrt{2\nu/\omega}$ 处，流体运动的振幅下降为板面值的 $1/e=0.368$，因此 $\sqrt{2\nu/\omega}$ 反映了黏性影响厚度的量级。

由速度分布可进一步计算流场中的切应力：

$$\sigma_{yx}=\mu\frac{\partial u}{\partial y}=-\sqrt{\mu\rho\omega}U\exp\left(-y\sqrt{\frac{\omega}{2\nu}}\right)\cos\left(\omega t-y\sqrt{\frac{\omega}{2\nu}}+\frac{\pi}{4}\right)$$

$$(7-4-18)$$

板面上的摩擦力为：

$$\sigma_{yx}\bigg|_{y=0}=-\sqrt{\mu\rho\omega}U\cos\left(\omega t+\frac{\pi}{4}\right) \qquad (7-4-19)$$

由此可进一步计算单位面积平板在单位时间内所做的功：

$$W = \frac{\omega}{2\pi} \int_0^{2\pi/\omega} \sigma_{yx} u \Big|_{y=0} \mathrm{d}t = -\frac{\sqrt{2}}{4} \sqrt{\mu\rho\omega}\, U^2 \qquad (7-4-20)$$

若计算单位时间内以平板单位面积为底的半无限长柱体内流体的平均能耗散正好等于 W,则流体中的能耗散由平板做功补充,全流场处于动态平衡。

(3)圆管内 Poiseuille 流的起动过程

我们在 7-3 节讨论了管道中的 Poiseuille 流,本节讨论它的起动过程。研究圆管问题时,我们采用柱坐标系 (r,θ,z),z 轴与圆管的轴线一致。压力梯度 $\mathrm{d}p/\mathrm{d}z$ 为常数,在 $t=0$ 的时刻出现。流体运动速度只有沿 z 轴方向的一个分量,并且只与坐标 r 和时间 t 有关,且 $V_z = u(r,t)$。这时连续方程自动得到满足,N-S 方程在 z 轴上的投影为:

$$\frac{\partial u}{\partial t} = -\frac{1}{\rho}\frac{\mathrm{d}p}{\mathrm{d}z} + \frac{\nu}{r}\frac{\mathrm{d}}{\mathrm{d}r}\left(r\frac{\mathrm{d}u}{\mathrm{d}r}\right) \qquad (7-4-21)$$

边界初始条件是:

$$u(r,0)=0, \quad u(a,t)=0 \qquad (7-4-22)$$

将速度分解为定常和非定常两部分之和:

$$u(r,t) = u_1(r) + u_2(r,t) \qquad (7-4-23)$$

其中,定常部分为:

$$u_1 = \frac{1}{4\mu}\frac{\mathrm{d}p}{\mathrm{d}z}(r^2 - a^2) \qquad (7-4-24)$$

这是充分发展了的管流解。解的非定常部分应满足方程:

$$\frac{\partial u_2}{\partial t} = \frac{\nu}{r}\frac{\mathrm{d}}{\mathrm{d}r}\left(r\frac{\mathrm{d}u_2}{\mathrm{d}r}\right) \qquad (7-4-25)$$

相应的初边值条件是:

$$u_2(r,0) = -u_1(r), \quad u_2(a,t)=0 \qquad (7-4-26)$$

引入如下无量纲量:

$$\zeta = \frac{r}{a}, \quad \tau = \frac{t}{a^2/\nu}, \quad f(\zeta,\tau) = u_2 \Big/ \left(-\frac{a^2}{4\mu}\frac{\mathrm{d}p}{\mathrm{d}z}\right) \qquad (7-4-27)$$

将方程(7-4-25)写为:

$$\frac{\partial f}{\partial \tau} = \frac{\partial^2 f}{\partial \zeta^2} + \frac{1}{\zeta}\frac{\partial f}{\partial \zeta} \qquad (7-4-28)$$

相应的初边值条件为:

$$f(\zeta,0) = -(1-\zeta^2), \quad f(1,\tau)=0 \qquad (7-4-29)$$

用分离变量法,令:

$$f(\zeta,\tau)=R(\zeta) \cdot T(\tau) \qquad (7-4-30)$$

代入(7-4-28)式,得到:

$$\frac{R''}{R}+\frac{1}{\zeta}\frac{R'}{R}=\frac{T'}{T}=-\lambda^2 \qquad (7-4-31)$$

其中,$-\lambda^2$ 是任意常数。问题变为以下两个线性常微分方程的求解:

$$R''+\frac{1}{\zeta}R'+\lambda^2R=0 \qquad (7-4-32)$$

$$T'+\lambda^2T=0 \qquad (7-4-33)$$

满足定解条件的解为:

$$f(\zeta,\tau)=\sum_{n=1}^{\infty}\frac{-8}{\lambda_n^3J_1(\lambda_n)}J_0(\lambda_n\zeta)\exp(-\lambda_n^2\tau) \qquad (7-4-34)$$

其中,J_0 是第一类零阶 Bessel 函数,λ_n 是零阶 Bessel 函数的零点。速度的非定常部分为:

$$u_2=\frac{2a^2}{\mu}\frac{\mathrm{d}p}{\mathrm{d}z}\sum_{n=1}^{\infty}\frac{J_0(\lambda_n\zeta)}{\lambda_n^3J_1(\lambda_n)}\exp(-\lambda_n^2\tau) \qquad (7-4-35)$$

与定常部分叠加在一起,得到:

$$u=-\frac{a^2}{4\mu}\frac{\mathrm{d}p}{\mathrm{d}z}\Big[\Big(1-\frac{r^2}{a^2}\Big)-\sum_{n=1}^{\infty}\frac{8}{\lambda_n^3J_1(\lambda_n)}J_0\Big(\lambda_n\frac{r}{a}\Big)\exp\Big(-\lambda_n^2\frac{\nu t}{a^2}\Big)\Big]$$

$$(7-4-36)$$

数值计算的结果表明,随着时间的延长,上式中级数项的影响逐渐减小。图 7-6 给出了根据(7-4-36)式计算得到的圆管内不同时刻的速度剖面。所取的四个时刻 τ 为 0.1、0.2、0.35 和 0.90。事实上,当无量纲时间 $\tau=\nu t/a^2=0.75$ 时,速度剖面已基本上与充分发展了的圆管 Poiseuille 流的速度剖面一致,这标志着管流起动阶段的结束。

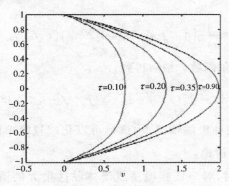

图 7-6　圆管起动流的速度剖面

（4）圆管振荡流

现在来讨论圆管内的振荡流动，这是指压力梯度做如下周期性变化的情况：

$$-\frac{1}{\rho}\frac{\partial p}{\partial x}=A\cos \omega t \qquad (7-4-37)$$

基本方程与圆管内的 Poiseuille 流相同，将压力梯度项代入上式，得到：

$$\frac{\partial u}{\partial t}=\frac{\nu}{r}\frac{\mathrm{d}}{\mathrm{d}r}\left(r\frac{\mathrm{d}u}{\mathrm{d}r}\right)+A\exp(i\omega t) \qquad (7-4-38)$$

这里将压力梯度的周期函数写成指数函数的形式，只要在最后结果中将实部分离出来即可。由于流体做简谐振荡，速度分布可写成 $u=U(r)\exp(i\omega t)$，代入上式，得到：

$$i\omega U=\frac{\nu}{r}\frac{\mathrm{d}}{\mathrm{d}r}\left(r\frac{\mathrm{d}U}{\mathrm{d}r}\right)+A \qquad (7-4-39)$$

引入无量纲量：

$$r^*=\frac{r}{a}, \quad \omega^*=\frac{\omega a^2}{\nu}, \quad U^*=\frac{U}{u_m}=\frac{U}{Aa^2/4\nu} \qquad (7-4-40)$$

其中，ω^* 相当于振荡流的雷诺数，u_m 代表压力梯度为 $-\rho A$ 的充分发展了的管流的最大速度值。方程（7-4-39）的无量纲形式为：

$$\frac{\mathrm{d}^2U^*}{\mathrm{d}r^{*\,2}}+\frac{1}{r^*}\frac{\mathrm{d}U^*}{\mathrm{d}r^*}-i\omega^*U^*+4=0 \qquad (7-4-41)$$

这是一个零阶的贝塞尔方程（略加变换后即是标准形式），它满足固壁边界条件：

$$r^*=1, \quad U^*=0 \qquad (7-4-42)$$

它的解是：

$$U^*=\frac{4}{i\omega^*}\Big[1-J_0(r^*\sqrt{-i\omega^*})/J_0(\sqrt{-i\omega^*})\Big] \qquad (7-4-43)$$

其中，J_0 是零阶贝塞尔函数。最后得到：

$$u^*=\frac{4}{i\omega^*}\Big[1-J_0(r^*\sqrt{-i\omega^*})/J_0(\sqrt{-i\omega^*})\Big]\exp(i\omega t) \qquad (7-4-44)$$

在低频和高频两种极端情况下，该解可以化成较简单的形式，以下分别对两种情况下的解进行讨论。

$\omega^*=\omega a^2/\nu\ll1$ 时，对应低频振荡或流体黏性很大的情况。我们要利用贝塞尔函数的级数展开式：

$$J_0(z) = 1 - \frac{1}{4}z^2 + z^4 \cdots \tag{7-4-45}$$

取前两项，略去后面的高阶小量。（7-4-44）式可写成：

$$u^* = \frac{4}{i\omega^*}\exp(i\omega t)\left[1 - \frac{4 + r^{*2}i\omega^*}{4 + i\omega^*}\right] \approx -\frac{4}{\omega^*}(i\cos\omega t - \sin\omega t)\left[\frac{\omega^*}{4}(1 - r^{*2})i\right] \tag{7-4-46}$$

取其实部：

$$u^* = (1 - r^{*2})\cos\omega t \tag{7-4-47}$$

这表明速度分布与压力梯度的相位一致，且某一时刻的速度分布对应于该时刻压力梯度为 $-\rho A\cos\omega t$ 的充分发展了的管流的值，流动具有准静态的特点。

$\omega^* = \omega a^2/\nu \gg 1$ 时，对应高频振荡或流体黏性很小的情况。如果仅研究管壁附近的流动及管壁的摩擦力，不考虑管轴处的速度场，则可利用贝塞尔函数的渐近表达式：

$$J_0(z) = \sqrt{\frac{2}{\pi z}}\cos\left(z - \frac{\pi}{4}\right) + O(z^{-3/2}) \tag{7-4-48}$$

若 $z \gg 1$ 可取第一项，将后面的高阶小量略去，代入（7-4-44）式，得到：

$$u^* = \left[1 - \frac{1}{\sqrt{r^*}}\cos\left(r^*\sqrt{-i\omega^*} - \frac{\pi}{4}\right) / \cos\left(\sqrt{-i\omega^*} - \frac{\pi}{4}\right)\right]\frac{4}{i\omega^*}\exp(i\omega t) \tag{7-4-49}$$

要强调的是，在管轴 $r^* = 0$ 处，$z = r^*\sqrt{-i\omega^*} \gg 1$ 得不到满足，上式是不成立的。（7-4-49）式进一步略去高阶小量后，化简得到：

$$u^* = \frac{4}{i\omega^*}\exp(i\omega t)\left[1 - \frac{e^{-B}}{\sqrt{r^*}}(\cos B - i\sin B)\right] \tag{7-4-50}$$

其中：

$$B = \sqrt{\omega^*/2}(1 - r^*) \tag{7-4-51}$$

（7-4-50）式取实部，得：

$$u^* = \frac{4}{\omega^*}\left[\sin\omega t - \frac{e^{-B}}{\sqrt{r^*}}\sin(\omega t - B)\right] \tag{7-4-52}$$

该解表明：在高频振荡的情况下，管壁附近的压力梯度和速度之间存在明显的相位差。

7—5　气泡的径向运动

气泡在液体中的运动涉及运动的气液界面问题,气泡的运动主要有平移和径向运动两种类型。本节分析气泡的径向运动,它与气泡的膨胀和溃灭有密切关系。

取气泡中心 O 为坐标原点,采用球坐标系 (r,θ,φ),$R(t)$ 为气泡的半径,已知界面的运动方程为:

$$r = R(t) \tag{7-5-1}$$

气泡外是黏性流体,不计体积力,求气泡外液体的速度和压力分布。

气泡外流体的运动具有球对称性,速度只有径向分量,并只与坐标 r 和时间 t 有关:

$$\vec{V} = V(r,t)\vec{e}_r \tag{7-5-2}$$

可知涡量为零时,流动是无旋的。连续性方程为:

$$\frac{\partial}{\partial r}(r^2 V) = 0 \tag{7-5-3}$$

动量方程为:

$$\frac{\partial V}{\partial t} + V\frac{\partial V}{\partial r} = -\frac{1}{\rho}\frac{\partial p}{\partial r} + \nu\left(\frac{\partial^2 V}{\partial r^2} + \frac{2}{r}\frac{\partial V}{\partial r} - \frac{2V}{r^2}\right) \tag{7-5-4}$$

动量方程是非线性的,但由于速度只有一个分量,连续性方程(7—5—3)可以直接积分,满足界面速度条件的解为:

$$V = \frac{R^2}{r^2}\frac{\mathrm{d}R}{\mathrm{d}t} \tag{7-5-5}$$

将上式代入动量方程,得:

$$\frac{1}{r^2}\frac{\mathrm{d}}{\mathrm{d}t}\left(R^2\frac{\mathrm{d}R}{\mathrm{d}t}\right) - 2\frac{R^4}{r^5}\left(\frac{\mathrm{d}R}{\mathrm{d}t}\right)^2 = -\frac{1}{\rho}\frac{\partial p}{\partial r} \tag{7-5-6}$$

上式积分后得到压力分布:

$$\frac{p}{\rho} = \frac{1}{r}\frac{\mathrm{d}}{\mathrm{d}t}\left(R^2\frac{\mathrm{d}R}{\mathrm{d}t}\right) - \frac{1}{2}\frac{R^4}{r^4}\left(\frac{\mathrm{d}R}{\mathrm{d}t}\right)^2 + \frac{p_\infty}{\rho} \tag{7-5-7}$$

其中,p_∞ 为无穷远处液体的压力。

在界面处,液体的压力和气泡压力 p_a 不同。为了根据已知的气泡的运动规律求出 p_a,将气泡界面处的内、外压力联系在一起:

$$\left(p - 2\mu\frac{\partial V}{\partial r}\right)_{r=R} = p_a - \frac{2\sigma}{R} \tag{7-5-8}$$

注意:表面张力朝向气泡内部,抵消 p_a 对液体的作用,上式的 $2\sigma/R$ 应取负号。把速度分布(7-5-5)式和压力分布(7-5-7)式代入界面条件(7-5-8)式,得:

$$R\frac{\mathrm{d}^2R}{\mathrm{d}t^2}+\frac{3}{2}\left(\frac{\mathrm{d}R}{\mathrm{d}t}\right)^2=\frac{1}{\rho}(p_a-p_\infty-\frac{2T}{R}-\frac{4\mu}{R}\frac{\mathrm{d}R}{\mathrm{d}t}) \qquad (7-5-9)$$

上式即 Reyleigh-Plesset 方程,其中,右边最后一项是黏性项,源于界面处法向速度的法向梯度。上式经整理便得到气泡内的压力:

$$p_a=\rho\left[R\frac{\mathrm{d}^2R}{\mathrm{d}t^2}+\frac{3}{2}\left(\frac{\mathrm{d}R}{\mathrm{d}t}\right)^2\right]+p_\infty+\frac{2\sigma}{R}+\frac{4\mu}{R}\frac{\mathrm{d}R}{\mathrm{d}t} \qquad (7-5-10)$$

有的问题的提法是:已知气泡内的压力,求气泡界面的运动规律。当气泡半径不大时,可认为内部压力均匀,压力仅与气泡的半径有关。比如,在等熵过程中,压力与半径的关系为:

$$\frac{p_a}{p_0}=\left(\frac{\rho_a}{\rho_0}\right)^\gamma=\left(\frac{R_0}{R}\right)^{3\gamma} \qquad (7-5-11)$$

其中,γ 是气泡内气体的比热比。在等温过程中有:

$$p_a=KR^{-3} \qquad (7-5-12)$$

对于空化泡,气泡内的压力恒等于液体的饱和蒸汽压。将已知的 $p_a=f(R)$ 代入 Reyleigh-Plesset 方程求解,便可以得到气泡的径向运动规律。

7-6 非线性流动

本章以上各节的精确解都是由线性方程求解得到的。流体力学中有大量的非线性问题,非线性问题的求解远比线性问题困难。目前,非线性问题主要依靠数值求解,能够得到精确解的例子相当有限,本节将讨论两个著名的非线性流动精确解的例子。

(1)轴对称驻点流

对均匀来流中物体驻点附近的轴对称流动的研究具有实际意义。为了能用解析的方法来研究这一问题,本节研究无限大平板上驻点附近的流动。

因为该流动具有轴对称性,因此引入柱坐标系 (r,θ,z),使原点与驻点重合。流体沿 z 轴的负方向垂直流向板面,然后沿径向向四周流出(见图 7-7)。速度只有径向和轴向两个分量 V_r 和 V_z,这时连续性方程可简化为:

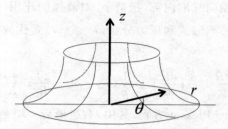

图 7-7 轴对称驻点流

$$\frac{\partial}{\partial r}(rV_r)+\frac{\partial}{\partial z}(rV_z)=0 \qquad (7-6-1)$$

N-S方程在径向和轴向的两个投影分别为:

$$V_r\frac{\partial V_r}{\partial r}+V_z\frac{\partial V_r}{\partial z}=-\frac{1}{\rho}\frac{\partial p}{\partial r}+\nu\left[\frac{\partial^2 V_r}{\partial r^2}+\frac{\partial}{\partial r}\left(\frac{V_r}{r}\right)+\frac{\partial^2 V_r}{\partial z^2}\right] \qquad (7-6-2)$$

$$V_r\frac{\partial V_z}{\partial r}+V_z\frac{\partial V_z}{\partial z}=-\frac{1}{\rho}\frac{\partial p}{\partial z}+\nu\left[\frac{\partial^2 V_r}{\partial r^2}+\frac{1}{r}\frac{\partial V_z}{\partial r}+\frac{\partial^2 V_z}{\partial z^2}\right] \qquad (7-6-3)$$

驻点附近无黏流的解是:

$$V_r=\frac{c}{2}r, \quad V_z=-cz \qquad (7-6-4)$$

它满足无黏流的固壁边界条件 $V_z(r,0)=0$。常数 c 可理解为在 $z=1$ 处的轴向速度。

将粘流解的轴向速度假定为比无黏流解更一般的形式:

$$V_z=-cf(z) \qquad (7-6-5)$$

将上式代入连续性方程(7-6-1),积分后得到:

$$V_r=\frac{1}{2}crf'(z) \qquad (7-6-6)$$

将以上两式代入(7-6-3)式,得:

$$ff'=-\frac{1}{\rho}\frac{\partial p}{\partial z}-\nu f'' \qquad (7-6-7)$$

对 z 积分后得到:

$$\frac{p}{\rho}=-\nu f'-\frac{1}{2}f^2+h(r) \qquad (7-6-8)$$

将(7-6-5)(7-6-6)和(7-6-8)三式代入(7-6-2)后得到:

$$f'''+\frac{c}{\nu}f''-\frac{c}{2\nu}f'^2=\frac{2}{cr\nu}h'(r) \qquad (7-6-9)$$

上式的左边是 z 的函数,右边是 r 的函数,两者相等,且等于一个常数,取为一$c/2\nu$。

这时问题已简化为对非线性三阶常微分方程的求解。三个定解条件为：

$$\left.\begin{array}{l} f(0)=0 \\ f'(0)=0 \\ f'(\infty)=1 \end{array}\right\} \qquad (7-6-10)$$

其中前两个为固壁边界条件，第三个为无穷远边界条件，要求 $z\to\infty$ 时，$(7-6-6)$ 逼近无黏流解 $(7-6-4)$。引入无量纲参数 λ 和函数 $F(\lambda)$：

$$\lambda=z\sqrt{\frac{c}{\nu}}, \quad f(z)=f\left(\sqrt{\frac{\nu}{c}}\lambda\right)=\sqrt{\frac{\nu}{c}}F(\lambda) \qquad (7-6-11)$$

则 $(7-6-9)$ 式可简化为：

$$F'''+FF''+\frac{1}{2}(1-F^2)=0 \qquad (7-6-12)$$

相应的定解条件变为：固壁处 $F(0)=F'(0)=0$；在无穷远处 $F'(\infty)=1$。

将 $(7-6-11)$ 做数值积分，结果如图 $7-8$ 所示。它表明：当 $\lambda=2.8$ 时，$F=0.99$，固壁黏性的影响已基本消失。黏性层的厚度约为 $z_\delta=2.8\sqrt{\nu/c}$，流体黏性越大，该黏性层的厚度越厚。由于 c 在 $(7-6-4)$ 式中表示 z 处来流速度的大小，因此来流速度越大，黏性层的厚度越薄。

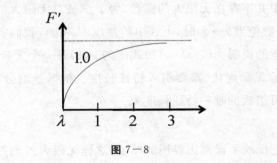

图 $7-8$

（2）旋盘流

在无界静止流体中，一个无限大的平板圆盘在自身平面内以等角速度 Ω 绕轴转动，现分析转盘壁面带动周围流体的运动。引入柱坐标 (r,θ,z)，将圆盘转轴取为 z 轴，原点取在盘心，由于流动的对称性，速度和压力均不随 θ 而变化，只需考虑 $z>0$ 一侧流体的运动。

圆盘转动时，由于壁面的黏附边界条件的存在，固壁上的流体会在盘面的带动下一起转动，产生周向速度 V_θ，并逐层带动外面的流体做周向运动。流体在做周向运动时,由于离心力的作用会产生径向运动 V_r。为了补偿这部分流体的径向外流,远处的流体将沿 z 轴方向流向盘面进行补充,产生轴向运动 V_z。在经过足够长时间后,流动变为定常,根据边界条件可知,流动是轴对称的。由于三个速度分量均不为零,因此求解变得更加困难。

本问题中的连续方程可简化为:

$$\frac{\partial}{\partial r}(rV_r)+\frac{\partial}{\partial z}(rV_z)=0 \qquad (7-6-13)$$

N—S 方程可简化为:

$$V_r\frac{\partial V_r}{\partial r}+V_z\frac{\partial V_r}{\partial z}-\frac{V_\theta^2}{r}=-\frac{1}{\rho}\frac{\partial p}{\partial r}+\nu\left[\frac{\partial^2 V_r}{\partial r^2}+\frac{\partial}{\partial r}\left(\frac{V_r}{r}\right)+\frac{\partial^2 V_r}{\partial z^2}\right]$$

$$(7-6-14)$$

$$V_r\frac{\partial V_\theta}{\partial r}+V_z\frac{\partial V_\theta}{\partial z}+\frac{V_r V_\theta}{r}=\nu\left[\frac{\partial^2 V_\theta}{\partial r^2}+\frac{\partial}{\partial r}\left(\frac{V_\theta}{r}\right)+\frac{\partial^2 V_\theta}{\partial z^2}\right] \quad (7-6-15)$$

$$V_r\frac{\partial V_z}{\partial r}+V_z\frac{\partial V_z}{\partial z}=-\frac{1}{\rho}\frac{\partial p}{\partial z}+\nu\left(\frac{\partial^2 V_z}{\partial r^2}+\frac{1}{r}\frac{\partial V_z}{\partial r}+\frac{\partial^2 V_z}{\partial z^2}\right] \quad (7-6-16)$$

由无滑移边界条件可知,在盘面上,流体的速度只有周向分量 $V_\theta=\Omega r$,假设在其他位置的周向速度仍保持与 Ω 和 r 的正比关系,即:

$$V_\theta=\Omega rg(z) \qquad (7-6-17)$$

实际生活中并不存在无限大的圆盘,为了学员对无限大的圆盘有一个量级上的概念,同时避免当 $r\to\infty$ 时,上式中的速度 $V_\theta\to\infty$,我们需对无限大的圆盘给出一个较科学的说明。(7—6—17)式中的 $g(z)$ 是一个无量纲的未知函数,对自变量 r 和 z 的无量纲化,需要引入特征长度。根据量纲分析,本问题中的物理量 ρ、ν 和 Ω 可组成的唯一特征长度为:

$$\delta\sim\sqrt{\nu/\Omega} \qquad (7-6-18)$$

它在物理上反映了盘面边界层的厚度,这样无限大的圆盘相当于要求其半径满足 $a\gg\delta$。

根据特征长度,引入无量纲坐标:

$$Z=z/\delta=z\sqrt{\Omega/\nu} \qquad (7-6-19)$$

将周向速度(7—6—17)式写成:

$$V_\theta=\Omega rG(Z) \qquad (7-6-20)$$

考虑到径向速度是由周向速度引起的,我们假定它和 Ωr 也成正比,即:

$$V_r=\Omega rF(Z) \qquad (7-6-21)$$

将上式代入连续方程(7—6—13)，得到 $2\Omega F\delta + \partial V_z/\partial Z = 0$，则轴向速度可表示为：

$$V_z = -2\Omega\delta\int F(Z)\mathrm{d}Z = \sqrt{\Omega\nu}H(Z) \qquad (7-6-22)$$

其中，函数 H 和 F 间的关系为：

$$2F + H' = 0 \qquad (7-6-23)$$

将三个速度分量的表达式(7—6—20)(7—6—21)(7—6—22)代入动量方程(7—6—14)后，黏性项中只剩下 $\nu\dfrac{\partial^2 V_r}{\partial z^2} = \dfrac{\nu}{\delta^2}\dfrac{\partial^2 V_r}{\partial Z^2} = \dfrac{\nu}{\delta^2}\Omega rF'' = \Omega^2 rF''$，整理得：

$$\Omega^2 r\rho(F^2 + HF' - F'' - G^2) = -\partial p/\partial r \qquad (7-6-24)$$

考虑到流体在黏性层外只有轴向运动，压力梯度 $\partial p/\partial r$ 为零，这表明可以假定：

$$F^2 + HF' - F'' - G^2 = 0 \qquad (7-6-25)$$

且这一假定在全流场成立。压力在径向不发生变化，仅是 Z 的函数，这一点与轴向速度类似。由量纲分析可以确定 p、ρ、Ω、ν、Z 间的关系，即：

$$p = -\mu\Omega P(Z) \qquad (7-6-26)$$

(7—6—23)和(7—6—25)式是关于函数 F、G、H 和 P 的两个非线性常微分方程。另外两个常微分方程由动量方程(7—6—15)和(7—6—16)导出：

$$2FG + G'H = G'' \qquad (7-6-27)$$

$$HH' = H'' - P' \qquad (7-6-28)$$

该常微分方程组的边界条件是：在固壁 $Z=0$ 处只有周向速度，即：

$$F = 0, G = 1, H = 0, P = 0 \qquad (7-6-29)$$

在 $Z \gg \delta$ 处只有轴向速度分量：

$$F = 0, G = 0 \qquad (7-6-30)$$

数值积分的结果表明，在 $Z = \dfrac{z}{\delta} \geqslant 10.0$ 的盘面处，$V_z = H(Z)\sqrt{\nu\Omega} = -0.886\sqrt{\nu\Omega}$。由该轴向速度可以得到通过半径为 R 的圆截面的体积流率 Q，$Q = \pi R^2 V_z = -0.886\pi R^2\sqrt{\nu\Omega}$，它等于流体由于离心作用经由径向流出的体积流率。在距黏性层边缘 $Z = 0.9$ 处，径向速度达最大值，$F = 0.1807$；周向速度下降为近固壁处的 $1/2$，$G = 0.5171$。圆盘以角速度 Ω 转动，(双面)圆盘上所需的外力矩为：

$$M = 2\int_0^R r2\pi r\sigma_{z\varphi}\mathrm{d}r = 2\int_0^R 2\pi r^3 \Omega G'(0)\mathrm{d}r = \pi R^4 \rho \sqrt{\nu\Omega^3} G'(0)$$

$$(7-6-31)$$

由数值积分得到 $G'(0) = -0.616$，所以有：

$$M = -1.94\rho R^4 \sqrt{\nu\Omega^3} \qquad (7-6-32)$$

实验结果表明：当满足条件 $R \gg \delta$ 时，测出的旋盘受力与以上结果一致。

习题

7—1 油在水平圆管内做定常层流运动，已知 $d = 75$ mm，$Q = 7$ L/s，$\rho = 800$ kg/m³，壁面上 $\tau_0 = 48$ N/m²，求油的黏性系数 ν。

答 根据圆管内定常层流流动的速度分布，可得出 $\tau_0 = \dfrac{1}{8}\lambda\rho u_m^2$。

其中，λ 是阻力系数，并且 $\lambda = \dfrac{64}{\mathrm{Re}}$。

u_m 是平均速度，$u_m = \dfrac{Q}{\frac{1}{4}\pi d^2} = \dfrac{7\times10^{-3}}{0.25\times3.14\times0.075^2} \approx 1.585(\mathrm{m/s})$。

由于阻力系数 $\lambda = \dfrac{8\tau_0}{\rho u_m^2}$，因此，$\mathrm{Re} = \dfrac{64}{\lambda} = \dfrac{64\rho u_m^2}{8\tau_0} = \dfrac{8\rho u_m^2}{\tau_0}$，即 $\dfrac{u_m d}{\nu} = \dfrac{8\rho u_m^2}{\tau_0}$。

所以油的黏性系数 $\nu = \dfrac{\tau_0 d}{8\rho u_m} = \dfrac{48\times0.075}{8\times800\times1.585} \approx 3.55\times10^{-4}(\mathrm{m^2/s})$。

7—2 Prandtl 混合长度理论的基本思路是什么？

答 把湍流中的流体微团的脉动与气体分子的运动相比拟。

7—3 在直径为 15 mm 的光滑圆管内，流体以 14 m/s 的速度在管中流动，试确定流体的状态。若流动要保持层流，最大允许速度是多少？这些流体分别为：(1)润滑油；(2)汽油；(3)水；(4)空气。已知 $\nu_{润滑油} = 10\times10^{-4}$ m²/s，$\nu_{汽油} = 0.884\times10^{-6}$ m²/s。

解 对于圆管内的流动，临界雷诺数为 $\mathrm{Re}_c = 2300$。当流速 $U = 14$ m/s 时，各种流体的流动状态如下：

(1)润滑油

$\mathrm{Re} = \dfrac{Ud}{\nu} = \dfrac{14\times0.015}{10\times10^{-4}} = 210$，$\mathrm{Re} < \mathrm{Re}_c = 2300$，润滑油为层流流动。

(2)汽油

$$\mathrm{Re}=\frac{Ud}{\nu}=\frac{14\times0.015}{0.884\times10^{-6}}\approx2.376\times10^{5},\mathrm{Re}>\mathrm{Re}_c=2300,汽油为湍流流动。$$

(3)水

水的黏性系数 $\nu=1.139\times10^{-6}(\mathrm{m^2/s})$。

$$\mathrm{Re}=\frac{Ud}{\nu}=\frac{14\times0.015}{1.139\times10^{-6}}\approx1.844\times10^{5},\mathrm{Re}>\mathrm{Re}_c=2300,水为湍流流动。$$

(4)空气

空气的黏性系数 $\nu=1.455\times10^{-5}(\mathrm{m^2/s})$。

$$\mathrm{Re}=\frac{Ud}{\nu}=\frac{14\times0.015}{1.455\times10^{-5}}\approx1.443\times10^{4},\mathrm{Re}>\mathrm{Re}_c=2300,空气为湍流流动。$$

若流动保持层流状态,则要求 $\mathrm{Re}<\mathrm{Re}_c=2300$,各种流体的临界速度分别为 $\frac{Ud}{\nu}<\mathrm{Re}_c=2300$。

(1)润滑油

$$U=2300\times\frac{\nu}{d}=2300\times\frac{10\times10^{-4}}{0.015}\approx153.3(\mathrm{m/s})$$

(2)汽油

$$U=2300\times\frac{\nu}{d}=2300\times\frac{0.884\times10^{-6}}{0.015}\approx0.136(\mathrm{m/s})$$

(3)水

$$U=2300\times\frac{\nu}{d}=2300\times\frac{1.139\times10^{-6}}{0.015}\approx0.175(\mathrm{m/s})$$

(4)空气

$$U=2300\times\frac{\nu}{d}=2300\times\frac{1.455\times10^{-5}}{0.015}=2.231(\mathrm{m/s})$$

7—4　黏性系数 $\mu=39.49x10^{-3}(\mathrm{m^2/s})$,$\gamma=7252\ \mathrm{N/m^2}$ 的油流过直径为 2.45 cm 的光滑圆管,平均流速为 0.3 m/s。试计算 30 m 长的管子上的压力降,并计算管内距管壁 0.6 cm 处的流速。

解　雷诺数 $\mathrm{Re}=\dfrac{u_m d}{\nu}$;

平均流速 $u_m=0.3(\mathrm{m/s})$;

流体密度 $\rho=\dfrac{\gamma}{g}=\dfrac{7252}{9.81}\approx739.2(\mathrm{kg/m^3})$;

运动黏性系数 $\nu=\dfrac{\mu}{\rho}=\dfrac{39.49\times10^{-3}}{739.2}\approx5.342\times10^{-5}(\mathrm{m^2/s})$。

因此,雷诺数 $\mathrm{Re}=\dfrac{u_m d}{\nu}=\dfrac{0.3\times0.0254}{5.342\times10^{-5}}\approx142.6$,流动状态是层流;

则阻力系数 $\lambda=\dfrac{64}{\mathrm{Re}}=\dfrac{64}{142.6}\approx0.449$;

压力降 $\Delta p=\lambda\dfrac{l}{d}\cdot\dfrac{1}{2}\rho u_m^2=0.449\times\dfrac{30}{0.0254}\times\dfrac{1}{2}\times739.2\times0.3^2\approx17640.4$
$(\mathrm{N/m^2})$;

最大流速 $u_{\max}=2u_m=0.6(\mathrm{m/s})$;

圆管内沿径向的速度分布为: $u=u_{\max}\left(1-\dfrac{r^2}{a^2}\right)$。

上式中, $a=25.4/2=12.7(\mathrm{mm})$,则在 $r=12.7-6=6.7(\mathrm{mm})$ 处,流动速度 $u=u_{\max}\left(1-\dfrac{r^2}{a^2}\right)=0.6\times\left[1-\left(\dfrac{6.7}{12.7}\right)^2\right]\approx0.433(\mathrm{m/s})$。

7—5 30 ℃的水流过直径 d 为 7.62 cm 的光滑圆管,每分钟的流量为 0.34 $\mathrm{m^3}$,求 915 m 长度上的压力降、管壁上的剪应力 τ_0 及黏性底层的厚度;当水温下降至 5 ℃时,情况又如何?

解 (1)当水温为 30 ℃时,水的黏性系数 $\nu=0.8009\times10^{-6}(\mathrm{m^2/s})$;

平均流速 $u_m=\dfrac{Q}{\frac{1}{4}\pi d^2}=\dfrac{0.34/60}{0.25\times3.14\times0.0762^2}\approx1.243(\mathrm{m/s})$;

雷诺数 $\mathrm{Re}=\dfrac{u_m d}{\nu}=\dfrac{1.243\times0.0762}{0.8009\times10^{-6}}\approx1.183\times10^5$,流动为湍流流动。

查莫迪图可知,阻力系数 $\lambda=0.017$。

则压力降 $\Delta p=\lambda\dfrac{l}{d}\cdot\dfrac{1}{2}\rho u_m^2=0.017\times\dfrac{915}{0.0762}\times\dfrac{1}{2}\times1.0\times10^3\times1.243^2\approx$
$157698(\mathrm{N/m^2})\approx1.58(\mathrm{Pa})$;

管壁上的剪切应力 $\tau_0=\dfrac{1}{8}\lambda\rho u_m^2=\dfrac{1}{8}\times0.017\times1.0\times10^3\times1.243^2\approx3.283$
$(\mathrm{N/m^2})$。

由于 $u_\tau=\sqrt{\dfrac{\tau_0}{\rho}}=\sqrt{\dfrac{3.283}{10^3}}\approx0.0573$,并且 $\dfrac{yu_\tau}{\nu}=5$,故:

黏性底层的厚度 $y=\dfrac{5\nu}{u_\tau}=\dfrac{5\times0.8009\times10^{-6}}{0.0573}\approx0.0699(\mathrm{mm})$

(2)当水温下降至 5 ℃时,黏性系数 $\nu = 1.517 \times 10^{-6} (m^2/s)$;

平均流速 $u_m = \dfrac{Q}{\dfrac{1}{4}\pi d^2} = \dfrac{0.34/60}{0.25 \times 3.14 \times 0.0762^2} \approx 1.243(m/s)$;

雷诺数 $Re = \dfrac{u_m d}{\nu} = \dfrac{1.243 \times 0.0762}{1.517 \times 10^{-6}} \approx 1.183 \times 10^5$,流动为湍流流动。

查莫迪图可知,阻力系数 $\lambda = 0.017$。

则压力降 $\Delta p = \lambda \dfrac{l}{d} \cdot \dfrac{1}{2}\rho u_m^2 = 0.017 \times \dfrac{915}{0.0762} \times \dfrac{1}{2} \times 1.0 \times 10^3 \times 1.243^2 \approx$ $157698(N/m^2) \approx 1.58(Pa)$;

管壁上的剪切应力 $\tau_0 = \dfrac{1}{8}\lambda\rho u_m^2 = \dfrac{1}{8} \times 0.017 \times 1.0 \times 10^3 \times 1.243^2 \approx 3.283$ (N/m^2)。

由于 $u_\tau = \sqrt{\dfrac{\tau_0}{\rho}} = \sqrt{\dfrac{3.283}{10^3}} \approx 0.0573$,并且 $\dfrac{yu_\tau}{\nu} = 5$,故:

黏性底层的厚度 $y = \dfrac{5\nu}{u_\tau} = \dfrac{5 \times 0.8009 \times 10^{-6}}{0.0573} \approx 0.0699(mm)$

第八章 相似理论

8－1 物理现象的数学描述(单值条件)

我们常用各种物理量来表征各种现象。任何现象都有其客观规律,人们认识到这个规律后,可以把表征这个现象的各种物理量及其他参量组成一组数学方程式,一般是一组微分方程式。我们在具体运用这个规律时,需要把方程解出来,由微分方程可得到通解。这个方程组或其通解反映了各物理量间的关系,是用数学形式对这种类型的现象的一种描述。

例如,对于图8－1中的振动系统,我们可根据牛顿第二定律,列出描述系统运动现象的微分方程:

$$m\ddot{x} + c\dot{x} + kx = F$$

要解这个方程,就要描述物体位移规律的通解:

$$x = x_1 + x_2$$

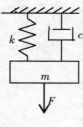

图8－1

x_1——方程对应的齐式方程 $m\ddot{x} + c\dot{x} + kx = 0$ 的通解;

x_2——方程的一个特解。

这个微分方程和这个解适合描述一切如图示系统的运动现象。这种现象有无数个。每个具体的现象有它的独特性,或是无阻尼的、欠阻力的、过阻尼的,或是自由振动、衰减振动、受迫振动,等等。上面这个方程包括了这些现象,但要区分或描述某一个具体现象,还要给出附加条件。这个附加条件和方程组联合起来才能描述具体的某一特定现象。

能从服从于同一方程组的无数现象中单一地划分出某一具体现象的附加条件,叫单值条件。

单值条件是同类现象中各个现象相互区别的标志。单值条件一给定,具体现象就已确定。

如给出上述振动现象的单值条件:$m = m_0$,$k = k_0$,$c = c_0$,$F = F_0 \sin \varphi_0 t$。$t = 0$ 时:$x = 0$,$\dot{x} = 0$,$\ddot{x} = 0$,上述方程就描述了一个具体的振动现象(一个零初始状态的受迫振动现象)。

单值条件包括：

（1）空间（几何）条件：参与现象的物体的几何形状、尺寸、大小，如悬臂梁的长度和受力位置。

（2）物理条件：参与现象的物理介质的物理性质，如振动体的质量 m、流体的密度 ρ、黏度 η。

（3）边界条件：对参与现象的对象有影响的约束情况，如悬臂梁的一端转角 θ 为零。

（4）初始条件：现象的初始状态。这个初始状态直接影响现象的演变过程，如自由振动和衰减振动现象的初始状态 $x(0),x(0)$ 决定了振幅 A 和初相位角 α。

如果我们把同类现象作为一个集合，那么其中每一个具体现象就是这个集合的元素，而相似现象是这个集合的一个子集。如在上述振动系统中，每一种不同的单值条件的取值都是同类现象的一个具体现象。根据相似的概念可知，相似现象的每一个单值条件物理量都应成比例，而不能任意取值。因此，在模型试验中，控制试验条件就是控制单值条件，以使模型与原型相似，这样试验结果才有意义。在实际情况下，由于现象的规律往往是不可知的，单值条件也未知，因此，准确地判定单值条件很重要，也很困难。

综上所述，关于单值条件，我们需要注意以下几点：

①单值条件是指表征现象的一些（不是全部）物理量。

②在同一类现象中，单值条件一给定，具体现象就已确定，非单值条件物理量也由现象的规律确定。由于单值条件物理量和非单值条件物理量之间有这种从属关系，因此，我们称单值条件物理量为"定性量"，称非单值条件物理量为"非定性量"。

③哪些物理量是单值条件？这与研究的问题有关，如研究应力与挠度的关系时，应力和挠度都可以分别作为单值条件。

8—2　相似的概念

（1）几何相似

相似的概念首先出现在几何学里。

两个相似三角形的对应尺寸不同，但形状一样。

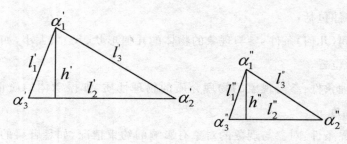

图 8-2

相似三角形的性质（相似性质）：各对应线段的比例相等，各对应角相等，即：

$$\frac{l_1{}'}{l_1{}''}=\frac{l_2{}'}{l_2{}''}=\frac{l_3{}'}{l_3{}''}=\frac{h'}{h''}=C_1\,(C_1\text{——相似倍数})$$

$$\alpha_1{}'=\alpha_1{}''\,,\alpha_2{}'=\alpha_2{}''\,,\alpha_3{}'=\alpha_3{}''$$

反过来讲，满足"相似条件"的两个三角形是相似三角形。此条件为：

$$\frac{l_1{}'}{l_1{}''}=\frac{l_2{}'}{l_2{}''}=\frac{l_3{}'}{l_3{}''}=\frac{h'}{h''}=C_1$$

"相似性质"是指彼此相似的现象具有的性质；"相似条件"是指满足此条件，现象就彼此相似。

几何学中的相似概念可推广到其他物理概念中。

几何相似（空间相似）：指对应尺寸不同，但形状一样的几何体。几何相似表现为所有对应线段都成一定比例，所有对应角都相等。

（2）运动相似

物体的运动现象可以用路程 S、时间 T、速度 V 等物理量来描述。运动相似就是指这些表征运动现象的物理量分别相似。

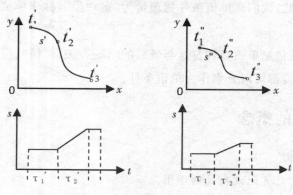

图 8-3

(a)时间相似:指对应的时间间隔的比值相等,即:

$$\frac{\tau_1{'}}{\tau_2{''}}=\frac{\tau_2{'}}{\tau_2{''}}=\cdots=C_t(常数)$$

C_t 是时间的相似倍数。

(b)速度相似:指速度场的几何相似,表现为在对应时刻各对应点速度的方向一致,大小成比例:

$$\frac{V_A{'}}{V_A{''}}=\frac{V_B{'}}{V_B{''}}=\frac{V_C{'}}{V_C{''}}=\cdots=C_t(常数)$$

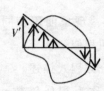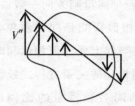

图 8—4

(c)运动轨迹几何相似:表现为轨迹曲线每个对应点的坐标值成比例,斜率相等:

$$\frac{X_1{'}}{X_1{''}}=\frac{X_2{'}}{X_2{''}}=\cdots=\frac{y_1{'}}{y_1{''}}=\frac{y_2{'}}{y_2{''}}=\cdots\frac{S_1{'}}{S_1{''}}=\frac{S_2{'}}{S_2{''}}=\cdots=C_l$$

（3）力相似

力相似指力场的几何相似,表现为对应点上的作用力方向一致,大小成一定比例:

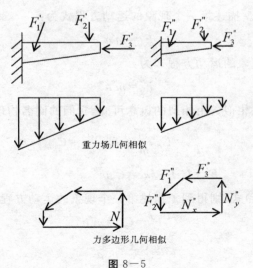

重力场几何相似

力多边形几何相似

图 8—5

$$\frac{F_1{'}}{F_1{''}} = \frac{F_2{'}}{F_2{''}} = \frac{F_3{'}}{F_3{''}} = C_F$$

首先,受力体应该几何相似,否则就没有所谓的对应点。分布载荷表现为力场几何相似;集中载荷表现为力多边形几何相似。

若力随时间变化,还需时间相似,即对应时刻的力的方向一致,大小成一定比例。此外,还有温度相似、浓度相似等。

现象相似是指在对应时刻、对应点上描述这类现象的所有同名物理量各自成一定比例关系,若是向量则方向一致。

由此可知:①相似只能是同类现象,这些现象能用相同的微分方程描述;②现象相似首先在空间上要几何相似和时间相似。

同类现象能用相同的关系方程式或微分方程式描述。

两相似现象的同名物理量的比例值,称为相似倍数。相似倍数是一个常数。

8－3 相似第一定理(相似性质)

本节研究彼此相似的现象具有什么性质的问题。相似第一定理就是说明什么是相似现象的相似性质的定理。

(1)相似指标

以物体受力产生加速度这种现象为例:表征两个现象的物理量分别为 F'、m'、a' 和 F''、m''、a''。描述第一个现象的运动方程式为:

$$F' = m'a' \tag{1}$$

描述第二个现象的运动方程式为:

$$F'' = m''a'' \tag{2}$$

设这两个现象相似。由相似的概念可知,它们的同名物理量成比例:

$$\frac{F'}{F''} = C_F, \frac{m'}{m''} = C_m, \frac{a'}{a''} = C_a \tag{3}$$

或 $$F' = C_F F'', m' = C_m m'', a' = C_a a''$$

将上式代入(1)式,则得到了描述第一个现象的运动方程式:

$$C_F F'' = C_m C_a m''a''$$

$$F'' = \frac{C_m C_a}{C_F} m''a'' \tag{1*}$$

因为相似现象是同类现象，描述它们的方程式应完全一致，因此比较（1*）式和（2）式，得：

$$\frac{C_m C_a}{C_F} = 1$$

此式表明，各物理量的相似倍数不是任意的，受这个式子的约束（这是因为两个现象都遵从同一规律，各物理量间都有确定的函数关系）。这种约束关系用 C 表示：

$$C = \frac{C_m C_a}{C_F} = 1 \tag{4}$$

C 称为"相似指标"。

对于相似现象，$C=1$。$C \neq 1$ 的，就不是相似现象。

C 所表示的约束关系是由这类现象的自然规律确定的，具体说来，就是由描述这类现象的方程所表达的各物理量间的函数关系确定。C 在一定程度上表现了各物理量之间的关系（即现象的规律）。相似现象的相似指标 C 的个数一般有若干个。

（2）相似准则

将（3）式代入（4）式，得：

$$\frac{\dfrac{m'a'}{m''a''}}{\dfrac{F'}{F''}} = 1$$

整理后，这种约束关系就可表示成另外一种形式：$\dfrac{m'a'}{F'} = \dfrac{m''a''}{F''}$。

此式表明：由描述两种现象的物理量组成的这个综合量对应相等（"对应"是指这些物理量是在对应时刻、对应几何点上的取值）。这个综合量称为"相似准则"，用符号 Π（或 π）表示：

$$\Pi = \frac{m'a'}{F'} = \frac{m''a''}{F''} \text{ 或 } \Pi = \frac{ma}{F} = idem（不变量）$$

相似准则是表征某一现象的物理量组成的综合量。其中的物理量不一定是表征现象的全部物理量。

相似准则的特点因次为 1，是无因次量（无量纲）。反之，由表征现象的物理量组成的无因次量就是相似准则。

必须注意：

①相似准则包含的物理量属同一个现象,如 $\pi \neq \dfrac{m'a''}{F'}$;

②相似准则中各物理量的取值应是同一时刻同一点上的值,如 $\pi = \dfrac{m_1 a_1}{F_1}$,$\pi \neq \dfrac{m_1 a_2}{F_1}$,脚标 i 表示时刻 t_i 时的取值;

③相似准则是时间和空间的函数,不是常数,即同一现象的同一准则在不同点、不同时刻的值一般不同,如 $\dfrac{m_1 a_1}{F_1} \neq \dfrac{m_2 a_2}{F_2}$。相似倍数在任意时刻、任意点都是一定值,是常数 const。

全由定性量组成的相似准则称为"定性准则";不全由定性量组成的相似准则称为"非定性准则"。

（3）相似第一定理

相似第一定理:"彼此相似的现象,其相似指标为 1",或"彼此相似的现象,其相似准则的数值相等"。

相似第一定理表述了相似现象的性质。此定理包含了如下内容(根据相似的概念,"彼此相似的现象"表明了①、②项的内容):

①相似现象属于同一类现象,它们都可用完全相同的方程式(包括描述单值条例的方程式)来描述。

②相似倍数的同名物理量各自成比例关系,相似倍数是常数。

③相似倍数不能全部都任意取值,而是彼此有一定的约束关系。

8－4　相似第二定理(相似条件)

相似第二定理:"凡同类现象,当单值条件相似,而且由单值条件物理量组成的相似准则在数值上相等,则这些现象就必定相似"。

此定理说明了相似条件:

①同类现象;

②全部单值条件分别对应相似;

③定性准则相等。

由条件"③定性准则相等"代换整理可得,由定性量(单值条件物理量)的相似倍数组成的相似指标等于 1,使条件"②单值条件相似"的相似倍数不能任意取值。条件③的意义就在于此。

相似第二定理的条件是相似的充要条件：

充分条件：若单值条件相似，非单值条件也相似。这样，全部物理量都成比例，现象相似。它们存在如下关系：单值条件确定（单值条件相似）→现象确定（现象相似）→非单值条件确定（非单值条件相似）。

必要条件：由相似第一定理可知，若相似现象存在，则全部参数成比例，相似准则相等，即满足②③条（相似第一定理本身就可看作是必要条件）。

相似第一定理、相似第二定理又分别称为"相似正定理""相似逆定理"。

相似第二定理的指导意义：它是模型设计的原则。

8—5　相似第三定理

相似第三定理（又叫 π 定理、巴金汉定理）："描述现象的物理量关系方程式，可以转化为相似准则之间的关系式 $f(\pi_1,\pi_2,\cdots,\pi_n=0)$。"

$f(\pi_1,\pi_2,\cdots,\pi_n=0)$ 称为"准则关系式"。

说明：

(1)"物理关系式"必须是完整的物理方程。"完整的"是指方程的因次和谐或方程具有因次齐次性：(a)每项的因次相同，同因次的量相加、减才有物理意义；(b)方程适合于任何单位制。物理量不管取哪种单位制（工程制、cgs 制、国际制、英制），只要单位统一（属同一单位制），方程都永远成立。

例如：$F=ma$，因次上齐次，是一个完整的物理方程。当 $m=1$ 时，$F=a$。$F=a$ 这个方程在因次上不和谐，不是完整的物理方程。

又如：$T=2\pi\sqrt{\dfrac{l}{g}}$，因次上齐次，是一个完整的物理方程。当 $g=9.8$ 时，$T=k\sqrt{l}$（k 是常数）。$T=k\sqrt{l}=2.01\sqrt{l}$ 这个方程在因次上不和谐，不是完整的物理方程。

一些限定了物理量单位的方程因次上不是齐次的，如 1 摩尔理想气体的状态方程 $PV=RT$ 是一个完整的物理方程，但 $PV=8.31T$（P 的单位是帕，V 的单位是立方米，T 的单位是开）。$PV=8.2\times10^{-2}T$（P 的单位是帕，V 的单位是升，T 的单位是开），因次没有齐次性，不是一个完整的物理方程。

(2)$\pi_1,\pi_2\cdots\pi_n$ 均是表征现象的物理量组成的相似准则，包括定性准则和非定性准则。

相似准则是无因次量，所以，不管选择哪种单位制，准则关系式中的各变量在数值上都不变。

准则关系式是描述物理量之间的关系的另一种形式，是微分方程的解。相似现象的准则数值相等，因此它们的准则关系式在形式上和数值上完全相同。所以说，准则关系式适用于一切相似现象。这就为我们提供了推广模型试验结果的依据。

定性量给定后，现象也就确定了，非定性量也随之确定。定性量给定后，定性准则也就确定了，非定性准则也随之确定，因此，我们可把准则关系式表示成 $\pi_{\text{非}i} = f(\pi_{\text{定}1}, \pi_{\text{定}2}, \cdots)$。

由此，我们可以研究 $\pi_{\text{非}}$ 随 $\pi_{\text{定}}$ 变化的规律，研究的主要目的是研究其中的非定性量。

我们以黏性不可压缩流体的稳定等温流动为例，来说明如何利用准则关系式来整理、推广试验结果以及如何利用准则关系式的优点。

研究的问题：流体压力 p 的规律。

p 是非定性量，l（几何尺寸）、ρ（流体密度）、η（流体动力黏度）、g（重力加度）、v（流体速度）是单值条件物理量（如果研究流速 v 的规律，则 V 是非定性量）。

在已知的三个相似准则中，即 $\text{Re} = \dfrac{\rho v l}{\eta}$，$\text{Fr} = \dfrac{g l}{v^2}$，$\text{Eu} = \dfrac{p}{\rho v^2}$。$\text{Eu}$ 是非定性准则，则准则关系式为：

$$\text{Eu} = f(\text{Re}, \text{Fr})$$

即

$$\frac{p}{\rho v^2} = f(\frac{\rho v l}{\eta}, \frac{g l}{v^2})$$

或

$$p = f(\frac{\rho v l}{\eta}, \frac{g l}{v^2}) \rho v^2$$

试验的目的就是要找出函数关系 f。

试验时，可通过改变 V 来改变 Re、Fr 的值。每个 Re、Fr 的值对应一个 Eu 的值。在坐标上描出这些点，用曲线拟合这些点，这条曲线就是准则关系曲线，也就是要找的函数关系 f。

准则关系式有如下优点：

（1）减少了试验的内容。如果不按准则关系式组织试验，就要分别探讨 l、p、η、g、v 对 ρ 的影响。而上例只需探讨 Re、Fr 对 Eu 的影响。改变 v 即可改变 Re、Fr，这意味着只需一种试验设备和一种流体就行了。

（2）便于控制。要想控制、改变 ρ、η 很困难，但按准则关系式，我们只需要控制 Re 和 Fr 就行了，这可以通过控制易于控制的 V 来达到。试验结果同样能反映 ρ、η 和 P 的关系。

（3）反映了现象的本质。按有因次量整理的试验结果，得出 $p=f_1(v)$、$p=f_2(\eta)$、$p=f_3(\rho)$ 等关系式，上述关系式不能反映现象的本质，只反映了 p 和其他量的关系。

相似第三定理是相似理论的主要内容，是模型试验的理论基础：

①怎样用原型设计模型？由第二定理可知：必须保证满足单值条件相似、定性准则相等的相似条件，才能用原型设计模型。

②试验时测哪些数据？由第一定理可知：应该测量（这里的"测量"有"控制"的意思）相似准则中包含的所有物理量，因为相似准则体现了模型和原型的联系。

试验结果如何处理？由相似第三定理可知：试验结果应该整理成准则关系式。这样，准则关系式就可以推广到一切相似现象。

习题

8—1　说明下述模型实验应考虑的相似准数：（1）风洞中的潜艇模型实验；（2）潜艇近水面水平直线航行的阻力实验。

答　（1）风洞中的潜艇模型实验：由于在空气中进行实验不需要考虑兴波问题，因此仅考虑 Re 数即可；（2）潜艇近水面水平直线航行的阻力实验：潜艇近水面航行时有兴波问题，因此需要考虑 Re 数和 Fr 数。

8—2　船长 100 m，在海中航速为 20 km/h，试确定它的兴波阻力和黏性阻力，并根据相似理论分别讨论如何在风洞中和船模水池中进行船模实验。

解　（1）首先在风洞中进行实验，确定黏性阻力系数，即满足模型雷诺数和实船雷诺数相等的条件：$\mathrm{Re}_m=\mathrm{Re}_s$，或写成：$\dfrac{L_m V_m}{\nu_m}=\dfrac{L_s V_s}{\nu_s}$。

其中，L_m 是模型的长度，V_m 是模型的速度，ν_m 是空气的黏性系数；实船长 $L_s=100$ m，实船的速度 $V_m=20\times0.5144=10.288$（m/s），$\nu_s$ 是海水的黏性系数。由上式可以得到实验时模型的速度（风速）：

$$V_m=\frac{\nu_m}{\nu_s}\cdot\frac{L_s}{L_m}\cdot V_s=\lambda\frac{\nu_m}{\nu_s}V_S,\text{其中，}\lambda=\frac{L_s}{L_m}\text{是模型的缩尺比。在该条件下，我}$$

们可测得模型的黏性阻力 R_{vm},进而得到模型的黏性阻力系数:

$$C_{vm} = \frac{R_{vm}}{\frac{1}{2}\rho_m V_m^2 S_m}$$

其中,ρ_m 是空气的密度,S_m 是模型的表面积。最后可得到实船的黏性阻力系数:$C_{vs} = C_{vm}$。

(2)在水池中进行实验,需要保证 Rem=Res 和 Frm=Frs 两个条件得到满足,这样可保证模型和实船的总阻力系数相等,即 $C_{tm} = C_{ts}$。若要满足上述两个条件,则要求:

$$\frac{L_m V_m}{\nu_m} = \frac{L_s V_s}{\nu_s}, \frac{V_m}{\sqrt{gL_m}} = \frac{V_s}{\sqrt{gL_s}}$$

第一个等式两端同时平方,得 $\left(\dfrac{V_m}{V_s}\right)^2 = \left(\dfrac{\nu_m}{\nu_s}\right)^2 \cdot \left(\dfrac{L_s}{L_m}\right)^2 = \lambda^2 \left(\dfrac{\nu_m}{\nu_s}\right)^2$;

第二个等式两端同时平方,得 $\left(\dfrac{V_m}{V_s}\right)^2 = \dfrac{L_m}{L_s} = \dfrac{1}{\lambda}$。

因此可以得到:$\lambda^2 \left(\dfrac{\nu_m}{\nu_s}\right)^2 = \dfrac{1}{\lambda}$,$\nu_m = \lambda^{-\frac{3}{2}}\nu_s$,该式表示在实验中,水池中的实验介质的黏性系数 υ_m 与海水的黏性系数 ν_s 的关系。为方便起见,我们取 $\lambda = 36$,则 $\nu_m = \dfrac{\nu_s}{216}$,但这是不成立的。

实际上,在水池中进行实验时,仅能保证 Frm=Frs。这时模型与实船的兴波阻力系数相等,即 $C_{wm} = C_{ws}$;当 $V_m = \dfrac{V_s}{\sqrt{\lambda}}$ 时,$C_{wm} = C_{ws}$。

8—3 水雷悬挂于深水中,海水流速为 6 km/h。若用比实物缩小 3 倍的模型在风洞中进行实验以测定其黏性阻力,问风洞的风速应为多少?如模型的阻力为 125.44 N,则水雷的阻力为多少?

解 如上题所述,实验时的风速 $V_m = \lambda \dfrac{\nu_m}{\nu_s} V_s$。

若空气和海水的温度均为 15 ℃,则空气的黏性系数 $\nu_m = 1.455 \times 10^{-5}$(m²/s),海水 $\nu_s = 1.188 \times 10^{-6}$(m²/s),缩尺比 $\lambda = 3$,海水速度 $V_s = 6 \times 1000/3600 \approx 1.667$(m/s),则 $V_m = \lambda \dfrac{\nu_m}{\nu_s} V_s = 3 \times \dfrac{1.455 \times 10^{-5}}{1.188 \times 10^{-6}} \times 1.667 \approx 60.83$(m/s)。

在该条件下,模型和实物的阻力系数相同:$C_m = C_s$。设模型和实物的阻力

分别为 R_m 和 R_s，则 $\dfrac{R_s}{R_m} = \dfrac{C_s \cdot \frac{1}{2}\rho_s V_s^2 S_s}{C_m \cdot \frac{1}{2}\rho_m V_m^2 S_m} = \left(\dfrac{\rho_s}{\rho_m}\right) \cdot \left(\dfrac{V_s}{V_m}\right)^2 \cdot \left(\dfrac{S_s}{S_m}\right)$。

其中，海水的密度 $\rho_s = 1.025\times10^3 \ \text{kg/m}^3$；空气的密度 $\rho_m = 1.226 \ \text{kg/m}^3$；

$\dfrac{V_s}{V_m} = \dfrac{1}{\lambda} \cdot \dfrac{\nu_s}{\nu_m}$；$S_s$ 为实物的湿表面积，S_m 为模型的湿表面积，$\dfrac{S_s}{S_m} = \lambda^2$。

将以上数据代入上式，得到：

$$\dfrac{R_s}{R_m} = \left(\dfrac{\rho_s}{\rho_m}\right) \cdot \left(\dfrac{V_s}{V_m}\right)^2 \cdot \left(\dfrac{S_s}{S_m}\right) = \left(\dfrac{\rho_s}{\rho_m}\right) \cdot \left(\dfrac{1}{\lambda} \cdot \dfrac{\nu_s}{\nu_m}\right)^2 \cdot \lambda^2 = \left(\dfrac{\rho_s}{\rho_m}\right) \cdot \left(\dfrac{1}{\lambda} \cdot \dfrac{\nu_s}{\nu_m}\right)^2$$

$$= \left(\dfrac{\rho_s}{\rho_m}\right) \cdot \left(\dfrac{\nu_s}{\nu_m}\right)^2$$

$$= \dfrac{1.025\times10^3}{1.226} \times \left(\dfrac{1.188\times10^{-6}}{1.455\times10^{-5}}\right)^2 = 8.361\times10^2 \times (8.165\times10^{-2})^2$$

$$\approx 5.574$$

因此，$R_s = 5.574 R_m = 5.574\times125.44 \approx 699.20\,(\text{N})$。

8—4　实船的速度为 37 km/h，欲在水池测定它的兴波阻力，问船模在水池中的拖曳速度应为多少？设船模的缩尺比为实船的 30，如测得船模的阻力为 10.19 N，则实船的阻力为多少？

解　水池实验应满足模型和实船的傅汝德数相等：$F_{rm} = F_{rs}$，即 $\dfrac{V_m}{\sqrt{gL_m}} = $

$\dfrac{V_s}{\sqrt{gL_s}}$。因此可得 $V_m = \dfrac{1}{\sqrt{\lambda}} \cdot V_s = \dfrac{1}{\sqrt{30}} \times \dfrac{37\times10^3}{3600} \approx 1.877\,(\text{m/s})$，此时，模型和实船的兴波阻力系数相等，即 $C_{um} = C_{us}$。

设模型的兴波阻力为 R_{um}，实船的兴波阻力为 R_{us}，则：

$$\dfrac{R_{us}}{R_{um}} = \dfrac{C_{us} \cdot \frac{1}{2}\rho_s V_s^2 S_s}{C_{um} \cdot \frac{1}{2}\rho_m V_m^2 S_m} = \dfrac{C_{us}\rho_s V_s^2 S_s}{C_{um}\rho_m V_m^2 S_m}$$

将 $C_{um} = C_{us}$，$\dfrac{\rho_s}{\rho_m} = 1.025$，$\dfrac{V_s}{V_m} = \sqrt{\lambda}$，$\dfrac{S_s}{S_m} = \lambda^2$ 代入上式，可得：

$$R_s = 1.025 \cdot \lambda^3 \cdot R_m = 1.025\times30^3\times10.19 \approx 282.01\,(\text{kN})$$

注：教材的答案为 $R_s = 275.13\,(\text{kN})$，其原因是教材中 $\dfrac{\rho_s}{\rho_m} = 1.0$。

8—5　水翼艇以等速度 U 航行。已知水翼吃水深度为 h，弦长 l，攻角 α，水

的密度 ρ 及黏性系数 μ。航行时翼面上出现空泡,大气压与水的汽化压力之差为 $p_a - p_v$。试用因次分析法求水翼受力的相似准数。

解 (1)设水翼受力为 F,则 $F = f(U, h, l, \alpha, \rho, \mu, p_a - p_v)$;

(2)选取速度 U、弦长 l 和水的密度 ρ 为基本物理量;

(3)列出其余物理量的因次方程,并将物理量无因次化。

①水翼受力 F

设 $[F] = [\rho]^{m_1} \cdot [U]^{m_2} \cdot [l]^{m_3}$,将方程中所有物理量的单位用基本单位表达出来,即

$$[\mathrm{kg \cdot m/s^2}] = [\mathrm{kg/m^3}]^{m_1} \cdot [\mathrm{m/s}]^{m_2} \cdot [\mathrm{m}]^{m_3}$$

整理后得到:$[\mathrm{kg}] \cdot [\mathrm{m}] \cdot [\mathrm{s}]^{-2} = [\mathrm{kg}]^{m_1} \cdot [\mathrm{m}]^{-3m_1 + m_2 + m_3} \cdot [\mathrm{s}]^{-m_2}$。

比较方程两端,得到:

$$\begin{cases} m_1 = 1 \\ -3m_1 + m_2 + m_3 = 1 \\ -m_2 = -2 \end{cases},\text{解得}: \begin{cases} m_1 = 1 \\ m_2 = 2 \\ m_3 = 2 \end{cases}$$

将以上解代入原因次方程,得 $[F] = [\rho] \cdot [U]^2 \cdot [l]^2$。因此,水翼受力 F 的无因次表达式为:$\Pi = \dfrac{F}{\rho U^2 l^2}$。该式即为水动力系数 C_F,C_F 常写成 $C_F = \dfrac{F}{\frac{1}{2}\rho U^2 l^2}$。

②吃水深度 h

设 $[h] = [\rho]^{m_1} \cdot [U]^{m_2} \cdot [l]^{m_3}$,将方程中所有物理量的单位用基本单位表达出来,得到:

$$[\mathrm{m}] = [\mathrm{kg/m^3}]^{m_1} \cdot [\mathrm{m/s}]^{m_2} \cdot [\mathrm{m}]^{m_3},$$

整理后得到:$[\mathrm{m}] = [\mathrm{kg}]^{m_1} \cdot [\mathrm{m}]^{-3m_1 + m_2 + m_3} \cdot [\mathrm{s}]^{-m_2}$。

比较方程两端,得到:

$$\begin{cases} m_1 = 0 \\ -3m_1 + m_2 + m_3 = 1 \\ -m_2 = 0 \end{cases},\text{解得}: \begin{cases} m_1 = 0 \\ m_2 = 0 \\ m_3 = 1 \end{cases}$$

将以上解代入原因次方程,得 $[h] = [l]$。因此,吃水深度 h 的无因次表达式为:$\Pi_1 = \dfrac{h}{l}$,该式即为无因次长度。

③攻角 α

设 $[\alpha]=[\rho]^{m_1} \cdot [U]^{m_2} \cdot [l]^{m_3}$，将方程中所有物理量的单位用基本单位表达出来，即：

$$[0]=[\mathrm{kg/m^3}]^{m_1} \cdot [\mathrm{m/s}]^{m_2} \cdot [\mathrm{m}]^{m_3},$$

整理后得到：$[0]=[\mathrm{kg}]^{m_1} \cdot [\mathrm{m}]^{-3m_1+m_2+m_3} \cdot [\mathrm{s}]^{-m_2}$。

比较方程两端，得到：

$$\begin{cases} m_1=0 \\ -3m_1+m_2+m_3=0, \\ -m_2=0 \end{cases} 解得：\begin{cases} m_1=0 \\ m_2=0 \\ m_3=0 \end{cases}$$

将以上解代入原因次方程，得 $[\alpha]=[0]$。因此，攻角 α 的无因次表达式为：$\Pi_2=\alpha$。

④黏性系数 μ

设 $[\mu]=[\rho]^{m_1} \cdot [U]^{m_2} \cdot [l]^{m_3}$，将方程中所有物理量的单位用基本单位表达出来，即：

$$[\mathrm{kg/(m \cdot s)}]=[\mathrm{kg/m^3}]^{m_1} \cdot [\mathrm{m/s}]^{m_2} \cdot [\mathrm{m}]^{m_3},$$

整理后得到：$[\mathrm{kg}] \cdot [\mathrm{m}]^{-1} \cdot [\mathrm{s}]^{-1}=[\mathrm{kg}]^{m_1} \cdot [\mathrm{m}]^{-3m_1+m_2+m_3} \cdot [\mathrm{s}]^{-m_2}$。

比较方程两端，得到：

$$\begin{cases} m_1=1 \\ -3m_1+m_2+m_3=-1, \\ -m_2=-1 \end{cases} 解得：\begin{cases} m_1=1 \\ m_2=1 \\ m_3=1 \end{cases}$$

将以上解代入原因次方程，得 $[\mu]=[\rho] \cdot [U] \cdot [l]$。因此，黏性系数 μ 的无因次表达式为：$\Pi_3=\dfrac{\mu}{\rho Ul}$，也可写成：$\Pi_3=\dfrac{\mu}{\rho Ul}=\dfrac{\nu}{Ul}$，显然，这是雷诺数 Re 的倒数。

⑤压力差 $\Delta p=p_a-p_v$

设 $[\Delta p]=[\rho]^{m_1} \cdot [U]^{m_2} \cdot [l]^{m_3}$，将方程中所有物理量的单位用基本单位表达出来，即：

$$[\mathrm{kg/(m \cdot s^2)}]=[\mathrm{kg/m^3}]^{m_1} \cdot [\mathrm{m/s}]^{m_2} \cdot [\mathrm{m}]^{m_3},$$

整理后得到：$[\mathrm{kg}] \cdot [\mathrm{m}]^{-1} \cdot [\mathrm{s}]^{-2}=[\mathrm{kg}]^{m_1} \cdot [\mathrm{m}]^{-3m_1+m_2+m_3} \cdot [\mathrm{s}]^{-m_2}$。

比较方程两端，得到：

$$\begin{cases} m_1 = 1 \\ -3m_1 + m_2 + m_3 = -1, 解得: \\ -m_2 = -2 \end{cases} \begin{cases} m_1 = 1 \\ m_2 = 2 \\ m_3 = 0 \end{cases}$$

将以上解代入原因次方程,得 $[\Delta p] = [\rho] \cdot [U]^2$。因此,压力差 $\Delta p = p_a - p_v$ 的无因次表达式为:$\Pi_4 = \dfrac{p_a - p_v}{\rho U^2}$,该式即为欧拉数 Eu。

因此,水翼水动力系数 $C_F = f_1 \left(\dfrac{h}{l}, \alpha, \dfrac{\mu}{\rho U l}, \dfrac{p_a - p_v}{\rho U^2} \right)$,进行模型实验时,应同时满足 4 个相似准数相等,即无因次长度 $\dfrac{h}{l}$、攻角 α、雷诺数 $\dfrac{\mu}{\rho U l}$ 和欧拉数 $\dfrac{p_a - p_v}{\rho U^2}$ 相等。

8—6 设深水中螺旋桨的推力 F 与桨的直径 D、流体密度 ρ、黏性系数 μ、转速 n 以及进速 U 有关。(1)试用量纲理论给出它们之间的函数关系以及相似准则;(2)若在热水池中做模型推力实验,模型和实测结果分别用下标 m 和 p 表示。如果 $\dfrac{D_m}{D_p} = \dfrac{1}{3}$,$\dfrac{\nu_m}{\nu_p} = \dfrac{1}{2}$,$\dfrac{\rho_m}{\rho_p} = 1$,且 $U_p = 3(\text{m/s})$,$n_p = 400(\text{r/min})$。试设计模型速度 U_m 及转速 n_m;(3)若测得模型的推力 $F_m = 10(\text{N})$,求实型的推力 F_p。

解 (1)已知螺旋桨的推力 $F = f(D, \rho, \mu, n, U)$;选取进速 U、直径 D 和水的密度 ρ 为基本物理量,列出其余物理量的因次方程,并将物理量无因次化。

①推力 F

设 $[F] = [\rho]^{m_1} \cdot [U]^{m_2} \cdot [D]^{m_3}$,将方程中所有物理量的单位用基本单位表达出来,即:

$[\text{kg} \cdot \text{m/s}^2] = [\text{kg/m}^3]^{m_1} \cdot [\text{m/s}]^{m_2} \cdot [\text{m}]^{m_3}$,

整理后得到:$[\text{kg}] \cdot [\text{m}] \cdot [\text{s}]^{-2} = [\text{kg}]^{m_1} \cdot [\text{m}]^{-3m_1 + m_2 + m_3} \cdot [\text{s}]^{-m_2}$。

比较方程两端,得到:

$$\begin{cases} m_1 = 1 \\ -3m_1 + m_2 + m_3 = 1, 解得: \\ -m_2 = -2 \end{cases} \begin{cases} m_1 = 1 \\ m_2 = 2 \\ m_3 = 2 \end{cases}$$

将以上解代入原因次方程,得 $[F] = [\rho] \cdot [U]^2 \cdot [D]^2$。

因此,推力 F 的无因次表达式为:$\Pi = \dfrac{F}{\rho U^2 D^2}$,该式即为推力系数 C_F,C_F 常常写成 $C_F = \dfrac{F}{\dfrac{1}{2} \rho U^2 D^2}$。

②转速 n

设 $[n]=[\rho]^{m_1} \cdot [U]^{m_2} \cdot [D]^{m_3}$，将方程中所有物理量的单位用基本单位表达出来，即：

$[\mathrm{s}^{-1}]=[\mathrm{kg/m^3}]^{m_1} \cdot [\mathrm{m/s}]^{m_2} \cdot [\mathrm{m}]^{m_3}$，

整理后得到：$[\mathrm{s}]^{-1}=[\mathrm{kg}]^{m_1} \cdot [\mathrm{m}]^{-3m_1+m_2+m_3} \cdot [\mathrm{s}]^{-m_2}$。

比较方程两端，得到：

$$\begin{cases} m_1=0 \\ -3m_1+m_2+m_3=0, \\ -m_2=-1 \end{cases} 解得：\begin{cases} m_1=0 \\ m_2=1 \\ m_3=-1 \end{cases}$$

将以上解代入原因次方程，得 $[n]=[U] \cdot [D]^{-1}$。

因此，转速 n 的无因次表达式为：$\Pi_1=\dfrac{n}{UD^{-1}}$，该式即为进速系数 J 的倒数，进速系数 J 常常写成：$J=\dfrac{U}{nD}$。

③黏性系数 μ

设 $[\mu]=[\rho]^{m_1} \cdot [U]^{m_2} \cdot [D]^{m_3}$，将方程中所有物理量的单位用基本单位表达出来，即：

$[\mathrm{kg/(m \cdot s)}]=[\mathrm{kg/m^3}]^{m_1} \cdot [\mathrm{m/s}]^{m_2} \cdot [\mathrm{m}]^{m_3}$，

整理后得到：$[\mathrm{kg}] \cdot [\mathrm{m}]^{-1} \cdot [\mathrm{s}]^{-1}=[\mathrm{kg}]^{m_1} \cdot [\mathrm{m}]^{-3m_1+m_2+m_3} \cdot [\mathrm{s}]^{-m_2}$。

比较方程两端，得到：

$$\begin{cases} m_1=1 \\ -3m_1+m_2+m_3=-1, \\ -m_2=-1 \end{cases} 解得：\begin{cases} m_1=1 \\ m_2=1 \\ m_3=1 \end{cases}$$

将以上解代入原因次方程，得 $[\mu]=[\rho] \cdot [U] \cdot [D]$。

因此，黏性系数 μ 的无因次表达式为：$\Pi_3=\dfrac{\mu}{\rho UD}$，也可写成：$\Pi_3=\dfrac{\mu}{\rho UD}=\dfrac{\nu}{UD}$，显然，这是雷诺数 Re 的倒数。

由此可得推力系数 $C_F=f_1\left(\dfrac{nD}{U},\dfrac{\mu}{\rho UD}\right)$，进行模型实验时，应同时满足 2 个相似准数相等，即进速系数 $\dfrac{nD}{U}$ 和雷诺数 $\dfrac{\mu}{\rho UD}$ 相等。

(2)在水池中进行模型推力实验时，应满足：

$$\begin{cases} \dfrac{n_m D_m}{U_m} = \dfrac{n_p D_p}{U_p} \\[2mm] \dfrac{\mu_m}{\rho_m U_m D_m} = \dfrac{\mu_p}{\rho_p U_p D_p} \end{cases} \text{或写成} \begin{cases} \dfrac{n_m D_m}{U_m} = \dfrac{n_p D_p}{U_p} \\[2mm] \dfrac{\nu_m}{U_m D_m} = \dfrac{\nu_p}{U_p D_p} \end{cases}, \text{整理后得到:} \begin{cases} \dfrac{U_p}{U_m} = \dfrac{n_p D_p}{n_m D_m} \\[2mm] \dfrac{U_p}{U_m} = \dfrac{\nu_p D_m}{\nu_m D_p} \end{cases}$$

由第二式可得:

$$\frac{U_m}{U_p} = \frac{\nu_m}{\nu_p} \cdot \frac{D_p}{D_m}$$

将以上等式代入第一式,可得:$\dfrac{n_p D_p}{n_m D_m} = \dfrac{\nu_p D_m}{\nu_m D_p}$,即$\dfrac{n_m}{n_p} = \dfrac{\nu_m}{\nu_p} \cdot \left(\dfrac{D_p}{D_m}\right)^2$;

将$\dfrac{D_m}{D_p} = \dfrac{1}{3}$和$\dfrac{\nu_m}{\nu_p} = \dfrac{1}{2}$代入以上两式,得:

$$U_m = \frac{\nu_m}{\nu_p} \cdot \frac{D_p}{D_m} \cdot U_p = \frac{1}{2} \times 3 \times 3 = 4.5 (\text{m/s})$$

$$n_m = \frac{\nu_m}{\nu_p} \cdot \left(\frac{D_p}{D_m}\right)^2 \cdot n_p = \frac{1}{2} \times 3^2 \times \frac{400}{60} = 30 (\text{r/s})$$

(3)满足上述条件的情况下,模型和实型的推力系数相等,即$C_{Fm} = C_{Fp}$。

$$\frac{F_p}{F_m} = \frac{C_{Fp} \cdot \dfrac{1}{2} \rho_p U_p^2 D_p^2}{C_{Fm} \cdot \dfrac{1}{2} \rho_m U_m^2 D_m^2} = \frac{\rho_p}{\rho_m} \cdot \left(\frac{U_p}{U_m}\right)^2 \cdot \left(\frac{D_p}{D_m}\right)^2$$

由以上讨论可知:$\dfrac{U_p}{U_m} = \dfrac{\nu_p}{\nu_m} \cdot \dfrac{D_m}{D_p}$,将这一等式代入上式后得到:

$$\frac{F_p}{F_m} = \frac{\rho_p}{\rho_m} \cdot \left(\frac{U_p}{U_m}\right)^2 \cdot \left(\frac{D_p}{D_m}\right)^2 = \frac{\rho_p}{\rho_m} \cdot \left(\frac{\nu_p}{\nu_m} \cdot \frac{D_m}{D_p}\right)^2 \cdot \left(\frac{D_p}{D_m}\right)^2 = \frac{\rho_p}{\rho_m} \cdot \left(\frac{\nu_p}{\nu_m}\right)^2$$

因此,$F_p = \dfrac{\rho_p}{\rho_m} \cdot \left(\dfrac{\nu_p}{\nu_m}\right)^2 \cdot F_m = 1 \times 2^2 \times 10 = 40 (\text{N})$。

第九章　边界层理论

9－1　边界层理论的形成与发展

（1）边界层理论的提出

经典的流体力学是在水利建设、造船、外弹道等技术的推动下发展起来的，它的中心问题是要阐明物体在流体中运动时所受的阻力。虽然人们很早就知道，当黏性小的流体（如水、空气）在运动，特别是高速运动时，黏性对阻力的直接贡献不大。但是，以无黏性假设为基础的经典流体力学在解释这个问题时，却得出了与事实不符的"D'Alembert 之谜"。在 19 世纪末，从不连续的运动出发，Kirchhoff、Helmholtz、Rayleigh 等人的尝试都失败了。

经典流体力学在阻力问题上失败的原因在于忽视了流体的黏性这一重要因素。诚然，在速度较高、黏性小的情况下，对一般物体来说，黏性阻力仅占一小部分，然而阻力存在的根源却是黏性。根据来源的不同，阻力可分为两类：黏性阻力和压差阻力。黏性阻力是因作用在表面切向的应力而形成的，它的大小取决于黏性系数和表面积；压差阻力是由物体前后的压差引起的，它的大小取决于物体的截面积和压力的损耗。当理想流体流过物体时，它能沿物体表面滑过（物体是平滑的）。这样，压力从前沿驻点的极大值沿物体表面连续变化，到了尾部驻点又恢复到原来的数值。这时压力没有损失，物体自然也不受阻力。如果流体是有黏性的，哪怕很小，在物体表面的一层内，流体的动能在流体运动过程中便不断在消耗。因此，它就不能像理想流体一样一直沿表面流动，而是中途便脱离固体表面。流体在固体表面上的分离导致尾部出现了大型涡旋。涡旋演变的结果是形成了一种新的运动"尾流"。这是一个动能损耗的过程，也是阻力产生的过程。

在黏性系数小的情况下，黏性对运动的影响主要在固体表面附近的区域内。

从这个概念出发，普朗特（Prandtl）在 1904 年提出了简化黏性运动方程的理论——边界层理论,即在流体的黏度很小或雷诺数较大的流动中,流经物体的流动可以分为两个性质不同的区。贴近物体表面的流体薄层内是黏性流体,由于边界层很薄,使得求解黏性流体的运动微分方程 N－S 方程大大简化,求解也成为可能;而边界层以外,黏性影响可以忽略不计,此处的流体可作为理想流体来处理,称为主流区(势流区),从而使流体的绕流问题大大简化。在这个理论的指导下,阻力的问题终于从理论上得到了解决。

(2)边界层理论存在的问题

18 世纪末,理想流体动力学已发展到较完善的程度,可解决生产中的一些实际问题,但对流体与物体壁面间的摩擦阻力无法进行定量计算。从数学上来说,边界后近似是 N－S 方程及 Reynold 方程在大雷诺数的情况下的一种近似解。通过引入边界层近似,上述方程中的一些项被忽略,方程得到简化,从而使许多实际的工程问题能得到比较满意的解答。但是,边界层几乎没改变方程的非线性性质。边界层方程的求解在数学上仍然存在很大的困难。虽然如此,边界层的数值计算仍日益受到人们的重视。

(3)边界层理论的发展

普朗特(Prandtl)学派从 1904 年到 1921 年逐步将 N－S 方程做了简化,从推理、数学论证和实验测量等各个角度,建立了边界层理论。这一理论能计算简单情形下的边界层内的流动状态和流体同固体间的黏性力。同时,普朗特又提出了许多新的概念,这些概念被广泛地应用到飞机和汽轮机的设计中。这一理论既明确了理想流体的适用范围,又能计算物体运动时遇到的摩擦阻力,使上述两种情况得到了统一。20 世纪初,飞机的出现极大地促进了空气动力学的发展。航空事业的发展使人们期望能够揭示飞行器周围的压力分布、飞行器的受力状况和阻力等问题,这就促进了流体力学在实验和理论分析方面的发展。20 世纪初,以儒柯夫斯基、恰普雷金、普朗特等为代表的科学家,开创了以无黏不可压缩流体位势流理论为基础的机翼理论,阐明了机翼怎样受到举力,从而空气能把很重的飞机托上天空。机翼理论的正确性使人们重新认识无黏流体理论,人们肯定了它指导工程设计的重大意义。机翼理论和边界层理论的建立和发展是流体力学的一次重大进展,它使无黏流体理论同黏性流体边界层理论很好地结合起来。随着汽轮机的完善,飞机飞行速度提高到 50 m/s 以上,人们随即迅速开展了对空气密度变化效应的实验和理论研究,为高速飞行提供了理论指导。20世纪40年代以后,喷气推进技术和火箭技术的应用,使得飞行器速度超过声速,进而实现了航天飞行;也使得关于气体高速流动的研究进展迅速,进而形成了气体动力学、物理、化学流体动力学等分支学科。这些巨大进步与各种数学分析方法和大型的、精密的实验设备和仪器等研究手段分不开。从20世纪50年代起,电子计算机的出现使原来用分析方法难以进行研究的课题,可以用数值计算方法来进行,进而出现了计算流体力学这一新的分支学科。与此同时,由于民用和军用生产的需要,液体动力学等学科也有很大进展。20世纪60年代,因结构力学和固体力学的需要而出现了计算弹性力学问题的有限元法。经过十多年的发展,有限元分析这项新的计算方法开始在流体力学中得到应用。

如果说阿基米德关于流体浮力的著作《论浮体》标志着流体力学这门学科的萌芽,那么当今的流体力学已成长为一棵枝繁叶茂的大树。人们对流体力学问题的研究和认识日益深化;新的数学工具和方法,如人工神经网络(ANN)方法、小波(Wavelets)分析方法和格子 BoltgnMn 方法(LBM)等被广泛应用于分析和解决各种流体力学问题;流体力学辐射和渗透的工程领域也越来越广泛。这在很大程度上促进和加深了人们对诸多工程问题实质的了解,使技术更加完善。

9－2　边界层理论的引入

1904年,普朗特对此进行了研究,结合实验,提出了边界层理论。边界层理论为利用理论分析和数学方法解决黏性流体绕流问题提供了有效的方法和手段,使解决大雷诺数实际流体的问题变成了可能,促进了流体力学的发展。它不仅使实际流体运动中不少表面上看来似是而非的问题得以澄清,而且为解决边界复杂的实际流体运动问题开辟了途径。边界层概念的提出,开创了应用黏性流体解决实际工程问题的新时代,并且进一步证明了研究理想流体的重要意义。边界层理论使绕流物体尾流及旋涡的形成等复杂流体现象得到解释,是分析物体绕流阻力和流体能量损失的理论基础。边界层理论对流体力学的发展有深远的影响,它在流体力学的发展史上具有划时代意义。

9－3 边界层基础理论

(1)边界层理论的概念

物体在雷诺数很大的流体中沿物体表面的法线方向,以较快的速度相对运动时,得到如图9－1所示的速度分布曲线。B点把速度分布曲线分成截然不同的AB和BC两部分,在AB段上,流体运动速度从物体表面上的零迅速增加到U_∞,速度的增加在很小的距离内完成,具有较大的速度梯度。在BC段上,速度$U(x)$接近U_∞,近似于常数。

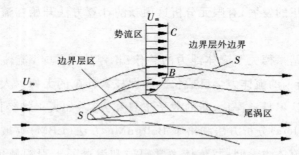

图9－1 边界层速度分布曲线

沿物体长度,把各断面所有的B点连起来,得到$S-S$曲线,$S-S$曲线将整个流场划分为性质完全不同的两个流区。从物体边壁到$S-S$的流区存在相当大的流速梯度,黏滞应力的作用不能忽略。边壁附近的流区就叫边界层。在边界层内,即使是黏性很小的流体也会有较大的切应力值,使黏性力与惯性力具有同样的数量级。因此,流体在边界层内做剧烈的有旋运动。

在$S-S$以外的流区,流体近乎以相同的速度运动,即边界层外部的流动不受固体边壁的黏性力的影响,即使是黏度较大的流体,黏性也较小,可以忽略不计,这时流体的惯性力起主导作用。因此,我们可将流区中的流体运动看作理想流体的无旋运动,用流势理论和理想流体的伯努利方程确定该流区的流速和压强分布。

通常,$S-S$称为边界层的外边界,$S-S$到固体边壁的垂直距离δ称为边界层厚度。流体与固体边壁最先接触的点称为前驻点,在前驻点处,$\delta=0$。沿着流动方向,边界层逐渐变厚,即δ是流程x的函数,可写为$\delta(x)$。实际上,边界层没有明显的外边界,一般情况下,边界层外的边界处的速度为外部势流速度的99%。

边界层内存在层流和紊流两种状态。如图 9－2 所示，在边界层的前部，由于厚度 δ 较小，因此流动梯度 $\mathrm{d}u_x/\mathrm{d}y$ 很大，黏滞应力 τ 的作用也很大，$\tau=\mu\mathrm{d}u_x/\mathrm{d}y$，这时边界层中的流动属于层流，这种边界层称为层流边界层。边界层中流动的雷诺数可以表示为 $\mathrm{Re}_x=\dfrac{u_\infty x}{\nu}$ 或 $\mathrm{Re}_\delta=\dfrac{u_\infty \delta}{\nu}$。

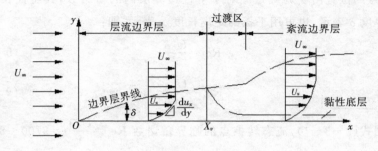

图 9－2

由于边界厚度 δ 是 x 的函数，所以这两种雷诺数之间存在一定的关系：x 越大，δ 越大，Re_x、Re_δ 均变大。当雷诺数达到一定数值时，经过一个过渡区后，流态转变为紊流，从而成为紊流边界层。在紊流边界层里，最靠近平板的地方，$\mathrm{d}u_x/\mathrm{d}y$ 的值仍很大，黏滞切应力仍然起主要作用，使得流动形态仍为层流。所以在紊流边界层内有一个黏性底层。边界层内的雷诺数达到临界数值，流动形态转变为紊流的点（x_u）称为转捩点。相应的临界雷诺数为 $\mathrm{Re}_u=\dfrac{u_\infty x_u}{\nu}$。

临界雷诺数并非常量，它与来流的脉动程度有关。如果来流受到干扰，脉动强，流动状态的改变发生在较低的雷诺数；反之则发生在较高的雷诺数。平板绕流的边界层临界雷诺数的范围是 $3\times10^5<\mathrm{Re}_u<3\times10^6$。

（2）边界层的主要特征

边界层内的流动同时受黏性力和惯性力的作用，且由于流速梯度的存在，因此流动时有涡流。边界层厚度较一般物体的特征长度要小得多，即 $\delta/L\ll1.0$。

边界层内既然有黏性流动，就必然存在层流和紊流两种流态，与其相应的边界层分别称为层流边界层和紊流边界层。如图 9－1 所示的平板绕流，边界层从板端开始，前部由于边界层厚度很薄，流速梯度很大，流动受黏性力的控制，边界层内为层流，即层流边界层。随着流动距离 x 的增大，边界层的厚度随之增加，流速梯度逐渐减小，黏性作用逐渐减弱，惯性作用逐渐增强，直到某一断面$(\delta=\delta_c)$处,边界层由层流边界层变成紊流边界层,该转变处称为转捩点$(X=X_c)$,与转捩点相对应的是临界雷诺数 Re。影响边界层从层流逐渐发展为紊流的影响因素有很多,且很复杂,所以层流与紊流的转换不是在某个断面突然发生并完成的,而是在一个过渡区内逐渐完成的,转捩点处只是流态转变的开始,转捩点的位置由实验确定。对于平板边界层内的雷诺数,其特征长度可用边界层厚度δ表示,也可用平板的距离长度x表示,即:

$$\mathrm{Re}_\delta=\frac{U_0\delta}{\nu} \tag{9-3-1}$$

$$\mathrm{Re}_x=\frac{U_0x}{\nu} \tag{9-3-2}$$

若用式(9-3-1),流态转捩点的临界雷诺数 $\mathrm{Re}_c=\dfrac{U_0\delta_c}{\nu}=2700\sim8500$;若用式(9-3-2),则转捩点的临界雷诺数为:

$$\mathrm{Re}_{x_c}=\frac{U_0x_c}{\nu} \tag{9-3-3}$$

在光滑平板上,临界雷诺数的范围 $\mathrm{Re}_{x_c}=3\times10^5\sim3\times10^6$,一般取 $\mathrm{Re}_{x_c}=5\times10^5$。影响临界雷诺数的主要因素有来流的紊动强度、壁面的粗糙程度以及边界层外流动的压强分布。如绕流平板长度为L,若 $\mathrm{Re}_x=\dfrac{U_0L}{\nu}<\mathrm{Re}_{x_c}$,则该平板上全部为层流边界层;若 $\mathrm{Re}_x=\dfrac{U_0L}{\nu}>\mathrm{Re}_{x_c}$,则该平板在 x_c 以前是层流边界层,在 x_c 以后$(L-x_c)$是紊流边界层。

在紊流边界层内,最靠近壁面处,流速梯度$\dfrac{\mathrm{d}u_x}{\mathrm{d}y}$很大,黏滞切应力起主要作用,使其流态仍为层流。即在紊流边界层中,紧贴边壁表面处也有一层极薄的黏性底层。

(3)边界层分离

图9-2是均匀流与平板平行的边界层流动,但当液体流过非平行平板或非流线型物体时,情况就大不相同了。现以绕圆柱的流动为例来说明,如图9-3所示。

理想液体流经圆柱体时,由 D 点至 E 点,速度逐渐加快,压强逐渐减小,到 E 点,速度最大,压强最小;理想液体由 E 点向 F 点流动时,速度逐渐减慢,压强逐渐增大,且流速和压强在 F 点恢复至 D 点的流速与压强。其压强分布如图

9—3所示。

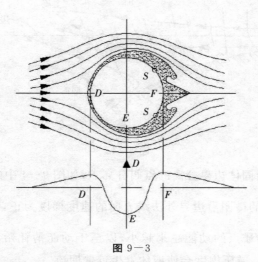

图 9—3

　　在实际液体中,绕流一开始就在圆柱表面形成了很薄的边界层。DE 段边界层以外的液体加速减压;EF 段边界层以外的液体减速增压。因此,压力梯度 $\partial p/\partial x \neq 0$。这是曲面边界层与二元边界层的重要差别。

　　曲面边界层内,$\partial p/\partial x \neq 0$,压力梯度对边界层内的流动产生很大的影响。在曲面 DE 段,液体处于顺压梯度($\partial p/\partial x < 0$)的情况下,即上游面的压力比下游面的压力大。压强差的作用同摩擦阻力作用相反,促使液体质点向前加速,层外加速液体又带动层内液体质点克服摩擦,向前运动。

　　然而,E 点以后的流动处于逆压梯度($\partial p/\partial x > 0$)的情况下,压强沿着流动方向增加。边界层内的质点到达此区域后,开始在反向压强差和黏性摩擦力的双重作用下逐渐减速;边界层内的质点到达此区域后,开始在反向压强差和黏性摩擦力的双重作用下逐渐减速,从而增加了边界层的厚度。需要注意的是,黏性切应力在边界层外趋于零。在边界层内,越靠近固体壁面,切应力越大,因而流动离壁面越近,减速越明显,以致沿流动方向的速度分布越来越内收(见图9—4)。若逆压梯度足够大,质点就有可能在物体表面改变流动方向,从而引起近壁回流。在边界层内,质点自上游源源不断地来的情况下,此回流会使边界层内的质点离开壁面从而产生分离,这种现象称为边界层分离。图 9—4 清楚地表明了边界层分离的发展过程。

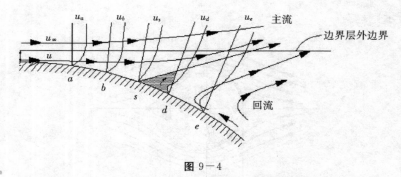

图 9-4

边界层开始与固体边界分离的点叫分离点,如图 9-4 中的 s 点。在分离点前,接近固体壁面的微团沿边界外法线方向的速度梯度为正,即 $\left(\dfrac{\partial u}{\partial y}\right)_{y=0}>0$,因而靠近壁面流动的质点的动能越来越小,以至于动能消耗殆尽,质点的速度变为零。超过 s 点后,逆压梯度会使液体发生近壁回流。

在分离点后,因倒流的存在,因此 $\left(\dfrac{\partial u}{\partial y}\right)_{y=0}<0$;在分离点 s 处,$\left(\dfrac{\partial u}{\partial y}\right)_{y=0}=0$。

$\left(\dfrac{\partial u}{\partial y}\right)_{y=0}=0$ 是分离点的特征,分离点处的切应力 $\tau_0=\mu\left(\dfrac{\partial u}{\partial y}\right)_{y=0}$ 也等于零。边界层分离后,回流立即产生旋涡,并被主流带走,同时边界层显著增厚。

边界层分离后,绕流物体尾部的流动图形随之改变。圆柱表面上、下游面的压强不再对称分布,圆柱下游面的压强显著降低并在分离点后形成负压区。这样,圆柱上、下游面的压强沿水流方向的合力指向下游,形成了"压差阻力"(也称形状阻力)。绕流阻力就是摩擦阻力和压差阻力的合力。

(4)层流边界层和紊流边界层

当实际液体在雷诺数很大的情况下以均匀流速 U_∞ 平行流过静止平板,经过平板表面前沿时,紧靠物体表面的一层液体由于黏性作用贴附在固体壁面上,速度降为零。稍靠外侧的一层液体受到这一层液体的阻滞,流速也大大降低,这种黏性作用逐层向外施加影响,使沿着平板法线方向(y 方向)上的流速分布不均匀,以至于平板附近具有较大的速度梯度,如图 9-2 所示(为了清晰起见,图 9-2 放大了纵向比例)。这样,即使液体(如水、空气)的黏性较小,由于速度梯度较大,液体也会产生较大的切应力,固壁上的切应力沿水流方向的合力即为摩擦阻力。普朗特把贴近平板边界存在较大切应力、黏性影响不能忽略的这一层薄的液体称为边界层。

　　这样,绕物体的流动可分为两个区域:在固壁附近边界层内的流动是黏性液体的有旋流动;边界层以外的流动可以看作理想液体的有势流动。

　　边界层的厚度在点 O 处等于零,然后沿流动方向逐渐增大。层内沿壁面法线方向的速度分布也很不均匀,理论上要到无限远处才不受黏性的影响,流速才能真正达到 U_∞。边界层内部的速度梯度也不相等,自边界沿法线方向向外迅速减小,因此距壁面稍远处的黏性影响就很微小了。因此人为规定:当层内流速沿 y 方向达到 $0.99U_\infty$ 时,就算到了边界层的外边界,即从平板沿外法线到流速 $u=0.99U_\infty$ 处的距离是边界层的厚度,以 δ 表示。边界层的厚度沿程增大,即 δ 是 x 的函数,可写为 $\delta(x)$。

　　边界层内的流动也可分为层流与紊流,边界层开始于层流流态。当层流边界层的厚度沿程增加时,流速梯度逐渐减小,黏性切应力也随之减小。边界层的流态经过一个过渡段便转变为紊流边界层,见图 9-2。因过渡段与被绕流物体的特征长度相比通常很短,所以可把它当成一个点,叫转捩点。如转捩点离平板前沿的距离用 x^* 表示,在 $x=x^*$ 处,边界层由层流转变成紊流,相应的雷诺数称为临界雷诺数,表示如下:

$$\mathrm{Re}^* = \frac{u_\infty x^*}{\nu}$$

　　临界雷诺数并非常量,而是与来流的紊动程度有关。如果来流已受到干扰,脉动强,流动状态的改变发生在较低的雷诺数;反之,则发生在较高的雷诺数。光滑平板边界层的临界雷诺数的范围是:

$$3\times10^5 < \mathrm{Re}^* < 3\times10^6$$

　　因此,如果平板长度为 L,则:

　　1)$\mathrm{Re}_L = \dfrac{u_\infty L}{\nu} < \mathrm{Re}^*$ 时,整个平板为层流边界层;

　　2)$\mathrm{Re}_L = \dfrac{u_\infty L}{\nu} > \mathrm{Re}^*$ 时,$x=0$,$x=x^*$ 段为层流边界层,x^* 处为转捩点,x^* 处以后为紊流边界层。

　　在紊流边界层内,靠近平板处的流速梯度依然很大,黏性切应力仍起主要作用,紊流附加切应力可以忽略,使得流动形态仍为层流,所以,在紊流边界层内存在一个黏性底层(或层流底层),见图 9-2。

　　(5)边界层厚度

　　前面已提到,液流可分成两个区域,边界层内为黏滞液流,边界层外为理想液体势流。但这两个区域是无法清晰划分的,因为流速分布曲线是连续的,并以与 y 轴平行的直线为渐近线,所以从理论上讲,固体边界对水流的影响范围应扩展至无穷远处。但事实上,距固体表面不远处的流速即迅速自 0 增至接近 IJ。因此将固体表面沿法线方向分布的流速达到 $0.99U_\infty$ 处视作边界层的外边界并无多大误差,此范围以外的流速已接近 U_0,流速梯度极小,我们可以把此处的液流看作无内摩擦力的理想液体。后文中我们所称的边界层厚度即指这一范围内的液流的边界层厚度。

1)排挤厚度

实际液体流经固体壁面时,固体边界对水流的阻滞作用使边界层内通过的流量比理想液体在同一范围内所通过的流量更小。我们可以设想,若液体是理想液体,其流速分布将是均匀的,其值均等于 U_0,此时若将固体边界以上的一个厚度为 δ_1 的水层排除,则在 $\delta-\delta_1$ 厚度内通过的流量将与实际液体在边界层内通过的流量 q_b 相等(见图 9—5)。这就是说,由于实际液体受团体边界的影响,δ 范围的流量比理想液体减少了 $U_0\delta_1$。δ_1 为流量损失厚度,也叫排挤厚度。

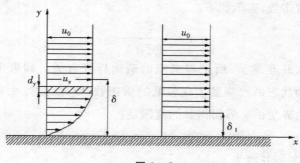

图 9—5

若用方程式来表示,边界层内的单宽流量为:

$$q_b = \int_0^b u_x d_y = u_0(\delta - \delta_1) = \int_0^\delta u_0 d_y - u_0\delta_1$$

由此可得:

$$\delta_1 = \frac{1}{u_0}\int_0^\delta (u_0 - u_x) d_y = \int_0^\delta \left(1 - \frac{u_x}{u_0}\right) d_y \qquad (9-3-4)$$

2)动量损失厚度

同样,固体边界的阻滞作用将使实际液体边界层内通过的液体动量比理想液体通过的液体动量更小。若以理想液体代替实际液体,则可在固体边界上排

除一个厚度为 δ^{**} 的水层,这样,在 $\delta-\delta^{**}$ 厚度内通过的液体动量与实际液体在边界层内通过的动量相等(见图 9－6)。

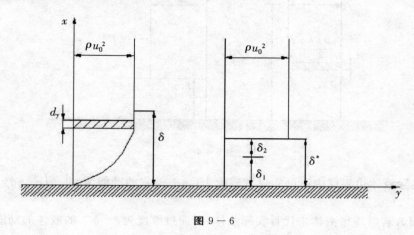

图 9－6

实际液体边界层内通过的单宽流量为 $\int_0^\delta u_x \mathrm{d}_y$,动量为 $\int_0^\delta \rho u_x^2 \mathrm{d}_y$;若以理想液体来代替实际液体,则通过厚度为 $\delta-\delta^*$ 的液体动量为 $\rho u_0^2(\delta-\delta^*)$,两者应相等,令液体密度 ρ 为常数,则:

$$M = \int_0^\delta \rho u_x^2 \mathrm{d}y = \rho u_0^2(\delta-\delta^*) = \int_0^\delta \rho U_0^2 \mathrm{d}y - \rho U_0^2 \delta^*$$

由此可得:

$$\delta^* = \frac{1}{U_0^2}\int_0^\delta(U_0^2-u_x^2)\mathrm{d}y = \int_0^\delta\left(1-\frac{u_x^2}{U_0^2}\right)\mathrm{d}y \qquad (9-3-5)$$

式中,δ^* 是动量的总损失厚度。实用上,$\delta_2 = \delta^* - \delta_1$ 常被称为动量损失厚度。由 $(9-3-4)$ 及 $(9-3-5)$ 式可得:

$$\delta_2 = \delta^* - \delta_1 = \int_0^\delta\left(1-\frac{u_x^2}{U_0^2}\right)\mathrm{d}y - \int_0^\delta\left(1-\frac{u_x}{U_0}\right)\mathrm{d}y$$

$$= \int_0^\delta\left(\frac{u_x}{U_0}-\frac{u_x^2}{U_0^2}\right)\mathrm{d}y = \int_0^\delta\frac{u_x}{U_0}\left(1-\frac{u_x}{U_0}\right)\mathrm{d}y \qquad (9-3-6)$$

（6）能量损失厚度

由前文可知,固体边界的阻滞作用将使实际液体边界层内通过的液体能量比理想液体情况下通过的液体能量更小。若以理想液体代替实际液体,则可在固体边界以上排除一个厚度为 δ^{**} 的水层,这样,在 $\delta-\delta^{**}$ 厚度内通过的液体动量将与实际液体在边界层 δ 内通过的液体动量相等(见图 9－7)。

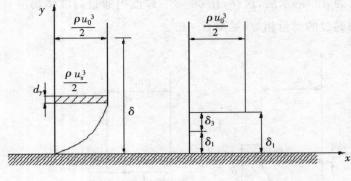

图 9－7

实际液体边界层内通过的单宽流量为 $\int_0^\delta u\mathrm{d}y_x$；它的动能为 $\gamma\int_0^\delta u\left(\dfrac{u_x^2}{2g}\right)\mathrm{d}y_x =$ $\int_0^\delta \rho\dfrac{u_x^3}{2}\mathrm{d}y$；若以理想液体来代替实际液体，则通过厚度为 $\delta-\delta^{**}$ 的液体的动能为 $\dfrac{\rho U_0^3}{2}(\delta-\delta^{**})$。以上两式应相等，即：

$$E = \int_0^\delta \frac{\rho u_x^3}{2}\mathrm{d}y = \frac{\rho U_0^3}{2}(\delta-\delta^{**}) = \int_0^\delta \frac{\rho U_0^3}{2}\mathrm{d}y - \frac{\rho U_0^3}{2}\delta^{**}$$

由此可得：

$$\delta^{**} = \frac{1}{U_0^3}\int_0^\delta (U_0^3-u_x^3)\mathrm{d}y = \int_0^\delta \left(1-\frac{u_x^3}{U_0^3}\right)\mathrm{d}y \qquad (9-3-7)$$

实际上，$\delta_3 = \delta^{**} - \delta_1$ 常被称为能量损失厚度。由（9－3－4）和（9－3－7）式可得：

$$\delta_3 = \delta^{**} - \delta_1 = \int_0^\delta \left(1-\frac{u_x^3}{U_0^3}\right)\mathrm{d}y - \int_0^\delta \left(1-\frac{u_x}{U_0}\right)\mathrm{d}y = \int_0^\delta \frac{u_x}{U_0}\left(1-\frac{u_x^2}{U_0^2}\right)$$

9－4　边界层理论的应用

边界层的概念是普朗特于1904年首先提出的，它的提出为近代流体力学开创了一个新的研究领域。边界层理论在航空、造船、航天、航海、叶轮机械、化学工程以及气象学、环境科学及能源科学等方面得到了广泛的应用。在造船界，最初它被用来计算船舶的黏性阻力；近十多年来，随着计算技术的进步及三维边界层理论的发展，它被用来计算船尾的黏性流场。

（1）边界层理论在低比转速离心泵叶片设计中的应用

边界层理论可以用于低比转速离心泵叶片的设计中，在该设计中，设计人员提出了一种将湍流边界层理论应用于圆柱形叶片型线的设计方法。该方法以 N－S 方程为基础，给出了雷诺方程，在边界层内对其进行量级比较可得到边界层的动量微分方程，对其积分可得到边界层的动量积分方程，通过变换的动量积分方程求得了损失厚度近似解的表达式，分析了叶片边界层内的速度分布规律；运用尾流律推导出各种边界层厚度的表达式，将其作为求解边界层厚度的辅助关系式；运用了结合湍流边界层厚度系数 k_c 和动量损失厚度，由无离心流动计算逐渐逼近离心流动来求解动量损失厚度的计算方法，它是进一步判定边界层分离的基础，依据对主流区速度场的分析给出了含有速度系数的离心泵叶片型线的参数方程；分析了速度系数边界层分离和理论扬程的关系；最后分析了上述理论在叶片设计中应用的计算过程。人们通过对上述方法的研究得到了以下结论：在进行叶片设计时，既要考虑叶轮参数的情况，又要考虑叶片表面中间的流动状态；叶片型线的设计水平特别重要，因此结合叶片的沿程变化规律来探索出、入口参数的方法更有意义。

（2）边界层理论在高超声速飞行器气动热工程算法中的应用

边界层可用于高超声速飞行器气动热工程算法的研究。基于普朗特的边界层理论，流场可分为边界层外的无黏流场和边界层内的黏性主导区域。人们将边界层外的无黏流场的数值求解和边界层内的黏性主导区域的工程算法相结合，创造出一套高超声速飞行器气动热的计算方法。首先，研究人员对国内外的各种高超声速飞行器气动热计算方法进行了系统的分析、归类和比较，综合利用了各种经典的热流预测方法。对于无黏流区，采用牛顿法、切楔／切锥法等工程方法确定物体表面的压力分布，利用等熵条件确定边界层外缘参数；在边界层内部，则采用经典的热流公式确定物体表面的气动加热，采用此方法对一些二维及简单的三维外形进行气动热计算具有较高的精度。基于已有的高超声速无黏 Euler 解算程序，对上述气动热计算方法中的无黏流区采用基于非结构网格的数值模拟，利用无黏数值结果来确定边界层外缘参数，研究人员设计出一套快速、高效、适用于复杂外形的高超声速气动热计算方法。通过对钝锥、钝双锥、飞船等外形有攻角的气动热的计算表明，采用这种方法计算的飞行器表面热流的结果与实验值以及 Navier－Stokes 方程计算值吻合。这种方法的计算效率远高于数值方法，尤其适用于设计阶段。

（3）基于边界层理论的叶轮的仿真

泵是水力输送系统的关键设备。输送固液混合物一般不能使用传统的清水泵，而离心式固液两相流泵的叶轮需要采用两相流理论进行设计。目前，固液速度比设计理论、三项合并理论和边界层理论，都是离心式固液两相流泵的设计理论。近年来，边界层理论得到了很大的发展，但是并未应用到生产实践中，因此建立基于边界层理论的叶轮模型必将推动该理论的发展。

由边界层理论可推导出无进口预旋时的叶片型线方程：

$$\begin{cases} r = r_1 \left[\dfrac{C_r}{\sin b} \right]^{K_V} \\ q = K_V(\operatorname{ctg} b + b - C_e) \end{cases} \quad (b \text{ 为参数})$$

式中，r_1 为入口处的向径，K_V 为速度系数，积分常数 $C_r = S(b_1)$，$C_q = \operatorname{ctg}(b_1)$，$b$ 为叶片的安放角。

选取 100 型渣浆泵，输送介质为细砂、水的混合液，固体颗粒粒径取中值，即 $d_S = d_{50} = 0.5$ mm，质量浓度 C_m 不超过 40%，颗粒密度为 $r_s = 2.6 \times 10^3$ kg·m^{-3}，要求泵的清水性能试验扬程不低于 28 m。泵的性能参数见表 9-1。

表 9-1　性能参数表

流量 $Q/\text{m}^3 \cdot \text{h}^{-1}$	（清水检验）扬程 h/m	转速 $n/\text{r} \cdot \text{min}^{-1}$	效率 $\eta/(\%)$
198	28	980	> 65

若叶轮相关参数已经确定，见表 9-2。

表 9-2　叶轮参数

入口直径 D_1/mm	入口宽度 b_1/mm	入口安放角 $\beta_1/(°)$	出口安放角 $\beta_2/(°)$	（原型泵）出口直径 D_2/mm	叶片数 Z
150	58	35	15	425	4

现按边界层理论，对该泵的叶轮型线重新进行设计，该叶片型线的参数方程为：

$$r = r_1 \left[\frac{C_r}{\sin b} \right]^{K_V} = 75 \left(\frac{0.5736}{\sin b} \right)^{1.35}$$

$$q = K_V(\operatorname{ctg} b + b - C_e) = 1.35(\operatorname{ctg} b + b - 2.0390)$$

习题

9 - 1　一平板长为 L,宽为 b,其边界层中的层流流动速度分布为 $u/U_0 = y/\delta$。试求边界层的厚度分布 $\delta(x)$ 以及平板的摩擦阻力系数。

解　(1) 求边界层的厚度分布 $\delta(x)$

边界层的动量损失厚度为:

$$\theta = \int_0^\delta \frac{u}{U_0}\left(1 - \frac{u}{U_0}\right)\mathrm{d}y = \int_0^\delta \frac{y}{\delta}\left(1 - \frac{y}{\delta}\right)\mathrm{d}y = \int_0^\delta \frac{y}{\delta}\mathrm{d}y - \int_0^\delta \frac{y^2}{\delta^2}\mathrm{d}y = \frac{1}{2}\delta - \frac{1}{3}\delta = \frac{1}{6}\delta;$$

壁面剪切应力 τ_0 为 $\tau_0 = \mu\left(\dfrac{\partial u}{\partial y}\right)_{y=0} = \dfrac{\mu U_0}{\delta}$。

将 θ 和 τ_0 代入平板层流边界层动量积分方程: $\dfrac{\mathrm{d}\theta}{\mathrm{d}x} = \dfrac{\tau_0}{\rho U_0^2}$,得:

$$\frac{\mathrm{d}\delta}{6\mathrm{d}x} = \frac{1}{\rho U_0^2} \cdot \frac{\mu U_0}{\delta} = \frac{\nu}{U_0\delta},\text{整理得到}:\mathrm{d}\delta^2 = \frac{6\nu}{U_0}\mathrm{d}x;$$

对上式两端同时积分,可得: $\dfrac{1}{2}\delta^2 = \dfrac{6\nu}{U_0}x + C$。

式中,C 为积分常数。将边界层前沿边界条件 $x = 0$ 时 $\delta = 0$ 代入上式,可得 $C = 0$,因此 $\delta^2 = \dfrac{12\nu}{U_0}x$,$\delta = 2\sqrt{3}\sqrt{\dfrac{\nu x}{U_0}} = 2\sqrt{3}\,\dfrac{x}{\sqrt{\mathrm{Re}_x}}$。

(2) 求平板的摩擦阻力系数

由动量积分方程可得平板表面摩擦剪切应力为 $\tau_0 = \rho U_0^2\dfrac{\mathrm{d}\theta}{\mathrm{d}x} = \dfrac{1}{6}\rho U_0^2\dfrac{\mathrm{d}\delta}{\mathrm{d}x}$,由于 $\delta = 2\sqrt{3}\sqrt{\dfrac{\nu x}{U_0}}$,两端同时对 x 求导,得:

$$\frac{\mathrm{d}\delta}{\mathrm{d}x} = 2\sqrt{3}\sqrt{\frac{\nu}{U_0}} \cdot \frac{1}{2} \cdot x^{-\frac{1}{2}} = \sqrt{3}\sqrt{\frac{\nu}{U_0}} \cdot x^{-\frac{1}{2}}$$

将以上解代入 τ_0 的表达式中,得:

$$\tau_0 = \frac{1}{6}\rho U_0^2\frac{\mathrm{d}\delta}{\mathrm{d}x} = \frac{\sqrt{3}}{6}\rho U_0^2\sqrt{\frac{\nu}{U_0}} \cdot x^{-\frac{1}{2}} = \frac{\sqrt{3}}{6}\rho U_0^2\sqrt{\frac{\nu}{U_0 x}} = \frac{\sqrt{3}}{6}\rho U_0^2\frac{1}{\sqrt{\mathrm{Re}_x}}$$

因此,局部摩擦阻力系数为: $C_\tau = \tau_0 / \left(\dfrac{1}{2}\rho U_0^2\right) = \dfrac{\sqrt{3}}{3} \cdot \dfrac{1}{\sqrt{\mathrm{Re}_x}}$;

总摩擦阻力系数为: $C_f = \displaystyle\int_0^L \tau_0 \mathrm{d}x / \left(\dfrac{1}{2}\rho U_0^2 Lb\right)$。

由于 $\int_0^L \tau_0 \, \mathrm{d}x = \dfrac{\sqrt{3}}{6}\rho U_0^2 \sqrt{\dfrac{\nu}{U_0}}\int_0^l x^{-\frac{1}{2}}\mathrm{d}x = \dfrac{\sqrt{3}}{3}\rho U_0^2 L\sqrt{\dfrac{\nu}{U_0 L}} = \dfrac{\sqrt{3}}{3}\rho U_0^2 L\dfrac{1}{\sqrt{\mathrm{Re}_L}}$,

因此, $C_f = \dfrac{\sqrt{3}}{3}\rho U_0^2 L\dfrac{1}{\sqrt{\mathrm{Re}_L}}\cdot\dfrac{1}{\dfrac{1}{2}\rho U_0^2 Lb} = \dfrac{2\sqrt{3}}{3}\cdot\dfrac{1}{b}\dfrac{1}{\sqrt{\mathrm{Re}_L}} = \dfrac{1.155}{b}\dfrac{1}{\sqrt{\mathrm{Re}_L}}$。

9－2　一平板长 5 m,宽 0.5 m,以 1 m/s 的速度在水中运动.试分别计算平板纵向运动和横向运动时的摩擦阻力。

解　取水的运动黏性系数 $\nu = 1.145\times10^{-6}(\mathrm{m}^2/\mathrm{s})$,临界雷诺数 $\mathrm{Re}_{cr} = 5\times10^5$,则转捩点的位置为: $x_{cr} = \mathrm{Re}_{cr}\dfrac{\nu}{U} = 5\times10^5\times\dfrac{1.145\times10^{-6}}{1.0}\approx0.573(\mathrm{m})$,因此可知,平板纵向运动时为混合边界层,横向运动时为层流边界层。

(1)平板纵向运动时的摩擦阻力

根据计算可得: $\mathrm{Re}_L = \dfrac{UL}{\nu} = \dfrac{1\times5}{1.145\times10^{-6}}\approx4.37\times10^6$;

摩擦阻力系数 $C_f = \dfrac{0.074}{(\mathrm{Re}_L)^{\frac{1}{5}}} - \dfrac{1700}{\mathrm{Re}_L} = 3.48\times10^{-3} - 0.39\times10^{-3} = 3.09\times10^{-3}$;

则平板两侧的摩擦阻力 $D_f = 2C_f\dfrac{1}{2}\rho U^2 S = 3.09\times10^{-3}\times1.0\times10^3\times1^2\times5\times0.5 = 7.725(\mathrm{N})$。

(2)平板纵向运动时的摩擦阻力

根据计算可得: $\mathrm{Re}_B = \dfrac{UB}{\nu} = \dfrac{1\times0.5}{1.145\times10^{-6}}\approx4.37\times10^5$;

摩擦阻力系数 $C_f = \dfrac{1.46}{(\mathrm{Re}_B)^{\frac{1}{2}}} = 2.21\times10^{-3}$;

则平板两侧的摩擦阻力 $D_f = 2C_f\dfrac{1}{2}\rho U^2 S = 2.21\times10^{-3}\times1.0\times10^3\times1^2\times5\times0.5 = 5.525(\mathrm{N})$。

9－3　一平板长 10 m,水的流速为 0.5 m/s,试确定:(1)平板边界层的流动状态;(2)如为混合边界,则转捩点在什么地方?(3)设 $x_{cr}/L \leqslant 5\%$ 时称为湍流边界层,试分别确定这一平板为层流边界层和湍流边界层时,水的流速分别应为多少?

解　(1)边界层流态

$\mathrm{Re}_L = \dfrac{UL}{\nu} = \dfrac{10\times0.5}{1.145\times10^{-6}}\approx4.37\times10^6$,$\mathrm{Re}_l > \mathrm{Re}_{cr} = 5\times10^5$,因此,平板

边界层的流动状态为混合边界层。

（2）转捩点位置

$$x_{\sigma} = \text{Re}_{\sigma}\frac{\nu}{U} = 5 \times 10^5 \times \frac{1.145 \times 10^{-6}}{0.5} = 1.145(\text{m})。$$

（3）平板为层流流动时的水的流速

设尾缘处的速度为 U_1，则 $\dfrac{U_1 L}{\nu} = \text{Re}_{\sigma}$，$U_1 = \text{Re}_{\sigma}\dfrac{\nu}{L} = 5 \times 10^5 \times$

$\dfrac{1.145 \times 10^{-6}}{10} \approx 0.057(\text{m/s})。$

（4）平板为湍流流动时的水的流速

设 $x_{\sigma} = 5\%L$ 处的速度为 U_2，则 $\dfrac{U_2 x_{\sigma}}{\nu} = \text{Re}_{\sigma}$，$U_2 = \text{Re}_{\sigma}\dfrac{\nu}{x_{\sigma}} = 5 \times 10^5 \times$

$\dfrac{1.145 \times 10^{-6}}{10 \times 0.05} = 1.145(\text{m/s})。$

9－4　一平板置于流速为 7.2 m/s 的空气中,试分别计算距离前沿 0.3 m、0.6 m、1.2 m、2.4 m 处的边界层厚度。

解　取临界雷诺数 $\text{Re}_{\sigma} = 5 \times 10^5$，则转捩点位置为：$x_{\sigma} = \text{Re}_{\sigma}\dfrac{\nu}{U} = 5 \times 10^5$

$\times \dfrac{1.45 \times 10^{-5}}{7.2} \approx 1.01(\text{m})。$

（1）$x = 0.3$ m 处为层流边界层：

$$\delta = 5.48\sqrt{\frac{\nu x}{U}} = 5.48 \times \sqrt{\frac{1.45 \times 10^{-5} \times 0.3}{7.2}} \approx 0.00426(\text{m})。$$

（2）$x = 0.6$ m 处仍然是层流边界层：

$$\delta = 5.48\sqrt{\frac{\nu x}{U}} = 5.48 \times \sqrt{\frac{1.45 \times 10^{-5} \times 0.6}{7.2}} \approx 0.00602(\text{m})。$$

（3）$x = 1.2$ m 处为湍流边界层：

$$\text{Re}_x = \frac{1.2 \times 7.2}{1.45 \times 10^{-5}} = 9.56 \times 10^5，\delta = \frac{0.37x}{\text{Re}_x^{1/5}} = \frac{0.37 \times 1.2}{(9.56 \times 10^5)^{1/5}} \approx$$

$0.0311(\text{m})。$

（4）$x = 2.4$ m 处也是湍流边界层：

$$\text{Re}_x = \frac{2.4 \times 7.2}{1.45 \times 10^{-5}} = 1.193 \times 10^6，\delta = \frac{0.37x}{\text{Re}_x^{1/5}} = \frac{0.37 \times 2.4}{(1.193 \times 10^6)^{1/5}} \approx$$

$0.0541(\text{m})。$

9－5　平板长 $L = 10$ m,宽 $B = 2$ m,设水流沿平板表面并垂直于板的长度,流速分别为:(1)0.01145 m/s;(2)1.6 m/s;(3)6 m/s。试分别计算平板的摩擦阻力。

解 (1)$U = 0.01145$ m/s 时

$$\text{Re}_B = \frac{UB}{\nu} = \frac{0.01145 \times 2}{1.145 \times 10^{-6}} = 2 \times 10^4 < \text{Re}_{cr} = 5 \times 10^5,流动状态为层流。$$

因此,摩擦阻力系数 $C_f = \dfrac{1.46}{\sqrt{\text{Re}_B}} = \dfrac{1.46}{\sqrt{2 \times 10^4}} \approx 1.032 \times 10^{-2}$;

平板两侧的摩擦阻力 $D_f = 2C_f \dfrac{1}{2}\rho U^2 S = 1.032 \times 10^{-2} \times 1.0 \times 10^3 \times$

$(0.01145)^2 \times 10 \times 2 \approx 0.027(\text{N})$。

(2)$U = 1.6$ m/s 时

$$\text{Re}_B = \frac{UB}{\nu} = \frac{1.6 \times 2}{1.145 \times 10^{-6}} \approx 2.795 \times 10^6 > \text{Re}_{CR} = 5 \times 10^5,流动状态为$$

混合型。因此摩擦阻力系数 $C_f = \dfrac{0.074}{\text{Re}_B^{1/5}} - \dfrac{1700}{\text{Re}_B} = 3.80 \times 10^{-3} - 0.61 \times 10^{-3} =$

3.19×10^{-3};

平板两侧的摩擦阻力 $D_f = 2C_f \dfrac{1}{2}\rho U^2 S = 3.19 \times 10^{-3} \times 1.0 \times 10^3 \times (1.6)^2$

$\times 10 \times 2 \approx 163.33(\text{N})$。

(3)$U = 6(\text{m/s})$ 时:

$$x_{cr} = \text{Re}_{cr}\frac{\nu}{U} = 5 \times 10^5 \times \frac{1.145 \times 10^{-6}}{6.0} \approx 0.095(\text{m}),x_{cr}/B = 4.77\% <$$

5%,流动状态为湍流。

$$\text{Re}_B = \frac{UB}{\nu} = \frac{6 \times 2}{1.145 \times 10^{-6}} \approx 1.048 \times 10^7;$$

摩擦阻力系数 $C_f = \dfrac{0.074}{\text{Re}_B^{1/5}} \approx 2.92 \times 10^{-3}$;

平板两侧的摩擦阻力 $D_f = 2C_f \dfrac{1}{2}\rho U^2 S = 2.92 \times 10^{-3} \times 1.0 \times 10^3 \times 6^2 \times$

$10 \times 2 = 2102.40(\text{N})$。

9-6 标准状态的空气从两平行平板构成的底边通过,入口处的速度均匀分布,其值为 $u_0 = 25$ m/s。今假定从每个平板的前沿起,湍流边界层向下逐渐发展,边界层内速度剖面和厚度可近似表示为 $u/u_0 = (y/\delta)^{1/7}$,$\delta/x = 0.38\text{Re}_x^{-1/5}(\text{Re}_x = Ux/\nu)$,式中,$U$ 为中心线上的速度,是 x 的函数。设两板相距 $h = 0.3$ m,板宽 $B \gg h$(边缘影响可以忽略不计),试求从入口至下游 5 m 处的压力降。其中，$\nu = 1.32 \times 10^{-5} (\text{m}^2/\text{s})$。

解　(1) 计算下游 $x = 5\,\text{m}$ 处的边界层厚度 δ

首先取 $U = u_0$，$\text{Re}_x = u_0 x/\nu = \dfrac{25 \times 5}{1.32 \times 10^{-5}} \approx 9.47 \times 10^6$，则边界层厚度 δ

$= 0.38 x \text{Re}_x^{-1/5} = 0.38 \times 5 \times (9.47 \times 10^6)^{-1/5} \approx 0.0765 (\text{m})$，$\delta < \dfrac{h}{2} = 0.15 (\text{m})$，

因此，两平板之间的中心线上的流速 U 没有受到边界层发展的影响，我们可以认为 $U = u_0$。

(2) 计算下游 $x = 5\,\text{m}$ 处的边界层动量损失厚度 θ

$$\theta = \int_0^\delta \frac{u}{u_0} \left(1 - \frac{u}{u_0}\right) \mathrm{d}y = \int_0^\delta \left(\frac{y}{\delta}\right)^{1/7} \left[1 - \left(\frac{y}{\delta}\right)^{1/7}\right] \mathrm{d}y = \frac{7}{72}\delta。$$

(3) 计算 $0 \leqslant x \leqslant 5\,\text{m}$ 平板间的摩擦阻力 D

根据动量损失厚度的性质可知，两平板上的摩擦阻力 $D = 2\rho u_0^2 \theta = 2\rho u_0^2 \dfrac{7}{72}\delta$

$= \dfrac{7}{36}\rho u_0^2 \delta$。

(4) 计算入口和出口的动量

显然，入口动量 $K_0 = \rho u_0^2 h$。设出口动量为 K_1，则 $K_1 = 2\left[\int_0^\delta \rho u^2 \mathrm{d}y + \rho u_0^2 (h/2 - \delta)\right]$。

其中，$\int_0^\delta \rho u^2 \mathrm{d}y = \int_0^\delta \rho u_0^2 \left(\frac{u}{u_0}\right)^2 \mathrm{d}y = \rho u_0^2 \int_0^\delta \left(\frac{y}{\delta}\right)^{\frac{2}{7}} \mathrm{d}y = \frac{7}{9}\rho u_0^2 \delta$。

因此，$K_1 = 2\rho u_0^2 \left(\dfrac{7}{9}\delta + \dfrac{h}{2} - \delta\right) = 2\rho u_0^2 \left(\dfrac{h}{2} - \dfrac{2}{9}\delta\right) = \rho u_0^2 \left(h - \dfrac{4}{9}\delta\right)$。

(5) 计算入口和出口的压力差

设入口处的压力为 p_0，出口处的压力为 p_1，则根据动量定理：$p_0 h - p_1 h - D = K_1 - K_0$，$p_1 - p_0 = \dfrac{1}{h}(K_0 - K_1 - D) = \dfrac{1}{h}\rho u_0^2 \left(h - h + \dfrac{4}{9}\delta - \dfrac{1}{36}\delta\right) = \dfrac{15}{36}\rho u_0^2 \dfrac{\delta}{h}$。

将各物理量代入上式，得到：$p_1 - p_0 = \dfrac{15}{36}\rho u_0^2 \dfrac{\delta}{h} = \dfrac{15}{36} \times 1.0 \times 10^3 \times 25^2 \times$

$\dfrac{0.0765}{0.3} \approx 6.64 \times 10^4 (\text{Pa})$。

第二篇　传热学

第一章　绪　　论

　　传热学是研究热量传递规律的科学。

　　自然界和生产过程中，到处存在温度差。热量自发地由高温物体传递到低温物体，热传递就成为一种极为普遍的物理现象。因此，传热学应用领域十分广泛：锅炉和换热设备的设计以及为强化换热和节能而改进锅炉及其他换热设备的结构；化学工业生产中，为维持工艺流程的温度而使用的特定的加热、冷却以及余热的回收技术；电子工业中解决集成电路或电子仪器散热的方法；机械制造工业测算和控制冷加工或热加工中机件的温度场；交通运输业在冻土地带修建铁路、公路；核能、航天等尖端技术中也存在大量需要解决的传热问题；太阳能、地热能、工业余热利用及其他可再生能源工程中高效能换热器的开发和设计等；应用传热学知识指导强化传热或削弱传热达到节能的目的；其他如农业、生物、医学、地质、气象、环境保护等领域，无一不需要传热学。因此，传热学已是现代技术科学的主要技术基础学科之一。近几十年来，传热学的研究成果对各部门的技术进步起了很大的促进作用，而对传热规律的深入研究，又推动了学科的迅速发展。

　　在工程领域，我国工程的能源消耗约占全部社会能源消耗的 1/3，而建筑供热能耗占到其中的 1/2，现有的 600 多亿平方米建筑中，95％左右是高能耗建筑，单位建筑面积采暖能耗相当于相同气候地区发达国家的 2～3 倍。即使是新建的建筑，也有 50％是高能耗建筑，因此，"建筑节能"已经成为我国亟须解决的问题。因此，从 2005 年开始，国内所有新建筑工程都被强制要求在以往的能源消耗水平上节约 65％。几百亿平方米的旧建筑也要逐步进行改造，达到节能要求，这是新时代的巨大工程。为实现节能所采取的技术措施必然涉及传热学知识：各种建筑围护结构材料、门窗、供热设备管道的保温材料的研制、生产、施工以及其热物理性质的测试、热损失的分析计算；热源和冷源设备的选择、配套和合理有效利用；供热通风空调及燃气产品的开发、设计和实验研究；各类采暖散热器和换热器的设计、选择和性能评价；工程的热工计算和环境保护；等等。

热传递过程有时还伴随着由物质浓度差引起的质量传递过程，即传质过程。如空调系统中，冷的喷淋水与空气的交换过程；湿空气参数的测量；蒸发式冷凝器中冷却水蒸发时的传热和传质；建筑围护结构中水分的转移过程；水果、蔬菜等农产品的保鲜，都与传热密切相关。为此，本书在着重阐述传热问题时，专门列出一章来讨论由浓度差引起的质传递问题的基本规律和计算。

1－1　热传递的基本方式

为了由浅入深地认识和掌握热传递规律，我们首先必须分析一些常见的热传递现象。例如密实的房屋砖墙或混凝土墙在冬季的散热，整个过程如图 1.1 所示可分为三段，首先热由室内空气以对流换热和墙与室内物体间的辐射方式传到墙内表面；再由墙内表面以固体导热方式传递到墙的外表面；最后由墙的外表面以空气对流换热和墙与周围物体间的辐射方式把热传递到室外。显然，在其他条件不变时，室内外温差越大，传递的热量就越多。又如热水采暖散热器的热传递过程：热水的热量先以对流换热方式传到散热器器壁的内侧，再由导热方式通过器壁，然后经由散热器器壁的外侧以空气对流换热和器壁与周围物体间的辐射换热方式将热量传到室内。从实例不难了解，热量传递过程是由导热、热对流、热辐射三种基本的热传递方式组合形成的。我们要了解传热过程的规律，就必须首先分析这三种基本的热传递方式。本章将对这三种基本的热传递方式做扼要的解释，并给出它们的最基本的表达式，使读者对热传递的方式有基本的认识。

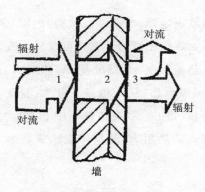

图 1.1　墙壁的散热

1. 导热

导热又称热传导,是指物体各部分无相对位移或不同物体直接接触时依靠分子、原子及自由电子等微观粒子的热运动而进行的热量传递现象。导热是物质的物理属性,导热过程可以在固体、液体及气体中发生。但在引力场下,单纯的导热一般只发生在密实的固体中,因为,在有温差时,液体和气体中可能出现热对流而难以维持单纯的导热。

大平壁导热是导热的典型问题之一。从前述墙壁的导热过程可以看出,平壁导热量与壁两侧表面的温度差和平壁的面积成正比;与壁的厚度成反比,也与材料的导热性能有关。因此,通过平壁的导热量的计算式可表示为:

$$\Phi = \frac{\lambda}{\delta} \Delta t A \tag{1-1a}$$

热流密度(每平方米的热流量)为:

$$q = \frac{\lambda}{\delta} \Delta t \qquad \text{W/m}^2 \tag{1-1b}$$

式中 A 表示壁面积,单位为 m^2;

Q 表示热流密度,单位为 W/m^2;

δ 表示壁厚,单位为 m;

Δt 表示壁两侧表面的温差,$\Delta t = t_{w1} - t_{w2}$,单位为℃;

λ 表示比例系数,比例系数也称为导热系数或热导率,指单位厚度的物体具有单位温度差时,它的单位面积上每单位时间的导热量,它的国际单位是 W/(m·K)。它表示材料导热能力的大小。导热系数一般由实验测定,例如,普通混凝土的导热系数 $\lambda = 0.75 \sim 0.8\ \text{W/(m·K)}$,纯铜的导热系数 λ 接近 $400\ \text{W/(m·K)}$。

传热学中常用电学欧姆定律(电流=电位差/电阻)来分析热量传递过程中的热量与温度差的关系。热流密度的计算式可改写为欧姆定律的形式:

热流密度 $q =$ 温度差 Δt/热阻 R_t (1-2)

与欧姆定律对照,可以看出,热流相当于电流;温度差相当于电位差;热阻相当于电阻。由此,我们得到了一个在传热学中非常重要而且实用的概念——热阻。不同的热传递方式的热阻 R_t 的具体表达式都不一样。以平壁为例,改写(1-1b)式,得:

$$q = \frac{\Delta t}{\delta/\lambda} = \frac{\Delta t}{R_\lambda} \tag{1-1c}$$

R_λ 表示导热热阻，则平壁导热热阻 $R_\lambda = \delta/\lambda$，单位为 $\mathrm{m^2 \cdot K/W}$。可见平壁导热热阻与壁厚成正比，与导热系数成反比。R_λ 大，则 q 小。利用式（1—1a），面积为 $A\ \mathrm{m^2}$ 的平壁的热阻为 $\delta/(\lambda \cdot A)$，单位为 $\mathrm{K/W}$。热阻的倒数称为热导，它相当于电导。不同情况下，导热过程不同，导热的表达式亦各异。本书将对几种典型的导热的宏观规律及其计算方法进行论述。

2.热对流

只依靠流体的宏观运动传递热量的现象称为热对流，这是热传递的另一种基本方式。设热对流过程中，质流密度 $m\ [\mathrm{kg/(m^2 \cdot s)}]$ 保持恒定的流体从温度为 t_1 的地方流至 t_2 处，其比热容为 $c_p[\mathrm{J/(kg \cdot K)}]$，则此热对流传递的热流密度应为：

$$q = mc_p(t_2 - t_1) \tag{1—3}$$

但是，工程上经常涉及的传热现象往往是流体在与它温度不同的壁面上流动时，两者间产生的热量交换，传热学把这一热量传递过程称为对流换热（也称放热）过程。因为对流换热过程的热量传递涉及诸多影响因素，是一个复杂的换热过程，因此它已不属于热传递的基本方式。这种情况可采用对流换热计算式（通称"牛顿冷却公式"）计算热流密度：

$$q = h(t_w - t_f) = h\Delta t \tag{1—4a}$$

或面积 $A\ \mathrm{m^2}$ 上的热流量： $\Phi = h(t_w - t_f)A = h\Delta t A \tag{1—4b}$

式中　t_w 表示壁表面温度，单位为℃；

　　　t_f 表示流体温度，单位为℃；

　　　Δt 表示壁表面与流体间温度差，单位为℃；

　　　H 表示表面传热系数，是指单位面积上流体与壁之间在单位温差下及单位时间内所能传递的热量。常用的表面传热系数单位是 $\mathrm{J/(m^2 \cdot s \cdot K)}$ 或 $\mathrm{W/(m^2 \cdot K)}$。h 的大小表示对流换热过程的强弱程度。例如采暖热水散热器外壁和空气间的表面传热系数约为 $1 \sim 10\ \mathrm{W/(m^2 \cdot K)}$，而它的内壁和热水之间的 h 则可达数千。由于 h 受制于多种影响因素，故研究对流换热问题的关键是如何确定表面传热系数。本书将对一些工程中常见的典型对流换热过程进行分析，并提供理论解或实验解。

按式（1—2）提出的热阻概念改写式（1—4a）得：

$$q = \frac{\Delta t}{1/h} = \frac{\Delta t}{R_h} \tag{1—4c}$$

式中，$R_h = 1/h$ 即为单位壁表面积上的对流换热热阻，利用式（1－4b），则表面积为 $A \text{ m}^2$ 的壁面上的对流换热热阻为 $1/(h \cdot A)$，单位是 K/W。

3. 热辐射

导热或对流都是以冷、热物体的直接接触来传递热量的，热辐射则不同，它依靠物体表面对外发射可见或不可见的射线（电磁波，或者说光子）传递热量。物体表面每单位时间、单位面积对外辐射的热量称为辐射力，用 E 表示，它的常用单位是 $\text{J}/(\text{m}^2 \cdot \text{s})$ 或 W/m^2，辐射力的大小与物体表面的性质及温度有关。对于黑体（一种理想的热辐射表面），理论和实验证实，它的辐射力 E_b 与表面热力学温度的 4 次方成比例，即斯忒藩－玻尔兹曼定律：

$$E_b = \sigma_b T^4$$
$$\Phi = \sigma_b T^4 A \tag{1-5a}$$

上式亦可写作：

$$E_b = C_b \left(\frac{T}{100}\right)^4$$
$$\Phi = C_b \left(\frac{T}{100}\right)^4 A \tag{1-5b}$$

式中　E_b 表示黑体的辐射力，单位为 W/m^2；

　　σ_b 表示斯忒藩－玻尔兹曼常量，也叫黑体辐射常数，$\sigma_b = 5.67 \times 10^{-8}$，单位为 $\text{W}/(\text{m}^2 \cdot \text{K}^4)$；

　　C_b 表示黑体辐射系数，$C_b = 5.67$，单位为 $\text{W}/(\text{m}^2 \cdot \text{K}^4)$；

　　T 表示黑体表面的热力学温度，单位为 K。

一切实际物体的辐射力都低于同温度下的黑体的辐射力：

$$E = \varepsilon \sigma_b T^4$$
$$E = \varepsilon C_b \left(\frac{T^4}{100}\right) \tag{1-5c}$$

式中，ε 为实际物体表面的发射率，也称黑度，其值介于 0～1 之间。

物体间靠热辐射进行的热量传递称为辐射换热。它的特点是：热辐射过程中伴随着能量形式的转换（物体内能→电磁波能→物体内能）；冷、热物体不需要直接接触；不管温度高还是低，物体都在不停地相互发射电磁波能，相互辐射能量，高温物体辐射给低温物体的能量大于低温物体向高温物体辐射的能量，总的结果是热由高温传到低温。

两个无限大的平行平面间的热辐射是最简单的辐射换热问题，设它的两表面的热力学温度分别为 T_1 和 T_2，且 $T_1 > T_2$，则单位面积高温表面在单位时间内以辐射方式传递给低温表面的辐射换热热流密度的计算式为：

$$q = C_{1,2} \left[\left(\frac{T_1}{100} \right)^4 - \left(\frac{T_2}{100} \right)^4 \right] \qquad \text{W/m}^2 \qquad (1-5\text{d})$$

或 A m^2 上的辐射热流量 　$\Phi = C_{1,2} \left[\left(\frac{T_1}{100} \right)^4 - \left(\frac{T_2}{100} \right)^4 \right] A \qquad \text{W} \qquad (1-5\text{e})$

式中，$C_{1,2}$ 称为 1 和 2 两表面间的系统辐射系数，它取决于辐射表面材料的性质及状态，其值为 $0 \sim 5.67$ 之间。辐射换热热阻的表述将在第九章讨论。本书的辐射换热部分将论述热辐射的宏观规律及若干典型条件下的辐射换热计算方法。

1－2　传热过程

工程中经常遇到冷、热两种流体隔着固体壁面的换热，即热量从壁面一侧的高温流体通过壁面传给另一侧的低温流体的过程，称为传热过程。在初步了解前述基本热传递方式后，即可导出传热过程的基本计算式。设有一个大平壁，面积为 A；它的一侧是温度为 t_{f1} 的热流体，另一侧是温度为 t_{f2} 的冷流体；两侧的表面传热系数分别为 h_1 及 h_2；壁面温度分别为 t_{w1} 和 t_{w2}；壁的材料导热系数为 λ；厚度为 δ；如图 1.2 所示。设传热工况不随时间发生变化，即各处温度及传热量不随时间发生改变，传热过程处于稳态；壁的长和宽均远大于它的厚度，可认为热流方向与壁面垂直。若将该传热过程中各处的温度描绘在 $t-x$ 坐标图上，图中的曲线即该传热过程的温度分布线。按照图 1.1 的分析方法，整个传热过程分为三段，分别用下列三式表达：

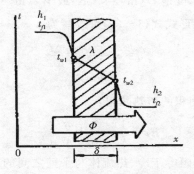

图 1.2　两流体间的热传递过程

热量由热流体以对流换热方式传给壁左侧,按式(1-4),其热流密度为:

$$q = h_1(t_{f1} - t_{w1})$$

该热量又以导热方式通过平壁,按式(1-1),其热流密度为:

$$q = \frac{\lambda}{\delta}(t_{w1} - t_{w2})$$

它再由壁右侧以对流换热方式传给冷流体,即:

$$q = h_2(t_{w2} - t_{f2})$$

在稳态情况下,以上三式的热流密度 q 相等,把它们改写为:

$$\left.\begin{array}{l} t_{f1} - t_{w1} = q/h_1 \\[1mm] t_{w1} - t_{w2} = q/\left(\dfrac{\lambda}{\delta}\right) \\[1mm] t_{w2} - t_{f2} = q/h_2 \end{array}\right\}$$

三式相加,消去 t_{w1} 及 t_{w2},整理后得该平壁的传热热流密度:

$$q = \frac{1}{\dfrac{1}{h_1} + \dfrac{\delta}{\lambda} + \dfrac{1}{h_2}}(t_{f1} - t_{f2}) = k(t_{f1} - t_{f2}) \quad \text{W/m}^2 \tag{1-6a}$$

对于 A m^2 的平壁,传热热流量 Φ 为:

$$\Phi = qA = k(t_{f1} - t_{f2})A \quad\quad \text{W} \tag{1-6b}$$

式中

$$k = \frac{1}{\dfrac{1}{h_1} + \dfrac{\delta}{\lambda} + \dfrac{1}{h_2}} \tag{1-7}$$

k 称为传热系数,它表示单位时间、单位壁面积上,冷热流体间温差为 1 度时所传递的热量,k 的单位是 J/(m^2 · s · K)或 W/(m^2 · K),故 k 值的大小反映了传热的强弱。按热阻形式式(1-6a)可改写为:

$$q = \frac{t_{f1} - t_{f2}}{\dfrac{1}{k}} = \frac{\Delta t}{R_k} \tag{1-6c}$$

R_k 即为平壁单位面积的传热热阻:

$$R_k = \frac{1}{k} = \frac{1}{h_1} + \frac{\delta}{\lambda} + \frac{1}{h_2} \tag{1-8}$$

可见传热过程的热阻等于冷、热流体与平壁之间的对流换热热阻及壁的导热热阻之和,相当于串联电阻的计算方法,掌握了这一点,分析和计算传热过程就十分方便了。由传热热阻的组成不难知道,传热阻力的大小与流体的性质、流动情况、壁的材料以及形状等许多因素有关,所以它的数值变化很大。例如,建筑物室内空气和物体通过 240 mm 厚的砖墙向周围环境散热的过程的 k 值约为 2 W/(m^2·K),如果墙外贴有几厘米厚的高效保温层,则这一数值将降到0.5;建筑物围护结构和热力管道的保温层的作用是减少热损失,保温材料的导热系数越小,k 值越小,保温性能越好;在蒸汽热水器中,k 值可达 5000 W/(m^2·K),k 值越大,传热越好。

综上所述,学习传热学的目的概括起来就是:认识传热规律;计算各种情况下的传热量或热传过程中的温度及其分布;掌握增强或削弱传热过程的措施以及对传热现象进行实验研究的方法。

本书各章均有小结,它将指出各章的中心内容、学习思路及学习的基本要求,对复习会有一定的指导作用。

本书各章的例题与本章的主要概念密切结合,例题附有分析讨论,其中的数据有助于加强我们对概念的理解和掌握。

小　　结

绪论概述了传热学应用的实例及其广泛性,介绍了本书的主要内容,即导热、对流换热、热辐射、传热等部分的最基本的计算式。学习绪论的基本要求是:

(1)掌握一些基本概念,如导热、热对流、对流换热、热辐射、辐射换热、传热、传质、热阻;认清哪些是热量传递的基本方式;

(2)在以后的传热学学习中,将会经常使用上文中提到的一些基本计算式,因此需要理解和熟练掌握式(1-1)至式(1-8)的意义及各物理量的单位;

(3)结合本专业的特点,初步了解学习传热学的目的。

例 1-1　某住宅的墙壁厚 δ_1 =240 mm,其导热系数 λ_1 =0.6 W/(m·K),墙壁内、外两侧的表面传热系数分别为:h_1 =7.5 W/(m^2·K),h_2 =10 W/(m^2·K),冬季,内、外两侧的气温分别为 t_{f1} =20 ℃和 t_{f2} =-5 ℃,试计算墙壁的各项热阻、传热系数以及热流密度;为减少墙壁的散热损失,节约能源,特在墙的一侧加装厚度 δ_2 =50 mm 的聚苯乙烯硬质泡沫塑料保温层,其导热系数 λ_2 =0.03 W/(m·K),试问改造后墙壁的传热会发生什么变化?

解　无保温层时,单位壁面积各项热阻为:

$$R_{h1}=\frac{1}{h_1}=\frac{1}{7.5}\approx0.133(\mathrm{m^2\cdot K/W})$$

$$R_\lambda=\frac{\delta_1}{\lambda_1}=\frac{0.24}{0.6}=0.4(\mathrm{m^2\cdot K/W})$$

$$R_{h2}=\frac{1}{h_2}=\frac{1}{10}=0.1(\mathrm{m^2\cdot K/W})$$

因此,传热热阻(单位面积)为:

$$R_k=R_{h1}+R_\lambda+R_{h2}=0.133+0.4+0.1=0.633(\mathrm{m^2\cdot K/W})$$

无保温层时,墙壁的传热系数为:

$$k=\frac{1}{R_k}=\frac{1}{0.633}\approx1.58[\mathrm{W/(m^2\cdot K)}]$$

热流密度为:

$$q=k\Delta t=1.58\times(20+5)=39.5(\mathrm{W/m^2})$$

加装保温层后,墙体的导热热阻等于砖层与保温层两者之和:

$$R_\lambda=\frac{\delta_1}{\lambda_1}+\frac{\delta_2}{\lambda_2}=\frac{0.24}{0.6}+\frac{0.05}{0.03}\approx2.07(\mathrm{m^2\cdot K/W})$$

墙体各项热阻增加为:

$$R_k=R_{h1}+R_\lambda+R_{h2}=0.133+2.07+0.1\approx2.3(\mathrm{m^2\cdot K/W})$$

加装保温层后,墙体的传热系数为:

$$k=\frac{1}{R_k}=\frac{1}{2.3}\approx0.435[\mathrm{W/(m^2\cdot K)}]$$

热流密度为:

$$q=k\Delta t=0.435\times(20+5)\approx10.9(\mathrm{W/m^2})$$

讨论　从本例可以得出以下几点:(1)把墙壁传热过程的各项热阻分别计算出来,有助于了解各项热阻的差异、分析传热过程,这是传热计算常用的方法。对建筑物而言,在墙体传热的各项热阻中,墙体本身的热阻占主导地位。因此,必须提高墙体的导热热阻才能减少墙体的热损失。(2)当加装50 mm厚的保温层后,其热阻增加了4倍。若无保温墙,热流密度为100%,则在相同条件下该保温层使热流密度降为原来的28%,减少了70%的热损失。(3)请思考,是否可以进一步计算出该墙壁内、外表面的温度以及保温层与砖之间的温度?(4)如果仅仅从传热角度分析,将保温层贴附在墙的内侧或者外侧,其传热量是否有差异?

例 1-2　一冷冻库外墙的内壁表面温度 $t_w = -12$ ℃，库内冷冻物及气温均为 $t_f = -18$ ℃，已知壁的表面传热系数为 $h = 5$ W/(m² · K)，壁与物体间的系统辐射系数 $C_{1,2} = 5.1$ W/(m² · K)，试计算该壁表面每平方米的冷量损失，并对比对流换热与热辐射冷损失的大小。

解　对流换热冷损失 $q_h = h(t_w - t_f) = 5 \times [-12 - (-18)] = 30$（W/m²）；

热辐射冷损失 $q_R = C_{1,2} \left[\left(\dfrac{T_w}{100} \right)^4 - \left(\dfrac{T_f}{100} \right)^4 \right]$

$$= 5.1 \times \left[\left(\frac{273 + (-12)}{100} \right)^4 - \left(\frac{273 + (-18)}{100} \right)^4 \right]$$

$$= 20.7 \text{（W/m}^2\text{）}$$

壁表面冷损失 $q = q_h + q_R = 30 + 21 = 51$（W/m²）。

讨论　即使是在冷冻室的低温条件下，在全部冷损失中，由热辐射引起的冷损失占很大比例，这是一个不可忽视的因素。为降低冷冻库的冷损失，应设法降低库壁的温度和它的热辐射系数，请问降低库壁温度的主要方法有哪些？对于本例，计算全部冷损失时，温度差是否可以用 $t_f - t_w$ 来表示？

【思考题】

1. 冰雹落地后慢慢融化，请问冰雹融化所需的热量是通过哪些途径得到的？

2. 秋天地上的草在夜间向外界放出热量，温度降低，叶面有露珠生成，请问这部分热量是通过什么途径放出的？ 放到哪里去了？ 到了白天，叶面的露水又会慢慢蒸发掉，露水蒸发所需的热量又是通过哪些途径获得的？

3. 请上网检索"青藏铁路冻土施工"的报道，看看我国铁路建设者们是怎样把传热原理巧妙地用在冻土施工工程上的。通过本章的学习，你可能对此会有一个初步的认识，带着这个问题去学习后面的章节，对学习传热学可能会有很大帮助。

4. 现在冬季室内供暖可以采用多种方法。试分析每一种供暖方法的主要热传递方式，填写在各箭头上。

散热器：散热器内的蒸汽或热水→散热器内壁→散热器外壁→室内空气→人体
　　　　　　　　　　　　　　　　　　　　　└→墙壁→人体

电热散热器：电加热后的油→散热器内壁→散热器外壁→室内空气→人体

红外电热器:红外电热元件→人体

　　　　　　└→墙壁→人体

电热暖风机:电加热器→加热风→人体

冷暖两用空调机(供热时):加热风→人体

太阳照射:阳光→人体

5.自然界和日常生活中存在大量传热现象,如加热、冷却、冷凝、沸腾、升华、凝固、融熔等,试各举一例说明这些现象的热量的传递方式。

6.夏季在温度为 20 ℃的室内,人穿单衣就感到很舒服,而冬季在同样温度的室内却必须穿保暖衣,试用传热学的知识分析原因;冬季挂上窗帘后,人顿时感觉暖和许多,原因是什么?

7.“热对流”和“对流换热”是否是同一现象?试以实例说明。对流换热是不是基本的传热方式?

8.住宅建筑冬天供暖所消耗的能源最终都是通过建筑物的外壁由室内传到室外,请问:它是通过房屋的哪些部位、以什么方式传到室外的?

9.一般的保温瓶胆为真空玻璃夹层,夹层两侧镀银,为什么它能较长时间地保温?并分析热水的热量是如何通过胆壁传到外界的,什么情况下保温性能会变得很差?

10.面积为 12 m^2 的壁的总导热热阻与它单位面积上的热阻 R_λ 之比为多少?

11.利用式(1-1)分析,图 1.2 中的平壁内的温度在什么条件下呈直线关系变化,什么条件下呈曲线关系变化?

12.一燃气加热炉,炉子的内壁为耐火砖,外壁为普通红砖,两种砖之间有的填充保温材料,有的则为空气夹层,试分析这两种情况下热量从炉内到炉外的传递过程? 如果是空气夹层,请分析热量是如何通过空气夹层的?

13.求房屋外墙的散热热流密度 q 以及它的内、外表面温度 t_{w1} 和 t_{w2}。已知:$\delta=360$ mm,室外温度 $t_{f2}=-10$ ℃,室内温度 $t_{f1}=18$ ℃,墙的 $\lambda=0.61$ W/(m・K),内壁表面的传热系数 $h_1=87$ W/(m^2・K),外壁 $h_2=124$ W/(m^2・K)。已知该墙高 2.8 m,宽 3 m,求它的散热量 Φ。

14.一大平板高 3 m,宽 2 m,厚 0.2 m,导热系数为 45 W/(m・K),两侧表面温度分别为 $t_{w1}=150$ ℃ 及 $t_{w2}=285$ ℃,试求该板的热阻、单位面积热阻、热流密度及热流量。

15. 空气在一根内径为 50 mm、长 2.5 m 的管子内流动并被加热,已知空气的平均温度为 85 ℃,管壁对空气的 $h=73$ W/(m² · K),热流密度 $q=5110$ W/m²,试确定管壁温度及热流量 Φ。

16. 已知两平行平壁的壁温分别为 $t_{w1}=50$ ℃,$t_{w2}=20$ ℃,系统辐射系数 $C_{1,2}=3.96$,求每平方米的辐射换热量。若 t_{w1} 增加到 200 ℃,辐射换热量变化了多少?

17. 燃气热水加热器传热面积为 24 m²,管内热水 $h_1=5000$ W/(m² · K),管外燃气 $h_2=85$ W/(m² · K),已知燃气平均温度 $t_1=500$ ℃,热水 $t_2=45$ ℃,求此加热器的传热系数及传热量。分析本题的计算结果,若把管外燃气的表面传热系数直接作为加热器的传热系数,即 $k=85$ W/(m² · K),误差有多大? 为什么? 若本题中的管子是厚度为 1 mm 的铜管,是否需要考虑管壁的热阻? 为什么?

18. 上网检索"节能"问题,并根据检索资料分析传热学与节能的关系?

习题

1—1 夏天的早晨,一个大学生离开宿舍时温度为 20 ℃。他希望晚上回到房间时温度能够低一些,于是早上离开时紧闭门窗,并打开了一个功率为 15 W 的电风扇,该房间的长、宽、高分别为 5 m、3 m、2.5 m。如果他 10 小时以后回来,试估算房间的平均温度是多少?

解 关闭门窗后相当于隔绝了房间内、外的热交换,但是电风扇会在房间内做功产生热量:$15\times10\times3600=540000$ J,全部热量被房间内的空气吸收,房内温度将升高,空气在 20 ℃ 时的比热为:1.005 kJ/kg · K,密度为 1.205 kg/m³,所以 $\Delta t=\dfrac{540000\times10^{-3}}{5\times3\times2.5\times1.205\times1.005}=11.89$,当他回来时,房间的温度约为 32 ℃。

1—2 淋浴器的喷头正常工作时的供水量一般为每分钟 1000 cm³。冷水通过电热器从 15 ℃ 被加热到 43 ℃。请问电热器的加热功率是多少? 为了节省能源,有人提出将用过的热水(温度为 38 ℃)送入一个换热器去加热进入淋浴器的冷水。如果该换热器能将冷水加热到 27 ℃,请问采用余热回收换热器后洗澡 15 min 可以节省多少能量?

解 电热器的加热功率:

$$P=\frac{Q}{\tau}=\frac{cm\Delta t}{\tau}=\frac{4.18\times10^3\times10^3\times1000\times10^{-6}\times(43-15)}{60}\approx1950.7\text{ W}\approx$$

1.95(kW)

15 min 可节省的能量：

$Q=cm\Delta t=4.18\times10^3\times10^3\times1000\times10^{-6}\times15\times(27-15)=752400\ J=752.4(kJ)$

1—3　对于附图所示的两种水平夹层，冷、热表面间热量交换的方式有何不同？如果要通过实验来测定夹层中流体的导热系数，应采用哪一种布置方式？

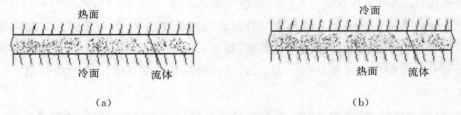

　　　　　　　　（a）　　　　　　　　　　　　　　　　　（b）

解　（a）中的热量交换的方式主要为热传导；（b）中的热量交换的方式主要有热传导和自然对流，所以如果要通过实验来测定夹层中流体的导热系数，应采用（a）布置。

1—4　一堵砖墙的表面积为 12 m²，厚为 260 mm，平均导热系数为 1.5 W/(m·K)。设面向室内一侧的表面温度为 25 ℃，而外表面温度为−5 ℃，试求砖墙向外界散失的热量。

解　根据傅立叶定律，有：

$$\Phi=\lambda A\frac{\Delta t}{\delta}=1.5\times12\times\frac{25-(-5)}{0.26}\approx2076.9(W)$$

导热

1—5　一炉子的炉壁厚 13 cm，总面积为 20 m²，平均导热系数为 1.04 W/(m·K)，内、外壁温分别为 520 ℃ 及 50 ℃。试计算通过炉壁的热损失。如果所用的煤的发热量是 2.09×10⁴ kJ/kg，请问每天因热损失要用掉多少千克煤？

解　根据傅立叶公式，

$$Q=\frac{\lambda A\Delta t}{\delta}=\frac{1.04\times20\times(520-50)}{0.13}=75.2(kW)$$

每天用煤的量为：

$$\frac{24\times3600\times75.2}{2.09\times10^4}\approx310.9(kg/d)$$

1—6 夏天,阳光照射在一厚度为 40 mm 的用层压板制成的木门外的表面上,用热流计测得木门内表面的热流密度为 15 W/m²。外表面的温度为 40 ℃,内表面的温度为 30 ℃。试估算此木门在厚度方向上的导热系数。

解 $q=\lambda\dfrac{\Delta t}{\delta}$,$\lambda=\dfrac{q\delta}{\Delta t}=\dfrac{15\times0.04}{40-30}=0.06$ W/(m · K)

1—7 在一次测定空气横向流过单根圆管的对流换热实验中,得到下列数据:管壁平均温度 $t_w=69$ ℃,空气温度 $t_f=20$ ℃,管子的外径 $d=14$ mm,加热段长 80 mm,输入加热段的功率 8.5 W,如果全部热量通过对流换热传给空气,请问此时的对流换热表面传热系数多大?

解 根据牛顿冷却公式:

$$q=2\pi rlh(t_w-t_f)$$

$$h=\frac{q}{\pi d(t_w-t_f)}=49.33 \text{ W/(m}^2 \text{ · K)}$$

1—8 采用电加热的方法对置于水中的不锈钢管进行压力为 1.013×10^5 Pa 的饱和水沸腾换热实验。测得加热功率为 50 W,不锈钢管的外径为 4 mm,加热段长 10 mm,表面平均温度为 109 ℃。试计算此时沸腾换热的表面传热系数。

解 根据牛顿冷却公式有:

$$\Phi=Ah\Delta t$$

$$h=\frac{\Phi}{A\Delta t}=4423.2 \text{ W/(m}^2 \text{ · K)}$$

1—9 一长宽各为 10 mm 的等温集成电路芯片安装在一块地板上,温度为 20 ℃ 的空气在风扇的作用下冷却芯片。芯片最高允许温度为 85 ℃,芯片与冷却气流间的表面传热系数为 175 W/(m² · K)。试确定在不考虑辐射时芯片最大允许功率,芯片顶面高出底板的高度为 1 mm。

解 $\Phi_{max}=hA\Delta t=175\times[0.01\times0.01+4\times(0.01\times0.001)]\times(85-20)=1.5925(\text{W})$

辐射

1—10 有两块无限靠近的黑体平行平板,温度分别为 T_1、T_2。试按黑体的性质及斯忒藩—玻尔兹曼定律导出单位面积上辐射换热量的计算式(提示:无限靠近意味着每一块板发出的辐射能全部落到另一块板上)。

解　由题意可知：$q_{1f} = \sigma T_1^4, q_{2f} = \sigma T_2^4$，两板的换热量为：$q = \sigma(T_1^4 - T_2^4)$。

1—11　宇宙空间可近似地看成 0 K 的真空空间。一个航天器在太空中飞行，其外表面的平均温度为 250 ℃，表面发射率为 0.7，试计算航天器单位表面的换热量。

解　$q = \varepsilon \sigma T^4 = 0.7 \times 5.67 \times 10^{-8} \times 250^4 = 155 (\text{W}/\text{m}^2)$

1—12　半径为 0.5 m 的球状航天器在太空中飞行，其表面发射率为 0.8。航天器内电子元件的散热总共为 175 W。假设航天器没有从宇宙空间接受任何辐射能量，试估算其表面的平均温度。

解　电子元件的发热量＝航天器的辐射散热量即：

$$Q = \varepsilon \sigma T^4$$

$$T = \sqrt[4]{\frac{Q}{\varepsilon \sigma A}} = 187 \text{ K}$$

热阻分析

1—13　有一台气体冷却器，气侧的表面传热系数 $h_1 = 95$ W/(m²·K)，壁面厚 $\delta = 2.5$ mm，$\lambda = 46.5$ W/(m·K)，水侧的表面传热系数 $h_2 = 5800$ W/(m²·K)。假设传热壁可以看成平壁，试计算各个环节单位面积的热阻及从气到水的总传热系数。为了强化这一传热过程，应首先从哪一环节着手？

解　$R_1 = \dfrac{1}{h_1} = 0.010526; R_2 = \dfrac{\delta}{\lambda} = \dfrac{0.0025}{46.5} = 5.376 \times 10^{-5}; R_3 = \dfrac{1}{h_2} = \dfrac{1}{5800}$

$= 1.724 \times 10^{-4}$，则：

$$K = \frac{1}{\dfrac{1}{h_1} + \dfrac{1}{h_2} + \dfrac{\delta}{\lambda}} = 94.7 \text{ W}/(\text{m}^2 \cdot \text{K})，应强化气体侧表面传热。$$

1—14　在上题中，如果气侧结了一层厚为 2 mm 的灰，$\lambda = 0.116$ W/(m·K)；水侧结了一层厚为 1 mm 的水垢，$\lambda = 1.15$ W/(m·K)，其他条件不变，请问此时的总传热系数为多少？

解　由题意得：

$$K = \frac{1}{\dfrac{1}{h_1} + \dfrac{\delta_1}{\lambda_1} + \dfrac{\delta_2}{\lambda_2} + \dfrac{\delta_3}{\lambda_3} + \dfrac{1}{h_2}} = \frac{1}{\dfrac{1}{95} + \dfrac{0.002}{0.116} + \dfrac{0.0025}{46.5} + \dfrac{0.001}{1.15} + \dfrac{1}{5800}}$$

$$= 34.6 \text{ W}/(\text{m}^2 \cdot \text{K})$$

1—15　在锅炉炉膛的水管中有沸水流过，以吸收管外的火焰及烟气辐射给管壁的热量。试根据下列三种情况,画出从烟气到水的传热过程的温度分布曲线。

(1)管子内、外均干净;

(2)管内结水垢,但水温与烟气的温度保持不变;

(3)管内结水垢,管外结灰垢,水温及锅炉的产气率不变。

解

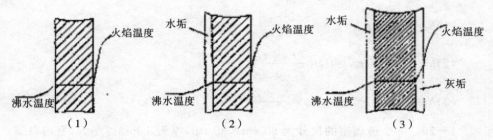

（1） （2） （3）

1—16 已知:$t_{w1} = 460$ ℃,$t_{f2} = 300$ ℃,$\delta_1 = 5$ mm,$\delta_2 = 0.5$ mm,$\lambda_1 = 46.5$ W/(m·K),$\lambda_2 = 1.16$ W/(m·K),$h_2 = 5800$ W/(m²·K)。试计算单位面积所传递的热量。

解 由题意得:

$$R_z = \frac{1}{h_1} + \frac{\delta_1}{\lambda_1} + \frac{\delta_2}{\lambda_2} = 0.00071$$

$$q = \frac{\Delta t}{R_z} = \frac{t_w - t_f}{R_z} = 225.35(\text{kW})$$

1—17 在工程传热问题的分析中定性地估算换热壁面的温度工况是很有用的。根据稳态传热过程,试概括出通过热阻以估计壁面温度工况的简明法则。

答 因为稳态传热过程中通过每个截面的热流量都相等,热阻越小的串联环节,温降越小,则换热壁面的温度越接近,否则温差较大。

传热过程及综合分析

1—18 有一台传热面积为 12 m² 的氨蒸发器,氨液的蒸发温度为 0 ℃,被冷却水的进口温度为 9.7 ℃,出口温度为 5 ℃,蒸发器中的传热量为 69000 W,试计算总传热系数。

解 由题意得:

$$\Delta t = \frac{\Delta t_1 + \Delta t_2}{2} = 7.35 \text{ ℃}$$

已知 $\Phi=KA\Delta t$，得 $K=\dfrac{\Phi}{A\Delta t}=782.3$ W/(m²·K)。

1—19 在上题所述的传热过程中，假设 $\delta/\lambda=0$，试计算下列情形中分隔壁的温度：(1)$h_1=h_2$；(2)$h_1=2h_2$；(3)$h_1=0.5h_2$。

解 已知 $\dfrac{\delta}{\lambda}=0$，因 $t_{w1}=t_{w2}$，故：

$$Ah_1(t_{w1}-t_{f2})=Ah_2(t_{w2}-t_{f2})$$

(1)$h_1=h_2$ 时，$t_{w1}=t_{w2}=\dfrac{t_{f1}+t_{f2}}{2}$。

(2)$h_1=2h_2$ 时，$t_{w1}=t_{w2}=\dfrac{2t_{f1}+t_{f2}}{3}$。

(3)$h_1=0.5h_2$ 时，$t_{w1}=t_{w2}=\dfrac{t_{f1}+2t_{f2}}{3}$。

1—20 一个玻璃窗的尺寸为 60 cm×30 cm，厚为 4 mm。冬天，室内及室外温度分别为 20 ℃ 及 −20 ℃，内表面的自然对流换热表面系数为 W，外表面强制对流换热表面系数为 50 W/(m·K)。玻璃的导热系数 $\lambda=0.78$ W/(m·K)。试确定通过玻璃的热损失。

解 由题意得：

$$\Phi=\dfrac{\Delta T}{\dfrac{1}{h_1A}+\dfrac{1}{Ah_2}+\dfrac{\delta}{A\lambda}}=57.5(\text{W})$$

1—21 一个储存水果的房间的墙用软木板做成，厚为 200 mm，其中一面墙的高与宽分别为 3 m、6 m。设冬天的室内温度为 2 ℃，室外温度为 −10 ℃，室内墙壁与环境之间的表面传热系数为 6 W/(m·K)，室外刮强风时的表面传热系数为 60 W/(m·K)。软木的导热系数 $\lambda=0.044$ W/(m·K)。试计算通过这面墙所散失的热量，并讨论室外风力减弱对墙散热量的影响（提示：室外的表面传热系数可取原来的 1/2 或 1/4 来计算）。

解 由题意得：

$$\Phi=\dfrac{\Delta T}{\dfrac{1}{h_{N1}A}+\dfrac{1}{Ah_w}+\dfrac{\delta}{A\lambda}}=45.67(\text{W})$$

当室外风力减弱时，$hw=30$ W/(m²·K)。

$$\Phi=\dfrac{\Delta T}{\dfrac{1}{h_{N1}A}+\dfrac{1}{Ah_w}+\dfrac{\delta}{A\lambda}}=45.52(\text{W})$$

第二章　导热基本定律及稳态导热

本章学习的重点内容：

①傅立叶定律及其应用；②导热系数及其影响因素；③导热问题的数学模型。

需要掌握的内容：一维稳态导热问题的分析解法。

需要了解的内容：多维导热问题。

第一章介绍了传热学中热量传递的三种基本方式：导热、热对流、热辐射。基于这三个基本方式，之后的各章节将深入讨论热量传递的规律，理解研究其物理过程机理，从而达到以下工程应用的目的：

①能准确地计算研究传热问题中传递的热流量；

②能准确地预测研究系统中的温度分布。

导热是一种比较简单的热量传递方式，对传热学的深入学习必须从导热开始，着重讨论稳态导热：

首先，引出导热的基本定律、导热问题的数学模型、导热微分方程；

其次，介绍工程中常见的三种典型（所有导热物体的温度变化均满足）的几何形状物体的热流量及物体内温度分布的计算方法；

最后，对多维导热及有内热源的导热进行讨论。

2—1　导热基本定律

一、温度场

1.概念

温度场是指在各个时刻物体内各点温度分布的总称。

由傅立叶定律可知：物体导热热流量与温度变化率有关，所以研究物体导热必然涉及物体的温度分布。一般地，物体的温度分布是坐标和时间的函数，即 $t=f(x,y,z,\tau)$，其中，x、y、z 为空间坐标，τ 为时间坐标。

2.温度场分类

1)稳态温度场（定常温度场）：在稳态条件下，物体各点的温度分布不随时间的改变而变化的温度场称为稳态温度场,其表达式为:$t = f(x, y, z,)$。

2)稳态温度场(非定常温度场):在变动工作条件下,物体各点的温度分布随时间而变化的温度场称为非稳态温度场,其表达式为:$t = f(x, y, z, \tau)$。

若物体温度仅一个方向有变化,这种情况下的温度场称为一维温度场。

3.等温面及等温线

1)等温面:三维温度场中同一瞬间相同温度各点连成的面称为等温面。

2)等温线

定义:在任何一个二维截面上,等温面表现为等温线。一般情况下,温度场用等温面图或等温线图表示。

等温线的特点:物体中的任何一条等温线要么形成一个封闭的曲线,要么终止在物体表面上,它不会与另一条等温线相交。

等温线图的物理意义:若每条等温线间的温度间隔相等,等温线的疏密可反映出不同区域导热热流密度的大小。若 Δt 相等,等温线越疏,则该区域热流密度越小;反之,则越大。

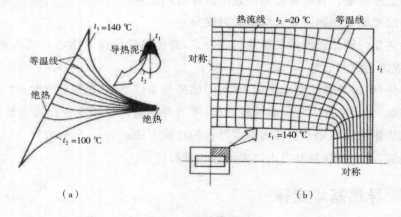

图 2.1 温度场的图示

二、导热基本定律

傅立叶定律适用条件:(1)一维导热;(2)一块平板两侧表面温度分别维持各自均匀的温度。

1.导热基本定律(傅立叶定律)

1)定义:在导热现象中,单位时间内通过给定截面所传递的热量,正比例垂直于该截面方向上的温度变化率,而热量传递的方向与温度升高的方向相反,即 $\dfrac{\Phi}{A} \sim \dfrac{\partial t}{\partial x}$。

2) 数学表达式: $\Phi = -\lambda A \dfrac{\partial t}{\partial x}$

$$q_x = -\lambda \dfrac{\partial t}{\partial x}$$

其中,负号表示热量传递方向与温度升高方向相反;

q 表示热流密度,即单位时间内通过单位面积的热流量,单位为 W/m^2;

$\dfrac{\partial t}{\partial x}$ 表示物体温度沿 x 轴方向的变化率。

若物体温度分布满足 $t = f(x,y,z,)$ 时,则三个方向上的单位矢量与该方向上的热流密度分量的乘积合成一个热流密度矢量。傅立叶定律的一般数学表达式是由热流密度矢量写出的,其形式为:

$$\vec{q} = -\lambda \, grad t = -\lambda \dfrac{\partial t}{\partial n} \vec{n}$$

其中,$grad t$ 表示空间内的某类温度梯度;

$\vec{n}$ 表示通过该点的等温线上的法向单位矢量,并指向温度升高的方向;

$\vec{q}$ 表示该点的热量密度矢量。

2. 温度梯度与热流密度矢量的关系

图 2.2(a)表现了微元面积 dA 附近的温度分布及垂直于该微元面积的热流密度矢量的关系。

1) 热流线

定义:热流线是一组与等温线处处垂直的曲线,通过平面上任一点的热流线与该点的热流密度矢量相切。

2) 热流密度矢量与热流线的关系:在整个物体中,热流密度矢量的走向可用热流线表示。如图 2.2(b)所示,其特点是相邻两个热流线之间所传递的热流密度矢量处处相等,构成一个热流通道。

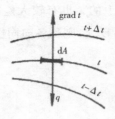
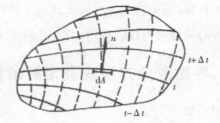

(a)温度梯度与热流密度矢量　　　　(b)等温线(实线)与热流线(虚线)

图 2.2　等温线和热流线

三、导热系数 λ（导热率、比例系数）

1. 导热系数的含义

导热系数数值上等于在单位温度梯度作用下物体所产生的热流密度矢量的模：

$$\lambda = -\vec{q} \Big/ \frac{\partial t}{\partial \vec{n}}$$

2. 特点

其大小取决于物质种类（$\lambda_{金} > \lambda_{液} > \lambda_{气}$）。

物质的 λ 与 t 的关系为：

$$\lambda = \lambda_0 (1 + bt)$$

其中，t 表示温度；b 为常数；λ_0 表示该直线延长后与纵坐标的截距。

3. 保温材料（隔热、绝热材料）

导热系数小的材料称为保温材料。我国规定：$t_{均} \leqslant 350\ ℃$ 时，$\lambda \leqslant 0.12\ W/(m \cdot K)$，保温材料导热系数界定值的大小反映了一个国家保温材料的生产及节能的水平。λ 越小，生产水平和节能水平越高。

4. 保温材料热量转移机理（高效保温材料）

高温时：1）蜂窝固体结构导热；2）穿过微小气孔导热。

更高温度时：1）蜂窝固体结构导热；2）穿过微小气孔导热和辐射。

5. 超级保温材料

采取的方法：1）夹层中抽真空（减少导热造成的热损失）；2）采用多层间隔结构（1 cm 达十几层）。

特点：间隔材料的反射率很高，可减少辐射换热，垂直于隔热板上的导热系数可达 $4 \sim 10\ W/(m \cdot K)$。

6. 各向异性材料

有些材料（如木材、石墨）各向结构不同，各方向上的 λ 也有较大差别，这些材料称各向异性材料（此类材料的 λ 必须注明方向）；反之，则称各向同性材料。

2—2 导热微分方程式及定解条件

由前可知：

（1）对于一维导热问题，利用傅立叶定律积分，可获得用两侧温差表示的导热量。

(2)对于多维导热问题,首先要获得温度场的分布函数 $t=f(x,y,z,)$,然后根据傅立叶定律求得空间各点的热流密度矢量。

一、导热微分方程

1.定义:根据能量守恒定律与傅立叶定律,建立导热物体中的温度场应满足的数学表达式,称为导热微分方程。

2.导热微分方程的数学表达式

导热微分方程的推导方法,假定导热物体是各向同性的。

1)针对笛卡尔坐标系中微元平行六面体

由前可知,空间任一点的热流密度矢量可以分解为三个坐标方向的矢量。

同理,通过空间任一点任一方向的热流量也可分解为 x、y、z 坐标方向的分热流量,如图 2.3 所示。

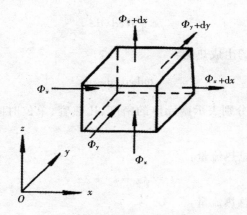

图 2.3 微元平行六面体的导热分析

①通过 $x=x$、$y=y$、$z=z$ 三个微元表面而导入微元体的热流量 ϕx、ϕy、ϕz 的计算。根据傅立叶定律,可得:

$$\left.\begin{array}{l} \phi x=-\lambda\dfrac{\partial t}{\partial x}\mathrm{d}y\mathrm{d}z \\[2mm] \phi y=-\lambda\dfrac{\partial t}{\partial y}\mathrm{d}y\mathrm{d}y \\[2mm] \phi z=-\lambda\dfrac{\partial t}{\partial z}\mathrm{d}y\mathrm{d}x \end{array}\right\} \qquad (a)$$

②通过 $x=x+\mathrm{d}x$、$y=y+\mathrm{d}y$、$z=z+\mathrm{d}z$ 三个微元表面而导出微元体的热流量 $\phi x+\mathrm{d}x$、$\phi y+\mathrm{d}y$、$\phi z+\mathrm{d}z$ 的计算。

根据傅立叶定律得:

$$\phi x + \mathrm{d}x = \phi x + \frac{\partial \phi}{\partial x}\mathrm{d}x = \phi x + \frac{\partial}{\partial x}(-\lambda \frac{\partial t}{\partial x}\mathrm{d}y\mathrm{d}z)\mathrm{d}x$$

$$\phi y + \mathrm{d}y = \phi y + \frac{\partial \phi}{\partial y}\mathrm{d}y = \phi y + \frac{\partial}{\partial y}(-\lambda \frac{\partial t}{\partial y}\mathrm{d}x\mathrm{d}z)\mathrm{d}y$$

$$\phi z + \mathrm{d}z = \phi z + \frac{\partial \phi}{\partial z}\mathrm{d}z = \phi z + \frac{\partial}{\partial z}(-\lambda \frac{\partial t}{\partial z}\mathrm{d}x\mathrm{d}y)\mathrm{d}z$$

$$(b)$$

③对于任一微元体,根据能量守恒定律,在任一时间间隔内有以下热平衡关系:

导入微元体的总热流量＋微元体内热源的生成热＝导出微元体的总热流量＋微元体热力学能(内能)的增量 $\hspace{3cm}$ (c)

其中,微元体内能的增量为:

$$\rho c \frac{\partial t}{\partial \tau}\mathrm{d}x\mathrm{d}y\mathrm{d}z \tag{d}$$

微元体内热源的生成热为:

$$\dot{\Phi}\mathrm{d}x\mathrm{d}y\mathrm{d}z \tag{e}$$

其中,ρ、c、$\dot{\Phi}$、τ 分别表示微元体的密度、比热容、单位时间内单位体积内热源的生成热及时间。

导入微元体的总热流量:

$$\phi_\lambda = \phi x + \phi y + \phi z \tag{f}$$

导出微元体的总热流量:

$$\Phi_w = \Phi_{x+\mathrm{d}x} + \Phi_{y+\mathrm{d}y} + \Phi_{z+\mathrm{d}z} \tag{g}$$

将以上各式代入热平衡关系式,整理得到:

$$\rho c \frac{\partial t}{\partial \tau} = \frac{\partial}{\partial x}(\lambda \frac{\partial t}{\partial x}) + \frac{\partial}{\partial y}(\lambda \frac{\partial t}{\partial y}) + \frac{\partial}{\partial z}(\lambda \frac{\partial t}{\partial z}) + \phi$$

这是笛卡尔坐标系中三维非稳态导热微分方程的一般表达式。其物理意义是:该表达式反映了物体的温度随时间和空间的变化关系。

讨论:

①$\lambda = \mathrm{const}$ 时

$$\frac{\partial t}{\partial \tau} = \alpha(\frac{\partial^2 t}{\partial x^2} + \frac{\partial^2 t}{\partial y^2} + \frac{\partial^2 t}{\partial z^2}) + \frac{\Phi}{\rho c}$$

其中,$a = \lambda / \rho c$,称为扩散系数(热扩散率)。

②物体内无内热源，即 $\dot{\Phi}=0$，且 $\lambda=\mathrm{const}$ 时：

$$\frac{\partial t}{\partial \tau}=a\left(\frac{\partial^2 t}{\partial x^2}+\frac{\partial^2 t}{\partial y^2}+\frac{\partial^2 t}{\partial z^2}\right)$$

③若 $\lambda=\mathrm{const}$，且属于稳态时，则 $\frac{\partial t}{\partial \tau}=0$，即：

$$\frac{\partial^2 t}{\partial x^2}+\frac{\partial^2 t}{\partial y^2}+\frac{\partial^2 t}{\partial z^2}+\frac{\dot{\phi}}{\lambda}=0$$

上式即数学上的泊桑方程。该微分方程是常物性、稳态、三维、有内热源问题的温度场控制方程式。

④常物性、稳态、无内热源

$$\frac{\partial^2 t}{\partial x^2}+\frac{\partial^2 t}{\partial y^2}+\frac{\partial^2 t}{\partial z^2}=0$$

此方程即数学上的拉普拉斯方程。

2）圆柱坐标系中的导热微分方程

$$\rho c\frac{\partial t}{\partial \tau}=\frac{1}{r}\frac{\partial}{\partial r}\left(\lambda r\frac{\partial t}{\partial r}\right)+\frac{1}{r^2}\frac{\partial}{\partial \varphi}\left(\lambda\frac{\partial t}{\partial \varphi}\right)+\frac{\partial}{\partial z}\left(\lambda\frac{\partial t}{\partial z}\right)+\dot{\Phi}$$

3）球坐标系中的导热微分方程

$$\rho c\frac{\partial t}{\partial \tau}=\frac{1}{r^2}\frac{\partial}{\partial r}\left(\lambda r^2\frac{\partial t}{\partial r}\right)+\frac{1}{r^2\sin^2\theta}\frac{\partial}{\partial \varphi}\left(\lambda\frac{\partial t}{\partial \varphi}\right)+\frac{1}{r^2\sin\theta}\frac{\partial}{\partial \theta}\left(\lambda\sin\theta\frac{\partial t}{\partial \theta}\right)+\varphi$$

综上所述：

（1）导热问题仍然服从能量守恒定律；

（2）等号左边是单位时间内微元体热力学能的增量（非稳态项）；

（3）等号右边前三项之和是通过界面的导热使微分元体在单位时间内增加的能量（扩散项）；

（4）等号右边最后一项是源项；

（5）若某坐标方向上温度不变，该方向的净导热量为零，则相应的扩散项即从导热微分方程中消失。

通过导热微分方程可知，求解导热问题，实际上就是对导热微分方程式的求解。欲求某一导热问题的温度分布，题目必须给出表征该问题的附加条件。

二、定解条件

1.定义：定解条件是指使导热微分方程获得适合某一特定导热问题的求解的附加条件。

2. 分类

1)初始条件:初始时间温度分布的初始条件;

2)边界条件:导热物体边界上的温度或换热情况的边界条件。

说明:①非稳态导热定解条件有两个;②稳态导热定解条件只有边界条件,无初始条件。

3. 导热问题的常见边界条件

1)规定了边界上的温度值,此为第一类边界条件:$t_w = C$。对于非稳态导热,这类边界条件要求给出以下关系:$\tau > 0$ 时,$t_w = f_1(\tau)$。

2)规定了边界上的热流密度值,此为第二类边界条件。

对于非稳态导热,这类边界条件要求给出以下关系式:

当 $\tau > 0$ 时,$-\lambda\left(\dfrac{\partial t}{\partial n}\right)_w = f_2(\tau)$。

式中,n 为表面 A 的法线方向。

3)规定了边界上的物体与周围流体间的表面传热系数 h 以及周围流体的温度 t_f,此为第三类边界条件。

以物体被冷却为例:$-\lambda\left(\dfrac{\partial t}{\partial n}\right)_w = h(t_w - t_f)$。

对于非稳态导热,式中,h、t_f 均是 τ 的函数。

三、有关说明

1. 热扩散率的物理意义

由热扩散率的定义 $a = \lambda \big/ \rho c$ 可知:

1)λ 是物体的导热系数。在相同温度梯度下,λ 越大,传导的热量越多。

2)ρc 是单位体积的物体温度升高 1 ℃所需的热量。ρc 越小,温度升高 1 ℃所吸收的热量越少,可以剩下更多的热量向物体内部传递,从而使物体内的温度更快随界面温度升高。由此可见 a 的物理意义:

①a 越大,物体受热时,其内部各点温度扯平的能力越大。

②a 越大,物体的温度变化越快。所以,a 是材料传播温度变化能力大小的指标,亦称导温系数。

2. 导热微分方程的适用范围

1)导热微分方程适用于 q 不是很高而作用时间长的情况,同时傅立叶定律也适用该条件。

2)若时间极短,且热流密度极大,导热微分方程则不适用。

3)对于极低温度($-273\ ℃$)条件下的导热,导热微分方程也不适用。

2－3 通过平壁、圆筒壁、球壳和其他变截面物体的导热

一、通过平壁的导热

1. 单层平壁

已知:单层平壁两侧恒温且为 t_1、t_2,壁厚 δ m。如图 2.4 所示,建立坐标系,边界条件为:$x=0$ 时,$t=t_1$;$x=\delta$ 时,$t=t_2$。温度只在 x 方向变化,属于一维温度场。

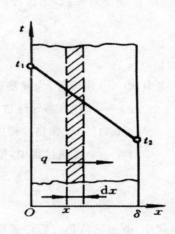

试求温度分布并确定 $q=f(t_1,t_2,\lambda,\delta)$。

1)温度分布

当 $\lambda=\text{const}$ 时,无内热源的一维稳态导热微分方程为:

$$\mathrm{d}^2 t/\mathrm{d}x^2=0$$

图 2.4 单层平壁

对此方程积分求其通解(连续积分两次):

$$t=c_1 x+c_2$$

其中,c_1、c_2 为常数,并且由边界条件确定:

当 $x=0$ 时,$t=t_1$,$c_2=t_1$;

当 $x=\delta$ 时,$t=t_2$,$c_1=(t_2-t_1)/\delta$。

因此,该条件下的温度分布为:$t=\dfrac{t_2-t_1}{\delta}x+t_1$。

因为 δ、t_1、t_2 均为定值,因此,温度呈线性关系,即温度分布曲线的斜率是常数(温度梯度):$\mathrm{d}t/\mathrm{d}x=(t_2-t_1)/\delta$。

2)热流密度 q

把温度分布 $\mathrm{d}t/\mathrm{d}x$ 代入傅立叶定律 $q=-\lambda(\mathrm{d}t/\mathrm{d}x)$,得:

$$q=\lambda(t_1-t_2)/\delta=(\lambda/\delta)\Delta t$$

若表面积为 A,在此条件下,则通过平壁的导热热流量为:

$$\Phi=qA=A(\lambda/\delta)\Delta t$$

此两式是通过平壁导热的计算公式,它们揭示了 q、Φ 与 λ、δ 和 Δt 之间的关系。

2.热阻的含义

热量传递是自然界的一种转换过程,与自然界的其他转换过程类似,如电量的转换、动量、质量等的转换。其共同规律可表示为:过程中的转换量＝过程中的动力/过程中的阻力。

由前文可知:1)平板导热中的导热热流量 $\Phi = A \frac{\lambda}{\delta} \Delta t$,即:

$$\Phi = \frac{\Delta t}{\left(\frac{\delta}{A\lambda}\right)} \qquad (2.3.1)$$

式中,Φ——热流量,为导热过程的转移量;

Δt——温度,为导热过程中的动力;

$\delta/(A\lambda)$——导热过程中的阻力。

2)在一个传热过程中,根据传热方程式 $\Phi = kA\Delta t$,得:

$$\Phi = \frac{\Delta t}{\left(\frac{1}{kA}\right)} \qquad (2.3.2)$$

式中,Φ 表示传热过程中的热流量,是传热过程中的转移量;

Δt 表示温压,是传热过程中的动力;

$\frac{1}{kA}$ 表示传热过程的阻力。

由此引出了热阻的概念。

1)热阻的定义:热转移过程的阻力称为热阻。

2)热阻的分类:不同的热量转移有不同的热阻,其分类较多,如导热阻、辐射热阻、对流热阻等。对平板导热而言,热阻又分:面积热阻 R_A,即单位面积的导热热阻;热阻 R,即整个平板导热热阻。

3)热阻的特点

串联热阻叠加原则:在一个串联的热量传递过程中,若通过各串联环节的热流量相同,则串联过程的总热阻等于各串联环节的分热阻之和。因此,稳态传热过程热阻的组成是由各个构成环节的热阻组成的,且符合热阻叠加原则。

3.复合壁的导热情况

几层不同材料叠加在一起则组成了复合壁。

以下讨论三层复合壁的导热问题,如图 2.5 所示。

假设条件:层与层之间接触良好,没有引起附加热阻(亦称为接触热阻),也就是说热量通过层间分界面时不会发生温度降。

已知厚度为 δ_1、δ_2、δ_3 的各层材料的导热系数为 λ_1、λ_2、λ_3，多层壁内的表面温度和外表面温度分别为 t_1、t_4，其中间温度 t_2、t_3 未知，$\lambda = \text{const}$。试求通过多层壁的热流密度 q。

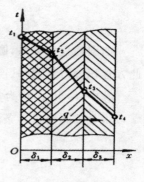

解　根据平壁导热公式可知，各层热阻为：

$$\delta_1/\lambda_1 = (t_1 - t_2)/q$$
$$\delta_2/\lambda_2 = (t_3 - t_2)/q$$
$$\delta_3/\lambda_3 = (t_4 - t_3)/q$$

图 2.5　多层平壁

根据串联热阻叠加原理可知，多层壁的总热阻（适用条件：无内热源，属于一维稳态导热）为：

$$(t_1 - t_4)/q = \delta_1/\lambda_1 + \delta_2/\lambda_2 + \delta_3/\lambda_3$$

多层壁的热流密度计算公式为 $q = (t_1 - t_4)/(\delta_1/\lambda_1 + \delta_2/\lambda_2 + \delta_3/\lambda_3)$。

将 q 代入各层热阻公式，得层间分界面上的未知温度 t_2、t_3：

$$t_2 = t_1 - q(\delta_1/\lambda_1)$$
$$t_3 = t_2 - q(\delta_2/\lambda_2)$$

说明：当导热系数 λ 对温度 t 有依变关系时，即 λ 是 t 的线性函数时，$\lambda = \lambda_0(1+bt)$ 时，只要求出该区域平均温度下的 λ 值，将 λ 值代入 $\lambda = \text{const}$，即可求出正确结果。

二、通过圆筒壁的导热

1. 单层圆筒壁

已知圆筒内、外半径分别为 r_1、r_2，内、外表面温度均匀恒定分布且分别为 t_1、t_2，若采用圆柱坐标系 (r, Φ, z) 求解，则通过圆筒壁的导热成为沿半径方向的一维导热问题，如图 2.6 所示，假设 $\lambda = \text{const}$。

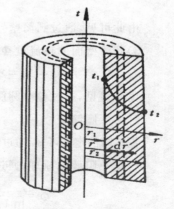

1）圆筒壁的温度分布

根据圆柱坐标系中的导热微分方程：

$$\rho c \frac{\partial t}{\partial \tau} = \frac{1}{\gamma} \frac{\partial}{\partial \gamma}\left(\lambda\gamma \frac{\partial t}{\partial \gamma}\right) + \frac{1}{r^2} \frac{\partial}{\partial \Phi}\left(\lambda \frac{\partial t}{\partial \Phi}\right) + \frac{\partial}{\partial Z}\left(\lambda \frac{\partial t}{\partial Z}\right) + \Phi$$

图 2.6　单层圆筒壁

则常物性、稳态、一维、无内热源圆筒壁的导热微分方程为：

$$\frac{\mathrm{d}}{\mathrm{d}r}(r\frac{\mathrm{d}t}{\mathrm{d}r})=0$$

如图建立坐标系,圆筒边界条件为:当 $r=r_1$ 时,$t=t_1$;$r=r_2$ 时,$t=t_2$。对此方程积分得其通解(连续积分两次):$t=c_1\ln r+c_2$。

其中,c_1 和 c_2 均为常数,且由边界条件确定。

将上述圆筒边界条件(当 $r=r_1$ 时,$t=t_1$;$r=r_2$ 时,$t=t_2$)代入上式得:

$$c_1=\frac{t_2-t_1}{\ln(\frac{r_2}{r_1})}$$

$$c_2=t_1-\ln r_1\frac{t_2-t_1}{\ln(\frac{r_2}{r_1})}$$

将 c_1 和 c_2 代入导热微分方程的通解中,得圆筒壁的温度分布:

$$t=t_1+\frac{t_2-t_1}{\ln(\frac{r_2}{r_1})}\ln(\frac{r}{r_1})$$

由此可见,圆筒壁中的温度分布呈对数曲线分布,而平壁中的温度分布呈线性分布。

2)圆筒壁导热的热流密度

对圆筒壁温度分布求导,得 $\dfrac{\mathrm{d}t}{\mathrm{d}r}=\dfrac{1}{r}(t_2-t_1)/\ln\dfrac{r_2}{r_1}$,将上式代入傅立叶定律,得通过圆筒壁的热流密度 q,$q=-\lambda\dfrac{\partial t}{\partial r}=\dfrac{\lambda}{r}\dfrac{t_2-t_1}{\ln(\frac{r_2}{r_1})}$。

由此可见,通过圆筒壁导热时,不同半径处的热流密度与半径成反比。

3)圆筒壁面的热流量 Φ

$$\Phi=Aq=2\pi rlq=[2\pi\lambda l(t_1-t_2)]/\ln(r_2/r_1)$$

由此可见,通过整个圆筒壁面的热流量不随半径发生变化。

2.多层圆筒壁

据热阻的定义可知,通过圆筒壁的导热热阻为:$R=\Delta t/\Phi=[\ln(r_2/r_1)]/2\pi\lambda L$。

根据热阻叠加原理,通过多层圆筒壁的导热热流量为:

$$\Phi=\frac{2\pi l(t_1-t_4)}{\dfrac{\ln(r_2/r_1)}{\lambda_1}+\dfrac{\ln(r_3/r_2)}{\lambda_2}+\dfrac{\ln(r_4/r_3)}{\lambda_3}}$$

三、其他变截面或变导热系数的导热问题

前三种情况的求解方法:1)求解导热微分方程,得其温度分布;
2)根据傅立叶定律求得导热热流量。

1. 变导热系数

根据傅立叶定律,求解的导热系数为变数或沿导热热流密度矢量方向的导热截面积为变量时,此方法有效。

因为导热系数为温度的函数 $\lambda(t)$,因此,根据傅立叶定律,得:

$$\Phi = -A\lambda(t)(dt/dx)$$

分离变数积分,而 Φ 与 x 无关系,则:

$$\Phi \int_{x_1}^{x_2} \frac{dx}{A} = -\int_{t_1}^{t_2} \lambda(t)dt$$

方程右边乘以 $(t_2 - t_1)/(t_2 - t_1)$,得:

$$\Phi \int_{x_1}^{x_2} \frac{dx}{A} = \frac{-\int_{t_1}^{t_2} \lambda(t)dt}{(t_2 - t_1)}(t_2 - t_1)$$

显然,式中的 $\dfrac{\int_{t_1}^{t_2} \lambda(t)dt}{(t_2 - t_1)}$ 项在 t_1 至 t_2 的范围内,由 $\lambda(t)$ 积分平均值,用 $\bar{\lambda}$ 表示,则:

$$\Phi = \frac{\bar{\lambda}(t_1 - t_2)}{\left(\int_{x_1}^{x_2} \dfrac{1}{A}dx\right)}$$

因为 $\bar{\lambda}$ 代替 $\dfrac{-\int_{t_1}^{t_2} \lambda(t)dt}{(t_2 - t_1)}$,不受 A 与 x 关系的制约,所以 $\Phi = \dfrac{\bar{\lambda}(t_1 - t_2)}{\left(\int_{x_1}^{x_2} \dfrac{1}{A}dx\right)}$ 适于任何 A 和 x。

在方程中,若 $\lambda = \lambda(t)$,则 $\lambda = \lambda_0(1 + bt)$ 或 $\lambda = \lambda_0 + at$。由此可见,$\bar{\lambda}$ 是算术平均温度下 $t = (t_1 + t_2)/2$ 的值,上式中的 λ 取平均温度下的值即可。

上述四种情况的共同特点是:通过热量传递的方向上的 Φ 保持不变。

3. 变截面导热

沿热量传递方向截面变化时,变截面导热可表示为:

$$A = A(x)$$

$$\Phi = -A(x)\lambda(dt/dx)$$

2-4 通过肋片的导热

一、基本概念

1.肋片的定义:肋片是指依附于基础表面上的扩展表面。

2.常见肋片的结构:针肋、直肋、环肋、大套片。

3.肋片导热的作用及特点

1)作用:增大对流换热面积及辐射散热面,以强化换热。

2)特点:肋片伸展的方向上有表面的对流换热及辐射散热,肋片沿导热热流传递方向上的热流量不断变化,即 $\Phi \neq \mathrm{const}$。

4.分析肋片导热解决的问题

一是确定肋片的温度沿导热热流传递的方向是如何变化的;

二是确定通过肋片的散热热流量的多少。

二、通过等截面直肋的导热

如图 2.7 所示,已知肋根温度为 t_0,周围流体温度为 t_∞,且 $t_0 > t_\infty$,复合换热表面传热系数为 h。试确定肋片的温度分布及通过肋片的散热量。

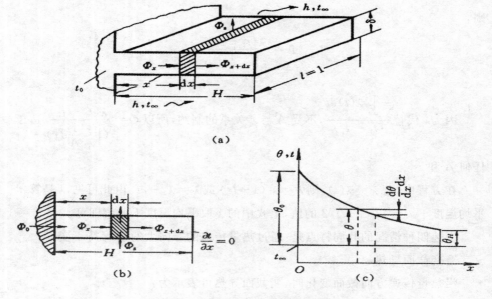

图 2.7 通过肋片的热量传递

解 假设:1)肋片在垂直于纸面方向(即深度方向)的长度很长,不考虑温

度沿该方向的变化,因此取单位长度进行分析;

2)材料导热系数 λ 及表面传热系数 h 均为常数,沿高度方向的肋片的横截面积 A_c 不变;

3)表面上的换热热阻 $1/h$ 远大于肋片的导热热阻 δ/λ,即肋片任意截面的温度均匀不变;

4)肋片顶端视为绝热,即 $\mathrm{d}t/\mathrm{d}x=0$;

在上述假设条件下,我们可以把复杂的肋片导热问题转化为一维稳态导热,如图 2.7(b)。若肋片各截面的温度沿高度方向逐渐降低,如图 2.7(c),则导热微分方程为:

$$\frac{\mathrm{d}^2 t}{\mathrm{d}x^2}+\frac{\dot{\Phi}}{\lambda}=0 \tag{1}$$

计算区域的边界条件是: $x=0,t=t_0-t_\infty$; $x=h,\mathrm{d}t/\mathrm{d}x=0$。

肋片的两个侧面不是区域边界,但两个表面有热量的传递,若把通过两个侧面所交换的热量视为整个截面上的体积热源,那么对于长度为 $\mathrm{d}x$ 的微元体,参与换热的截面周长为 P,则微元体表面的总散热量为:

$$\Phi_s=(p\mathrm{d}x)h(t-t_\infty) \tag{2}$$

微元体的体积为 $A_c\mathrm{d}x$。那么,微元体的折算源项为:

$$\dot{\Phi}=-\frac{\Phi_s}{A_c\mathrm{d}x}=-\frac{hp(t-t_\infty)}{A_c} \tag{3}$$

负号表示肋片向环境散热。

由(1)(3)式得:

$$\mathrm{d}^2 t/\mathrm{d}x^2=hp(t-t_\infty)/(\lambda A_c) \tag{4}$$

由此可见,该式为温度 t 的二阶非齐次方程。

引入过余温度 $\theta=t-t_\infty$,使(4)式变成二阶齐次方程: $\mathrm{d}^2\theta/\mathrm{d}x^2=m^2\theta$。边界条件:当 $x=0$ 时, $\theta=\theta_0=t_0-t_{00}$;当 $x=H$ 时, $\mathrm{d}\theta/\mathrm{d}x=0$。对二阶线性齐次常微分方程求解,得其通解 $\theta=c_1 e^{mx}+c_2 e^{-mx}$。

其中, c_1 和 c_2 为积分常数,由边界条件确定。将边界条件代入上式,得:

$$c_1+c_2=\theta_0$$

$$c_1 e^{mH}-c_2 e^{-mH}=0$$

将其代入通解中,得肋片中的温度分布:

$$\theta=\theta_0(e^{mx}+e^{2mH}e^{-mx})/(1+e^{2mH})=\theta_0 ch[m(x-H)]/ch(mH)$$

令 $x=H$，则得肋端温度的计算式：$\theta_H=\theta_0/ch(mH)$。

由能量守恒定律可知，肋片散入外界的全部热流量都必须通过 $x=0$ 处的肋根截面。由傅立叶定律可知，通过肋片散入外界的热流量为：

$$\begin{aligned}
\Phi_{x=0} &= -\lambda A_c(d\theta/dx)_{x=0}\\
&= -\lambda A_c\theta_0(-m)\cdot sh(mH)/ch(mH)\\
&= \lambda A_c\theta_0 m\cdot th(mH)\\
&= (hp/m)\theta_0\, th(mH)
\end{aligned}$$

说明：上述结论建立在假设 $x=H$ 的条件下，$d\theta/dx=0$；若 $x=H$ 时，$\dfrac{d\theta}{dx}\neq 0$，上述结论则不适用。

三、肋效率

肋效率的定义：η_f 实际散热量/假设整个肋表面处于肋基温度下的散热量。物理意义：肋效率是表征肋片散热有效程度的指标。

2—5 具有内热源的导热及多维导热

一、具有内热源的导热（$\dot{\Phi}\neq 0$）

工程技术中有许多有内热源的导热问题：电器及线圈中电流通过导致的电器及线圈发热，化学中的放热、吸热反应引起的热传递，核能装置中燃料元件的放射反应等。以平壁中具有均匀内热源的导热为例。

已知：内热源 $\dot{\Phi}$ 两侧与温度为 T_f 的流体发生对流换热，表面传热系数为 h。求平壁中任意一点 x 处的温度。

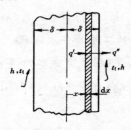

图 2.8 具有均匀内热源的平壁

解 如图 2.8 所示，因其具有对称性，因此只研究板厚的一半即可，其数学模型为（导热微分解方程）：

$$\frac{d^2 t}{dx^2}+\frac{\dot{\Phi}}{\lambda}=0$$

其边界条件为：当 $x=0$ 时，$\mathrm{d}t/\mathrm{d}x=0$；当 $x=\delta$ 时，$-\lambda\dfrac{\mathrm{d}t}{\mathrm{d}x}=h(t-t_f)$。

则导热微分方程的通解为：

$$t=-\frac{\dot{\Phi}}{2\lambda}x^2+c_1x+c_2$$

其中，c_1、c_2 为积分常数，并由边界条件确定。将边界条件代入通解，解得：

$$c_1=0$$

$$c_2=\frac{\dot{\Phi}}{h}\delta+\frac{\dot{\Phi}}{2\lambda}\delta^2+t_f$$

将 c_1、c_2 带入通解中，则该条件下的平板中的温度分布为：

$$t=\frac{\dot{\Phi}}{2\lambda}(\delta^2-x^2)+\frac{\dot{\Phi}}{h}\delta+t_f$$

二、有、无内热源导热问题的比较

1）无内热源的平壁导热，其内温度呈线性分布；有内热源的平壁导热，其内温度呈抛物线分布。

2）无内热源的平壁导热，其通过板内任意断面的热流密度相等，即 $q=$ const；有内热源的平壁导热，其通过板内任意断面的热流密度不等，即 $q\neq$ const。

习题

2—1　用平底锅烧开水，与水接触的锅底的温度为 111 ℃，热流密度为 42400 W/m²。使用一段时间后，锅底结了一层平均厚度为 3 mm 的水垢。假设此时与水接触的水垢的表面温度及热流密度分别等于原来的值，试计算水垢与金属锅底接触面的温度。假设水垢的导热系数为 1 W/(m·K)。

解　由题意得：

$$q=\frac{t_w-111}{\dfrac{0.003}{1}}=42400\,(\mathrm{W/m^2})$$

得　　　　　　　　　　　　　　$t=238.2\ ℃$

2—2　一冷藏室的墙由钢皮矿渣棉及石棉板三层叠合构成，各层的厚度依次为 0.794 mm、152 mm、9.5 mm，导热系数分别为 45 W/(m·K)、0.07 W/(m·K)、0.1 W/(m·K)。冷藏室的有效换热面积为 37.2 m²，室内、外气温分别为$-2\ ℃$及$30\ ℃$,室内、外壁面的表面传热系数可分别按$1.5\ W/(m^2 \cdot K)$及$2.5\ W/(m^2 \cdot K)$计算。为维持冷藏室温度恒定,试确定冷藏室内的冷却排管每小时需带走的热量。

解 由题意得:

$$\Phi = A \times \frac{t_1 - t_2}{\dfrac{1}{h_1} + \dfrac{1}{h_2} + \dfrac{\delta_1}{\lambda_1} + \dfrac{\delta_2}{\lambda_2} + \dfrac{\delta_3}{\lambda_3}} = \frac{30 - (-2)}{\dfrac{1}{1.5} + \dfrac{1}{2.5} + \dfrac{0.000794}{45} + \dfrac{0.152}{0.07} + \dfrac{0.0095}{0.1}} \times 37.2$$

$$= 357.14(W)$$

$$357.14 \times 3600 \approx 1285.7(KJ)$$

2—3 有一厚$20\ mm$的平板墙,导热系数为$1.3\ W/(m \cdot K)$。为使每平方米的墙的热损失不超过$1500\ W$,外表面上覆盖了一层导热系数为$0.12\ W/(m \cdot K)$的保温材料。已知复合壁两侧的温度分别为$750\ ℃$及$55\ ℃$,试确定此时保温层的厚度。

解 依据题意得:

$$q = \frac{t_1 - t_2}{\dfrac{\delta_1}{\lambda_1} + \dfrac{\delta_2}{\lambda_2}} = \frac{750 - 55}{\dfrac{0.020}{1.3} + \dfrac{\delta_2}{0.12}} \leqslant 1500$$

解得

$$\delta_2 \geqslant 0.05375(m)$$

2—4 一烤箱的炉门由保温材料A及B组成,且$\delta_A = 2\delta_B$。已知$\lambda_A = 0.1$ $W/(m \cdot K)$,$\lambda_B = 0.06\ W/(m \cdot K)$,烤箱内的空气温度$t_{f1} = 400\ ℃$,内壁面的总表面传热系数$h_1 = 50\ W/(m^2 \cdot K)$。为安全起见,烘箱炉门的外表面温度不得高于$50\ ℃$。设可把炉门导热作为一维问题处理,试确定所需保温材料的厚度。环境温度$t_{f2} = 25\ ℃$,外表面总传热系数$h_2 = 9.5\ W/(m^2 \cdot K)$。

解

热损失

$$q = \frac{t_{f1} - t_{fw}}{\dfrac{\delta_A}{\lambda_A} + \dfrac{\delta_B}{\lambda_B}} = h_1(t_{f1} - t) + h_2(t - t_{f2})$$

已知$t_{fw} = 50\ ℃$,$\delta_A = 2\delta_B$,于是得$\delta_A = 0.078\ m$;$\delta_B = 0.039\ m$。

2—5 根据无限大平板内的一维导热问题,请问在三类边界条件中,两侧边界条件的哪些组合可以使平板中的温度场获得确定的解?

解 两侧面的第一类边界条件;一侧面的第一类边界条件和第二类边界条件;一侧面的第一类边界条件和另一侧面的第三类边界条件;一侧面的第一类边界条件和另一侧面的第三类边界条件。

平壁导热

2－6　双层玻璃窗系由两层厚为 6 mm 的玻璃及其间的空气隙所组成,空气隙的厚度为 8 mm。假设面向室内的玻璃表面温度与室外的玻璃表面温度分别为 20 ℃ 及－20 ℃,试确定该双层玻璃窗的热损失,玻璃窗的尺寸为 60 cm×60 cm,玻璃的导热系数为 0.78 W/(m・K)。不考虑空气间隙中的自然对流。如果采用单层玻璃窗,其他条件不变,其热损失是双层玻璃的多少倍?

解　$q_1 = \dfrac{t_1 - t_2}{\dfrac{\delta_1}{\lambda_1} + \dfrac{\delta_2}{\lambda_2} + \dfrac{\delta_3}{\lambda_3}} = 116.53\,(\mathrm{W/m^2})$

$q_2 = \dfrac{t_1 - t_2}{\dfrac{\delta_1}{\lambda_1}} = 5200\,(\mathrm{W/m^2})$

$Q = Aq = 41.95\,(\mathrm{W})$

$\dfrac{q_2}{q_1} = \dfrac{5200}{116.53} \approx 44.62$

2－7　在某一产品的制造过程中,厚为 1.0 mm 的基板上紧贴了一层透明的薄膜,其厚度为 0.2 mm。薄膜表面上有一股冷却气流流过,其温度为 20 ℃,对流换热表面传热系数为 40 W/(m²・K)。同时,有一股辐射能透过薄膜投射到薄膜与基板的结合面上,如附图所示。基板的另一面温度 $t_1 = 30$ ℃。生产工艺要求薄膜与基板结合面的温度 $t_0 = 60$ ℃,薄膜的导热系数 $\lambda_f = 0.02$ W/(m・K),基板的导热系数 $\lambda_s = 0.06$ W/(m・K)。投射到结合面上的辐射热流全部被结合面吸收。薄膜对 60 ℃ 的热辐射是不透明的。试确定辐射热流密度 q。

解　根据公式 $q = K\Delta t$,得:

$q = \dfrac{60 - 30}{\dfrac{0.001}{0.06}} = 60 \times 30 = 1800\,(\mathrm{W/m^2})$

$q' = (60 - 20) \times \dfrac{1}{\dfrac{1}{40} + \dfrac{0.2 \times 10^{-3}}{0.02}} = 1142.8\,(\mathrm{W/m^2})$

$q_Z = q + q' = 2942.8\,(\mathrm{W/m^2})$

2－8　在一平板导热系数测定装置中,试件厚度 δ 远小于直径 d。由于安装制造不好,试件与冷、热表面之间存在一层厚为 $\Delta = 0.1$ mm 的空气隙。设热表面温度 $t_1 = 180$ ℃,冷表面温度 $t_2 = 30$ ℃,空气隙的导热系数可分别按 t_1、t_2 查取。试计算空气隙给导热系数测定带来的误差(通过空气隙的辐射换热可以略去不计）。

解　已知热表面温度 $t_1 = 180\ ℃$，查表可知 $\lambda_1 = 3.72 \times 10^{-2}\ \text{W}/(\text{m·K})$；

冷表面温度 $t_2 = 30\ ℃$，查表可知 $\lambda_2 = 2.67 \times 10^{-2}\ \text{W}/(\text{m·K})$；

无空气时：

$$\Phi = \frac{t_1 - t_2}{\dfrac{\delta}{\lambda_f}} A = \frac{180 - 30}{\dfrac{\delta}{\lambda_f}} \times \frac{\pi d^2}{4}$$

$$\frac{\delta}{\lambda_f} = 0.029315, \lambda_f = 34.32\delta$$

有空气隙时：

$$\Phi = \frac{t_1 - t_2}{\dfrac{\delta_1}{\lambda_1} + \dfrac{\delta_2}{\lambda_2} + \dfrac{\delta}{\lambda_f{}'}} A$$

得 $\lambda_f{}' = 43.98\delta$。

所以相对误差为：

$$\frac{\lambda_f{}' - \lambda_f}{\lambda_f} = 28.1\%$$

圆筒体

2—9　外径为 100 mm 的蒸气管道覆盖了密度为 20 kg/m³ 的超细玻璃棉毡保温层。已知蒸气管道外壁温度为 400 ℃，希望保温层外表面温度不超过 50 ℃，且每米长管道上的散热量小于 163 W，试确定所需的保温层厚度。

解　保温材料的平均温度为 $t = (400 + 50)/2 = 225\ ℃$，查表可得导热系数为：

$$\overline{\lambda} = 0.033 + 0.0023\overline{t} = 0.08475\ \text{W}/(\text{m·K})$$

$$\ln \frac{d_1}{d_2} = \frac{2\pi\lambda}{\Phi/l}(t_1 - t_2)$$

代入数据，得：

$$d_2 = 0.314(\text{mm})$$

所以

$$\delta = \frac{d_2 - d_1}{2} = 107(\text{mm})$$

第三章　非稳态导热的分析计算

3-1　非稳态导热过程分析

一、非稳态导热过程及其特点

导热系统（物体）内的温度场随时间变化的导热过程为非稳态导热过程。在过程的进行中，系统内各处的温度是随时间变化的，热流量也是变化的，这说明传热过程中系统内的能量随时间而改变。工程上和自然界存在大量的非稳态导热过程，如房屋墙壁内的温度变化、炉墙在加热（冷却）过程中的温度变化、物体在炉内加热或在环境中冷却等。非稳态导热过程可分为两大类型：一是周期性的非稳态导热过程；二是非周期性的非稳态导热过程，通常指物体（或系统）的加热或冷却过程。这里主要介绍非周期性的非稳态导热过程。下面以一维非稳态导热为例来分析其主要特征。

今有一无限大平板被突然放入加热炉中加热，平板受炉内烟气环境的加热作用，温度从平板表面向平板中心随时间逐渐升高，其内能逐渐增加，同时伴随着热流向平板中心的传递。图 3.1 显示了大平板加热过程中的温度变化的情况。

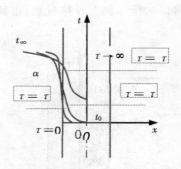

图 3.1　平板加热过程示意图

从图中可见，当 $\tau=0$ 时，平板处于均匀的温度 $t=t_0$ 下，随着时间 τ 的增加，平板的温度开始变化，并向平板中心扩展，而后中心温度逐步升高。当 $\tau \to \infty$ 时，平板温度将与环境温度持平，非稳态导热过程结束。图中的温度分布曲线

是用相同的 $\Delta\tau$ 来描绘的。总之，在非稳态导热过程中，物体内的温度和热流都在不断变化，而且这是从非稳态到稳态的导热过程，也是能量从不平衡到平衡的过程。

二、加热或冷却过程的两个重要阶段

从图 3.1 中也可以看出，在平板加热过程的初期，初始温度分布 $t=t_0$ 仍然影响着物体的整个温度分布。物体中心的温度开始变化之后（如图中 $\tau>\tau_2$ 之后），初始温度分布 $t=t_0$ 的影响才消失，其后的温度分布是一条光滑、连续的曲线。据此，我们可以把非稳态导热过程分为两个不同的阶段：

初始状况阶段——环境的热影响不断向物体内部扩展的过程，也就是物体（或系统）仍然有部分区域受初始温度分布控制的阶段；

正规状况阶段——环境对物体的热影响已经扩展到整个物体内部，且仍然继续作用于物体的过程，也就是物体（或系统）的温度分布不再受初始温度分布影响的阶段。

由于初始状况阶段受初始温度分布的影响，因此物体内的整体温度分布必须用无穷级数来加以描述。在正规状况阶段，由于初始温度的影响消失，温度分布曲线变为光滑、连续的曲线，因此物体内的整体温度分布可以用初等函数来加以描述，此时只要用无穷级数的首项来表示物体内的温度分布即可。

三、边界条件对导热系统温度分布的影响

从上面的分析不难看出，环境（边界条件）对系统温度分布的影响很大，且在整个过程中这种影响一直都在。因此，对非稳态导热过程的边界条件进行分析是十分重要的。下文将以一维非稳态导热过程（也就是大平板的加热或冷却过程）为例来加以说明。

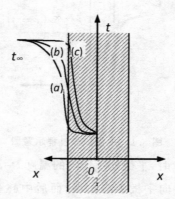

图 3.2　不同环境下的平板加热过程示意图

图 3.2 表示的是一个大平板的加热过程，并显示了某一时刻的三种不同边界情况下的温度分布曲线$(a)(b)(c)$。这实质上是第三类边界条件下可能出现的三种温度分布。按照传热关系式 $q = \dfrac{t_\infty - t_w}{1/\alpha} \approx \dfrac{t_w - t}{\delta/\lambda}$ 做一个近似的分析，就可得出如下结论。

曲线(a)表示平板外环境的换热热阻 $1/\alpha$ 远大于平板内的导热热阻 δ/λ，即 $1/\alpha > \delta/\lambda$。

从曲线上看，物体内部的温度几乎是均匀的，这就是说物体的温度场仅仅是时间的函数，而与空间坐标无关。我们称这样的非稳态导热系统为集总参数系统(一个等温系统或物体)。

曲线(b)表示平板外环境的换热热阻 $1/\alpha$ 相当于平板内的导热热阻 δ/λ，即 $1/\alpha \approx \delta/\lambda$。这也是正常的第三类边界条件。

曲线(c)表示平板外环境的换热热阻 $1/\alpha$ 远小于平板内的导热热阻 δ/λ，即 $1/\alpha < \delta/\lambda$。从曲线上看，物体内部的温度变化比较大，而环境与物体边界几乎无温差，此时我们可以认为 $t_\infty = t_w$。那么，边界条件就变成了第一类边界条件，即给定物体边界上的温度。

把导热热阻与换热热阻相比可得到一个无因次的数，我们称之为毕欧(Boit)数，即 $\mathrm{Bi} = \dfrac{\delta/\lambda}{1/\alpha} = \dfrac{\alpha\delta}{\lambda}$。那么，上述三种情况则对应 $\mathrm{Bi} < 1$、$\mathrm{Bi} \approx 1$ 和 $\mathrm{Bi} > 1$。毕欧数是导热分析中的一个重要的无因次准则，它表征了给定导热系统内的导热热阻与给定导热系统和环境之间的换热热阻的对比关系。它和下面将要介绍的傅立叶数(准则)都是计算非稳态导热过程的重要参数。

下面我们将对一些简单的一维非稳态导热过程进行分析求解，以利于读者掌握非稳态导热过程的分析方法并进行实际的工程应用。

3—2　一维非稳态导热过程分析

一、无限大平板加热(冷却)过程分析及线算图

有一个温度为 t_0、厚度为 δ 的无限大平板被突然放入温度为 t_∞ 的环境中加热，这是一个典型的一维非稳态导热问题，如图 3.3 所示。该问题的导热微分方程式和给定的初始条件、边界条件为：

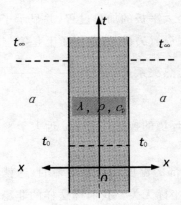

图 3.3 **无限大平板加热过程模型图**

$$\frac{\partial t}{\partial \tau} = a\frac{\partial^2 t}{\partial x^2}$$

$$\tau = 0, t = t_0$$

$$\tau > 0,$$

$$x = 0, \frac{\partial t}{\partial x} = 0$$

$$x = \delta, \lambda\frac{\partial t}{\partial x} = -\alpha(t - t_\infty)$$

写成无因次形式,有

$$\frac{\partial \Theta}{\partial \mathrm{Fo}} = \frac{\partial^2 \Theta}{\partial X^2}$$

$$\mathrm{Fo} = 0, \Theta = \Theta_0 = 1$$

$$X = 0, \frac{\partial \Theta}{\partial X} = 0$$

$$X = 1, \frac{\partial \Theta}{\partial X} = -\mathrm{Bi}\Theta$$

式中,$\Theta = \dfrac{\theta}{\theta_0} = \dfrac{t - t_\infty}{t_0 - t_\infty}$;$\Theta_0 = \dfrac{\theta_0}{\theta_0} = 1$;$\mathrm{Fo} = a\tau/\delta^2$;$\mathrm{Bi} = \alpha\delta/\lambda$;$X = x/\delta$。

上面定义的无因次时间 Fo 我们称之为傅立叶准则或傅立叶数,表示给定导热系统的导热性能与其贮热(贮存热能)性能的对比关系,是给定系统的动态特征量(可以参照热扩散系数的物理意义来加以理解)。

采用分离变量法可以解出上式,得到大平板的温度分布:

$$\Theta = 2\sum_{n=1}^{\infty} e^{-\mu_n^2 \mathrm{Fo}}\frac{\sin\mu_n\cos(\mu_n X)}{\mu_n + \sin\mu_n\cos\mu_n}$$

式中,μ_n是微分方程的特征值,与边界条件密切相关,是 Bi 数的函数。因此,大平板温度分布的一般函数表达式为:

$$\Theta = f(\mathrm{Bi}, \mathrm{Fo}, X)$$

由于级数形式的解计算起来比较复杂,工程中常采用计算线图(俗称诺谟图)来解决非稳态导热的计算问题。由海斯勒(Heisler)制成的线算图是一套三图,能求解一维导热温度场和热流场。具体做法是将无因次温度改为:

$$\Theta = \frac{\theta}{\theta_0} = \frac{\theta_c}{\theta_0}\cdot\frac{\theta}{\theta_c}$$

式中，$\theta_c = t_c - t_\infty$ 为平板中心的过余温度。这样划分之后无因次中心温度 $\dfrac{\theta_c}{\theta_0} = f(\mathrm{Bi}, \mathrm{Fo})$ 仅仅是毕欧数和傅立叶数的函数，而相对过余温度 $\dfrac{\theta}{\theta_c} = f(\mathrm{Bi}, x/\delta)$ 则只是毕欧数和无因次厚度的函数。无因次热量也是毕欧数和傅立叶数的函数：

$$\frac{Q}{Q_0} = f(\mathrm{Bi}, \mathrm{Fo})$$

式中的 Q 为 $0 \sim \tau$ 时间内大平板传导的热量（内热能的改变量），而 $Q_0 = \rho c \theta_0 V$ 为 $\tau \to \infty$ 时间内的总传导热量（物体内能改变总量），V 为物体的体积。Q 和 Q_0 的单位均为焦尔（J）。

计算大平板无因次中心温度、相对过余温度和无因次热量的海斯勒线算图由图 3.4、图 3.5 和图 3.6 给出。

我们可以在已知平板的初始温度和环境换热系数及温度的条件下，利用线算图确定平板达到某一温度所经历的时间和某一时间的平板的温度，具体步骤如下。

（a）由时间求温度的步骤是：计算 Bi 数、Fo 数和 $\dfrac{x}{\delta}$，从图 3.4 中查找 $\dfrac{\theta_c}{\theta_0}$，从图 3.5 中查找 $\dfrac{\theta}{\theta_c}$，计算出 $\dfrac{\theta}{\theta_0} = \dfrac{t - t_\infty}{t_0 - t_\infty}$，最后求出温度 t；

（b）由温度求时间的步骤是：计算 Bi 数、$\dfrac{x}{\delta}$ 和 $\dfrac{\theta}{\theta_0} = \dfrac{t - t_\infty}{t_0 - t_\infty}$，从图 3.5 中查找 $\dfrac{\theta}{\theta_c}$，计算 $\dfrac{\theta_c}{\theta_0} = \left(\dfrac{\theta}{\theta_0}\right) \Big/ \left(\dfrac{\theta}{\theta_c}\right)$，然后查找 Fo，再求出时间 τ。

（c）平板吸收（或放出）的热量，可在计算 $Q_0 = \rho c V \theta_0$ 和 Bi 数、Fo 数之后，从图 3.6 中查找 $\dfrac{Q}{Q_0}$，再计算出 $Q = \left(\dfrac{Q}{Q_0}\right) \cdot Q_0$。

二、无限长圆柱体和球体的加热(冷却)过程分析及线算图

1.无限长圆柱体

无限长圆柱体在均匀环境中加热或冷却是典型的圆柱坐标系中的一维非稳态导热过程，如图 3.4 所示。通过分析求解可得到相应的温度分布，其解同样也是无穷级数形式的解，其一般表达式为：

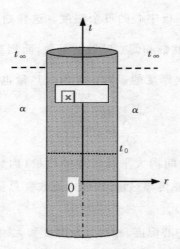

图 3.4　无限长圆柱体非稳态导热过程

$$\Theta = \frac{t - t_\infty}{t_0 - t_\infty} = f\left(\mathrm{Bi}, \mathrm{Fo}, \frac{r}{r_0}\right)$$

式中，r_0 为无限长圆柱体的半径，而 $\mathrm{Bi} = \alpha r_0 / \lambda$，$\mathrm{Fo} = a\tau / r_0^2$（注意特征尺寸 r_0 与大平板 δ 的差别）。

我们可以采用线算图来计算无限长圆柱体的温度分布和传导的热量：

$$\Theta = \frac{\theta}{\theta_0} = \left(\frac{\theta_c}{\theta_0}\right) \cdot \left(\frac{\theta}{\theta_c}\right) = f_1(\mathrm{Bi}, \mathrm{Fo}) \cdot f_2(\mathrm{Bi}, r/r_0)$$

以及

$$\frac{Q}{Q_0} = f_3(\mathrm{Bi}, \mathrm{Fo})$$

于是可以做出三个相应的线算图，并给出无限长圆柱体非稳态导热过程的中心温度、相对过余温度及导热量随时间和空间的变化。

无限长圆柱体非稳态导热过程的具体计算方法与无限大平板的计算方法相同。

2. 球体

球体也是一种球坐标系中的典型的一维非稳态导热过程，如图 3.5 所示。我们也可以根据方程和相应的边界条件确定其温度分布，进而求得导热热量。这里我们仍然采用图解的方法，处理方法与无限大圆柱体完全相同。这里要注意的是：特征尺寸 R 为球体的半径，r 为球体的径向方向。

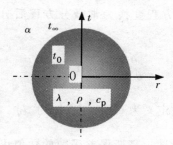

图 3.5　球体非稳态导热过程

三、半无限大固体的非稳态导热过程

半无限大系统指的是一个半无限大的空间,也就是一个从其表面可以向其深度方向无限延伸的物体系统。对于导热问题而言,一个半无限大的固体系统只有一个外边界面,沿着此面法线方向向内延伸是无限大的。由于作用于物体表面的热流是逐步向物体内部传递的,温度的变化也是逐步向物体内部延伸的,因此很多实际的物体在加热或冷却过程的初期都可以视为一个半无限大固体的非稳态导热过程。利用半无限大的概念可以给非稳态导热过程的求解带来方便,这也就是我们在这里介绍该导热过程的目的。图 3.6 给出了一个半无限大固体的导热系统,其初始温度为 T_0,表面温度突然升高至 T_w,并一直保持该温度。现在,我们可以写出该问题的导热微分方程式和相应的边界条件:

$$\frac{\partial \theta}{\partial \tau} = a \frac{\partial^2 \theta}{\partial x^2}$$

$\tau = 0, \theta = \theta_0 = 0$。

$\tau > 0, x = 0, \theta = \theta_w; x \rightarrow \infty, \theta = \theta_0 = 0$。

式中,$\theta = t - t_0$,$\theta_w = t_w - t_0$。

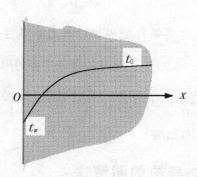

图 3.6　半无限大固体的导热系统

该微分方程的初值问题、边值问题可以用拉普拉斯方程变换求解,也可以

引入相似变量,将偏微分方程变换为常微分方程后分析求解。得到的温度分布为:

$$\frac{\theta}{\theta_w} = 1 - \text{erf}\,\frac{x}{2\sqrt{a\tau}}$$

式中的高斯误差函数定义为 $\text{erf}\,\eta = \dfrac{2}{\sqrt{\pi}}\displaystyle\int_0^\eta e^{-\eta^2}\,d\eta$,式中 $\eta = \dfrac{x}{2\sqrt{a\tau}}$,这是针对导热问题而设定的相似参数。高斯误差函数的数值可以通过查表获得,其随 η 的变化关系如图 3.7 所示。

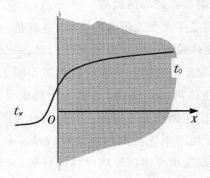

图 3.7　第三类边界条件下的半无限大固体

由傅立叶定律可知,任意位置上的热流量为:

$$q_x = -\lambda A\,\frac{\partial t}{\partial x} = \frac{\partial A \theta_w}{\sqrt{\pi a\tau}} e^{-x^2/(4a\tau)}$$

边界表面上的热流量为:

$$q_w = \frac{\lambda A \theta_w}{\sqrt{\pi a\tau}}$$

当半无限大固体的边界条件变成第三类边界条件时, $x = 0$, $\lambda\,\dfrac{\partial \theta}{\partial x} = \alpha(\theta - \theta_\infty)$ 。式中, $\theta = t - t_0$, $\theta_\infty = t_\infty - t_0$ 。此时的微分方程的解为:

$$\frac{\theta}{\theta_\infty} = 1 - \text{erf}\left(\frac{x}{2\sqrt{a\tau}}\right) - \exp\left(\frac{\alpha x}{\lambda} + \frac{\alpha^2 a\tau}{\lambda^2}\right)\left[1 - \text{erf}\left(\frac{\alpha\sqrt{a\tau}}{\lambda} + \frac{x}{2\sqrt{a\tau}}\right)\right]$$

此情况下的温度分布如图 3.7 所示。

3—3　多维非稳态导热的图解法

多维导热问题的求解通常比较复杂,我们常常采用数值求解的办法解决多维导热问题。这一节中我们将对几种几何结构比较简单的物体的多维非稳态导热问题在分析的基础上采用一维问题的线算图来进行求解。

　　应用上面讨论的海斯勒线算图可以求出厚度为 2δ 的大平板、半径为 R 的无限长圆柱体和半径为 R 的球体的温度分布和传导的热量。但是，海斯勒线算图不适用于高度、宽度和厚度相差不大的平板（长矩形柱或矩形块），或者长度与半径相差不大的短圆柱。对于这些非一维非稳态导热问题，我们能不能利用上面的一维非稳态导热线算图来进行求解呢？下面以一个无限长矩形柱为例来回答这一问题。

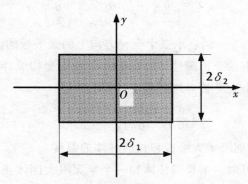

图 3.8　无限长矩形柱截面坐标

　　一个无限长矩形柱，如图 3.8 所示。我们可以把它看作由两个无限大平板正交而组成，它们的厚度分别为 $2\delta_1$ 和 $2\delta_2$。无限长矩形柱的导热微分方程式为：

$$\frac{\partial \theta}{\partial \tau}=a\left(\frac{\partial^2 \theta}{\partial x^2}+\frac{\partial^2 \theta}{\partial y^2}\right)$$

　　式中，$\theta=t-t_\infty$。如果假定 $\theta(x,y,\tau)=\theta_x(x,\tau)\cdot\theta_y(y,\tau)$，并将其代入微分方程中，最后可得到：

$$\theta_y\left(\frac{\partial \theta_x}{\partial \tau}-a\,\frac{\partial^2 \theta_x}{\partial x^2}\right)=\theta_x\left(\frac{\partial \theta_y}{\partial \tau}-a\,\frac{\partial^2 \theta_y}{\partial y^2}\right)$$

　　括号中的式子分别表示 x 方向和 y 方向上的两个一维非稳态导热问题的微分方程式，且应分别为零，那么方程式是恒等的。这表明，$\theta(x,y,\tau)=\theta_x(x,\tau)\cdot\theta_y(y,\tau)$ 的假设是成立的，也就是说，一个二维非稳态导热问题的解可以用两个导热方向相互垂直的一维非稳态导热问题解的乘积来表示。我们可以用同样的方法证明：初始条件和边界条件也满足上述假设。此方法也可以推广到三维问题上，也就是说，一个三维非稳态导热问题的解可以用三个相互垂直的一维非稳态导热问题解的乘积来表示。这样，求解一维非稳态导热的线算图就可以推广应用到简单的多维非稳态导热问题中。例如：

1.矩形截面的长棱柱(正四棱柱)可由两个大平板正交构成,因而其温度分布为两个大平板对应的温度分布的乘积：

$$\left(\frac{\theta}{\theta_0}\right) = \left(\frac{\theta}{\theta_0}\right)_{p1} \cdot \left(\frac{\theta}{\theta_0}\right)_{p2}$$

下标 $p1$ 和 $p2$ 分别表示两个坐标方向上的大平板的温度。

2.矩形块体(立方体)可由三个大平板正交构成,因而其温度分布为三个大平板对应的温度分布的乘积：

$$\left(\frac{\theta}{\theta_0}\right) = \left(\frac{\theta}{\theta_0}\right)_{p1} \cdot \left(\frac{\theta}{\theta_0}\right)_{p2} \cdot \left(\frac{\theta}{\theta_0}\right)_{p3}$$

下标 $p1$、$p2$ 和 $p3$ 分别表示三个坐标方向上的大平板的温度。

3.短圆柱体可由一个长圆柱体和一个大平板正交构成,因而其温度分布为一个长圆柱体和一个大平板对应的温度分布的乘积：

$$\left(\frac{\theta}{\theta_0}\right) = \left(\frac{\theta}{\theta_0}\right)_{p1} \cdot \left(\frac{\theta}{\theta_0}\right)_{c}$$

下标 $p1$ 和 c 分别表示大平板和长圆柱体的温度。

4.半长圆柱体可由一个长圆柱体和一个半无限大固体正交构成,因而其温度分布为一个长圆柱体和一个半无限大固体对应的温度分布的乘积：

$$\left(\frac{\theta}{\theta_0}\right) = \left(\frac{\theta}{\theta_0}\right)_{c} \cdot \left(\frac{\theta}{\theta_0}\right)_{s}$$

下标 c 和 s 分别表示长圆柱体和半无限大固体的温度。

图 3.9 显示了以上几种情况下的非稳态导热。这里需要强调的是,我们在确定某一点的温度前,一定要首先确定该点在对应的几个一维空间上的位置,再去确定相应的一维温度值,最终的乘积即是物体在该点的温度值。以上仅仅是列举出的几个例子,其余情况不再赘述。

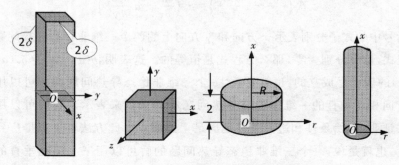

图 3.9　长圆柱体和半无限大固体的非稳态导热

3－4　集总参数系统分析

当物体系统的外热阻远大于它的内热阻（即 $1/\alpha > \delta/\lambda$ 时），环境与物体表面间的温度变化远大于物体内的温度变化。我们可以认为，物体内的温度分布几乎均匀一致，物体的内热阻可以忽略。$Bi = \alpha\delta/\lambda \ll 1$ 的导热系统称为集总参数系统、充分搅拌系统或热薄物体系统。这是一个相对的概念，是由系统的内、外热阻的相对大小即 Bi 数的大小决定的。同一物体在一种环境下是集总参数系统，而在另一种情况下就可能不是集总参数系统，如金属材料在空气中冷却可视为集总参数系统，而在水中冷却就不是集总参数系统。

注意前面介绍的计算非稳态导热的线算图，在图 3.5、图 3.9 和图 3.10 中，当 $Bi \leqslant 0.1$ 时，$\dfrac{\theta_w}{\theta_c} \leqslant 0.95$，这表明物体内部的温度分布几乎一致（误差小于 5％），可以近似认为物体是一个集总参数系统。由于温度分布不再是空间坐标的函数，而仅仅是时间坐标的函数。这样的物体系统就是一个仅随时间响应的系统。

一、集总系统的能量平衡方程和温度分布

图 3.10 给出了一个集总参数系统，其体积为 V，表面积为 A，密度为 ρ，比热为 c，初始温度为 t_0，该物体被突然放入温度为 t_∞、换热系数为 α 的环境中。在任一时刻，系统的热平衡关系为：内热能随时间的变化率 $\Delta E =$ 通过表面与外界交换的热流量 Q_c。于是，热平衡方程可表述为：

$$-\rho c V \frac{dt}{d\tau} = \alpha A(t - t_\infty)$$

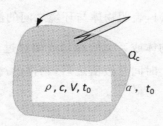

图 3.10　集总参数系统示意图

初始条件为 $\tau = 0$、$t = t_0$。引入过余温度 $\theta = t - t_\infty$，方程与初始条件变为：

$$\frac{d\theta}{d\tau} = -\frac{\alpha A}{\rho c V}\theta \quad (\tau = 0, \theta = \theta_0)$$

分离变量积分并代入初始条件,得:

$$\ln \frac{\theta}{\theta} = -\frac{\alpha A \tau}{\rho c V} \text{ 或 } \frac{\theta}{\theta_0} = e^{-\frac{\alpha A \tau}{\rho c V}} \tag{3.4.1}$$

物体的温度随时间的变化关系是一条负指数曲线,或者说,无因次温度的对数与时间的关系是一条负斜率直线。可见,随着时间的推移,物体温度逐步与环境温度趋于一致,这符合物体冷却的规律。对于加热过程,只要过余温度仍然采用上面的定义,方程形式和最后的解就不变。

二、时间常数

从公式(3.4.1)不难看出,$\frac{\rho c V}{\alpha A}$ 具有时间的量纲(即因次),称为系统的时间常数,记为 τ_s,也称弛豫时间。它反映了系统处于一定的环境中所表现出来的传热动态特征,与其几何形状、密度及比热有关,还与环境的换热情况有关。可见,同一物质形状不同,其时间常数不同;在不同的环境下,同一物体的时间常数也不相同。

由于时间常数对系统的温度随时间变化的快慢有很大的影响,因而时间常数在温度的动态测量中是一个很重要的物理量。例如,用热电偶测量一个随时间变化的温度场时,热电偶时间常数的大小对所测量的温度就会产生影响:时间常数大,响应就慢,跟随性就差;相反,时间常数越小,响应就越快,跟随性就越好。

当物体冷却或加热过程所经历的时间等于其时间常数时,即 $\tau = \frac{\rho c V}{\alpha A} = \tau_s$ 时,$\frac{\theta}{\theta_0} = e^{-1} = 0.386$,表明物体与环境之间的温差变为初始温差的 38.6%;当 $\tau = 4.6\tau_s$ 时,$\frac{\theta}{\theta_0} = e^{-4.6} = 0.01$,表明物体与环境之间的温差变为初始温差的 1%。从这两个数据可以看出,物体或系统的冷却或加热过程在初期变化较快。我们通常可以认为,经历了 4 个时间常数值之后,物体的冷却或加热过程基本结束,图 3.11 显示了这一结果。

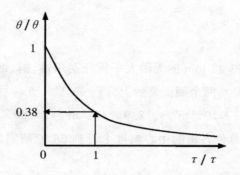

图 3.11 集总参数系统温度随时间的变化图

三、集总参数系统的判定

前面已经指出，环境与系统之间的外热阻远大于系统的内热阻时，系统可视为集总参数系统。以简单几何形状的大平板、长圆柱体以及球体为例，当它们的毕欧数小于 0.1 时，内部温差小于 5%，近似认为该系统是一个集总参数系统。如果以此为标准，如何判定一个系统是不是集总参数系统呢？下面我们做一个简单的分析。

将公式 $\dfrac{\theta}{\theta_0} = e^{-\frac{\alpha A \tau}{\rho c V}}$ 改写为 $\dfrac{\theta}{\theta_0} = e^{-\text{Bi} \cdot \text{Fo}}$，式中，$\text{Bi} = \dfrac{\alpha(V/A)}{\lambda}$，$\text{Fo} = \dfrac{\alpha \tau}{(V/A)^2}$。$V/A$ 是具有长度的因次，称为集总参数系统的特征尺寸，记为 $L = V/A$。如果我们用此处定义的 Bi 作为判定系统是否为集总参数系统的参数，按照内部温差小于 5% 的要求，Bi 可以写为：

$$\text{Bi} \leqslant 0.1M \tag{3.4.2}$$

式中，M 为形状修正系数。

对于厚度为 2δ 的大平板：$V/A = \delta$，按 $\dfrac{\alpha \delta}{\lambda} \leqslant 0.1$，$M = 1$；

对于直径为 $2r$ 的长圆柱体：$V/A = r_0/2$，按 $\dfrac{\alpha r}{\lambda} \leqslant 0.1$，$M = 0.5$；

对于直径为 $2r$ 的球体：$V/A = r_0/3$，按 $\dfrac{\alpha r}{\lambda} \leqslant 0.1$，$M = 1/3$。

对于其他形状的物体，其修正系数应在 $1/3 \sim 1$ 之间，这是基于球形物体的最小体面比 V/A 确定的。因此，当我们难以判定一个复杂形体的形状修正系数时，可以将修正系数 M 取为 $1/3$，也就是将 $\text{Bi} \leqslant 0.0333$ 作为判定一个任意的系统是不是集总参数系统的依据。

习题

3-1　设 5 块厚 30 mm 的无限大平板分别用银、铜、钢、玻璃及软木做成，初始温度均匀（20 ℃），两个侧面突然上升到 60 ℃。五种材料的热扩散依次为 $170 \times 10^{-6} \, \mathrm{m}^2/\mathrm{s}$、$103 \times 10^{-6} \, \mathrm{m}^2/\mathrm{s}$、$12.9 \times 10^{-6} \, \mathrm{m}^2/\mathrm{s}$、$0.59 \times 10^{-6} \, \mathrm{m}^2/\mathrm{s}$ 及 $0.155 \times 10^{-6} \, \mathrm{m}^2/\mathrm{s}$。试计算使各板的中心温度上升到 56 ℃ 所需的时间，由此计算可以得出什么结论？

解　一维非稳态无限大平板内的温度分布如下：

$$\frac{\theta}{\theta_0} = \frac{t - t_0}{t_\infty - t_0} = f\left(\mathrm{Bi}, \mathrm{Fo}, \frac{x}{\delta}\right)$$

不同材料的无限大平板均属于第一类边界条件（即 $\mathrm{Bi} \to \infty$）。由题意可知，材料达到同样工况时，Bi 数和 x/δ 相同，要使温度分布相同，则只需 Fo 数相同。

因此，$\mathrm{Fo}_1 = \mathrm{Fo}_2$，即 $\left(\dfrac{\alpha \tau}{\delta^2}\right)_1 = \left(\dfrac{\alpha \tau}{\delta^2}\right)_2$。由题意可知，$\delta$ 相等，因此，α 小的材料，中心温度上升到 56 ℃ 所需的时间长，而 $\alpha_{铜} > \alpha_{银} > \alpha_{钢} > \alpha_{玻璃} > \alpha_{软木}$，所以 $\tau_{铜} < \tau_{银} < \tau_{钢} < \tau_{玻璃} < \tau_{软木}$。

3-2　设一根长为 l 的棒有均匀初始温度 t_0，此后使其两端在恒定的 t_1（$x = 0$）中，且 $t_2 > t_1 > t_0$。棒的四周保持绝热。试画出棒中温度分布随时间变化的示意曲线及最终的温度分布曲线。

解　由于棒的四周保持绝热，因此，棒中的温度分布相当于厚为 l 的无限大平板中的温度分布，随时间而变化的情形定性地示于图中：

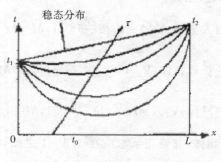

图 3.12

3-3　假设把汽轮机的汽缸壁及其绝热层近似地看成是两块紧密接触的无限大平板（绝热层厚度大于汽缸壁）。试画出汽缸机从冷态启动（即整个汽轮机均与环境处于热平衡)后,缸壁及绝热层中的温度分布随时间的变化。

解

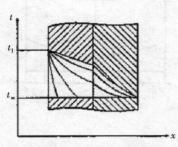

(a)设内壁一下子达到额定温度t_1　　　(b)内壁温度逐渐上升的情况

图 3.13

3—4　在一内部流动的对流换热实验中(见附图),用电阻加热器产生的热量加热管道内的流体,电加热功率为常数,管道可以当作平壁对待。试画出非稳态加热过程中系统中的温度分布随时间的变化(包括电阻加热器、管壁及被加热的管内流体)。画出典型的四个时刻:初始状态(未开始加热时)、稳定状态及两个中间状态。

解　如图所示:

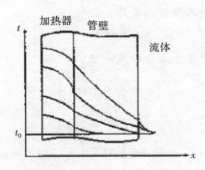

图 3.14

3—5　微波炉加热物体的原理是利用高频电磁波使物体中的分子极化从而产生振荡,其结果相当于物体中产生了一个接近于均匀分布的内热源,而一般的烤箱则是在物体的表面上进行接近恒热流的加热。设把一块牛肉当作厚为 2ε 的无限大平板,试画出牛肉在微波炉及烤箱(从室温到最低温度为 85 ℃)中加热时牛肉的温度分布曲线(加热开始前、加热过程中某一时刻及加热结束三个时刻)。

解　假设辐射加热时表面热源均匀,散热忽略不计。

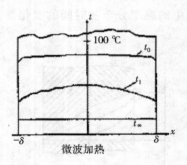

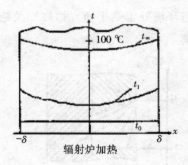

微波加热　　　　　　　　　　　　　　　　辐射炉加热

图 3.15

3—6　一初始温度为 t_0 的物体被置于室温为 t_∞ 的房间中。物体表面的发射率为 ε,表面与空气间的换热系数为 h。物体的体积为 V,参数与换热的面积为 A,比热容和密度分别为 c 和 ρ。物体的内热阻可忽略不计,试列出物体温度随时间变化的微分方程式。

解　由题意可知,固体温度始终均匀一致,所以可按集总热容系统处理,固体通过热辐射散到周围的热量为:

$$q_1 = \sigma A (T^4 - T_\infty^4)$$

固体通过对流散到周围的热量为:

$$q_2 = hA(T - T_\infty)$$

固体散出的总热量等于其焓的减小值:

$$q_1 + q_2 = -\rho c v \frac{d_t}{d_\tau}$$

即

$$\sigma A(T^4 - T_\infty^4) + hA(T - T_\infty) = -\rho c v \frac{d_t}{d_\tau}$$

3—7　一容器中装有质量为 m、比热容为 c 的流体,初始温度为 t_0。另一流体在管内凝结放热,凝结温度为 t_∞。容器外壳绝热良好。容器中的流体受搅拌器的作用,因此可认为任一时刻整个流体的温度都是均匀的。管内流体与容器中的流体间的总传热系数 k 及传热面积 A 均为已知,k 为常数。试导出开始加热后任一时刻 t 时容器中流体温度的计算式。

解　按集总参数处理,容器中流体温度用下面的微分方程式描述:

$$hA(T - T_1) = -\rho c v \frac{d_t}{d_\tau}$$

解得
$$\frac{t-t_1}{t_0-t_1}=\exp(-\frac{kA}{\rho c}\tau)$$

3—8　一个具有内部加热装置的物体与空气处于热平衡中。在某一瞬间，加热装置投入工作，其作用相当于强度为 Q 的内热源。设物体与周围环境的表面传热系数为 h（常数），内热阻可以忽略，其他几何、物性参数均已知，试列出其温度随时间变化的微分方程式并求解。

解　集总参数法的导热微分方程可以利用能量守恒的方法得到：
$$\rho c v \frac{d_t}{d_\tau}=-hA(t-t_\infty)+\dot{\Theta}$$

引入过余温度，则其数学式表示如下：
$$\begin{cases}\rho c v \dfrac{d_\theta}{d_\tau}=-hA\theta+\dot{\Theta}\\ \theta(0)=t_0-t_\infty=\theta\end{cases}$$

故其温度分布为：
$$\theta=t-t_\infty=\theta_0 e^{-\frac{hA}{\rho c v}\tau}+\frac{\theta}{hA}(1-e^{-\frac{hA}{\rho c v}\tau})$$

3—9　一热电偶的 $\rho c v/A$ 的值为 2.094 kJ/(m² · K)，初始温度为 20 ℃，后将其置于 320 ℃ 的气流中。试计算在气流与热电偶之间的表面传热系数为 58 W/(m² · K) 的两种情况下的热电偶的时间常数并画出两种情况下热电偶读数的过余温度随时间变化的曲线。

解　由 $\tau_c=\dfrac{\rho c v}{hA}$ 得：

当 $h=58$ W/(m² · K) 时，$\tau_c=0.036s$；

当 $h=116$ W/(m² · K) 时，$\tau_c=0.018s$。

3—10　一热电偶热接点可近似地看成球形，初始温度为 25 ℃，后被置于温度为 200 ℃ 的气流中。请问欲使热电偶的时间常数 $\tau_c=1s$ 的热接点的直径是多少？已知热接点与气流间的表面传热系数为 35 W/(m² · K)，热接点的物性为：$\lambda=20$ W/(m · k)，$c=400$ J/(kg · k)，$\rho=8500$ kg/m³。如果气流与热接点之间还有辐射换热，辐射换热对所需的热接点的直径有何影响？热电偶引线的影响忽略不计。

解　由于热电偶的直径很小，一般满足集总参数法，时间常数为：$\tau_c=\dfrac{\rho c v}{hA}$。

故 $V/A = R/3 = \dfrac{t_c h}{\rho c} = \dfrac{1 \times 350}{8500 \times 400} \approx 10.29 \times 10^{-5}\,(\mathrm{m})$；

热电偶的直径 $d = 2R = 2 \times 3 \times 10.29 \times 10^{-5} \approx 0.617\,(\mathrm{m})$。

验证 Bi 数是否满足集总参数法：

$$\mathrm{Bi}_{\nu} = \dfrac{h(V/A)}{\lambda} = \dfrac{350 \times 10.29 \times 10^{-5}}{20} = 0.0018 \ll 0.0333$$

故 Bi 数满足集总参数法条件。若热接点与气流间存在辐射换热,则总表面传热系数 h(包括对流和辐射)增加,由 $\tau_c = \dfrac{\rho c v}{hA}$ 可知, τ_c 保持不变,可使 V/A 增加,即热接点的直径增加。

3—11 一根裸露的长导线处于温度为 t 的空气中,试导出当导线通恒定电流 I 后温度变化的微分方程式。设导线同一截面上的温度是均匀的,导线的周长为 P,截面积为 A_c,比热容为 c,密度为 ρ,电阻率为 ρ_e,与环境的表面传热系数为 h,长度方向的温度变化忽略不计。已知导线的质量为 $3.45\ \mathrm{g/m}$, $c = 460$ $\mathrm{J/(kg \cdot k)}$,电阻值为 $3.63 \times 10^{-2}\ \Omega/\mathrm{m}$,电流为 $8\ \mathrm{A}$,试确定导线通电瞬间的温升率。

解 对导线的任意段长度 $\mathrm{d}x$ 作热平衡,可得：

$$A_c \mathrm{d}x \rho c \dfrac{\mathrm{d}t}{\mathrm{d}\tau} + hP\mathrm{d}x(t - t_\infty) = I^2\left(\dfrac{r\mathrm{d}x}{A_\tau}\right)$$

令 $\theta = t - t_\infty$,可得： $\dfrac{\mathrm{d}\theta}{\mathrm{d}\tau} = \dfrac{I^2 r}{A_\tau^2 \rho c} - \dfrac{hP\theta}{A_\tau \rho c}$, $\tau = 0$, $\theta = t - t_\infty = 0$。

在通电的初始瞬间, $\theta = t - t_\infty = 0$,则有：

$$\dfrac{\mathrm{d}\theta}{\mathrm{d}\tau} = \dfrac{I^2 r}{A_\tau^2 \rho c} = l^2 \cdot \dfrac{r \cdot 1}{A_c} \cdot \dfrac{1}{A_c \rho} \cdot \dfrac{1}{c} = 8 \times 8 \times 3.63 \times 10^{-2} \times \dfrac{1}{3.45 \times 10^{-3}} \times \dfrac{1}{460}$$

$\approx 1.46\,(\mathrm{K/s})$。

3—12 一块单侧表面积为 A、初始温度为 t_0 的平板一侧的表面突然受到恒定热流密度为 q_0 的气流加热,另一侧表面受到初温为 t_∞ 的气流冷却,表面传热系数为 h。试列出物体温度随时间变化的微分方程式并求解。设内阻可以忽略不计,其他的几何、物性参数均已知。

解 由题意得,物体内部热阻可以忽略不计,温度只是时间的函数,一侧的对流换热和另一侧恒热流作为内热源处理,根据热平衡方程可得控制方程：

$$\begin{cases} \rho c v \dfrac{d_t}{d_\tau} + hA(t - t_\infty) - Aq_w = 0 \\ t/_{t=0} = t_0 \end{cases}$$

引入过余温度 $\theta = t - t_\infty$，则：

$$\rho c v \frac{d_\theta}{d_\tau} + hA\theta - Aq_w = 0$$

$$\theta /_{t=0} = \theta_0$$

上述控制方程的解为：$\theta = Be^{-\frac{hA}{\rho c v}\tau} + \frac{q_w}{h}$。

已知初始条件有：$B = \theta_0 - \frac{q_w}{h}$，故温度分布为：

$$\theta = t - t_\infty = \theta_0 \exp(-\frac{hA}{\rho c v}\tau) + \frac{q_w}{h}\left[1 - \exp(-\frac{hA}{\rho c v}\tau)\right]$$

第四章　导热问题的数值解法

4－1　导热问题数值求解的基本思想及内节点离散方程的建立

导热问题一般为：

$$
\begin{cases}
\rho c \dfrac{\partial t}{\partial \tau} = \nabla \cdot (\lambda \nabla t) + \dot{\Phi} \\[2mm]
\tau = 0, t = f(x, y, z) \\[2mm]
\text{边界条件}
\end{cases}
$$

上述问题的解法有以下两种：

1. 理论解：通过对上述方程积分求得解（有限情况）。

2. 数值解：用某种方式把微分方程化为关于各个离散点（节点）的代数方程，通过解代数方程，获得问题近似解。

一、连续——离散（任意情况）

数值求解的基本步骤

1. 数学描述；2. 区域离散化；3. 建立节点物理量的代数方程；4. 设立迭代初场；5. 求解代数方程组；6. 解的分析。

二、具体步骤

1. 数学描述

导热问题一般为：

$$
\begin{cases}
\rho c \dfrac{\partial t}{\partial \tau} = \nabla \cdot (\lambda \nabla t) + \dot{\Phi} \\[2mm]
\tau = 0, t = f(x, y, z) \\[2mm]
\text{边界条件}
\end{cases}
\tag{4.1.1}
$$

无限长棱柱的导热分布如图 4.1 所示，沿高度各截面的温度分布相同，可简化为二维问题。

$$\lambda = \text{const}$$

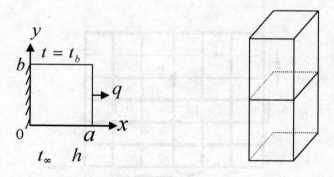

图 4.1 无限长棱柱的导热分布

$$
\begin{cases}
\dfrac{\partial^2 t}{\partial y^2}+\dfrac{\partial^2 t}{\partial y^2}=0 \\[2mm]
x=0 \quad \dfrac{\partial t}{\partial x}=0 \\[2mm]
x=a \quad -\lambda\dfrac{\partial t}{\partial x}=q \\[2mm]
y=0 \quad -\lambda\dfrac{\partial t}{\partial y}=h(t_\infty-t) \\[2mm]
y=b \quad t=t_b
\end{cases}
\tag{4.1.2}
$$

2.区域离散化

有限差分法原理　finite difference

有限元法　finite element

边界元法　boundary element

有限分析法　finite analysis

网格划分　grid

节点(node):网格线交点。

控制容积(control volume):节点代表的区域,其边界位于两点之间。

界面(interface):控制容积的边界,具体如图 4.2 所示。

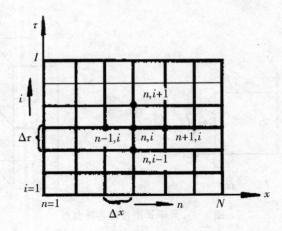

图 4.2 区域离散化

网格划分方法:

practice A,先确定节点,后定界面;

practice B,先确定界面,后定节点。

均分网格:$\Delta x=$const,$\Delta y=$const。

节点编号:从小到大排。

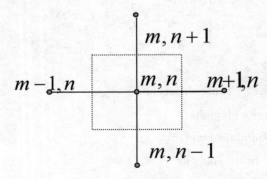

图 4.3 网格划分

3.代数方程的建立

(1)泰勒级数展开法

对点(m,n)做泰勒级数展开:

$$t_{m+1,n}=t_{m,n}+\left(\frac{\partial t}{\partial x}\right)_{m,n}\Delta x+\frac{1}{2!}\left(\frac{\partial^{2}t}{\partial x^{2}}\right)_{m,n}\Delta x^{2}-\frac{1}{3!}\left(\frac{\partial^{3}t}{\partial x^{3}}\right)_{m,n}\Delta x^{3}+0(\Delta x^{4})$$

$$t_{m-1,n}=t_{m,n}-\left(\frac{\partial t}{\partial x}\right)_{m,n}\Delta x+\frac{1}{2!}\left(\frac{\partial^{2}t}{\partial x^{2}}\right)_{m,n}\Delta x^{2}-\frac{1}{3!}\left(\frac{\partial^{3}t}{\partial x^{3}}\right)_{m,n}\Delta x^{3}+0(\Delta x^{4})$$

两式相加,得:

$$t_{m+1,n}+t_{m-1,n}=2t_{m,n}+\left(\frac{\partial^2 t}{\partial x^2}\right)_{m,n}\Delta x^2+0(\Delta x^4)$$

$$\left(\frac{\partial^2 t}{\partial x^2}\right)_{m,n}=\frac{t_{m+1,n}+t_{m-1,n}-2t_{m,n}}{\Delta x^2}-0(\Delta x^2)$$

同理可得:

$$\left(\frac{\partial^2 t}{\partial y^2}\right)_{m,n}=\frac{t_{m,n+1}+t_{m,n-1}-2t_{m,n}}{\Delta y^2}$$

代入微分方程得:

$$\frac{t_{m+1,n}+t_{m-1,n}-2t_{m,n}}{\Delta x^2}+\frac{t_{m,n+1}+t_{m,n-1}-2t_{m,n}}{\Delta y^2}=0$$

对于正方形网格,$\Delta x=\Delta y$,则 $t_{m+1,n}+t_{m-1,n}+t_{m,n+1}+t_{m,n-1}-4t_{m,n}=0$。

(2)热平衡法(热力学第一定律)

$$\Phi_w=\lambda\Delta y\frac{t_{m-1,n}-t_{m,n}}{\Delta x}$$

$$\Phi_w+\Phi_e+\Phi_n+\Phi_s=0$$

$$\lambda\Delta y\frac{t_{m-1,n}-t_{m,n}}{\Delta x}+\lambda\Delta y\frac{t_{m+1,n}-t_{m,n}}{\Delta x}$$

$$+\lambda\Delta x\frac{t_{m,n+1}-t_{m,n}}{\Delta y}+\lambda\Delta x\frac{t_{m,n-1}-t_{m,n}}{\Delta y}=0$$

说明:<1>用此方法所得的边界方程有 $O(Dx^2)$ 精度;

　　　<2>解析解是温度(物理量)的连续函数;

　　　<3>数值解得出离散点上的数值。

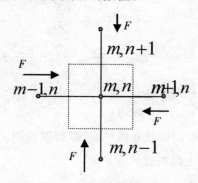

图 4.4　网格划分及细分

4－2 边界节点离散方程的建立及代数方程的求解

一、边界上离散方程的建立

边界节点要根据边界条件来确定。

1）对于第一类边界条件，$y=b$ 处将边界温度直接代入即可，方程封闭。

2）对于第三类边界条件，$y=0$ 处对控制体直接应用热力学第一定律。

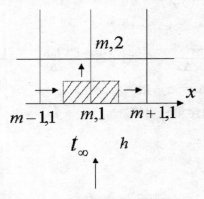

图 4.5　边界节点划分

$$\lambda \frac{\Delta y}{2} \cdot \frac{t_{m-1,1}-t_{m,1}}{\Delta x} - \lambda \frac{\Delta y}{2} \cdot \frac{t_{m,1}-t_{m+1,1}}{\Delta x}$$

$$-\lambda \Delta x \frac{t_{m,1}-t_{m,2}}{\Delta y} + h\Delta x(t_\infty - t_{m,1}) = 0$$

当 $\Delta x = \Delta y$ 时，上式为：

$$\frac{t_{m-1,1}+t_{m+1,1}}{2} - 2t_{m,1} + t_{m,2} + \frac{h\Delta x}{\lambda}(t_\infty - t_{m,1}) = 0$$

$$\frac{t_{m-1,1}+t_{m+1,1}}{2} + t_{m,2} + \frac{\alpha\Delta x}{\lambda}t_\infty - (2+\frac{\alpha\Delta x}{\lambda})t_{m,1} = 0$$

3）对于第二类边界条件

$x=0$，取 $h\Delta x(t_\infty - t_{m,1})=0$ 即可；

$x=a$ 将 $h\Delta x(t_\infty - t_{m,1})$ 换成 q 即可，或取控制容积。

用热力学定律利用上面的方法求解。

4）不规则边界的处理

• 折线法

• 坐标变换

二、代数方程的求解

- 直接求解（内存大）
- 矩阵求逆
- 消元法
- 迭代法（使用较多）
- Gauss－Seidel 迭代
- 点迭代
- 线迭代
- 块迭代

其中，Gauss－Seidel 迭代是数值线性代数中的一个迭代法，可用来求出线性方程组解的近似值。

线性方程组 $\sum_{j=1}^{n} A_{ij} t_j = B_i$ 可以写成：$A_{ii} t_i = -\left[\sum_{j=1}^{i-1} A_{ij} t_j + \sum_{j=i+1}^{N} A_{ij} t_j \right] + B_i$

$$t_i^{(n)} = \frac{-\left[\sum_{j=1}^{i-1} A_{ij} t_j^{(n)} + \sum_{j=i+1}^{n} A_{ij} t_j^{(n-1)} \right]}{A_{ii}} + \frac{B_i}{A_{ii}}$$

上角标为计算序号，计算时先给出 t_i 的初值，然后用上式进行迭代。

终止计算的方法：

$$\max \left| t_i^{(k)} - t_i^{(k-1)} \right| < \varepsilon$$

$$\max \left| \frac{t_i^{(k)} - t_i^{(k-1)}}{t_i^{(k)}} \right| < \varepsilon$$

ε 为给定精度。

三、例题

针肋如图 4.6 所示，碳钢l＝43.2 W/(m・K)，求其温度分布及换热量。

$t_0 = 200$ ℃ $t_\infty = 25$ ℃

$h = 120$ W/ (m²·K)

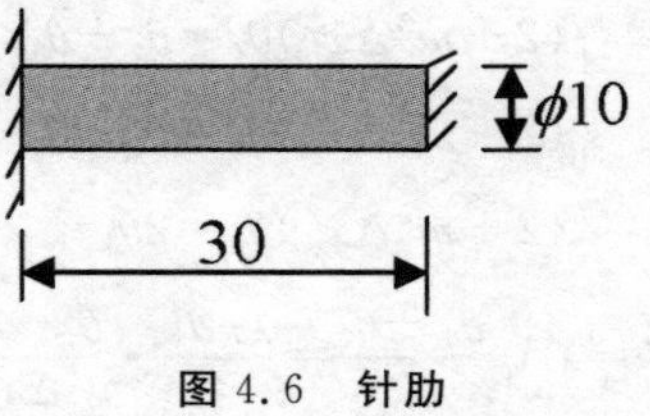

图 4.6 针肋

解 $P\pi d=0.03141$ m

$$\theta_0 = 200 - 25 = 175 \ ℃$$

$$m = \sqrt{\frac{hP}{\lambda A_c}} = \sqrt{\frac{h\pi d}{\lambda \cdot \frac{\pi d^2}{4}}} = \sqrt{\frac{4h}{\lambda d}} = 33.33 \ \frac{1}{m}$$

$$mH = 33.33 \times 0.03 \approx 1$$

$$\theta = \theta_0 \ \frac{ch[m(H-x)]}{ch(mH)}$$

$$\Phi = \frac{hP}{m}\theta_0 th(mH)$$

以上是精确解，现在我们用数值方法求解：

网格划分如图 4.7 所示。该问题的数学描述为：

$$\frac{\mathrm{d}^2\theta}{dx^2} = m^2\theta$$

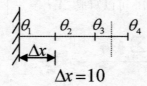

$$\Delta x = 10$$

图 4.7 针肋的网格划分

节点 2：$\dfrac{\theta_1 + \theta_3 - 2\theta_2}{\Delta x^2} = m^2\theta_2$ 或 $(2 + m^2\Delta x^2)\theta_2 = \theta_1 + \theta_3$；

同理得节点 3：$(2 + m^2\Delta x^2)\theta_3 = \theta_2 + \theta_4$。

节点 4：根据热力学第一定律，导入的热量应等于对流散出的热量，即：

$$\lambda A_c \frac{\theta_3 - \theta_4}{\Delta x} = hP\frac{\Delta x}{2}\theta_4$$

$$\theta_3 - \theta_4 = \frac{m^2\Delta x^2}{2}\theta_4$$

$$(2 + m^2\Delta x^2)\theta_4 = 2\theta_3$$

$$\begin{cases} (2 + m^2\Delta x^2)\theta_2 = \theta_1 + \theta_3 \\ (2 + m^2\Delta x^2)\theta_3 = \theta_2 + \theta_4 \\ (2 + m^2\Delta x^2)\theta_4 = 2\theta_3 \end{cases}$$

得

$$\Phi = \lambda A_c \frac{\theta_1 - \theta_2}{\Delta x} = \frac{\lambda\pi d^2}{4} \cdot \frac{\theta_1 - \theta_2}{\Delta x}$$

如采用粗网格，$\Delta x = 15$，则：

$$\begin{cases} (2+m^2\Delta x^2)\theta_2=\theta_1+\theta_3 \\ (2+m^2\Delta x^2)\theta_3=2\theta_2 \end{cases}$$

三种情况的计算结果如下：

温度分布

X	0	10	15	20	30
θ	175	139.5	127.9	119.7	113.4
θ	175	139.8		120.13	113.8
θ	175		128.13		114.29

热量计算：　　　　　　　　　　　　　　误差

精确解　　　　　　　$F=15.06$ W

四节点　　　　　　　$F=11.94$ W　　　　21%

三节点　　　　　　　$F=10.52$ W　　　　30%

如取 5 节点，则 F 的误差为 19%。

4—3　非稳态导热问题的数值解法

• 非稳态项

• 扩散项的处理方法与前文一样 $\begin{cases} 数学描述 \\ 区域离散化 \\ 建立节点物理量的代数方程 \\ 设立迭代初场 \\ 求解代数方程组 \\ 解的分析 \end{cases}$

空间坐标：$(x,1\sim n)$，x 表示空间步长。

时间坐标：$(t,1\sim i)$，t 表示时间步长。

(n,i) 代表时间、空间区域中的一个接点的位置 $t^{(i)}n$。

将温度函数 t 在节点 $(n,i+1)$ 和 $(n,i-1)$ 对点 (n,i) 做泰勒级数展开：

$$t_n^{(i+1)}=t_n^{(i)}+\Delta\tau\frac{\partial t}{\partial\tau}\Big|_{n,i}+\frac{\Delta\tau^2}{2}\frac{\partial^2 t}{\partial\tau^2}\Big|_{n,i}+L$$

$$t_n^{(i-1)}=t_n^{(i)}-\Delta\tau\frac{\partial t}{\partial\tau}\Big|_{n,i}+\frac{\Delta\tau^2}{2}\frac{\partial^2 t}{\partial\tau^2}\Big|_{n,i}-L$$

由第一式得：

$$\frac{\partial t}{\partial \tau}\Big|_{n,i} = \frac{t_n^{(i+1)} - t_n^{(i)}}{\Delta \tau} + O(\Delta \tau) \approx \frac{t_n^{(i+1)} - t_n^{(i)}}{\Delta \tau}$$

向前差分 forward difference

由第二式得：

$$\frac{\partial t}{\partial \tau}\Big|_{n,i} = \frac{t_n^{(i)} - t_n^{(i-1)}}{\Delta \tau} + O(\Delta \tau) \approx \frac{t_n^{(i)} - t_n^{(i-1)}}{\Delta \tau}$$

向后差分 back difference，二级数相减，得：

$$\frac{\partial t}{\partial \tau}\Big|_{n,i} = \frac{t_n^{(i+1)} - t_n^{(i-1)}}{2\Delta \tau} + O(\Delta \tau^2) \approx \frac{t_n^{(i+1)} - t_n^{(i-1)}}{2\Delta \tau}$$

中心差分 central finite difference

常物性一维非稳态问题，时间向前，空间中心：

$$\frac{\partial t}{\partial \tau} = a \frac{\partial^2 t}{\partial x^2}$$

$$\frac{t_n^{(i+1)} - t_n^{(i)}}{\Delta \tau} = a \frac{t_{n+1}^{(i)} - 2t_n^{(i)} + t_{n-1}^{(i)}}{\Delta x^2}$$

$$\frac{t_n^{(i+1)} - t_n^{(i)}}{\Delta \tau} = a \frac{t_{n+1}^{(i+1)} - 2t_n^{(i+1)} + t_{n-1}^{(i+1)}}{\Delta x^2}$$

$$t_n^{(i+1)} = \frac{a\Delta \tau}{\Delta x^2}(t_{n+1}^{(i)} + t_{n-1}^{(i)}) + \left(1 - \frac{2a\Delta \tau}{\Delta x^2}\right)t_n^{(i)}$$

第一式称为显示格式；第二式不能写成类似形式，称为隐示格式。

边界节点的处理

$$\lambda \frac{t_{N-1}^{(i)} - t_N^{(i)}}{\Delta x} + h(t_f - t_N^{(i)}) = \rho c \frac{\Delta x}{2} \frac{t_N^{(i+1)} - t_N^{(i)}}{\Delta \tau}$$

$$t_N^{(i+1)} = t_N^{(i)} \left(1 - \frac{2h\Delta \tau}{\rho c \Delta x} - \frac{2a\Delta \tau}{\Delta x^2}\right) + \frac{2a\Delta \tau}{\Delta x^2}t_{N-1}^{(i)} + \frac{2h\Delta \tau}{\rho c \Delta x}t_f$$

式中，$\mathrm{Fo}_\Delta = \dfrac{a\Delta \tau}{\Delta x^2}$ 网格傅立叶数

$$\frac{h\Delta \tau}{\rho c \Delta x} = \frac{\lambda}{\rho c} \frac{\Delta \tau}{\Delta x^2} \frac{h\Delta x}{\lambda} = \mathrm{Fo}_\Delta \cdot \mathrm{Bi}_\Delta$$

一维无限大平板

边界 $t_N^{(i+1)} = t_N^{(i)}(1 - 2\mathrm{Fo}_\Delta \cdot \mathrm{Bi}_\Delta - 2\mathrm{Fo}_\Delta) +$

$2\mathrm{Fo}_\Delta t_{N-1}^{(i)} + 2\mathrm{Fo}_\Delta \cdot \mathrm{Bi}_\Delta t_f$

内节点 $t_n^{(i+1)} = \mathrm{Fo}_\Delta(t_{n+1}^{(i)} + t_{n-1}^{(i)}) + (1 - 2\mathrm{Fo}_\Delta)t_n^{(i)}$

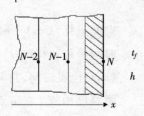

图 4.8　大平板的边界

习题

4—1 为了对两块平板的焊接过程(见附图 a)进行计算,现对其物理过程做以下简化处理:钢板中的温度场仅是 x 及时间 τ 的函数;焊枪的热源作用在钢板上时,钢板吸收的热流密度 $q(x)=q_m e^{(-3r^2/r_e^2)}$,$r_e$ 为电弧有效加热半径,q_m 为最大热流密度;平板上、下表面的散热可用 $q=h(t-t_f)$ 计算,侧面绝热;平板的物性为常数,熔池液态金属的物性与固体相同;固体熔化时吸收的潜热折算成当量的温升值,设熔化潜热为 L,固体比热容为 c,则固体达到熔点 t_s 后要继续吸收相当于使温度升高(L/c)的热量,但在这一吸热过程中,该温度不变。这样,附图 a 所示问题就简化为附图 b 所示的一维稳态导热问题。(1)列出该问题的数学描写;(2)计算过程开始 3.4 s 后内钢板中的温度场,设在开始的 0.1 s 内钢板受到电弧的加热作用。已知:$q_m=5024\times10^4$ W/m²,$h=12.6$ W/(m² · K),$\lambda=41.9$ W/(m · K),$\rho=7800$ kg/m³,$c=670$ J/(kg · K),$L=255$ kJ/kg,$t_s=1485$ ℃,$H=12$ cm,$r_e=0.71$ cm。

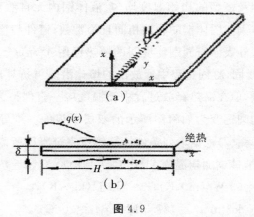

图 4.9

解 初始温度与环境温度为 20 ℃。该问题的数学描写为:

$$\frac{\partial t}{\partial \tau}=\frac{\lambda}{\rho c}\frac{\partial^2 t}{\partial x^2}+\frac{\phi}{\rho c}$$

$$\phi=[q(x)-2h(t-t_f)]/\delta$$

其中,$0<x<H,t>0,t=t_j;\tau=0,0\leqslant x\leqslant H$。

$\dfrac{\partial t}{\partial x}=0,x=0,\tau>0;\dfrac{\partial t}{\partial x}=0,x=H,\tau>0$。

为了更好分辨热源附近的温度场,我们宜采用非均分网格。加热 3.4 s 后内钢板中的温度分布如下图所示。

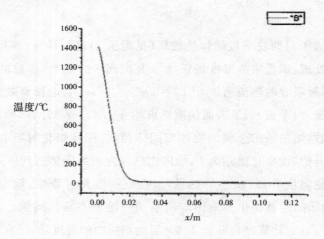

图 4.10

4－2 在厚度为 7 cm 的铸铁模型中铸造 14 cm 厚的黄铜板。设此问题可按一维问题处理,试确定铜版完全凝固所需的时间。计算时做以下简化处理:液体铜瞬间充满;液体铜及模型的初始温度均匀;液体铜内无自然对流,固体铜、液体铜内均为导热;液体铜与固体铜的物性相同且为常数;铸件与模型之间接触良好,不存在空气隙;模型外表面与周围环境间的散热可用 $q = h(t - t_f)$ 表示;液体铜在固定的凝固点 t_s 下凝固,凝固过程中释放出的熔化潜热可折算成相当于使物体温度升高 (L/c) 的热量,但在潜热释放过程中该温度应一直保持为 t_∞。经过这样一番简化后,所计算的问题变为如附图所示的双层平板的一维导热问题。(1)试列出该问题的数学描写;(2)根据下列条件计算钢板完全凝固所需的时间。已知:模型初温 $t_{01} = 20$ ℃,液体铜的初温为 1100 ℃,$t_s = 1000$ ℃,$h = 4$ W/(m² · K),$\lambda_1 = 126$ W/(m · K),$\lambda_2 = 63$ W/(m · K),$c_1 = 419$ J/(kg · K),$c_2 = 502$ J/(kg · K),$\rho_1 = 800$ kg/m³,$\rho_2 = 7000$ kg/m³,$L = 167.5$ kJ/kg,$t_f = 20$ ℃。

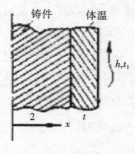

图 4.11

解 设模型厚为 δ_1，铸件半厚为 δ_2，则：

$$\frac{\partial t}{\partial \tau} = \frac{\lambda}{\rho c} \frac{\partial^2 t}{\partial x^2}$$

其中，$0 < x < \delta_1 + \delta_2$，$t \geqslant 0$；

$\tau = 0$，$0 \leqslant x \leqslant \delta_2$，$t = t_1$；

$\tau > 0$，$x = 0$，$t = t_2$，$\frac{\partial t}{\partial x} = 0$；

$x = \delta_1 + \delta_2$；

$$-\lambda_1 \frac{\partial t}{\partial x} = h(t - t_f)。$$

计算得出，铜板完全凝固所需的时间为 304.9 s。

4—3 直径为 1 cm、长为 4 cm 的钢制圆柱形肋片的初始温度为 25 ℃，其后，肋基温度突然升高到 200 ℃，同时温度为 25 ℃ 的气流横向掠过该肋片，肋端及两侧的表面传热系数均为 100 W/(m² · K)。试将该肋片等分成两段（见附图），并用有限差分法显式格式计算从开始加热时刻起相邻四个时刻的温度分布（以稳定性条件所允许的时间间隔计算为依据）。

已知 $\lambda = 43$ W/(m · K)，$a = 1.333 \times 10^{-5}$ m²/s。（提示：节点 4 的离散方程可按端面的对流散热与从节点 3 到节点 4 的导热平衡这一条件列出）。

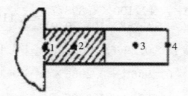

图 4.12

解 节点 2 的离散方程为：

$$\lambda \frac{t_1^k - t_2^k}{\Delta x/2} \left(\frac{\pi d^2}{4}\right) + \lambda \frac{t_3^k - t_2^k}{\Delta x} \left(\frac{\pi d^2}{4}\right) + (\pi d \Delta x) h (t_f - t_2^k) =$$

$$\rho c \left(\frac{\pi d^2}{4} \cdot \Delta x\right) \left(\frac{t_2^{k+1} - t_2^k}{\Delta \tau}\right)$$

节点 3 的离散方程为：

$$\lambda \frac{t_4^k - t_3^k}{\Delta x/2} \left(\frac{\pi d^2}{4}\right) + \lambda \frac{t_2^k - t_3^k}{\Delta x} \left(\frac{\pi d^2}{4}\right) + (\pi d \Delta x) h (t_f - t_3^k) =$$

$$\rho c \left(\frac{\pi d^2}{4} \cdot \Delta x\right) \left(\frac{t_3^{k+1} - t_3^k}{\Delta \tau}\right)$$

节点 4 的离散方程为：

$$\lambda \frac{t_3^k - t_4^k}{\Delta x/2}\left(\frac{\pi d^2}{4}\right) = \left(\frac{\pi d^2}{4}\right)h(t_4^k - t_f)$$

以上三式可化简为：

$$t_2^{k+1} = 2\left(\frac{a\Delta\tau}{\Delta x^2}\right)t_1 + \left(\frac{a\Delta\tau}{\Delta x^2}\right)t_3 + \left(\frac{4h\Delta\tau}{\rho cd}\right)t_f + \left(1 - \frac{3a\Delta\tau}{\Delta x^2} - \frac{4h\Delta\tau}{\rho cd}\right)t_2^k$$

$$t_3^{k+1} = \left(\frac{a\Delta\tau}{\Delta x^2}\right)t_2 + 2\left(\frac{a\Delta\tau}{\Delta x^2}\right)t_4 + \left(\frac{4h\Delta\tau}{\rho cd}\right)t_f + \left(1 - \frac{3a\Delta\tau}{\Delta x^2} - \frac{4h\Delta\tau}{\rho cd}\right)t_3^k$$

$$(2\lambda + \Delta xh)t_4^k = 2\lambda t_3^k + \Delta xh t_f$$

稳定性要求 $1 - \dfrac{3a\Delta\tau}{\Delta x^2} - \dfrac{4h\Delta\tau}{\rho cd} \geqslant 0$，即 $\Delta\tau \leqslant 1 / \left(\dfrac{3a}{\Delta x^2} + \dfrac{4h}{\rho cd}\right)$。

$$\rho c = \frac{\lambda}{a} = \frac{43}{1.333 \times 10^{-5}} = 32.258 \times 10^5，代入得：$$

$$\Delta\tau \leqslant 1 / \left(\frac{3 \times 1.333 \times 10^{-5}}{0.02^2} + \frac{4 \times 100}{0.01 \times 32.258 \times 10^5}\right) = \frac{1}{0.099975 + 0.0124} \approx$$

8.89877 s

如取此值为计算步长，则：

$$\frac{a\Delta\tau}{\Delta x^2} = \frac{1.333 \times 10^{-5} \times 8.89877}{0.02^2} \approx 0.2966$$

$$\frac{4h\Delta\tau}{\rho cd} = \frac{4 \times 100 \times 8.89877}{32.258 \times 10^5 \times 0.01} \approx 0.1103$$

于是以上三式可写成：$2 \times 0.2966t_1 + 0.2966t_3^k + 0.1103t_f = t_2^{k+1}$

$$0.2966t_2^k + 0.2966 \times 2t_4^k + 0.1103t_f = t_3^{k+1}$$

$$0.9773t_3^k + 0.0227t_f = t_4^k$$

（$\Delta\tau = 8.89877$ s）

时间点	1	2	3	4
0	200	25	25	25
$\Delta\tau$	200	128.81	25	25
$2\Delta\tau$	200	128.81	55.80	55.09
$3\Delta\tau$	200	137.95	73.64	72.54
$4\Delta\tau$	200	143.04	86.70	85.30

在上述计算中，由于 $\Delta\tau$ 的值正好使 $1 - \dfrac{3a\Delta\tau}{\Delta x^2} - \dfrac{4h\Delta\tau}{\rho cd} = 0$，因而节点 2 出现

了在 $\Delta\tau$ 及 $2\Delta\tau$ 时刻温度相等这一情况。如 $\Delta\tau$ 取上值的一半,则:

$$\frac{a\Delta\tau}{\Delta x^2}=0.1483,\frac{4h\Delta\tau}{\rho cd}=0.0551,1-\frac{3a\Delta\tau}{\Delta x^2}-\frac{4h\Delta\tau}{\rho cd}=0.5$$

于是有:

$$2\times0.1483t_1+0.1483t_3^k+0.5t_2^k+0.0551t_f=t_2^{k+1}$$

$$0.1483t_2^k+0.1483\times2t_4^k+0.5t_3^k+0.0551t_f=t_3^{k+1}$$

$$0.9773t_3^k+0.0227t_f=t_4^k$$

相邻四个时刻的计算结果如下表所示:

($\Delta\tau=4.4485$ s)

时间点	1	2	3	4
0	200	25	25	25
$\Delta\tau$	200	76.91	25	25
$2\Delta\tau$	200	102.86	32.70	32.53
$3\Delta\tau$	200	116.98	42.63	42.23
$4\Delta\tau$	200	125.51	52.57	51.94

第五章　对流换热的理论分析

通过本章的学习,学生应熟练掌握对流换热的原理及其影响因素、边界层的概念及其应用以及在相似理论指导下的实验研究方法,应能提出针对具体换热过程的强化传热的措施。

5－1　对流换热概述

1.定义及特性

对流换热指流体与固体壁直接接触时所发生的热量传递过程。在对流换热过程中,流体内部的导热与对流同时起作用。牛顿冷却公式 $q=h(t_w-t_f)$ 是计算对流换热量的基本公式,但它仅仅是对流换热表面传热系数 h 的定义式。研究对流换热的目的是揭示表面传热系数与影响对流换热过程相关因素之间的内在关系,并能定量计算不同形式的对流换热问题的表面传热系数及对流换热量。

2.影响对流换热的因素

(1)流动的起因:流体因各部分温度不同而引起的密度差异所产生的流动称为自然对流,而流体因外力作用而产生的流动称为受迫对流,通常其表面传热系数较高。

(2)流动的状态:流体在壁面上流动时存在层流和紊流两种流态。

(3)流体的热物理性质:流态的热物性主要指比热容、导热系数、密度、黏度等,它们因种类、温度、压力而变化。

(4)流体的相变:冷凝和沸腾是两种最常见的相变换热。

(5)换热表面几何因素:换热表面的形状、大小、相对位置及表面粗糙度直接影响流体和壁面之间的对流换热。

综上所述,表面传热系数是如下参数的函数:

$$h=f(u,t_w,t_f,\lambda,c_p,\rho,a,\mu,l) \tag{5.1.1}$$

这说明表征对流换热的表面传热系数是一个复杂的过程量,不同的换热过程可能千差万别。

3.分析求解对流换热问题

分析求解对流换热问题的实质是获得流体内的温度分布和速度分布,尤其是近壁处流体内的温度分布和速度分布,因为在对流换热问题中,流动与换热是密不可分的。分析求解的前提是给出正确的描述问题的数学模型。在已知流体内的温度分布后,可按如下对流换热微分方程获得壁面局部的表面传热系数:

$$h_x = -\frac{\lambda}{\Delta t_x}\left(\frac{\partial t}{\partial y}\right)_{w,x} \quad \text{W/(m}^2 \cdot \text{K)} \tag{5.1.2}$$

由上式可得:

$$h_x = -\frac{\lambda}{\Delta \theta_x}\left(\frac{\partial \theta}{\partial y}\right)_{w,x} \quad \text{W/(m}^2 \cdot \text{K)} \tag{5.1.3}$$

其中,θ 为过余温度,$\theta = t - t_w$。

对流换热问题的边界条件有两类:第一类为壁温边界条件,即壁温分布为已知,待求的是流体的壁面法向温度梯度;第二类为热流边界条件,即已知壁面热流密度,待求的是壁温。

由于对流换热问题的分析求解常常要求解包括连续性方程、动量微分方程和能量微分方程在内的一系列方程,因此它的求解过程比导热问题要困难得多。

5—2 对流换热微分方程组

1.连续性方程

二维常物性不可压缩流体稳态流动连续性方程为:

$$\frac{\partial u}{\partial x} + \frac{\partial \nu}{\partial y} = 0$$

2.动量微分方程式

动量微分方程式描述流体速度场,可在分析微元体的动量守恒中建立。它又称纳斯—斯托克斯方程,简称 N—S 方程。

$$\rho\left(\frac{\partial u}{\partial \tau} + u\frac{\partial u}{\partial x} + \nu\frac{\partial u}{\partial y}\right) = X - \frac{\partial p}{\partial x} + \mu\left(\frac{\partial^2 u}{\partial x^2} + \frac{\partial^2 u}{\partial y^2}\right)$$

$$\rho\left(\frac{\partial \nu}{\partial \tau} + u\frac{\partial \nu}{\partial x} + \nu\frac{\partial \nu}{\partial y}\right) = Y - \frac{\partial p}{\partial y} + \mu\left(\frac{\partial^2 \nu}{\partial x^2} + \frac{\partial^2 \nu}{\partial y^2}\right)$$

3.能量微分方程式

能量微分方程式描述流体的温度场,由能量守恒定律分析进出微元体的各项能量来建立。

$$\rho c_p \left(\frac{\partial t}{\partial \tau} + u \frac{\partial t}{\partial x} + v \frac{\partial t}{\partial y} \right) = \lambda \left(\frac{\partial^2 t}{\partial x^2} + \frac{\partial^2 t}{\partial y^2} \right)$$

5-3 边界层分析及边界层换热微分方程组

1.边界层的概念

由于对流换热的热阻的大小主要取决于紧靠壁面附近的流体的流动状况,而该区域速度和温度的变化最剧烈。固体壁面附近流体速度急剧变化的薄层称为流动边界层;温度急剧变化的薄层称为热边界层。

流动边界层的厚度 δ 通常为在壁面法线方向达到主流速度 99% 处的距离,即 $u=0.99u_\infty$。而热边界层的厚度 δ_t 为沿该方向达到主流过余温度 99% 处的距离,即 $\theta=0.99\theta_f$。δ_t 不一定等于 δ,两者之比取决于流体的物性。读者应熟练掌握流动边界层和热边界层的特点及两者的区别,这是进行边界层分析的前提。

2.边界层的特性

(1)边界层极薄。与壁面尺寸相比,其厚度 δ、δ_t 都是很小的量。

(2)边界层内法线方向的速度梯度和温度梯度非常大。

(3)边界层内存在层流和紊流两种流态。

(4)引入边界层的概念后,流场可分为边界层区和主流区。边界层区是流体黏性起作用的区域,而主流区可视为无黏性的理想流体区域。

3.边界层微分方程组

二维稳态无内热源层流边界层对流换热方程组由动量微分方程、连续性方程、能量微分方程组成:

$$\begin{cases} u \dfrac{\partial u}{\partial x} + v \dfrac{\partial u}{\partial y} = -\dfrac{1}{\rho} \dfrac{\mathrm{d}p}{\mathrm{d}x} + v \dfrac{\partial^2 u}{\partial y^2} \\[2mm] \dfrac{\partial u}{\partial x} + \dfrac{\partial v}{\partial y} = 0 \\[2mm] u \dfrac{\partial t}{\partial x} + v \dfrac{\partial t}{\partial y} = a \dfrac{\partial^2 t}{\partial y^2} \end{cases} \qquad (5.3.1)$$

利用边界层理论可将原本需对整个流场求解的问题,转化为可分区(主流区和边界层区)求解的问题。其中,主流区按理想流体看待,而边界层区用边界层微分方程组求解。

4. 外掠平板层流换热边界层微分方程式分析求解

常物性流体的外掠平板层流换热边界层微分方程组如下:

$$\begin{cases} u\dfrac{\partial u}{\partial x}+v\dfrac{\partial u}{\partial y}=\nu\dfrac{\partial^2 u}{\partial y^2} \\[2mm] \dfrac{\partial u}{\partial x}+\dfrac{\partial v}{\partial y}=0 \\[2mm] u\dfrac{\partial t}{\partial x}+v\dfrac{\partial t}{\partial y}=a\dfrac{\partial^2 t}{\partial y^2} \\[2mm] h_x\Delta t=-\lambda\left(\dfrac{\partial t}{\partial y}\right)_{w,x} \end{cases} \tag{5.3.2}$$

可求解得到如下结论:

(1)边界层的厚度及局部摩擦系数

$$\frac{\delta}{x}=5.0\mathrm{Re}_x^{-1/2} \tag{5.3.3}$$

$$\frac{\delta_t}{\delta}=\mathrm{Pr}^{-1/3} \tag{5.3.4}$$

$$\frac{C_{f,x}}{2}=0.332\mathrm{Re}_x^{-1/2} \tag{5.3.5}$$

(2)常壁温平板局部的表面传热系数

$$h_x=0.332\,\frac{\lambda}{x}\mathrm{Re}_x^{1/2}\mathrm{Pr}^{1/3}\quad \mathrm{W/(m^2 \cdot K)} \tag{5.3.6}$$

$$\mathrm{Nu}_x=0.332\mathrm{Re}_x^{1/2}\mathrm{Pr}^{1/3} \tag{5.3.7}$$

其中,普朗特准则 $\mathrm{Pr}=\dfrac{\nu}{a}$,表示流体物性对换热影响的大小;努谢尔特准则 $\mathrm{Nu}=\dfrac{hl}{\lambda}$,表示对流换热强弱的程度。

5—4 边界层换热积分方程组及求解

1. 概述

分析平板层流边界层换热问题的一种近似方法是:通过分析流体流过边界层任一微元宽度时的质量、动量及能量守恒关系,导出边界层积分方程组。它与边界层微分方程组的不同之处在于,它不要求边界层内每一微元都满足守恒定律,只要包括固体边界及边界层外边界在内的有限大小的控制容积满足守恒定律即可。

2. 边界层积分方程组

(1)边界层动量积分方程式

$$\rho \frac{\mathrm{d}}{\mathrm{d}x} \int_0^\delta u(u_\infty - u)\mathrm{d}y + \rho \frac{du_\infty}{\mathrm{d}x} \int_0^\delta (u_\infty - u)\mathrm{d}y = \tau_w \tag{5.4.1}$$

(2)边界层能量积分方程式

$$\frac{\mathrm{d}}{\mathrm{d}x} \int_0^\delta u(t_f - t)\mathrm{d}y = a\left(\frac{\partial t}{\partial y}\right)_w \tag{5.4.2}$$

3. 求解结果

常物性流体的外掠平板层流边界层速度分布曲线为:

$$\frac{u}{u_\infty} = \frac{3}{2}\left(\frac{y}{\delta}\right) - \frac{1}{2}\left(\frac{y}{\delta}\right)^3 \tag{5.4.3}$$

无量纲温度分布为:

$$\frac{t - t_w}{t_f - t_w} = \frac{\theta}{\theta_f} = \frac{3}{2}\left(\frac{y}{\delta_t}\right) - \frac{1}{2}\left(\frac{y}{\delta_t}\right)^3 \tag{5.4.4}$$

离平板前沿 x 处的流动边界层厚度的无量纲表达式为:

$$\frac{\delta}{x} = \frac{4.64}{\mathrm{Re}_x^{1/2}} \tag{5.4.5}$$

局部摩擦系数为:

$$\frac{C_{f,x}}{2} = 0.323\mathrm{Re}_x^{-1/2} \tag{5.4.6}$$

离平板前沿 x 处的热边界层厚度的无量纲表达式为:

$$\frac{\delta_t}{x} = \frac{4.52}{\mathrm{Re}_x^{1/2}}\mathrm{Pr}^{-1/3} \tag{5.4.7}$$

局部表面传热系数为:

$$h_x = 0.332\frac{\lambda}{x}\mathrm{Re}_x^{1/2}\mathrm{Pr}^{1/3} \quad \mathrm{W}/(\mathrm{m}^2 \cdot \mathrm{K}) \tag{5.4.8}$$

$$\mathrm{Nu}_x = 0.332\mathrm{Re}_x^{1/2}\mathrm{Pr}^{1/3} \tag{5.4.9}$$

5—5　动量传递和热量传递的类比

紊流总黏滞应力等于层流黏滞应力与紊流黏滞应力之和,即:

$$\tau = \tau_1 + \tau_t = \rho(\nu + \varepsilon_m)\frac{du}{dy} \quad N/m_2 \tag{5.5.1}$$

紊流总热流密度等于层流导热量和紊流传递热量之和,即:

$$q = q_l + q_t = -\rho c_p (a + \varepsilon_h)\frac{dt}{dy} \quad W/m^2 \tag{5.5.2}$$

柯比朋类比律:

$$St_x \cdot Pr^{2/3} = C_{f,x}/2 \tag{5.5.3}$$

相似理论基础

1. 相似原理

研究对流换热的主要方法是相似理论指导下的实验方法,相似理论使个别的实验数据上升到能够代表整个相似群的高度。

(1)相似性质

1)用形式相同且具有相同内容的微分方程式所描述的现象称为同类现象。只有同类现象才能谈相似问题。

2)彼此相似的现象,其相关的物理量场分别相似。

3)彼此相似的现象,其同名相似准则必定相等。

(2)相似准则间的关系

1)物理现象中的各物理量不是单个起作用,而是由各准则数组成联合作用。因此方程的解只能是由这些准则组成的函数关系式,这些函数关系式称为准则关联式。

2)按准则关联式的内容整理实验数据,就能得到反映现象变化规律的实用关联式,从而解决实验数据如何整理的问题。

(3)判别相似的条件

凡同类现象,单值性条件(几何条件、物理条件、边界条件、时间条件等)相似,同名的已定准则相等,现象必定相似。

学习相似理论时,读者应深入理解并充分掌握以下问题:怎样安排实验、测量什么参数、如何整理实验数据、如何推广应用所得的实验关联式。对于同一组实验数据,不同的人采用不同的准则关系式,可能得到不同的实验关联式。

衡量一个实验关联式的好坏应该考虑该公式所有实验数据拟合后的偏差是否最小,其参数范围是否广泛等。教材中介绍的所有实验关联式是前人经过大量实验研究并用相似理论方法整理出来的研究成果,学习时要充分理解并注意使用方法及参数范围。

2. 对流换热常用准则数及其物理意义

(1)雷诺准则:$Re = \dfrac{ul}{\nu}$,表示流体流动时惯性力与黏滞力的相对大小。

(2)格拉晓夫准则:$Gr = \dfrac{g \Delta t \alpha l^3}{\nu^2}$,表示浮升力与黏滞力的相对大小。

(3)普朗特准则:$Pr = \dfrac{\nu}{a}$,表示流体的动量传递能力与热量传递能力的相对大小。

(4)努谢尔特准则:$Nu = \dfrac{hl}{\lambda}$,表示壁面法向无量纲过余温度梯度的大小。

在受迫对流换热问题中引入无量纲准则数后,原本影响因素众多的表面传热系数就变为 $Nu = f(Re, Pr)$。由此可知,根据准则数安排实验,可大大减少实验次数,并减少实验的盲目性。

3. 实验数据的整理方法

通常,对流换热问题的准则关联式可表示为如下形式:

$$Nu = f(Re, Pr, Gr)$$

5-6 内容小结

外掠平板层流换热

流动边界层厚度为:

$$\frac{\delta}{x} = \frac{4.64}{Re_x^{1/2}}$$

热边界层厚度为:

$$\frac{\delta_t}{x} = \frac{4.52}{Re_x^{1/2}} Pr^{-1/3}$$

局部摩擦系数为:

$$\frac{C_{f,x}}{2} = 0.323 Re_x^{-1/2}$$

局部表面传热系数为:

$$h_x = 0.332 \frac{\lambda}{2} \mathrm{Re}_x^{1/2} \mathrm{Pr}^{1/3} \quad \mathrm{W}/(\mathrm{m}^2 \cdot \mathrm{K})$$

$$\mathrm{Nu}_x = 0.332 \mathrm{Re}_x^{1/2} \mathrm{Pr}^{1/3}$$

平均表面传热系数为：

$$h = 0.664 \frac{\lambda}{l} \mathrm{Re}^{1/2} \mathrm{Pr}^{1/3} \quad \mathrm{W}/(\mathrm{m}^2 \cdot \mathrm{K})$$

$$\mathrm{Nu} = 0.664 \mathrm{Re}^{1/2} \mathrm{Pr}^{1/3}$$

外掠平板紊流换热

局部摩擦系数为：

$$C_{f,x} = 0.0592 \mathrm{Re}_x^{-1/5}$$

局部表面传热系数关联式为：

$$\mathrm{Nu}_x = 0.0296 \mathrm{Re}_x^{4/5} \mathrm{Pr}^{1/3}$$

平均表面传热系数关联式为：

$$\mathrm{Nu} = (0.037 \mathrm{Re}^{0.8} - 870) \mathrm{Pr}^{1/3}$$

5－7　例题解析

以下几式中的矩形符号表示"正比于"或"相当于"的意思。

例 5.1　压力为大气压力的 20 ℃的空气纵向流过一块长 350 mm、温度为 40 ℃的平板，流速为 10 m/s。(1)求离平板前沿 50 mm、100 mm、150 mm、200 mm、250 mm、300 mm、350 mm 处的流动边界层和热边界层的厚度及局部表面传热系数和平均表面传热系数；(2)若平板宽度为 1 m，计算平板与空气的换热量。

解　(1)定性温度　$t_m = \dfrac{t_w + t_f}{2} = \dfrac{40 + 20}{2} = 30$ ℃

空气物性值如下：$\lambda = 0.0267$ W/(m·K)，$\nu = 16 \times 10^{-6}$ m²/s，$\mathrm{Pr} = 0.701$

$$\mathrm{Re}_x = \frac{u_\infty x}{\nu} = \frac{10}{16 \times 10^{-6}} x = 6.25 \times 10^5 \cdot x$$

$$\delta = 5.0 \mathrm{Re}_x^{-1/2} x = \frac{5.0x}{\sqrt{6.25 \times 10^5 \cdot x}} = 6.32 \times 10^{-3} \cdot \sqrt{x}$$

$$\delta_t = \delta \mathrm{Pr}^{-1/3} = 6.32 \times 10^{-3} \times 0.701^{-1/3} \cdot \sqrt{x} = 7.11 \times 10^{-3} \cdot \sqrt{x}$$

$$h_x = 0.332 \frac{\lambda}{x} \mathrm{Re}_x^{-1/2} \mathrm{Pr}^{1/3} = \frac{0.332 \times 0.0267 \times \sqrt{6.25 \times 10^5 \cdot x} \times 0.701^{1/3}}{x}$$

$$=\frac{6.23}{\sqrt{x}}$$

$$h=2h_x=\frac{12.45}{\sqrt{x}}$$

将各位置点的情况列在下表中：

序号	x(mm)	Re_x	δ(mm)	δ_t(mm)	$h_x[\mathrm{W}/(\mathrm{m}^2\cdot\mathrm{K})]$	$h[\mathrm{W}/(\mathrm{m}^2\cdot\mathrm{K})]$
1	50	3.12×10^4	0.044	0.050	27.86	55.72
2	100	6.25×10^4	0.063	0.071	19.70	39.40
3	150	9.38×10^4	0.077	0.087	16.09	32.17
4	200	1.25×10^5	0.089	0.101	13.93	27.86
5	250	1.56×10^5	0.100	0.112	12.46	24.92
6	300	1.88×10^5	0.109	0.123	11.37	22.75
7	350	2.19×10^5	0.118	0.133	10.53	21.06

在上述计算中，$\mathrm{Re}_{x,\max}<5\times10^5$，故在该平板上的流动边界层始终处于层流状态，使用上述外掠平板层流边界层公式是合理的。

（2）$\Phi=hA(t_w-t_f)=21.06\times0.35\times1\times(40-20)\approx147.4(\mathrm{W})$

例 5.2　对流换热边界层微分方程组是否适用于黏度很大的油和 Pr 数很小的液态金属？为什么？

解　黏度很大的油类的 Re 数很低，流动边界层厚度 δ 与 x 为同一数量级，因而动量微分方程中，$\dfrac{\partial^2 u}{\partial x^2}$ 与 $\dfrac{\partial^2 u}{\partial y^2}$ 为同一数量级，不可忽略，且此时由于 $\delta\sim x$，速度 u 和 ν 为同一数量级，y 方向的对流微分方程不能忽略。

对于液态金属，Pr 很小，流动边界层厚度 δ 与热边界层厚度 δ_t 相比，$\delta\ll\delta_t$，在边界层内，$\dfrac{\partial^2 t}{\partial x^2}\sim\dfrac{\partial^2 t}{\partial y^2}$，因而在能量方程中，$\dfrac{\partial^2 t}{\partial x^2}$ 不可忽略。

因此，采用数量及分析方法简化得到的对流换热边界层微分方程组不适用于黏度很大的油和 Pr 数很小的液态金属。

例 5.3　试比较准则数 Nu 和 Bi 的异同。

解　从形式上看，Nu 数（$\mathrm{Nu}=\dfrac{hl}{\lambda}$）与 Bi 数（$\mathrm{Bi}=\dfrac{hl}{\lambda}$）完全相同，但两者的物理意义却大不相同。

Nu 数出现在对流换热问题中，表达式中的 λ 为流体的导热系数，而 h 一般未知,因而 Nu 数通常是待定准则。由式 5.1.2,可导出 Nu 数表征壁面法向无量纲过余温度梯度的大小,此梯度反映了对流换热的强弱。

$$h=-\frac{\lambda}{t_w-t_f}\left(\frac{\partial t}{\partial y}\right)_w$$

$$\frac{hl}{\lambda}=\left[\frac{\partial\left(\dfrac{t-t_w}{t_f-t_w}\right)}{\partial\left(\dfrac{y}{l}\right)}\right]_w=\left(\frac{\partial\Theta}{\partial Y}\right)_w$$

而 Bi 数出现在导热问题的边界条件中,其中的 λ 为导热物体的导热系数,一般情况下,导热物体周围的流体与物体表面之间的对流换热表面传热系数 h 已知,故 Bi 数是已定准则。它表示物体内部导热热阻与物体表面对流换热热阻的比值。

例 5.4 一台能将空气加速到 50 m/s 的风机用于低速风洞中,空气温度为 20 ℃。假如有人想利用这个风洞来研究平板边界层的特性。雷诺数最大要求达到 10^8,问平板的最短长度应为多少? 在距离平板前端多远距离处开始过渡流态? 假定平板壁温与空气温度相近。

解 定性温度为 $t_m=20$ ℃;空气的物性值为 $\nu=15.06\times10^{-6}$ m²/s;雷诺数 $\mathrm{Re}_x=\dfrac{ux}{\nu}$。

为了使雷诺数达到 10^8,最短的平板长度应该为:

$$L_{\min}=\frac{\mathrm{Re}_x\nu}{u}=\frac{10^8\times15.06\times10^{-6}}{50}=30.12(\mathrm{m})$$

过渡点位置为:

$$L_{cr}=\frac{\mathrm{Re}_{cr}\nu}{u}=\frac{5\times10^5\times15.06\times10^{-6}}{50}\approx0.151(\mathrm{m})$$

例 5.5 假定临界雷诺数为 5×10^5,试确定四种流体(空气、水、润滑油、R22)流过平板时,四种流体在发生过渡流态的位置(距平板前沿的距离)的速度都是 1 m/s,温度为 40 ℃。

解 四种流体的物性值为:

$$\nu_{air}=16.96\times10^{-6}(\mathrm{m^2/s}),\nu_{water}=0.659\times10^{-6}(\mathrm{m^2/s})$$

$$\nu_{oil}=242\times10^{-6}(\mathrm{m^2/s}),\nu_{R22}=0.196\times10^{-6}(\mathrm{m^2/s})$$

过渡点位置为:

$$L_{cr}=\frac{\mathrm{Re}_{cr}\nu}{u}=5\times10^5\cdot\nu$$

因此

$$L_{cr,air}=8.48 \text{ m}, L_{cr,water}=0.33 \text{ m}, L_{cr,oil}=121 \text{ m}, L_{cr,R22}=0.098 \text{ m}$$

由结果可知,出现过渡流态所需的距离随着运动黏性系数 ν 值的增大而增加。

例 5.6　如图 5.1 所示,一个加热箱的上表面由很光滑的 A 面和很粗糙的 B 面组成。上表面放置在大气中,为减少上表面的散热量,问 A、B 面哪个该放在前端?已知:$t_w=80 \text{ ℃}, t_f=20 \text{ ℃}, u=20 \text{ m/s}$,计算每种情况的散热率。

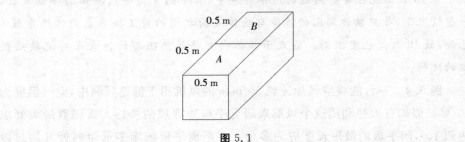

图 5.1

解　定性温度为 $t_m=\dfrac{t_w+t_f}{2}=\dfrac{80+20}{2}=50 \text{ ℃}$

查得空气物性值:$\lambda=0.0283 \text{ W/(m·K)}$;

$\nu=17.95\times10^{-6} \text{ m}^2/\text{s}, \text{Pr}=0.698$。

(1)设 A 面在前,B 面在后

换热面总长雷诺数为:

$$\text{Re}_L=\frac{uL}{\nu}=\frac{20\times1}{17.95\times10^{-6}}\approx1.11\times10^6$$

由临界雷诺数 $\text{Re}_{cr}=\dfrac{uL_{cr}}{\nu}=\dfrac{20\times L_{cr}}{17.95\times10^{-6}}\approx1.11\times10^6 \cdot L_{cr}=5\times10^5$ 可求

得:$L_{cr}\approx0.448 \text{ m}$。$L_{cr}$ 小于换热面的总长,故采用下式进行计算。

$$\text{Nu}=(0.037\text{Re}_L^{0.8}-870)\text{Pr}^{1/3}=(0.037\times1114206^{0.8}-870)\times0.698^{1/3}\approx1486$$

$$h=\frac{\text{Nu}\lambda}{L}=\frac{1486\times0.0283}{1}\approx42.1 \text{ W/(m}^2\cdot\text{K)}$$

$$\varPhi=hA(t_w-t_f)=42.1\times1\times0.5\times(80-20)=1263\text{(W)}$$

(2)设 B 面在前,A 面在后。假定整个边界层在起始点就受到扰动,而成为紊流,则采用下式进行计算。

$$\text{Nu}=0.037\text{Re}_L^{0.8}\text{Pr}^{1/3}=0.037\times1114206^{0.8}\times0.698^{1/3}\approx2258$$

$$h=\frac{\mathrm{Nu}\lambda}{L}=\frac{2258\times0.0283}{1}\approx63.9\ \mathrm{W/(m^2\cdot K)}$$

$$\Phi=hA(t_w-t_f)=63.9\times1\times0.5\times(80-20)=1917(\mathrm{W})$$

因此,若想减小上表面的散热量,应该将 A 面放在前,B 面放在后。

例 5.7 温度为 50 ℃、压力为 1.01325×10^5 Pa 的空气平行掠过一块表面温度为 90 ℃的平板的上表面,平板的下表面绝热。平板沿流动方向的长度为 0.3 m,宽度为 0.1 m。按平板长度计算得到的 Re 数为 5×10^4。(1)试确定平板表面与空气之间的表面传热系数和传热量;(2)若空气流速增加一倍,压力增加到 10.1325×10^5 Pa,此时的平板表面与空气之间的表面传热系数和传热量是多少?

解 定性温度 $t_m=\dfrac{t_w+t_f}{2}=\dfrac{90+50}{2}=70$ ℃,查得物性值:$\lambda=0.0296$ W/(m·K),$\mathrm{Pr}=0.694$。

(1)由于 $\mathrm{Re}=5\times10^4<5\times10^5$,此时的空气处于层流状态,则:

$$\mathrm{Nu}=0.664\mathrm{Re}^{1/2}\mathrm{Pr}^{1/3}=0.664\times(5\times10^4)^{1/2}0.694^{1/3}\approx131.5$$

$$h=\frac{\mathrm{Nu}\lambda}{l}=\frac{131.5\times0.0296}{0.3}\approx12.97\ \mathrm{W/(m^2\cdot K)}$$

$$\Phi=hA(t_w-t_f)=12.97\times0.3\times0.1\times(90-50)\approx15.56(\mathrm{W})$$

(2)由于 $p_2=10p_1$,而空气可以看作理想气体,根据理想气体方程式得 $\rho_2=10\rho_1$,又因为空气的动力黏性系数随压力的变化很小,因此,此时空气的运动黏性系数为 $\nu_2=\nu_1=10$,故:

$$\frac{\mathrm{Re}_2}{\mathrm{Re}_1}=\frac{u_2\nu_1}{u_1\nu_2}=2\times10=20$$

所以 $\mathrm{Re}_2=20\times5\times10^4=10^6$,此时的空气处于紊流状态,则:

$$\mathrm{Nu}=(0.037\mathrm{Re}^{0.8}-870)\mathrm{Pr}^{1/3}=[0.037\times(10^6)^{0.8}-870]\times0.694^{1/3}\approx1296.6$$

$$h=\frac{\mathrm{Nu}\lambda}{l}=\frac{1296.6\times0.0296}{0.3}\approx127.9\ \mathrm{W/(m^2\cdot K)}$$

$$\Phi=hA(t_w-t_f)=127.9\times0.3\times0.1\times(90-50)\approx153.5(\mathrm{W})$$

例 5.8 在一个缩小为实物特征尺寸的 1/10 的模型中,用 20 ℃的空气模拟实物中平均温度为 250 ℃的空气的加热过程。实物中空气的平均流速为 5 m/s,问模型中的流速应为多少?若模型中的平均换热系数为 150 W/(m²·K),求相应实物中的平均换热系数。

解 根据相似理论,模型与实物中的 Re 值和 Nu 值应相等。

空气在 20 ℃时的物性值为:

$$\lambda=0.0259 \text{ W/(m · K)}, \nu=15.06\times10^{-6} \text{ m}^2/\text{s}, \text{Pr}=0.703$$

空气在 250 ℃时的物性值为:

$$\lambda=0.0427 \text{ W/(m · K)}, \nu=40.61\times10^{-6} \text{ m}^2/\text{s}, \text{Pr}=0.677$$

由 $\dfrac{u_1 l_1}{\nu_1}=\dfrac{u_2 l_2}{\nu_2}$,得:

$$u_1=\frac{\nu_1 l_2 u_2}{\nu_2 l_1}=\frac{15.06\times10^{-6}\times10\times5}{40.61\times10^{-6}}\approx18.54(\text{m/s})$$

$$h_2=\frac{h_1 l_1 \lambda_2}{l_2 \lambda_1}=\frac{150\times0.0427}{10\times0.0259}\approx24.73 \text{ W/(m}^2 \text{ · K)}$$

例 5.9 燃气汽轮机叶片冷却的模拟试验表明,当温度为 $t_1=30$ ℃的气流以 $u_1=80$ m/s 的速度吹过特征尺寸 $l_1=0.15$ m、壁温 $t_{w1}=330$ ℃的叶片时,换热量为 2000 W。试根据此数据来估算同样温度的气流以 $u_2=40$ m/s 的速度吹过特征尺寸 $l_2=0.3m$、壁温 $t_{w2}=350$ ℃的叶片时,叶片与气流间所交换的热量。设两种情况下叶片均可作为二维问题处理,计算可对单位长度叶片进行。

解 由题意可知,叶片可按二维问题处理,这样换热面积正比于线性尺寸,即以单位长度叶片做比较。于是,实物与模型中的热交换量有下列关系:

$$\frac{\Phi_1}{\Phi_2}=\frac{h_2 A_2 \Delta t_2}{h_1 A_1 \Delta t_1}$$

由于两种情况的定性温度非常相近,所以近似认为它们的物性值相等。

$$\text{Re}_1=\frac{u_1 l_1}{\nu_1}=\frac{80\times0.15}{\nu_1}=\frac{12}{\nu_1}$$

$$\text{Re}_2=\frac{u_2 l_2}{\nu_2}=\frac{40\times0.3}{\nu_2}=\frac{12}{\nu_2}$$

因为 $\nu_1=\nu_2$,所以 $\text{Re}_1=\text{Re}_2$。又 $\text{Pr}_1=\text{Pr}_2$,则 $\text{Nu}_1=\text{Nu}_2$。

$$\frac{h_2}{h_1}=\frac{\text{Nu}_2 l_1 \lambda_2}{\text{Nu}_1 l_2 \lambda_1}=\frac{l_1}{l_2}=\frac{0.15}{0.3}=0.5$$

$$\Phi_2=\Phi_1\frac{h_2 A_2 \Delta t_2}{h_1 A_1 \Delta t_1}=2000\times0.5\times\frac{0.3\times(350-30)}{0.15\times(330-30)}\approx2133(\text{W})$$

习题

5—1 对流换热问题完整的数学描写包括什么内容? 大多数实际对流换

热问题尚无法求得精确解,那么建立对流换热问题的数学描写有什么意义?

5—2　为什么实际流体的边界层厚度沿流动方向越来越厚?为什么紊流边界层的厚度比层流边界层厚度增长得快?

5—3　层流边界层和紊流边界层中的热量传递方式有何区别?

5—4　简述 Nu 数、Re 数、Gr 数及 Pr 数的物理含义,Nu 数与 Bi 数的区别在哪里?

5—5　在用相似理论指导对流换热问题的实验研究时,如何决定在实验中需测量的量?实验数据应如何整理?所得结果可以推广应用的条件是什么?

5—6　采用一个缩小的模型来研究某大型设备中的流动和传热规律。如果保持模型中的工质、温度、流速与大型设备相同,那么模型中的实验结果能否直接反映大型设备中的规律?为什么?

5—7　压力为 1.01325×10^5 Pa、温度为 30 ℃的空气以 45 m/s 的速度掠过长为 0.6 m、壁温为 250 ℃的平板。试计算单位宽度的平板传给空气的总热量。

5—8　两股气流分别流过平板的上、下表面,平板的长度为 1 m,一股气流的温度为 200 ℃、流速为 60 m/s;另一股气流的温度为 25 ℃、流速为 10 m/s,问平板中间点处两股气流之间的热流密度为多少?

5—9　温度为 0 ℃的冷空气以 6 m/s 的流速平行地吹过一太阳能集热器的表面。该表面呈方形,尺寸为 1 m×1 m,其中一个边与来流方向垂直。如果表面平均温度为 20 ℃,试计算太阳能集热器由于冷空气对流而散失的热量。

5—10　在一摩托车引擎的壳体上有一条高 2 cm、长 12 cm 的散热片(长度方向与车身平行)。散热片表面温度为 150 ℃。如果车子在 20 ℃的环境中逆风前进,车速为 30 km/h,风速为 2 m/s,试计算此时肋片的散热量(风速与车速平行)。

5—11　飞机的机翼可近似地看成是一块置于平行气流中的长 2.5 m 的平板,飞机的飞行速度为 400 km/h,空气的压力为 0.7×10^5 Pa,空气的温度为 —10 ℃。机翼顶面吸收的太阳辐射为 800 W/m²,其自身辐射忽略不计。试确定处于稳态时机翼的温度(假设温度是均匀的)。

5—12　将一块尺寸为 0.2 m×0.2 m 的薄平板平行地放置在由风洞造成的均匀气体流场中。在来流速度为 40 m/s 的情况下用测力仪测得,要使平板维持在气流中需对它施加 0.075 N 的力。此时气流温度为 20 ℃,平板两表面的温度为 120 ℃。试根据相似理论确定平板两个表面的对流换热量。气体的

压力为 1.013×10^5 Pa。

5—13 对置于气流中的一块很粗糙的表面进行传热试验,测得如下局部换热特性的结果:$\mathrm{Nu}_x = 0.04\,\mathrm{Re}_x^{0.9}\mathrm{Pr}^{1/3}$。其中,特征长度 x 为计算点离开平板前沿的距离。试计算当气流温度为 27 ℃、流速为 50 m/s 时离平板前沿 1.2 m 处的切应力(平壁温度为 73 ℃)。

答案:5—8　9764 W;5—9　1434 W/m²;5—10　193 W;5—11　22.6 W;5—12　13 W;5—13　240.9 W;5—14　24.3 Pa。

5—14 已知:(1)边长为 a、b 的矩形通道;(2)同(1),但 $b \leqslant a$;(3)环形通道,内管外径为 d,外管内径为 D;(4)在一个内径为 D 的圆形筒体内布置了 n 根外径为 d 的圆管,流体在圆管外做纵向流动。求四种情形下的当量直径。

解 (1)$d_m = \dfrac{4ab}{2(a+b)} = \dfrac{2ab}{a+b}$

(2)$d_m = \dfrac{4ab}{2(a+b)} = \dfrac{2ab}{a+b} \doteq 2b$

(3)$d_m = \dfrac{4\pi\left(\dfrac{D}{2}\right)^2 - \left(\dfrac{d}{2}\right)^2}{2D+2d} = D-d$

(4)$d_m = \dfrac{4\left[\pi\left(\dfrac{D}{2}\right)^2 - n\pi\left(\dfrac{d}{2}\right)^2\right]}{2(D+nd)} = \dfrac{D^2 - nd^2}{D+nd}$

5—15 已知变压器油的 $\rho = 885$ kg/m³,$\nu = 3.8 \times 10^{-5}$ m²/s,$\mathrm{Pr} = 490$。油在内径为 30 mm 的管子内冷却,管子长 2 m,流量为 0.313 kg/s。试判断流动状态及换热是否已进入充分发展区。

解 $\mathrm{Re} = \dfrac{4m}{\pi du} = \dfrac{4 \times 0.313}{3.1416 \times 0.03 \times 885 \times 3.8 \times 10^{-5}} \approx 394 < 2300$,因此流动为层流。

按前文给出的关系式有 $0.05\mathrm{RePr} = 0.05 \times 394 \times 490 = 9653$,而 $l/d = 2/0.03 \approx 66.7 \ll 0.055\mathrm{RePr}$,所以流动与换热处于入口段。

5—16 平均温度为 100 ℃、压力为 120 kPa 的空气以 1.5 m/s 的流速流经内径为 25 mm 的电加热管子。在均匀热流边界条件下,在管内层流充分发展对流换热区,$\mathrm{Nu} = 4.36$。试求换热充分发展区的对流换热表面传热系数。

解 空气密度按理想气体公式计算:$\rho = \dfrac{p}{RT} = \dfrac{120000}{287 \times 373} \approx 1.121$(kg/m³)。

空气的 μ 与压力关系不大,但仍可按一物理大气压来取值。温度为 100 ℃时:

$\mu=21.9\times10^{-6}$ kg/(m·s),$Re=\dfrac{1.121\times1.5}{21.9}\times0.025\times10^{6}=1920<2300$。

故流动为层流。由给定条件得：

$$h=4.36\times\dfrac{\lambda}{d}=4.36\times\dfrac{0.0321}{0.025}\approx5.6\ \text{W/(m}^2\cdot\text{K)}$$

5－17　一直管内径为 2.5 cm,长 15 m,水的质量流量为 0.5 kg/s,入口的水温为 10 ℃,管子除入口处很短的一段距离外,其余部分每个截面的壁温都比当地平均水温高 15 ℃。求水的出口温度,并判断此时的热边界条件。

解　假设出口的水温 $t''=50$ ℃,则定性温度为：

$$t_f=\dfrac{1}{2}(t'+t'')=\dfrac{50+10}{2}=30\ \text{℃}$$

水的物性参数为 $\lambda=0.618$ W/(m·K),$\eta=801.5\times10^{-6}$ kg/(m·s),$Pr=5.42$。

$$Re=\dfrac{4m}{\pi d\mu}=\dfrac{4\times0.5\times10^{6}}{3.1416\times0.025\times801.5}\approx31771>10^{4}$$

因 $t_w-t_f=15$ ℃,不考虑温差修正,则：

$$Nu_f=0.023\times31771^{0.8}\times5.42^{0.4}\approx180.7$$

$$h=\dfrac{Nu_f\lambda}{d}=\dfrac{180.7\times0.618}{0.025}\approx4466.9\ \text{W/(m}^2\cdot\text{K)}$$

$$\Phi_1=h\pi dl(t_w-t_f)=4466.9\times3.1416\times0.025\times15\times15\approx78.94(\text{kW})$$

水的进口焓 $i'=42.04$ kJ/kg,出口 $i''=209.3$ kJ/kg,因此热量为：

$$\Phi=m(i''-i')=0.5\times(209.3-42.04)=83.63(\text{kW})$$

$\Phi_2>\Phi_1$,需重新假设 t'',直到 Φ_1 与 Φ_2 符合条件为止(在允许误差范围内)。经过计算得 $t''=47.5$ ℃,$\Phi_1=\Phi_2=78.4$ kW。这是均匀热流的边界条件。

5－18　一直管的内径为 16 cm,流体的流速为 1.5 m/s,平均温度为 10 ℃,换热进入充分发展阶段。管壁平均温度与液体平均温度的差值小于 10 ℃,流体被加热。试比较当流体分别为氟利昂 R134a 和水时对流换热表面传热系数的相对大小。

解　查表可得,10 ℃时,R134a 的物性参数为：

R134a 的物性参数 $\lambda=0.0888$ W/(m·K),$\nu=0.2018\times10^{-6}$ m²/s,$Pr=3.915$;

水的物性参数 $\lambda=0.574$ W/(m·K),$\nu=1.306\times10^{-6}$ m²/s,$Pr=9.52$。

对于 R134a：

$$\mathrm{Re}=\frac{1.5\times0.016}{0.2018}\times10^6\approx1.1893\times10^5$$

$$h=0.023\times118930^{0.8}\times3.915^{0.4}\times\frac{0.0888}{0.016}\approx2531.3\ \mathrm{W/(m^2\cdot K)}$$

对于水：

$$\mathrm{Re}=\frac{1.5\times0.016}{1.306}\times10^6\approx18377$$

$$h=0.023\times18377^{0.8}\times9.52^{0.4}\times\frac{0.574}{0.016}\approx5241\ \mathrm{W/(m^2\cdot K)}$$

即 R134a 的对流换热系数仅为水的 38.2%。

5—19　1.013×10^5 Pa 下的空气在内径为 76 mm 的直管内流动，入口温度为 65 ℃，入口的体积流量为 0.022 m³/s，管壁的平均温度为 180 ℃。请问管子多长才能使空气加热到 115 ℃。

解　定性温度 $t_f=\dfrac{65+115}{2}=90$ ℃，相应的物性值为：$\rho=0.972$ kg/m³，c_p $=1.009$ kJ/(kg·K)，$\lambda=3.13\times10^{-2}$ W/(m·K)，$\mu=21.5\times10^{-6}$ kg/(m·s)，$\mathrm{Pr}=0.690$。

在入口温度下，$\rho=1.0045$ kg/m³，故进口的质量流量：

$$\dot{m}=0.022\ \mathrm{m^3/s}\times1.0045\ \mathrm{kg/m^3}\approx2.21\times10^{-2}\ \mathrm{kg/s}$$

$$\mathrm{Re}=\frac{4\dot{m}}{\pi d\mu}=\frac{4\times2.298\times10^{-2}\times10^6}{3.1416\times0.076\times21.5}\approx17906>10^4$$

先按 $l/d>60$ 计：

$$\mathrm{Nu}_0=0.023\times17906^{0.8}\times0.69^{0.4}=50.08,h=\frac{50.08\times0.0313}{0.076}\approx20.62\ \mathrm{W/(m^2\cdot K)}。$$

空气为 115 ℃ 时，$c_p=1.009$ kJ/(kg·K)；65 ℃ 时，$c_p=1.007$ kJ/(kg·K)。

故加热空气所需的热量为：

$$\Phi=\dot{m}(c_p{}''t''-c_p{}'t')=0.02298\times(1.009\times10^3\times115-1.007\times10^3\times65)$$
$$\approx1162.3(\mathrm{W})$$

由大温差修正关系式得：

$$c_t=\left(\frac{T_f}{T_w}\right)^{0.53}=\left(\frac{273+90}{273+180}\right)^{0.53}=\left(\frac{363}{453}\right)^{0.53}\approx0.885$$

所需管长为：

$$l=\frac{\Phi}{\pi dh(t_w-t_f)}=\frac{1162.3}{3.1416\times0.076\times20.62\times0.885\times(180-90)}\approx2.96(\mathrm{m})$$

$l/d=2.96/0.076=38.95<60$，需进行短管修正。$c_f=1+(d/l)^{0.7}=$ 1.0775，因此，所需管长为 $2.96/1.0775\approx2.75(\text{m})$。

5—20 平均温度为 40 ℃的 14 号润滑油流过壁温为 80 ℃、长为 1.5 m、内径为 22.1 mm 的直管，流量为 800 kg/h。80 ℃时，油的 $\eta=28.4\times10^{-4}$ kg/(m·s)。求油与壁面间的平均表面传热系数及换热量。

解 40 ℃时，14 号润滑油的物性参数为：

$\lambda=0.1416$ W/(m·K)，$\rho=880.7$ kg/m³，$\nu=124.2\times10^{-6}$ m²/s，$Pr=1522$。

80 ℃时，$Pr=323$，于是：

$$Nu_f=0.46\times Re^{0.5}\times Pr^{0.43}(Pr_f/Pr_w)^{0.25}(d/l)^{0.4}$$

$$Re=\frac{4\dot{m}}{\pi d\mu}=\frac{4\times800/3600}{3.1416\times0.0221\times880.7\times124.2\times10^{-6}}\approx123.2$$

$0.05RePr=0.05\times123.2\times1522\approx9375.5$，$l/d=1.5/0.0221\approx67.9$

14 号润滑油处于入口段状态，$Pr_f/Pr_w=1522/323=4.712$，于是：

$$Nu=0.46\times123.2^{0.5}\times1522^{0.43}(1522/323)^{0.25}(1/67.9)^{0.4}\approx32.5$$

$$h=\frac{32.5\times0.1462}{0.0221}=215 \text{ W/(m}^2\cdot\text{K)}$$

$$\Phi=hA\Delta t=215.1\times3.1416\times0.0221\times(80-40)\times1.5=896(\text{W})$$

5—21 初温为 30 ℃的水以 0.875 kg/s 的流量流经一套管式换热器的环形空间。该环形空间的内管外壁温为 100 ℃，换热器外壳绝热，内管外径为 40 mm，外管内径为 60 mm。求把水加热到 50 ℃时的套管长度和管子出口截面处的局部热流密度。

解 定性温度 $t_f=\dfrac{30+50}{2}=40$ ℃，查得：

$\lambda=0.635$ W/(m·K)，$\mu=653.3\times10^{-6}$ kg/(m·s)，$c_p=4147$ J/(kg·K)，$Pr=4.31$。

$$d_c=D-d=60-40=20(\text{mm})$$

$$Re=\frac{4\dot{m}d_c}{\pi(D^2-d^2)\mu}=\frac{4\times0.857\times0.02}{3.1416\times(0.06^2-0.04^2)\times653.3\times10^{-6}}\approx16702$$

$$\mu_w=282.5\times10^{-6} \text{ kg/(m·s)}$$

流体被加热，于是有：

$$Nu_f=0.027\times Re^{0.8}\times Pr^{1/3}(\mu_f/\mu_w)^{0.11}=0.027\times16702^{0.8}\times4.31^{1/3}(653.3/282.5)^{0.11}$$

$$\approx 115.1$$

$$h=\frac{115.1\times 0.635}{0.02}\approx 3654.4 \ \mathrm{W/(m^2\cdot K)}$$

由热平衡式 $c_{p}\dot m(t''-t')=Ah(t_w-t_f)=\pi dlh(t_w-t_f)$,得:

$$l=\frac{c_p\dot m(t''-t')}{\pi dh(t_w-t_f)}=\frac{4174\times 0.857\times (50-30)}{3.1416\times 0.04\times 3654.4\times (100-30)}\approx 2.2(\mathrm{m})。$$

管子出口处的局部热流密度为:

$$q=h\Delta t=3654.4\times (100-50)\approx 183(\mathrm{kW/m^2})$$

5—22 一台 100 MW 的发电机采用氢气冷却,氢气的初始温度为 27 ℃,离开发电机时为 88 ℃,氢气的 $c_p=14.24\ \mathrm{kJ/(kg\cdot K)}$,$\eta=0.087\times 10^{-4}\ \mathrm{kg/(m\cdot s)}$。发电机的效率为 98.5%。氢气出发电机后进入截面为正方形的管道。若要在管道中维持 $\mathrm{Re}=10^5$,其截面积应为多大?

解 发电机中的发热量为 $Q=(1-\eta)\times 100\times 10^6=0.015\times 100\times 10^6=1.5\times 10^6(\mathrm{W})$。这些热量被氢气吸收,氢气从 27 ℃ 上升到 88 ℃,由此可得氢的流量 G:

$$14.24\times 10^3\times (88-27)G=1.5\times 10^6,G\approx 1.727(\mathrm{kg/s})$$

设正方形管道的边长为 L,则有 $\dfrac{\rho uL}{\mu}=G \dfrac{\rho uL^2}{\mu L}=10^5$。其中,$\rho uL=G$,$L=$

$$\frac{\rho uL^2}{\mu\times 10^5}=\frac{1.727}{0.087\times 10^{-4}\times 10^5}\approx 1.985(\mathrm{m})。$$

5—23 10 ℃ 的水以 1.6 m/s 的流速流入内径为 28 mm、外径为 31 mm、长为 1.5 m 的管子,管子外的均匀加热功率为 42.05 W,通过外壁绝热层的散热损失为 2%,管材的 $\lambda=18\ \mathrm{W/(m\cdot K)}$。求:(1)管子出口处的平均水温;(2)管子外表面的平均壁温。

解 10 ℃ 水的物性为:$\rho=999.7$,$c_p=4.191$,$\lambda=57.4\times 10^{-2}$,$\nu=1.306\times 10^{-6}$,$P=42.05$,$P_{\mathrm{放}}=42.05\times (1-2\%)=41.209$。

(1)设出口处水的平均温度为 15 ℃

20 ℃ 的水的物性:$\rho=998.2$,$c_p=4.183$,$\lambda=59.9\times 10^{-2}$,$\nu=1.006\times 10^{-6}$;

15 ℃ 的水的物性:$\rho=998.7$,$c_p=4.187$,$\lambda=58.65\times 10^{-2}$,$\nu=1.156\times 10^{-6}$,$\mathrm{Pr}=8.27$。

则有:

$$s_1=\frac{0.028^2\pi}{4}\approx 0.00061575(\mathrm{m^2})$$

$$V=0.00061575\times1.6=0.0009852(\text{m}^3/\text{s})$$

$$G=0.9844\text{ kg/s},\rho=999.7\text{ kg/m}^3$$

$$P=GC_p(t_2-t_1)=0.9844\times(C_2t_2-C_1t_1)\approx41.099(\text{kW})$$

设出口处水的温度为 20 ℃，则：

$$P=0.98342\times(4.183\times20-4.183\times10)\approx42.52(\text{kW})$$

与 41.099 接近，故出口处的平均水温为 20 ℃。

(2)管内壁的传热面积为：

$$S_2=0.028\times\pi\times1.5\approx0.1319(\text{m}^2)$$

$$t_f=\frac{10+20}{2}=15\text{ ℃}$$

$$\text{Re}_f=\frac{ud}{\nu}=\frac{1.6\times0.028}{1.156\times10^{-6}}\approx38754.3$$

$$\text{Nu}=0.023\text{Re}^{0.8}\text{Pr}^{0.4}=0.023\times38754.3^{0.8}\times8.27^{0.4}\approx250.8$$

$$h_m=\frac{\text{Nu}\times\lambda}{d}=\frac{250.8\times58.65\times10^{-2}}{0.028}\approx5253.4\text{ W/(m}^2\cdot\text{K)}$$

$$t_{w1}=\frac{41.209\times1000}{h\times S_2}+t_f\approx74.5$$

$$\phi=\frac{2\pi l(t_{w2}-t_{w1})}{\ln(\frac{d_2}{d_1})/\lambda}$$

$$t_{w2}=\frac{\phi\ln(\frac{d_2}{d_1})/\lambda}{2\pi l}=\frac{41.209\times1000\times\ln(\frac{0.031}{0.028})/18}{2\times3.14\times1.5}+t_{w1}$$

$$=24.736+74.5\approx99.24\text{ ℃}$$

第六章　对流传热

对流传热是指流体中的质点发生相对位移而引起的热交换。对流传热仅发生在流体中,与流体的流动状况密切相关。实际上,对流传热是流体的对流与热传导共同作用的结果。

6－1　对流传热过程分析

流体在平壁上流过时,流体和壁面间将进行换热,引起壁面法向方向上温度分布的变化,形成一定的温度梯度。近壁处的流体温度发生显著变化的区域,称为热边界层或温度边界层。

由于对流是依靠流体内部质点发生位移来进行热量传递的,因此对流传热的快慢与流体流动的状况有关。流体流动形态分为层流和湍流。层流流动时,流体质点只在流动方向上做一维运动,在传热方向上无质点运动。此时,流体质点主要依靠热传导方式进行热量传递,但由于流体内部存在温差因此还会有少量的自然对流存在,此时的传热速率小,应尽量避免此种情况的发生。

流体在换热器内的流动大多数情况下为湍流,下面我们来分析流体做湍流流动时的传热情况。流体做湍流流动时,靠近壁面处的流体流动分别为层流底层、过渡层(缓冲层)、湍流核心。

层流底层:流体质点只沿流动方向上做一维运动,在传热方向上无质点的混合,温度变化大,传热主要以热传导的方式进行。导热为主,热阻大,温差大。

湍流核心:在远离壁面的湍流中心,流体质点充分混合,温度趋于一致(热阻小),传热主要以对流方式进行。质点相互混合交换热量,温差小。

过渡区域:温度分布不像湍流主体那么均匀,也不像层流底层的变化那么明显,传热以热传导和对流两种方式共同进行。质点混合,分子运动共同作用,温度变化平缓。

根据热传导的相关分析可知,温差大,热阻就大。所以,流体做湍流流动时,热阻主要集中在层流底层。如果要加强传热,必须采取措施来减少层流底层的厚度。

6－2　对流传热速率方程

对流传热大多是指流体与固体壁面之间的传热,其传热速率与流体的性质及边界层的状况密切相关。如图 6.1,靠近壁面处引起的温度变化,形成温度边界层。温度差主要集中在层流底层。假设流体与固体壁面之间的传热热阻全集中在厚度为 δ_t 的有效膜中,有效膜之外无热阻存在,在有效膜内,传热主要以热传导的方式进行。该有效膜既不是热边界层,也不是流动边界层,而是集中了全部传热温差并以导热方式传热的虚拟膜。由此假定,此时的温度分布情况如图 6.1 所示。

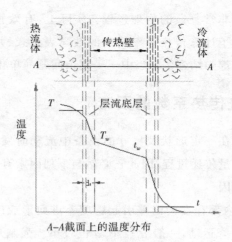

A-A 截面上的温度分布

图 6.1　对流传热的温度分布

建立模型: $\delta_t = \delta_e + \delta$。式中,$\delta_t$ 表示总有效膜厚度;δ_e 表示湍流区虚拟膜的厚度;δ 表示层流底层膜的厚度。

使用傅立叶定律表示虚拟膜内的传热速率:

流体被加热时: $Q = \dfrac{\lambda}{\delta_t} A(t_w - t)$;

流体被冷却时: $Q = \dfrac{\lambda'}{\delta_t} A(T_w - T)$。

设 $\alpha = \dfrac{\lambda}{\delta_t}$,对流传热速率方程可用牛顿冷却定律来描述:

流体被加热时: $Q = \alpha A(t_w - t)$;

流体被冷却时: $Q' = \alpha' A(T_w - T)$。

式中　Q'、Q 表示对流传热速率,单位是 W;

　　　α'、α 表示对流传热系数,单位是 W/(m² · ℃);

　　　T_w、t_w 表示壁温,单位是℃;

　　　T、t 表示流体(平均)温度,单位是℃;

　　　A 表示对流传热面积,单位是 m²。

牛顿冷却定律并非从理论上推导的结果,而只是一种推论,是一个实验定律,假设 $Q \propto \Delta t$。

$$Q = \alpha A(t_w - t) = \frac{t_w - t}{\dfrac{1}{\alpha A}} = \frac{\Delta t}{R} = \frac{推动力}{热阻}(\Delta t \text{ 和 } A \text{ 一定时}, \alpha \uparrow, Q \uparrow)$$

对流传热是一个非常复杂的物理过程。实际上,有效膜的厚度难以测定,牛顿冷却定律只给出了计算传热速率简单的数学表达式,并未简化问题本身,只是把诸多影响因素都归结到了 α 当中——复杂问题简单化表示。

6－3　影响对流传热系数的因素

对流传热是流体在一定形状及尺寸的设备中流动时发生的热流体到壁面或壁面到冷流体的热量传递过程,因此它必然与下列因素有关。

1.引起流动的原因

自然对流:流体内部存在的温差引起密度差进而形成的浮升力,造成流体内部质点的上升和下降运动,一般 u 较小,α 也较小。强制对流:在外力作用下引起的流动运动,一般 u 较大,α 则较大。

$$\alpha_{强} > \alpha_{自}$$

2.流体的物性

当流体种类确定后,我们可根据温度、压力(气体)查对应的物性,影响 α 的较大的物性有 λ、ρ、c_p、μ。λ 的影响:$\lambda \uparrow$,$\alpha \uparrow$;ρ 的影响:$\rho \uparrow$,$Re \uparrow$,$\alpha \uparrow$;c_p 的影响:$c_p \uparrow$,单位体积流体的热容量大,则 α 较大;μ 的影响:$\mu \uparrow$,$Re \downarrow$,$\alpha \downarrow$。

3.流动形态

层流。热流主要依靠热传导的方式传热。流体的导热系数比金属的导热系数小得多,所以流体的热阻大。

湍流。质点充分混合且层流底层变薄,α 较大。$Re \uparrow$,$\delta \downarrow$ $\alpha \downarrow$;但 $Re \uparrow$ 动力消耗大。

$$\alpha_{湍} > \alpha_{层}$$

4.传热面的形状、大小和位置

不同壁面的形状、尺寸会影响流型,会造成边界层分离,产生旋涡,从而增加湍动,使 α 增大。

(1)形状,比如管、板、管束;

(2)大小,比如管径和管长;

(3)位置,比如管子的排列方式(管束有正四方形和三角形排列);管或板是垂直放置还是水平放置。

一种类型的传热面常用一个对对流传热系数有决定性影响的特征尺寸 L 来表示其大小。

5.是否发生相变

相变主要有蒸汽冷凝和液体沸腾。流体发生相变时,汽化或冷凝的潜热远大于温度变化的显热(r 远大于 c_p)。一般情况下,有相变时,对流传热系数较大。

$$\alpha_{相变} > \alpha_{无相变}$$

6—4　对流传热系数经验关联式的建立

对流传热本身是一个非常复杂的物理问题,现在用牛顿冷却定律把复杂问题简单表示——把复杂问题转到计算对流传热系数上面。因此,对流传热系数大小的确定成了一个复杂问题,其影响因素非常多。目前,我们还不能从理论上来推导对流传热系数的计算式,只能通过实验得到其经验关联式。

一、因次分析

由上面的分析得:$\alpha = f(u, l, \mu, \lambda, c_p, \rho, g\beta\Delta t)$。

式中,l 表示特征尺寸;u 表示特征流速。基本因次有 4 个——长度 L、时间 T、质量 M、温度 θ;变量共有 8 个。

因次分析之后,所得准数关联式中共有 4 个无因次数群(由 π 定理 8－4＝4),因次分析结果如下:

$\mathrm{Nu} = C\mathrm{Re}^a\mathrm{Pr}^k\mathrm{Gr}^g$;

$\mathrm{Nu} = \dfrac{\alpha l}{\lambda}$,Nusselt(努塞尔)待定准数(包含对流传热系数);

$\mathrm{Re} = \dfrac{du\rho}{\mu}$,Reynolds(雷诺)表征流体流动形态对对流传热的影响;

$Pr=\dfrac{c_p\mu}{\lambda}$，Prandtl（普朗特）反映流体物性对对流传热的影响；

$Gr=\dfrac{\beta g\Delta t l^3\rho^2}{\mu^2}$，Grashof（格拉斯霍夫）表征自然对流对对流传热的影响；

$\dfrac{\alpha l}{\lambda}=C(\dfrac{du\rho}{\mu})^a(\dfrac{c_p\mu}{\lambda})^k(\dfrac{\beta g\Delta t l^3\rho^2}{\mu^2})^g$。

（1）定性温度

由于流体温度沿流动方向逐渐变化，我们在处理实验数据时就要取一个有代表性的温度以确定物性参数的数值，这个用以确定物性参数数值的温度称为定性温度。

定性温度的取法：1）流体进、出口温度的平均值 $t_m=(t_2+t_1)/2$；2）膜温 $t=(t_m+t_w)/2$。

（2）特征尺寸

它是代表换热面几何特征的长度量，通常选取对流动与换热有主要影响的某一几何尺寸。另外，实验范围有限，准数关联式的使用范围也有限。

$$\alpha\text{ 的关联式}\begin{cases}\text{无相变}\begin{cases}\text{自然对流}\\\text{强制对流}\begin{cases}\text{层流}\\\text{湍流}\end{cases}(\text{形状}\dfrac{\text{管内外}}{\text{直弯管}})\\\quad\text{过渡流}\quad\text{圆非圆管}\end{cases}\\\text{有相变}\begin{cases}\text{蒸汽冷凝}\\\text{液体沸腾}\end{cases}\end{cases}$$

6－5 无相变时对流传热系数的经验关联式

一、流体在管内的强制对流

1. 圆形直管内的湍流

$$Nu=0.023Re^{0.8}Pr^k$$

$$\alpha=0.023\dfrac{\lambda}{d}(\dfrac{du\rho}{\mu})^{0.8}(\dfrac{c_p\mu}{\lambda})^k$$

使用范围：$Re>10000$，$0.7<Pr<160$，$\mu<2\times10^{-5}$ Pa·s，$l/d>50$。

注意事项：

（1）定性温度取流体进、出口温度的平均值 t_m。

（2）特征尺寸为管内径 d_i。

（3）流体被加热时，$k=0.4$；流体被冷却时，$k=0.3$。

上述 n 取不同值主要是考虑到温度对靠近管壁的层流底层的流体黏度的影响。当管内流体被加热时,靠近管壁处的层流底层的温度高于流体主体的温度;当流体被冷却时,情况正好相反。对于液体,其黏度随温度升高而降低,液体被加热时层流底层变薄,大多数液体的导热系数随温度升高而有所减小,但不显著,总的结果使对流传热系数增大。液体被加热时的对流传热系数必大于液体冷却时的对流传热系数。大多数液体的 $Pr>1$,即 $Pr^{0.4}>Pr^{0.3}$。因此,液体被加热时,n 取 0.4;冷却时,n 取 0.3。对于气体,其黏度随温度升高而增大,气体被加热时,层流底层增厚,气体的导热系数随温度升高也略有增大,总的结果使对流传热系数减小。气体被加热时的对流传热系数必小于气体冷却时的对流传热系数。由于大多数气体的 $Pr<1$,即 $Pr^{0.4}<Pr^{0.3}$,故同液体一样,气体被加热时,n 取 0.4;冷却时,n 取 0.3。

通过以上分析可知,温度对靠近管壁处的层流底层的流体黏度的影响会引起近壁流层内的速度分布的变化,故整个截面上的速度分布也将发生相应的变化。

(4)特征速度为管内的平均流速。

以下将对上面的公式进行修正:

a. 高黏度

$$\alpha=0.027\frac{\lambda}{d}\left(\frac{du\rho}{\mu}\right)^{0.8}\left(\frac{c_p\mu}{\lambda}\right)^{0.33}\left(\frac{\mu}{\mu_w}\right)^{0.14}$$

要考虑壁面的温度变化引起的黏度变化对 α 的影响(μ 在 t_m 下,μ_w 在 t_w 下)。在实际情况下,由于壁温难以测出,实际工程中近似做以下处理:对于加热时的液体,$\left(\frac{\mu}{\mu_w}\right)^{0.14}=1.05$;对于冷却时的液体,$\left(\frac{\mu}{\mu_w}\right)^{0.14}=0.95$。

b. 过渡区

当 $2300<Re<10000$ 时,先按湍流计算 α,然后乘以校正系数 f。

$$f=1.0-\frac{6\times10^5}{Re^{0.8}}<1$$

过渡区内流体的 Re 比剧烈的湍流区内的流体的 Re 小,流体流动的湍动程度减轻,层流底层变厚,α 减小。

c. 流体在弯管中的对流传热系数

先按直管计算 α,然后乘以校正系数 f。

$$f=\left(1+1.77\frac{d}{R}\right)$$

式中,d 表示管径;R 表示弯管的曲率半径。弯管处受离心力的作用,存在二次环流,湍动加剧,α 增大。

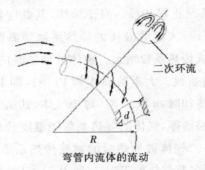

弯管内流体的流动

图 6.2　弯管内的对流

d. 非圆形直管内的强制对流

采用圆形管内相应的公式计算,特征尺寸采用当量直径。

$$\alpha = 0.023 \frac{\lambda}{d_e} \left(\frac{d_e u \rho}{\mu}\right)^{0.8} \left(\frac{c_p \mu}{\lambda}\right)^k$$

式中,$d_e = \dfrac{4 \times \text{流动截面积}}{\text{润湿周边}} = \dfrac{4A}{\Pi}$。此为近似计算,最好采用经验公式和专用公式进行计算。

套管环隙:$\alpha = 0.02 \dfrac{\lambda}{d_e} \mathrm{Re}0.8 \mathrm{Pr} \dfrac{1}{3} \left(\dfrac{d_2}{d_1}\right)^2$

式中,d_1、d_2 分别为套管外管的内径、内管的外径。适用范围:$d_1/d_2 = 1.65 \sim 17$,$\mathrm{Re} = 1.2 \times 10^4 \sim 2.2 \times 10^5$。

e. 当 $l/d < 60$ 时,套管为短管。套管在入口处受到的扰动较大,α 也较大。α 计算出来后,再乘以校正系数 f。

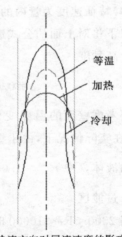

等温

加热

冷却

热流方向对层流速度的影响

图 6.3　直管内的对流传热

$$f = 1 + \left(\frac{d}{l}\right)^{0.7} > 1$$

2. 圆形直管内的层流

特点:1)物性特别是黏度受管内不均匀的温度的影响,速度分布受热流方向的影响;2)层流的对流传热系数受自然对流的影响更大,层流的对流传热系数相应增大;3)进口段长度长,实际进口段较短时,对流传热系数增大。

（1）Gr＜25000 时，自然对流影响小，可忽略不计。

$$Nu=1.86(RePr\frac{d}{l})^{1/3}(\frac{\mu}{\mu_w})^{0.14}$$

适用范围：Re＜2300，(RePr$\frac{d}{l}$)＞10，l/d＞60。

定性温度、特征尺寸取法与前文相同，μ_w 按壁温确定，实际工程中可近似处理为：对于加热时的液体，$(\frac{\mu}{\mu_w})^{0.14}=1.05$；对于冷却时的液体，$(\frac{\mu}{\mu_w})^{0.14}=0.95$。

（2）Gr＞25000 时，自然对流的影响不能忽略，乘以校正系数 $f=0.8(1+0.015Gr^{1/3})$。

换热器的设计应尽量避免在强制层流条件下进行传热，因为此时对流传热系数小，总传热系数也很小。

例题　一列管式换热器由 60 根 $\phi25\times2.5$ mm 的钢管组成，通过该换热器用饱和蒸汽加热管内流动的苯，苯由 20 ℃加热至 80 ℃，流量为 13 kg/s。已知苯的物性：$\rho=860$ kg/m³，$c_p=1.80$ kJ/(kg·℃)，$\mu=0.45$ mPa·s，$\lambda=0.14$ W/(m·℃)。求：（1）苯在管内的对流传热系数；（2）若苯的流量增加一倍，对流传热系数如何变化（假设物性不发生变化）？（3）若苯在壳程流动，管内为饱和蒸汽，问对流传热系数的计算与前面有何不同。

例题　一列管式换热器由 38 根 $\phi25\times2.5$ mm 的无缝钢管组成。苯在管内流动，由 20 ℃加热到 80 ℃，苯的流量为 8.32 kg/s，外壳中通入水蒸气进行加热。已知苯的物性：$\rho=860$ kg/m³，$c_p=1.80$ kJ/(kg·℃)，$\mu=0.45$ mPa·s，$\lambda=0.14$ W/(m·℃)。求：（1）管壁对苯的对流给热系数；（2）$\phi19\times2$ mm 的管子的管壁对苯的对流给热系数；（3）当苯的流量增加一倍，对流给热系数变化如何？

二、流体在管外的强制对流

流体可垂直流过单管和管束。工业生产中所用换热器中的流体垂直流过管束，由于管束的相互影响，其流体的流动特性及传热过程比单管复杂得多。因此，我们仅介绍后一种情况的对流传热系数的计算。

1.流体垂直流过管束

流体垂直流过管束时，管束的排列情况可以有直列和错列两种。

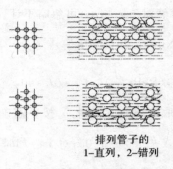

排列管子的
1—直列，2—错列

图 6-4 **管外流体对流传热**

各排管 α 的变化规律：第一排管，直列和错列基本相同；第二排管，直列和错列相差较大；第三排管以后（直列第二排管以后），基本恒定；从图中可以看出，错列传热效果比直列好。

单列的对流传热系数用下式计算：

$$\mathrm{Nu} = C \varepsilon \mathrm{Re}^N \mathrm{Pr}^{0.4}$$

适用范围：$5000 < \mathrm{Re} < 70000$，$x_1/d = 1.2 \sim 5$，$x_2/d = 1.2 \sim 5$。

注意事项：

（1）特征尺寸取管外径 d_0，定性温度的取法与前文相同。

（2）流速 u 取每列管子中最窄流道处的流速，即最大流速。

（3）C、ε、n 取决于排列方式和管子的排数，由实验测定，具体取值。

对于前几列而言，各列的 ε、n 不同，因此 α 也不同。排列方式不同（直列和错列），对于相同的列，ε、n 不同，α 也不同。

（4）对某一排列方式，由于各列的 α 不同，应按下式求平均对流传热系数：

$$\alpha_m = \frac{\alpha_1 A_1 + \alpha_2 A_2 + \alpha_3 A_3 + \cdots}{A_1 + A_2 + A_3 + \cdots} = \frac{\sum \alpha_i A_i}{\sum A_i}$$

式中　α_i——各列的对流传热系数；

A_i——各列传热管的外表面积。

2. 流体在换热器管壳间流动

一般在列管换热器的壳程加折流挡板，折流挡板分为圆形和圆缺形两种。由于换热器装有不同形式的折流挡板，流动方向不断改变，流体在较小的 Re 下（Re＝100）即可达到湍流。

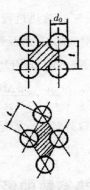

图 6.5　换热器管壳对流传热

圆缺形折流挡板的弓形高度为 $25\%D$，α 的计算式为：

$$\mathrm{Nu}=0.36\mathrm{Re}^{0.55}\mathrm{Pr}^{1/3}(\frac{\mu}{\mu_w})^{0.14}$$

适用范围：$\mathrm{Re}=2\times10^3\sim2\times10^6$。

定性温度：进、出口温度的平均值；$t_w\rightarrow\mu_w$。

特征尺寸：

(1)当量直径 d_e

正方形排列时：

$$d_e=\frac{4(t^2-0.785d_0^2)}{\pi d_0}$$

正三角形排列时：

$$d_e=\frac{4(\frac{\sqrt{3}}{2}t^2-0.785d_0^2)}{\pi d_0}$$

(2)流速 u 根据流体流过的最大截面积 $S_{\max}$ 计算

$$S_{\max}=hD(1-\frac{d_0}{t})$$

式中　h——相邻挡板间的距离；

　　　D——壳体的内径。

提高壳程 α 的措施：提高壳程；加强壳程的湍动程度，如加折流挡板或填充物。

三、大空间的自然对流传热

所谓大空间自然对流传热是指冷表面或热表面（传热面）放置在大空间内，并且四周没有其他阻碍自然对流的物体存在，如沉浸式换热器的传热过程、换热设备或管道的热表面向周围大气的散热过程。

对流传热系数仅与反映自然对流的 Gr 和反映物性的 Pr 有关,依经验式计算:

$$Nu = C(GrPr)^n$$

$$\alpha = C \frac{\lambda}{l} \left(\frac{c_p \mu}{\lambda} \cdot \frac{\beta g \Delta t l^3 \rho^2}{\mu^2} \right)^n$$

(1)特征尺寸,若是水平管,取外径 d_0;若是垂直管或板,取管长或板高 H。

(2)定性温度取膜温$(t_m + t_w)/2$。

6-6　有相变时对流传热系数的经验关联式

一、蒸汽冷凝

蒸汽与低于其饱和温度的冷壁接触时,将凝结为液体,同时释放出汽化热。

1. 冷凝方式

蒸汽冷凝方式有膜状冷凝和滴状冷凝。

膜状冷凝:冷凝液能润湿壁面,形成一层完整的液膜,液膜布满液面并连续向下流动。

滴状冷凝:冷凝液不能很好地润湿壁面,仅在壁面上凝结成小液滴。此后,小液滴变大或合并成较大的液滴而脱落。

凝液润湿壁面的能力取决于其表面张力和附着力的大小。若附着力大于表面张力则会形成膜状冷凝,反之,则形成滴状冷凝。通常,滴状冷凝时,蒸汽不必通过液膜传热,可直接在传热面上冷凝,其对流传热系数比膜状冷凝的对流传热系数大 5~10 倍。由于滴状冷凝难于控制,因此,工业冷凝器大多采用膜状冷凝。

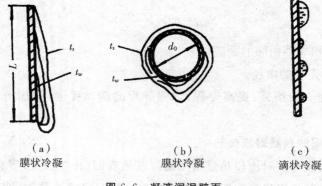

（a）	（b）	（c）
膜状冷凝	膜状冷凝	滴状冷凝

图 6.6　凝液润湿壁面

2.蒸汽在水平管外冷凝

计算公式：$\alpha = 0.725 \left(\dfrac{r\rho^2 g\lambda^3}{n^{2/3}\mu l \Delta t} \right)^{1/4}$

式中　n 表示水平管束在垂直列上的管子数；

　　　R 表示汽化潜热$(t_s$下)，单位为 kJ/kg；

　　　ρ 表示冷凝液的密度，单位为 kg/m^3；

　　　λ 表示冷凝液的导热系数，单位为 W/(m·K)；

　　　μ 表示冷凝液的黏度，单位为 Pa·s。

特征尺寸 l：管外径 d_0；

定性温度：膜温 $t = \dfrac{t_s + t_w}{2}$，根据膜温查冷凝液的物性 ρ、λ 和 μ；根据饱和温度 t_s 查潜热 r。此时，我们认为主体无热阻，热阻集中在液膜中。

3.在竖直板或竖直管外的冷凝

当蒸汽在垂直管或板上冷凝时，冷凝液沿壁面向下流动，同时，由于蒸汽不断在液膜表面冷凝，不断加入新的冷凝液，形成一股流量逐渐增加的液膜流，液膜厚度逐渐加大。上部分为层流，当板或管足够高时，下部分可能发展为湍流。对于冷凝液来说，临界 Re=2100。

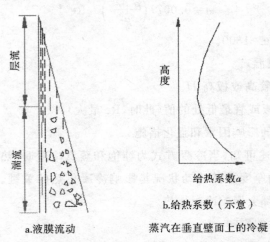

a.液膜流动　　　　　　　b.给热系数（示意）

蒸汽在垂直壁面上的冷凝

图 6.7　竖直板或竖直管外的冷凝

如图所示，冷凝液从顶端向底部流动时，液膜 $\delta\uparrow$，$\alpha\downarrow$；当 H 一定高，流动从层流过渡到湍流时，Re$\uparrow$，层流底层 $\delta\downarrow$，$\alpha\uparrow$。

$$\mathrm{Re} = \frac{\rho d_e u}{\mu}$$

其中, $d_e = \dfrac{4S}{b}$。

$$\mathrm{Re} = \frac{\rho u d_e}{\mu} = \frac{\rho u \left(\dfrac{4S}{b}\right)}{\mu} = \frac{\left(\dfrac{4S}{b}\right)\left(\dfrac{G}{S}\right)}{\mu} = \frac{4M}{\mu}$$

式中　S 表示冷凝液流过的截面积,单位为 m^2;

　　　B 表示润湿周边,单位为 m;

　　　G 表示冷凝液的质量流量,单位为 kg/s;

　　　M 表示单位长度润湿周边上冷凝液的质量流量,单位为 kg/s·m, $M = G/b$, $\rho u = G/S$。

(1)层流时, α 的计算式为:

$$\alpha = 1.13\left(\frac{r\rho^2 g\lambda^3}{\mu l \Delta t}\right)^{1/4}$$

适用范围:Re<1800。

定性温度:膜温。

特征尺寸 l:管高或板高 H。

(2)湍流时, α 的计算式为:

$$\alpha = 0.0077\left(\frac{\rho^2 g\lambda^3}{\mu^2}\right)^{1/3}\mathrm{Re}^{0.4}$$

适用范围:Re>1800。

定性温度:膜温。

特征尺寸 l:管高或板高 H。

注:Re 是指板或管最低处的值(此时,Re 最大)。

4.冷凝传热的影响因素和强化措施

从前面的讲述可知,当冷凝方式为纯饱和蒸汽冷凝时,热阻主要集中在冷凝液膜内,液膜的厚度及其流动状况是影响冷凝传热的关键。所以,影响液膜状况的所有因素都会影响冷凝传热。

(1)流体物性的影响

冷凝液 ρ 增大, μ 减小,则液膜厚度 δ 越小, α 越大;冷凝液 λ 增大, α 增大。

冷凝潜热 r 增大,在同样的热负荷 Q 下,冷凝液量小,则液膜厚度 δ 小, α 大。

以上的分析与前面讲的经验关联式一致。在所有的物质中,以水蒸气的冷凝传热系数为最大,一般为 10^4 W/(m²·K)左右。某些有机物蒸汽的冷凝传热

系数可低至 10^3 W/(m^2·K)以下。

（2）温度差的影响

当液膜做层流流动时，$\Delta t = t_s - t_w$，Δt 增大，则蒸汽的冷凝速率也加大，液膜厚度 δ 增加，α 减小。

（3）不凝气体的影响

上面的讨论都是对纯蒸汽而言的，在实际的工业冷凝器中，由于蒸汽中常含有微量的不凝性气体，如空气。当蒸汽冷凝时，不凝性气体会在液膜表面聚集形成气膜。这样，冷凝蒸汽在液膜表面冷凝前，必须先以扩散的方式通过这层气膜，这相当于额外附加了热阻，而且由于气体的导热系数 λ 小，因此蒸汽冷凝的对流传热系数大大下降。实验证明：当蒸汽中的空气含量达 1% 时，α 下降60% 左右。

因此，在冷凝器的设计中，多在高处安装气体排放口；操作时，定期排放不凝性气体，以减少不凝气体对 α 的影响。

（4）蒸汽流速与流向的影响

前面介绍的公式只适用于蒸汽静止或流速不大的情况。蒸汽的流速对 α 也有较大的影响，蒸汽流速 $u < 10$ m/s 时，可不考虑其对 α 的影响。当蒸汽流速 $u > 10$ m/s 时，还要考虑蒸汽与液膜之间的摩擦作用力。

蒸汽的流向与液膜的流向相同时，会加速液膜的流动，使液膜的厚度 δ 变薄，α 增大；蒸汽的流向与液膜的流向相反时，蒸汽会阻碍液膜的流动，使液膜的厚度 δ 变厚，α 减小；但流速增大时，蒸汽会吹散液膜，这时，α 会增大。

冷凝器的蒸汽入口一般在它的上部，此时，蒸汽的流向与液膜的流向相同，有利于 α 的增大。

（5）蒸汽过热的影响

温度高于操作压强下的饱和温度的蒸汽称为过热蒸汽。

过热蒸汽与比它的饱和温度高($t_w > t_s$)的壁面接触时，壁面无冷凝现象，此时为无相变的对流传热过程。过热蒸汽与比它的饱和温度低($t_w < t_s$)的壁面接触时，壁面传热由两个串联的传热过程组成——冷却和冷凝。

整个过程是过热蒸汽首先在气相下冷却到饱和温度，然后在液膜表面继续冷凝，冷凝的推动力仍为 $\Delta t = t_s - t_w$。

一般过热蒸汽的冷凝过程可按饱和蒸汽的冷凝过程来处理，所以前面的公式仍适用，但此时应把显热和潜热都考虑进来，$r' = c_p(t_v - t_s) + r$ 为过热蒸汽的比热和温度。工业过程中的过热蒸汽显热增加较小，可近似以饱和蒸汽计算。

（6）冷凝面的高度及布置方式

以减薄壁面上的液膜厚度为目的。

（7）强化传热措施

对于纯蒸汽冷凝，恒压下的 t_s 为一定值，即气相主体内无温差也无热阻，α 的大小主要取决于液膜的厚度及冷凝液的物性。所以，在流体一定的情况下，一切能使液膜变薄的措施都能强化冷凝传热过程。

减小液膜厚度的最直接的方法是从冷凝壁面的高度和布置方式入手，如在垂直壁面上开纵向沟槽，以减小壁面上的液膜厚度；还可以在壁面上安装金属丝或翅片，使冷凝液在表面张力的作用下，流向金属丝或在翅片附近集中，从而使壁面上的液膜变薄，使冷凝器的传热系数得到提高。

二、液体沸腾时的对流传热系数

对液体加热时，液体内部伴有由液相变为气相产生气泡的过程称为沸腾。

按设备的尺寸和形状，沸腾可分为大容器沸腾和管内沸腾。

大容器沸腾：加热壁面被浸入液体后，液体被加热而引起的无强制对流的沸腾现象。

管内沸腾：在一定压差下，流体在流动过程中受热沸腾（强制对流）；此时的液体流速对沸腾过程有影响，而且加热面上的气泡不能自由上浮，被迫随流体一起流动，出现了复杂的气液两相的流动结构。

工业上有再沸器、蒸发器、蒸汽锅炉等，这些设备都是通过沸腾传热来产生蒸汽的。管内沸腾的传热机理比大容器沸腾更复杂。本节仅讨论大容器沸腾的传热过程。

气泡的生成和过热度

由于表面张力的作用，气泡内的压力大于液体的压力。而气泡生成和长大都需要从周围液体中吸收热量，并且压力较低的液相的温度高于气相的温度，故液体必须过热，即液体的温度必须高于气泡内压力所对应的饱和温度。在液相中紧贴加热面的液体具有最大的过热度。液体的过热是新相——小气泡生成的必要条件。

粗糙表面的汽化核心

开始形成气泡时，气泡内的压力必须无穷大。这种情况显然是不存在的，因此纯净的液体在绝对光滑的加热面上不可能产生气泡。气泡只能在粗糙的加热面的若干点上产生,这种点称为汽化核心。若无汽化核心,则气泡不会产生。过热度增大,汽化核心增多。汽化核心是一个复杂的问题,它与表面的粗糙程度、氧化情况、材料的性质及其不均匀性质等多种因素有关。

2.沸腾曲线

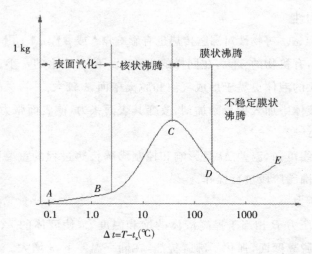

图 6.8　**沸腾曲线**

如图所示,以常压水在大容器内沸腾为例,说明 Δt 对的 α 影响。

(1)在 AB 段,$\Delta t = t_w - t_s$,Δt 很小时,仅在加热面有少量汽化核心形成气泡,长大速度慢,所以加热面与液体之间主要以自然对流为主。

$\Delta t < 5\ ℃$ 时,汽化仅发生在液体表面,严格地说还不是沸腾,而是表面汽化。在此阶段,α 较小,且随 Δt 升高得比较缓慢。

(2)在 BC 段,$5\ ℃ < \Delta t < 25\ ℃$ 时,汽化核心数增多,气泡的长大速度增快,气泡对液体的扰动增强,对流传热系数的影响增加,由汽化核心产生的气泡对传热起主导作用,此时为核状沸腾。

(3)在 CD 段,$\Delta t > 25\ ℃$,Δt 进一步增大到一定数值,加热面上的汽化核心大大增加,以至于气泡产生的速度大于脱离壁面的速度,气泡相连形成气膜,将加热面与液体隔开。由于气体的导热系数 λ 较小,α 减小,因此此阶段称为不稳定膜状沸腾。

在 DE 段,$\Delta t > 250\ ℃$ 时,气膜稳定,由于加热面的 t_w 高,热辐射的影响增大,对流传热系数增大,此时为稳定膜状沸腾。

工业上的沸腾装置一般在核状沸腾状态下工作,其优点是:此阶段的 α 大,

t_w小。核状沸腾变为膜状沸腾的转折点 C 称为临界点(此后传热恶化),其对应临界值 Δt_c、α_c、q_c。常压水在大容器内沸腾时,$\Delta t_c = 25$ ℃,$q_c = 1.25 \times 10^6$ W/m²。

3.沸腾传热的影响因素和强化措施

(1)流体物性

流体的 μ、λ、σ、ρ 等物性对沸腾传热也有影响;$\lambda \uparrow$ 或 $\rho \uparrow$,$\alpha \uparrow$;$\mu \uparrow$ 或 $\sigma \uparrow$,$\alpha \downarrow$。

一般来说,有机物的 μ 大,在同样的 P 和 Δt 下,μ 比水的 α 小。表面张力 σ 小、润湿能力大的液体更易于形成气泡和脱离壁面,α 较大。

措施:在液体中加入少量添加剂,改变其表面张力,使表面张力 σ 减小。

(2)温差 Δt

从沸腾曲线可知,温差 Δt 是影响和控制沸腾传热过程的重要因素,操作者应尽量在核状沸腾阶段进行操作。

(3)操作压力

提高操作压力 P 相当于提高液体的饱和温度 t_s,使液体的 μ、σ 减小,有利于气泡形成和脱离壁面,强化了沸腾传热,在同一温差下,α 增大。

(4)加热面的状况

加热面越粗糙,汽化核心越多,越有利于传热。新的、洁净的、粗糙的加热面,α 较大;当壁面被油脂玷污后,α 减小。此外,加热面的布置情况对沸腾传热也有明显的影响。例如,液体在水平管束外沸腾时,其上升气泡会覆盖上方的一部分加热面,导致平均 α 减小。

措施:用机器加工或腐蚀加热面,使加热面变得粗糙。

沸腾传热过程非常复杂,虽然提出的经验式有很多,但不够完善,至今还没有普遍适用的公式。有相变时的 α 比无相变时的 α 大得多,热阻主要集中在无相变一侧的流体,此时有相变一侧的流体的 α 只需近似计算即可。

习题

6—1　试将努塞尔于蒸气在竖壁上做层流膜状凝结的理论解表示成特征数间的函数形式,引入伽利略数 $\mathrm{Gu} = \dfrac{g l^3}{\nu^2}$ 及雅各布数 $\mathrm{Ja} = \dfrac{r}{c_p(t_s - t_w)}$。

解　　　　　　　$$h = 0.725 \left[\frac{g r \rho_1^2 \lambda_u^3}{\eta_1 d(t_s - t_w)} \right]^{1/4}$$

$$\mathrm{Nu}=0.725\left[\frac{gl^3}{\nu^2}\cdot\frac{r}{c_p(t_s-t_w)}\cdot\frac{\eta c_p}{\lambda}\right]^{1/4}=0.725[\mathrm{Ga}\cdot\mathrm{Ja}\cdot\mathrm{Pr}]^{1/4}。$$

6－2　水蒸气的压力为 0.1013 MPa，试估算 $\Delta t=t_w-t_s=10\ ℃$ 时的雅各布数的值，并说明此特征数的意义以及可能要用到这一特征数的热传递现象。

解
$$\mathrm{Ja}=\frac{r}{c_p(t_s-t_w)}$$

其中，$r=2257.1\times10^3$ J/kg，$c_p=4200$ J/(kg·℃)。

故
$$\mathrm{Ja}=\frac{2257.1\times10^3}{4220\times10}=53.5$$

$\mathrm{Ja}=\dfrac{r}{c_p(t_s-t_w)}$ 代表了汽化潜热与液膜显热降之比，也可写为 $\mathrm{Ja}=\dfrac{r}{c_p\Delta t}$，该式表示相变潜热与相应的显热之比，在相变换热（凝结、沸腾、熔化、凝固等）中都可以用得上。

6－3　$t_s=40\ ℃$ 的水蒸气及 $t_s=40\ ℃$ 的 R134a 蒸气在等温竖壁上膜状凝结，试计算离 $x=0$ 处 0.1 m、0.5 m 处的液膜厚度，设 $\Delta t=t_w-t_s=5\ ℃$。

解
$$\delta(x)=\left[\frac{4u_l\lambda_l\Delta t x}{g\rho_l^2 r}\right]^{1/4}$$

近似地用 t_s 计算物性，则：

对于水：$\lambda_l=0.635,u_l=653.3\times10^{-6},\rho_l=992.2,r=2407\times10^3$ J/kg。

对于 R134a：$\lambda_l=0.075,u_l=4.286\times10^{-6}\times1146.2=4912.6\times10^{-6},\rho_l=1146.2,r=163.23\times10^3$ J/kg。

对于水：$\delta(x)=\left[\dfrac{4u_l\lambda_l\Delta t x}{g\rho_l^2 r}\right]^{1/4}=\left[\dfrac{4\times653.3\times10^{-6}\times0.635\times5}{9.8\times992.2^2\times2407\times10^3}\right]^{1/4}x^{1/4}$

$$=(3.573\times10^{-16})^{1/4}x^{1/4}=1.375\times10^{-4}x^{1/4}$$

$X=0.1$ 时，$\delta(x)=1.375\times10^{-4}\times0.562\approx7.728\times10^{-5}$（m）$=7.728\times10^2$（mm）；

$X=0.5$ 时，$\delta(x)=1.357\times10^{-4}\times0.5^{1/4}=1.375\times10^{-4}\times0.841$（m）$=1.156\times10^{-4}$（mm）。

对于 R134a：$\delta(x)=\left[\dfrac{4u_l\lambda_l\Delta t x}{g\rho_l^2 r}\right]^{1/4}=\left[\dfrac{4\times4912.6\times10^{-6}\times0.075\times5}{9.8\times1146.2^2\times163.23\times10^3}\right]^{1/4}x^{1/4}$

$$=(3.506\times10^{-16})^{1/4}x^{1/4}=2.433\times10^{-4}x^{1/4}$$

$X=0.1$ 时，$\delta(x)=2.433\times10^{-4}\times0.1^{1/4}=1.368\times10^{-4}$（m）$=1.368\times10^{-1}$（mm）；

$X=0.5$ 时,$\delta(x)=2.433\times10^{-4}\times0.5^{1/4}=2.433\times10^{-4}\times0.841(\mathrm{m})=2.046\times10^{-1}(\mathrm{mm})$。

6-4　当把一杯水倒在一块炽热的铁板上时,板面立即会产生许多跳动的小水滴,而且小水滴可以在一段时间内不被汽化掉。试用传热学的知识解释这一现象(常称为莱登佛罗斯特现象),并在沸腾换热曲线上找出开始形成这一状态的点。

答　此时,炽热的表面上形成了稳定的膜态沸腾,小水滴在气膜上蒸发,被上升的蒸汽带动,形成跳动,沸腾曲线上对应于 q_m 的点即为开始形成莱登佛罗斯特现象的点。

6-5　饱和水蒸气在高度 $l=1.5$ m 的竖管外表面上做层流膜状凝结。水蒸气的压力 $p=2.5\times10^5$ Pa,管子表面的温度为 123 ℃。试利用努塞尔分析解计算距管顶 0.1 m、0.2 m、0.4 m、0.6 m 及 1.0 m 处的液膜厚度和局部表面传热系数。

解　水蒸气 $p=2.5\times10^5$ Pa 对应的饱和参数为:$t_s=127.2$ ℃,$r=2181.8$ kJ/kg。

定性温度 $t_m=(t_s+t_w)/2=(127.2+123)/2\approx125$ ℃,查表得 $\lambda=68.6\times10^{-2}$ W/(m·K),$\eta=227.6\times10^{-6}$ kg/(m·s),$\rho=939$ kg/m³。

由
$$\delta=\left[\frac{4\eta\lambda(t_s-t_w)x}{g\rho^2 r}\right]^{1/4}$$
$$=\left[\frac{4\times227.6\times10^{-6}\times68.6\times10^{-2}(127.2-123)x}{9.8\times939^2\times2181.8\times10^5}\right]^{1/4}$$
$$=(1.3913\times10^{-16}x)^{1/4}=(0.00013913x)^{1/4}\times10^{-3}(\mathrm{m})$$

$$h_x=\left[\frac{g r\rho^2\lambda^3}{4\eta(t_s-t_w)x}\right]^{1/4}$$
$$=\left[\frac{9.8\times2181.8\times10^3\times939^2\times68.6^3\times10^{-6}}{4\times227.6\times10^{-6}(127.2-123)x}\right]^{1/4}$$
$$=\left[\frac{1.5917\times10^{15}}{x}\right]^{1/4}$$

解得:

x	0.1	0.2	0.4	0.6	1.0
δ(mm)	0.061	0.073	0.086	0.096	0.109
h_x	11232	9445	7942	7177	6316

6-6　饱和温度为 50 ℃ 的纯净水蒸气在外径为 25.4 mm 的竖直管束外凝

结,蒸汽与管壁的温差为 11 ℃,每根管子长 1.5 m,共 50 根管子。试计算该冷凝器管束的热负荷。

解 $t_m = \dfrac{50 + (50 - 11)}{2} = 44.5$ ℃,$\rho_l = 990.3$ kg/m³,$\lambda_l = 0.641$ W/(m·K),

$u_l = 606.5 \times 10^{-6}$,$r = 2382.7 \times 10^3$ J/kg,设流动为层流,则

$$h = 1.13 \left[\frac{g\rho_l^2 r \lambda_l^3}{u_l L (t_f - t_w)} \right]^{1/4}$$

$$= 1.13 \left[\frac{9.8 \times 2383 \times 10^3 \times 990.3^2 \times 0.641^3}{606.5 \times 10^{-6} \times 1.5 \times 11} \right]^{1/4} \approx 4954.8 \text{ W/(m}^2 \cdot \text{K)}$$

$$\text{Re} = \frac{4hL\Delta t}{r u_l} = \frac{4 \times 4954.8 \times 1.5 \times 11}{2.383 \times 10^6 \times 606.5 \times 10^{-6}} \approx 226.3 < 1600,\text{故流动为层流。}$$

整个冷凝器的热负荷 $Q = 50 \times 4954.8 \times 3.1416 \times 0.0254 \times 1.5 \times 11 \approx$ 326.2 kW。

6—7 立式氨冷凝器由外径为 50 mm 的钢管制成。钢管外表面温度为 25 ℃,冷凝温度为 30 ℃。要求每根管子的氨凝结量为 0.009 kg/s,试确定每根管子的长度。

解 $t_m = \dfrac{25 + 30}{2} = 27.5$ ℃,$\rho_l = 600.2$ kg/m³,$\lambda_l = 0.5105$ W/(m·℃),

$u_l = 2.11 \times 10^{-4}$ kg/(m·s),$r = 1145.8 \times 10^3$ J/kg。

由 $hA\Delta t = G \cdot r$,得:$L = \dfrac{G \cdot r}{\pi d h \Delta t}$。设流动为层流,则:

$$h = 1.13 \left[\frac{g\rho_l^2 r \lambda_l^3}{u_l L (t_f - t_w)} \right]^{1/4}$$

$$= 1.13 \left[\frac{9.8 \times 1145.8 \times 10^3 \times 600.2^2 \times 0.5105^3}{2.11 \times 10^{-4} \times 5L} \right]^{1/4} = 5370.3 L^{1/4}$$

将以上数值代入 L 的计算式,得:$L = \dfrac{0.009 \times 1145.8 \times 10^3}{3.1416 \times 0.05 \times 5 \times 5370.3} L^{1/4}$。

所以,$L = \left(\dfrac{13129.9}{5370.3} \right)^{3/4} \approx 3.293$(m),$h = 5370.3 \times 3.293^{-1/4} \approx 3986.6$ W/(m²·K),

$$\text{Re} = \frac{4 \times 3986.6 \times 3.293 \times 5}{1145.8 \times 10^3 \times 2.11 \times 10^{-4}} \approx 1086 < 1600,\text{故流动为层流。}$$

6—8 水蒸气在水平管外凝结。设管径为 25.4 mm,壁温低于饱和温度 5 ℃。试计算冷凝压力为 5×10^3 Pa、5×10^4 Pa、10^5 Pa 及 10^6 Pa 时的凝结换热

表面传热系数。

解 经计算,各压力下的物性及换热系数之值如下:

表 6.1

$P_c/(10^5 \text{ Pa})$	0.05	0.5	1.0	10.0
$t_c/(℃)$	32.4	81.5	99.8	179.8
$t_m/(℃)$	34.9	84	102.3	182.3
$\rho_l/(℃)$	993.98	969.2	956.7	884.4
$\lambda_l/[\text{W}/(\text{m}\cdot\text{k})]$	0.626	0.6764	0.6835	0.6730
$u_l\times10^6/[\text{kg}/(\text{m}\cdot\text{s})]$	728.8	379.02	277.1	151.0
$r/(\text{kJ}/\text{kg})$	2425	2305	2260	2015
$h/[\text{W}/(\text{m}^2\cdot\text{K})]$	11450	13933	15105	16138

6—9 饱和温度为 30 ℃的氨蒸汽在立式冷凝器中凝结。冷凝器中的管束高 3.5 m,冷凝温度比壁温高 4.4 ℃。试问冷凝器的设计计算能否采用层流液膜的公式。物性参数可按 30 ℃计算。

解 查表可知,30 ℃的氨液的物性参数为:$\rho_l=585.4$ kg/m³,$\lambda_l=0.4583$ W/(m・℃),$\nu_f=2.143\times10^{-7}$。

先按层流计算,则:

$$h=1.13\left[\frac{9.8\times1143850\times595.4^2\times0.4583^3}{2.143\times10^{-7}\times3.0\times4.4}\right]^{1/4}\approx4322 \text{ W}/(\text{m}^2\cdot\text{K})$$

$$\text{Re}=\frac{4\times4322\times3\times4.4}{1143850\times0.2143\times10^{-6}\times595.4}\approx1564<1600,流动确实属于层流$$

范围。

6—10 压力为 0.1 MPa 的饱和水蒸气在一金属竖直薄壁上凝结,并对置于壁面另一侧的物体进行加热处理。已知壁面与水蒸气接触的表面的平均温度为 70 ℃,壁高 1.2 m、宽 30 cm。在此条件下,被加热物体的平均温度可以在半小时内升高 30 ℃,试确定这一物体的平均热容量,不考虑散热损失。

解 近似地取 $t_s=100$ ℃,$t_m=\dfrac{t_s+t_w}{2}=85$ ℃。

$\rho_l=968.6$ kg/m³,$\lambda_l=0.677$ W/(m・K),$u_l=335\times10^{-6}$ kg/(m・s),$r=2257.1\times10^3$ J/kg。

设层流 $h=1.13\left[\dfrac{g\rho_l^2 r\lambda_l^3}{u_l L(t_f-t_w)}\right]^{1/4}$

$$=1.13\left[\frac{9.8\times2.257\times10^6\times968.6^2\times0.677^3}{335\times10^{-6}\times1.2\times30}\right]^{1/4}$$

$$\approx5431.7\ \text{W/(m}^2\cdot\text{K)}$$

$$\text{Re}=\frac{4hL\Delta t}{ru_l}=\frac{4\times5431.7\times1.2\times30}{2.257\times10^6\times335\times10^{-6}}\approx1034.5<1600，\text{与假设一致。}$$

$$Q=Ah(t_s-t_w)\approx58.66(\text{kW})$$

因此,平均热容量:

$$\rho c\nu=\frac{Q\Delta\tau}{\Delta t}=\frac{58.66\times10^3\times1800}{30}\approx3.52\times10^6(\text{J/K})$$

6—11 一块正方形平壁与竖直方向呈 30°角,边长为 40 cm、压力为 1.013×10^5 Pa 的饱和水蒸气在此板上凝结,平壁的平均温度为 96 ℃。试计算每小时的凝结水量,如果该平板与水平方向呈 30°角,问此时的凝结量是原来的百分之几?

解 $t_m=\dfrac{100+96}{2}=98$ ℃,$\rho_l=958.5$ kg/m³,$\lambda_l=0.6829$ W/(m·K),$u_l=283.2\times10^{-6}$ kg/(m·s),$r=2257\times10^3$ J/kg。设凝结方式为膜状凝结,则

$$h=1.13\left[\frac{gr\sin\varphi\rho_l^2r\lambda_l^3}{u_lL(t_f-t_w)}\right]^{1/4}$$

$$=1.13\left[\frac{9.8\times\sin60°\times2.257\times10^6\times958.5^2\times0.6829^3}{283.2\times10^{-6}\times0.4\times(100-96)}\right]^{1/4}$$

$$\approx11919\ \text{W/(m}^2\cdot\text{K)}。$$

$$\text{Re}=\frac{4hL\Delta t}{ru_l}=\frac{4\times11919\times0.4\times4}{2.257\times10^6\times283.1\times10^{-6}}\approx119.4<1600$$

$$Q=Ah(t_s-t_w)=11919\times0.4^2\times4\approx7628.2(\text{W})$$

$$G=\frac{Q}{r}=\frac{7628.2}{2.257\times10^6}\approx3.38\times10^{-3}\ \text{kg/s}\approx12.2\ \text{kg/h}。$$

如果其他条件不变,在平板与水平方向呈 30°角的情况下,h 为原来的 $\left(\dfrac{1}{2}\Big/\dfrac{\sqrt{3}}{2}\right)^{1/4}=0.872=87.2\%$,即此时的凝结量是原来的 87.2%。

第七章　热辐射的基本定律

本章主要介绍历史上人们研究黑体辐射、光电效应和康普顿效应时,打破经典理论成见,逐渐认识到光的波粒二象性的过程,并阐述了波粒二象性的含义。

7－1　热辐射、基尔霍夫定律

一、几种不同形式的辐射

物体向外辐射将消耗自身的能量,要长期维持这种辐射,就必须不断从外面吸收能量,否则辐射就会引起物质内部的变化。在辐射过程中,物质内部发生化学变化的过程中伴随的光辐射,叫作化学发光。用外来的光或任何其他辐射不断地照射物质或预先照射物质而使其发光的过程叫作光致发光。由场的作用引起的辐射叫作场致发光。另一种辐射叫作热辐射,这种辐射在量值方面和波长分布方面取决于全辐射体的温度。

任何温度的物体都发出一定的热辐射。

一个物体的温度为 500 ℃左右,呈暗红色。随着温度的不断提高,光线逐渐亮起来,而且波长较短的辐射越来越多,1500 ℃时变成明亮的白炽光。同一物体在一定温度下所辐射的能量,在不同光谱区域的分布是不均匀的,而且温度越高,光谱中与能量最大的辐射相对应的频率也越高。在一定温度下,不同物体所辐射的光谱有显著的区别。

二、辐射出射度和吸收比

由前文可知:单位时间内,物体单位面积向各个方向所发射的、频率在 $\nu \rightarrow \nu + d\nu$ 范围内的辐射能量 $d\Phi$ 与 ν 和 T 有关。当 $d\nu$ 足够小时,我们可认为,$d\Phi$ 与 $d\nu$ 成正比:

$$d\Phi_{\nu, T} = E_{\nu, T} d\nu \qquad (7.1.1)$$

$E_{\nu, T}$ 是 ν 和 T 的函数,叫作该物体在温度 T 时发射的频率为 ν 的单色辐射出射度(简称单色辐出度)。它是从物体表面单位面积发出的、频率在 ν 附近的单位频率间隔内的辐射功率。它反映了在不同温度下辐射能量按频率分布的情况。单位 $W/m^2 = J/m^2 \cdot S$。

从物体表面单位面积上发出的各种频率的总辐射功率,称为物体的辐射出射度。用 $\Phi_0(T)$ 表示:

$$\Phi_0(T) = \int_0^\infty \mathrm{d}\Phi_{\nu,T} = \int_0^\infty E_{\nu,T}\,\mathrm{d}\nu \qquad (7.1.2)$$

$\Phi_0(T)$ 只是温度的函数。$E_{\nu,T}$ 和 $\Phi_0(T)$ 同物体的表面情况有关。

当辐射照射到某一不透明物体的表面时,其中一部分能量将被物体散射或反射,另一部分能量则被物体吸收。$\mathrm{d}\Phi_{\nu,T}$ 表示频率在 V 和 $\nu+\mathrm{d}\nu$ 范围内照射到温度为 T 的物体的单位面积上的辐射能量;$\mathrm{d}\Phi'_{\nu,T}$ 表示物体单位面积所吸收的辐射能量。

$$A_{\nu,T} = \frac{\mathrm{d}\Phi'_{\nu,T}}{\mathrm{d}\Phi_{\nu,T}} \qquad (7.1.3)$$

上式称为该物体的吸收比。当 $0 \leqslant A_{\nu,T} \leqslant 1$ 时,吸收比同 ν、T 和物体的表面情况有关。

三、基尔霍夫定律

$E_{\nu,T}$ 和 $A_{\nu,T}$ 之间有一定的联系。

将温度不同的物体 P_1、P_2、P_3 放在一个密闭的理想绝热容器里,如果容器内部是真空,则物体与容器之间及物体与物体之间只能通过辐射和吸收来交换能量,当单位时间内辐射体发出的能量比吸收的能量更多时,它的温度就下降,这时辐射就会减弱;相反,辐射就会增强。一段时间后,系统将建立热平衡,此时,各物体在单位时间内发出的能量恰好等于吸收的能量。由此可见,在热平衡的情况下,单色辐出度较大的物体,其吸收比也一定较大。1859 年,基尔霍夫指出:物体的 $\dfrac{E_{\nu,T}}{A_{\nu,T}} = f(\nu,T)$ 与物体的性质无关,而只是频率和温度的普适函数。

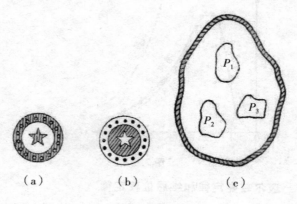

（a）　　　　（b）　　　　（c）

图 7.1

7－2　黑体辐射

一、黑体

由于各种物体有各自不同的结构，因而它对外来辐射的吸收量，以及它本身对外发出的辐射都不相同。但是有一类物体的表面不反射光，它们能够在任何温度下吸收射来的一切电磁辐射，这类物体就叫绝对黑体。处于热平衡时，黑体具有最大的吸收比，因而它有最大的单色辐出度。

设以 $\varepsilon_{\nu,T}$、$\alpha_{\nu,T}$ 表示绝对黑体的单色辐出度和吸收比，由于 $\alpha_{\nu,T}=1$，则：

$$\frac{E_{\nu,T}}{A_{\nu,T}}=\frac{\varepsilon_{\nu,T}}{\alpha_{\nu,T}}=\varepsilon_{\nu,T}=f(\nu,T)$$

普适函数就是绝对黑体的单色辐出度。

在空腔表面开一个小孔，小孔表面就可以模拟黑体表面。

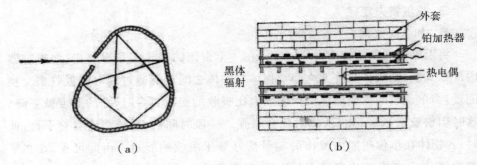

（a）　　　　　　　　　　　　　　（b）

图 7.2

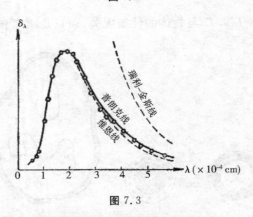

图 7.3

二、斯忒藩－玻尔兹曼定律和维恩位移定律

在实际测得黑体辐射谱后，其函数表达式的建立问题在历史上是逐步得到

解决的。

维恩利用热力学原理证明,黑体辐射谱必有如下函数形式:

$$\varepsilon_{\nu,T} = c\nu^3 f'\left(\frac{\nu}{T}\right) \text{ 或 } \varepsilon_{\lambda,T} = \frac{c^5}{\lambda^5} f\left(\frac{c}{\lambda T}\right)$$

$$\nu = \frac{c}{\lambda}, \quad \mathrm{d}\nu = \frac{c}{\lambda^2}\mathrm{d}\lambda$$

其中,f'、f 的函数形式尚不能完全确定,利用上式可得到下列两条定律。

(1)黑体的辐出度与绝对温度 T 的四次方成正比:

$$\Phi_0(t) = \int_0^\infty \varepsilon_{\nu,T}\mathrm{d}\nu = \sigma T^4$$

$\sigma = 5.67 \times 10^{-8}$ W/m^2 · K^4 是一个普适常数。

1879 年,斯忒藩在实验中观察到这一规律;1884 年,玻尔兹曼从理论上给出上式,这一定律称为斯忒藩－玻尔兹曼定律。

(2)任何温度下,$\varepsilon_{\lambda,T}$ 都有一个极大值,设这个极大值对应的波长为 λ_M,则 $\lambda_{mT} = b, b = 2.89 \times 10^{-3}$ m · K,这个规律称为维恩位移定律。

三、维恩公式和瑞利－金斯公式

单纯从热力学原理出发,而不对辐射机制做任何具体的假设是不能将 f' 和 f 的函数形式进一步具体化的。历史上,这个问题在获得最终的正确答案之前,有下列两个公式,它们对揭露经典物理的矛盾起了很大的作用。

(1)1896 年,维恩假设气体分子辐射的频率 ν 只与其速度 v 有关(这一假设看来是没有什么根据的),从而得到与麦克斯韦速度分布律形式很相似的公式。

$$\varepsilon_{\nu,T} = \frac{a v^3}{c^2} e^{-\beta/T}$$

$$\varepsilon_{\lambda,T} = \frac{\alpha c^2}{\lambda^5} e^{-\beta/\lambda T}$$

α、β 为常数,上式称为维恩公式。

(2)瑞利－金斯定律

1900 年,瑞利与金斯试图把能量均分定律应用到电磁辐射能量密度按频率分布的情况中,他们假设空腔处于热平衡时的辐射场将是一些驻波。根据能量均分定律,每一列驻波的平均能量 $\bar{\varepsilon} = kT$,与频率无关,这样可以算出:

$$\varepsilon_{\nu,T} = \frac{2\pi}{c^2}\nu^2 \cdot kT \text{ 或 } \varepsilon_{\lambda,T} = \frac{2\pi c}{\lambda^4}kT$$

上式称为瑞利－金斯公式。

两个公式都适用普遍形式。

与实验数据比较，在短波区域，维恩公式更适用，但在长波区域则会出现系统的偏离。瑞利公式与之相反，在长波部分更适用，但在短波波段，偏离非常大，不仅如此：$\lambda \to 0$，$\varepsilon_{\lambda, T} \to \infty$，从而 $\Phi_T \to \infty$，这显然是荒谬的。金斯做过各种努力，他发现，只要坚持经典的统计理论，这一荒谬结论就不可避免。历史上，这一物理事件被人们称为紫外灾难。

7－3　普朗克公式和能量子假说

正确的黑体辐射公式是普朗克于 1900 年给出的：

$$\varepsilon_{\nu, T} = \frac{2\pi h}{c^2} \frac{\nu^3}{e^{h\nu/kT} - 1} \text{ 或 } \varepsilon_{\lambda, T} = \frac{2\pi h c^2}{\lambda^5} \frac{1}{e^{hc/kT\lambda} - 1}$$

R 是玻尔兹曼常数，$h = 6.62 \times 10^{-34}$ J · s 是一个普适常数，称为普朗克常数。普朗克公式也适用普遍形式。

对于短波，$h\nu \gg kT$，$e^{h\nu/kT} \gg 1$，为维恩公式；

对于长波，$h\nu \ll kT$，$e^{h\nu/kT} = 1 + h\nu/kT$，为瑞利－金斯公式。在所有的波段里，普朗克公式和实验相互契合。

普朗克利用内插法将适用于短波的维恩公式和适用于长波的瑞利－金斯公式衔接起来，在得到上述公式之后，普朗克才设法从理论上去论证它。

为了使推导更简单，系统选用由大量包含各种固有频率 ν 的带电谐振子组成的系统。通过发射和吸收，谐振子与辐射场交换能量。仔细计算辐射场与谐振子之间的能量交换，得到黑体的单色辐出度：

$$\varepsilon_{\nu, T} = \frac{2\pi \nu^2}{c^2} \bar{\varepsilon}_{\nu, T}$$

$\bar{\varepsilon}_{\nu, T}$ 是频率为 ν 的谐振子在温度为 T 的平衡态中的能量的平均值。

在热平衡态中，能量 ε 的概率与 $e^{-\varepsilon/kT}$ 成正比（玻尔兹曼正则分布），按照经典物理学的观念，谐振子的能量 ε 在 0 到 ∞ 间连续取值。

$$\bar{\varepsilon}_{\nu, T} = \frac{\int_0^\infty \varepsilon e^{-\varepsilon/kT} \, d\varepsilon}{\int_0^\infty e^{-\varepsilon/kT} \, d\varepsilon} = kT$$

为了摆脱困难，普朗克提出了如下非同寻常的假设，谐振子能量的值只取某个基本单元 ε_0 的整数倍，即 $\varepsilon = 0, \varepsilon_0, 2\varepsilon_0, 3\varepsilon_0 \cdots$。

$$\bar{\varepsilon}_{\nu, T} = \frac{\sum\limits_{n=0}^{\infty} n\varepsilon_0 e^{-n\varepsilon_0/kT}}{\sum\limits_{n=0}^{\infty} e^{-n\varepsilon_0/kT}} = \left[-\frac{2}{2\beta}\ln\left(\sum_{n=0}^{\infty} e^{-n\varepsilon_0\beta}\right)\right] \qquad \beta = \frac{1}{kT}$$

利用等比级数的求和公式，可得：

$$\sum_{n=0}^{\infty} e^{-n\varepsilon_0\beta} = \frac{1}{1-e^{-\varepsilon_0\beta}} \qquad \frac{a_1 - a_n q}{1-q}$$

求得
$$\bar{\varepsilon}_{\nu, T} = \frac{\varepsilon_0}{e^{\varepsilon_0/kT} - 1}$$

$$\varepsilon_{\nu, T} = \frac{2\pi\nu^2}{c^2} \frac{\varepsilon_0}{e^{\varepsilon_0/kT} - 1}$$

此式若要适用普遍形式，则 ε_0 与 ν 成正比，即 $\varepsilon_0 = h\nu$。这里的 h 是一个由实验来确定的比例系数。这样，则有：

$$\varepsilon_{\nu, T} = \frac{2\pi h}{c^2} \frac{\nu^3}{e^{h\nu/kT} - 1}$$

上式就是普朗克公式。

综上所述，为了推导与实验相符的黑体辐射公式，人们不得不做这样的假设：频率为 ν 的谐振子，其能量取值为 $\varepsilon_0 = h\nu$ 的整数倍（$\varepsilon_0 = h\nu$ 称为能量子），这个假设称为普朗克能量子假设。从经典物理学的角度来看，这个假设是如此得不可思议，就连普朗克也感到难以相信。他曾尽量减少假设与经典物理学之间的矛盾：宣称只假设谐振子的能量是量子化的，不必认为辐射场本身具有不连续性。然而，后来的许多事实迫使我们承认：辐射场也是量子化的。

7－4　光电效应

本节主要说明频率为 ν 的电磁波是能量为 $h\nu$ 的光粒子体系。光不仅有波的性质，而且有粒子的性质。

一、光电效应及其实验规律

电子在光的作用下从金属表面发射出来的现象，称为光电效应，逸出来的电子称为光电子。

光电效应的规律如下：

1.饱和电流 I_m 的大小与入射光的强度成正比，即光电子数目和光强成正比。

2.光电子的最大初动能与光的强度无关，只与入射光的频率有关，频率 ν

大,光电子的能量就大。

3.入射光的频率低于 ν_0 时,无论光的强度多强,照射时间多长,都没有光电子辐射。

4.光的照射和光电子的释放几乎是同时存在的,在测量精度范围内($<10^{-9}$ s),人们没有发现两者之间存在滞后现象。

二、光电效应同波动理论的矛盾

根据光的电磁理论可以预测如下内容:(1)光越强,电子接收的能量越多,释放出去的电子的动能就越大;(2)释放的电子主要取决于光的强度,与频率等没有关系;(3)关于光照的时间问题,光能量均匀分布在它的传播空间,由于电子截面很小,因此积累了足够的能量。这些能量要经过较长的时间(几十秒至几分钟)才能释放出来。实验结果同上面的结论完全相反。

7－5　爱因斯坦的量子解释

一、爱因斯坦的光子假设及其光电方程

为了解释光电效应的所有实验结果,1905 年,爱因斯坦将普朗克关于能量子的概念进行了推广。他指出:光在传播的过程中具有波动的特性,而在光和物质相互作用的过程中,光能量集中在一些叫光量子(光子)的粒子上。从光子的观点看,产生光电效应的光是光子流,单个光子的能量与频率 ν 成正比,即 $\varepsilon = h\nu$。

爱因斯坦认为,一个光子的能量是传递给金属中的单个电子的。电子吸收一个光子后,把能量的一部分用来挣脱金属对它的束缚,剩下的一部分就成为电子离开金属表面后的动能,按能量守恒和转换定律应有:

$$h\nu = \frac{1}{2}mv^2 + W$$

上式称为爱因斯坦光电效应方程。$\frac{1}{2}mv^2$ 为光电子的功能,W 为光电子逸出金属表面所需的最小能量,称为逸出功。

二、对光电效应的量子解释

(1)解释 $I_m \propto$ 光强。

(2)根据 $h\nu = \frac{1}{2}mv^2 + W$ 可知,v 越大,$\frac{1}{2}mv^2$ 越大。

(3)无须积累能量的时间。

光通量的公式为:

$$\Phi = Nh\nu \qquad I_m = nev \propto N$$

三、光子的质量和动量

根据相对论的质能关系,有 $\varepsilon = mc^2$,则一个光子的质量为: $m = \dfrac{\varepsilon^2}{c^2} = \dfrac{h\nu}{c^2}$,静

质量 $m = \dfrac{m_0}{\sqrt{1 - v^2/c^2}}$, $m_0 = 0$,不存在相对于光子静质量的参照系。

$$\varepsilon^2 = p^2 c^2 + m_0^2 c^4$$

$$p = \frac{h\nu}{c} = \frac{h}{\lambda}$$

与 $p = mv = \dfrac{h\nu}{c^2} \cdot c = \dfrac{h}{\lambda}$ 一致。

7-6　康普顿效应

由于伦琴射线的波长很短,所以即使伦琴射线通过不含杂质的均匀物质,也可观察到伦琴射线的散射现象。1922 年,康普顿在研究碳、石蜡等物质的散射现象时,发现散射谱线中除了波长和原射线相同的成分,还有一些波长较长的成分,两者差值的大小随散射角的大小而变化,它们之间有确定的关系。这种波长有改变的散射称为康普顿效应。

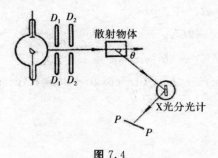

图 7.4

实验原理如图 7.4 所示,用 $\lambda_0 = 0.7078$ Å 的伦琴射线射在石墨上,波长的变化量为:

$$\Delta\lambda = \lambda - \lambda_0 = 2k\sin^2 \frac{\theta}{2}$$

k 是常数,由实验测得 $k = (2.4263089 \pm 0.0000040) \times 10^{-12}$ m,是散射角为 90°时波长的变值。由上式看出,$\Delta\lambda$ 与 λ_0 和散射物质都无关。

　　康普顿效应难以用经典的散射理论进行解释,必须用量子概念来解释。在轻原子里,电子和原子核的联系相当弱,电离能约为几个电子伏特,和伦琴射线光子的能量 $10^4 \sim 10^5$ eV 比起来,电离能几乎可以忽略不计。因此,我们可以假定所有的轻原子的散射过程仅是光子和电子的相互作用,可以认为电子是自由的,而且在受到光子作用之前,电子是静止的。我们只要假定在光子和电子相互作用的过程中动量和能量都守恒,根据经典力学中粒子弹性碰撞的概念,光子运动方向的改变(散射)是因为电子获得了一部分动量和能量。同时,光子本身也因此减少了能量(减少了频率,增大了波长),这样,康普顿效应就解释得通了。

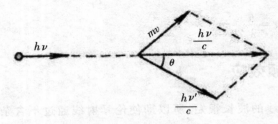

图 7.5

动量守恒　　$(mv)^2 = \left(\dfrac{h\nu}{c}\right)^2 + \left(\dfrac{h\nu'}{c}\right)^2 - \dfrac{2h^2}{c^2}\nu\nu'\cos\theta$

能量守恒　　$h\nu + m_0 c^2 = h\nu' + mc^2$

$\qquad\qquad mc^2 = h(\nu - \nu') + m_0 c^2$

$$\begin{cases} m^2 c^4 = h^2\nu^2 + h\nu'^2 - 2h^2\nu\nu' + m_0^2 c^4 + 2hm_0 c^2(\nu - \nu') \\ m^2 v^2 c^2 = h^2\nu^2 + h^2\nu'^2 - 2h^2\nu\nu'\cos\theta \end{cases}$$

$m^2 c^2(c^2 - v^2) = m_0^2 c^4 - 2h^2\nu\nu'(1 - \cos\theta) + 2hm_0 c^2(\nu - \nu')$

$m = \dfrac{m_0}{\sqrt{1 - \dfrac{v^2}{c^2}}}$

$m^2\left(1 - \dfrac{v^2}{c^2}\right) = m_0^2$

$m_0^2 c^4 = m^2 c^2(c^2 - v^2)$

$m_0^2 c^4 = m_0^2 c^4 - 2h\nu\nu'(1 - \cos\theta) + 2hm_0 c^2(\nu - \nu')$

$\gamma\nu h(1 - \cos\theta) = m_0 c^2(\nu - \nu')$

$h(1 - \cos\theta) = m_0 c\left(\dfrac{c}{\nu'} - \dfrac{c}{\nu}\right)$

$$\lambda' - \lambda_0 = \frac{h}{m_0 c}(1 - \cos\theta)$$

$$= \frac{2h}{m_0 c}\sin^2\frac{\theta}{2}$$

$$\Delta\lambda = \frac{2h}{m_0 c}\sin^2\frac{\theta}{2}$$

$$\frac{h}{m_0 c} = 0.024265 \text{ Å}$$

上述计算结果和观察的结果相等,这说明能量守恒定律和动量守恒定律在微观现象中也适用,大量实验都证明了这个结论。

$\dfrac{h}{m_0 c}$ 称为电子的康普顿波长,这是入射光子的能量与电子的静止能量相等时所对应的光子的波长。

$$h\nu = m_0 c^2$$

$$\lambda = \frac{h}{m_0 c}$$

对实验来说,具有重要意义的是相对值 $\dfrac{\Delta\lambda}{\lambda}$。如果入射光是可见光、微波或无线电波,那么 $\dfrac{\Delta\lambda}{\lambda}$ 就很小,当 $\lambda = 10$ cm 时,$\dfrac{\Delta\lambda}{\lambda} \approx 10^{-11}$。因此,这种变化难以观察到,量子结果与经典结果一致。

χ 射线:$\lambda \sim 1$ A,$\dfrac{\Delta\lambda}{\lambda} = 10^{-2}$。

γ 射线:$\Delta\lambda$ 和 λ 在一个数量级。

如果电子被原子紧密地束缚住或者入射光子的能量很小,碰撞后,整个原子发生反冲,而不是个别电子发生反冲,则 $\lambda = \dfrac{h}{m_0 c}$ 里的 m_0 应代之以 $M_0 \geqslant m_0$（碳 $M_0 \approx 2200 m_0$）,康普顿位移非常小,所以波长的变化可以忽略不计。在康普顿散射中,有些光子会和所谓的"自由电子"碰撞,这些光子的波长是变化的;另一些光子与紧密束缚的电子和原子核碰撞,这些光子的波长不变。

习题

7—1　一个电炉的电功率为 1 kW,炉丝的温度为 847 ℃,直径为 1 mm。电炉的效率为 0.96。试确定所需炉丝的最短长度。

解
$$5.67 \times \left(\frac{273+847}{100}\right)^4 \pi dL = 0.96 \times 10^3$$

将相关数据代入上式,得 $L = 3.61(\text{m})$。

7—2 直径为 1 m 的铝制球壳内表面的温度为 500 K,试计算置于该球壳内的一个实验表面所得到的投入辐射。内表面发射率的大小对这一数值有没有影响?

解
$$E_b = C_0 \left(\frac{T}{100}\right)^4 = 35438(\text{W/m}^2)$$

7—3 假设太阳表面是 $T = 5800$ K 的黑体,试确定太阳发出的辐射能中可见光所占的百分数。

解 可见光的波长范围是 $0.38 \sim 0.76 \mu \text{m}$。
$$E_b = C_0 \left(\frac{T}{100}\right)^4 = 64200(\text{W/m}^2)$$

可见光所占的比例为:$F_b(\lambda_2 - \lambda_1) = F_b(0 - \lambda_2) - F_b(0 - \lambda_1) = 44.87\%$。

7—4 一炉膛内火焰的平均温度为 1500 K,炉墙上有一着火孔。试计算当着火孔打开时从孔向外辐射的功率。该辐射能中波长为 2 μm 的光谱辐射力是多少? 哪种波长的能量最多?

解
$$E_b = C_0 \left(\frac{T}{100}\right)^4 = 287(\text{W/m}^2)$$

$$E_{b\lambda} = \frac{c_1 \lambda^{-5}}{e^{c_2/(\lambda T)} - 1} = 9.74 \times 10^{10}(\text{W/m}^2)$$

$T = 1500$ K 时,$\lambda_m = 1.93 \times 10^{-12}(\text{m})$。

7—5 一个空间飞行物的外壳上有一块向阳的漫射面板。板的背面可以认为是绝热的,向阳面得到的太阳投入辐射 $G = 1300$ W/m²。该表面的光谱发射率为:$0 \leqslant \lambda \leqslant 2$ μm 时,$\varepsilon(\lambda) = 0.5$;$\lambda > 2$ μm 时 $\varepsilon(\lambda) = 0.2$。试确定该板表面温度处于稳态时的温度值。为简化计算,设太阳的辐射能均集中在 $0 \sim 2$ μm 之内。

解 由 $G = \varepsilon C \left(\frac{T}{100}\right)^4$,得 $T = 463(\text{K})$。

7—6 人工黑体腔上的辐射小孔是一个直径为 20 mm 的圆,辐射力 $E_b = 3.72 \times 10^5$ W/m²。一个辐射热流计置于该黑体小孔正前方 $l = 0.5$ m 处,该热流计吸收热量的面积为 1.6×10^{-5} m²。该热流计所得到的黑体投入辐射是多少?

解
$$L_b = \frac{E_b}{\lambda} = 1.185 \times 10^5 (\text{W/m}^2)$$

$$\Omega = \frac{A_c}{r^2} = 6.4 \times 10^{-5}$$

$$L_b \cdot A = 37.2 (\text{W})$$

所得投入辐射能量为 $37.2 \times 6.4 \times 10^{-5} = 2.38 \times 10^{-3} (\text{W})$。

7—7　用特定的仪器测得一黑体炉发出的波长为 $0.7\ \mu m$ 的辐射能(在半球范围内)为 $10^8\ \text{W/m}^2$，请问，该黑体炉在多高的温度下工作？该工况下，辐射黑体炉的加热功率为多大？辐射小孔的面积为 $4 \times 10^{-4}\ \text{m}^2$。

解　将数据代入 $E_{b\lambda} = \dfrac{c_1 \lambda^{-5}}{e^{c_2/(\lambda T)} - 1}$，得：$T = 1214.9\ \text{K}$，$\Phi = A C_0 \left(\dfrac{T}{100}\right)^4 = 49.4 (\text{W})$。

7—8　试确定一个电功率为 $100\ \text{W}$ 的电灯泡的发光效率。假设该灯泡的钨丝可看成是 $2900\ \text{K}$ 的黑体，且为 $2\ \text{mm} \times 5\ \text{mm}$ 的矩形薄片。

解
$$E_b = C_0 \left(\frac{T}{100}\right)^4$$

可见光的波长范围为 $0.38 \sim 0.76\ \mu m$，则 $\lambda_1 T = 1102\ \mu m \cdot K$；$\lambda_2 T = 2204\ \mu m \cdot K$。

由表可近似取 $F_{b(0-0.38)} = 0.092$；$F_{b(0-0.76)} = 10.19$。

可见光范围内的能量为 $\Delta E_0 = C_0 \left(\dfrac{T}{100}\right)^4 \times (10.19 - 0.094)\%$；

发光效率为 $\eta = \dfrac{\Delta E}{E} = 10.09\%$。

7—9　钢制工件在炉内加热时，随着工件温度的升高，其颜色会逐渐由暗红色变成白色。假设钢件表面可以看成黑体，请问，工件温度为 $900\ ℃$ 及 $1100\ ℃$ 时，工件发出的辐射能中的可见光是温度为 $700\ ℃$ 的工件的多少倍？已知，$\lambda T \leqslant 600\ \mu m \cdot K$ 时，$F_{b(0-\lambda)} = 0$；$\lambda T = 800\ \mu m \cdot K$ 时，$F_{b(0-\lambda)} = 0.16 \times 10^{-4}$。

解　(1)$t = 700\ ℃$ 时，$T = 973\ \text{K}$，$\lambda_1 T = 0.38 \times 973 = 369.7\ \mu m \cdot K$，$F_{b(0-\lambda_1)} = 0.00$，$\lambda_1 T = 0.76 \times 973 = 739.5\ \mu m \cdot K$，由 $\lambda T \leqslant 600\ \mu m \cdot K$ 及 $\lambda T = 800\ \mu m \cdot K$ 之 $F_{b(0-\lambda)}$ 值线性插值得：

$$F_{b(0-\lambda_1)} = 1.116 \times 10^{-5}, F_{b(\lambda_2-\lambda_1)} = 1.116 \times 10^{-5} = 0.001116\%$$

可见光的能量为：

$$1.116 \times 10^{-5} \times 5.67 \times 9.73^4 \approx 0.5672 (\text{W/m}^2)$$

(2)$t = 900\ ℃$ 时，$T = 1173\ \text{K}$，$\lambda_1 T = 0.38 \times 1173 \approx 445.7\ \mu m \cdot K$，$F_{b(0-\lambda_1)} =$

$0.00, \lambda_2 T = 0.76 \times 1173 \approx 891.5\ \mu m \cdot K, F_{b(0-\lambda_1)} = 1.565 \times 10^{-4}, F_{b(\lambda_1-\lambda_2)} = 1.565 \times 10^{-4} = 0.01565\%$。

此时可见光的能量为:$1.565 \times 10^{-4} \times 5.67 \times 11.73^4 = 16.8(W/m^2)$

$$16.8/0.5672 \approx 29.6$$

即工件温度为 900 ℃时的可见光的能量是 700 ℃时的 29.6 倍。

(3)$t = 1100$ ℃时,$T = 1373$ K,$\lambda_1 T = 0.38 \times 1373 = 521.74\ \mu m \cdot K, F_{b(0-\lambda_1)} = 0.00, \lambda_2 T = 0.76 \times 1373 = 1043.48\ \mu m \cdot K, F_{b(0-\lambda_2)} = 5.808 \times 10^{-4}, F_{b(\lambda_1-\lambda_2)} = 5.808 \times 10^{-4} = 0.05808\%$。

此时可见光的能量为:$5.808 \times 10^{-4} \times 5.67 \times 13.73^4 \approx 117.03(W/m^2)$。

$$117.03/0.5672 \approx 206.3$$

即工件温度为 1100 ℃时的可见光的能量是 700 ℃时的 206.3 倍。

7—10　一等温空腔的内表面为漫射体,并维持在均匀的温度。其上有一个面积为 0.02 m² 的小孔,小孔面积可以忽略不计。今测得小孔向外界辐射的能量为 70 W,试确定空腔内表面的温度。

解　将数据代入 $\Phi = AC_0 \left(\dfrac{T}{100}\right)^4$,得 $T = 498.4(K)$。

参 考 文 献

[1]郑连存,张欣欣,赫冀成著.传输过程奇异非线性边值问题:动量、热量与质量传递方程的相似分析方法[M].北京:科学出版社,2003.

[2]刘岳元,冯铁城,刘应中主编.水动力学基础[M].上海:上海交通大学出版社,1990.

[3]李大美,杨小亭主编.水力学[M].武汉:武汉大学出版社,2004.

[4]禹华谦主编.工程流体力学(水力学)[M].第3版.北京:高等教育出版社,2013.

[5]贺友多等人编著.传输理论和计算[M].北京:冶金工业出版社,1999.

[6]禹华谦主编.工程流体力学(水力学)[M].第2版.成都:西南交通大学出版社,2007.

[7]吴持恭主编.水力学:下册[M].第4版.北京:高等教育出版社,1979.

[8]陈长植著.工程流体力学[M].武汉:华中科技大学出版社,2008.

[9]刘惠枝,舒宏纪编.边界层理论[M].北京:人民交通出版社,1991.

[10]马雷.边界层理论在低比转速离心泵叶片设计中的应用[D].兰州:兰州理工大学,2005.

[11]Adachi T.,Sakurai A.,Kobayashi S.. Effect of boundary layer on Mach reflection over a wedge surface[J].SHOCK WAVES,2002.

[12]吕丽丽.高超声速气动热工程算法研究[D].西安:西北工业大学,2005.

[13]武春彬.离心泵叶片湍流边界层理论研究及应用[D].阜新:辽宁工程技术大学,2003.

[14]朱玉才.离心式固液两相流泵的边界层理论及其在叶轮设计中的应用[D].阜新:辽宁工程技术大学,2002.

[15]李忠华,张永利,孙可明编著.流体力学[M].沈阳:东北大学出版社,2004.

[16]K. Parand, M. Shahini, Mehdi Dehghan. Solution of a laminar boundary layer flow via a numerical method[J]. Communications in Nonlinear Science and Numerical Simulation, 2010.

[17]S. Nadeem, Anwar Hussain, Majid Khan. HAM solutions for boundary layer flow in the region of the stagnation point towards a stretching sheet [J]. Communications in Nonlinear Science and Numerical Simulation, 2010.

[18]王侃. 边界层流场计算分析与分离条件研究[D]. 大连:大连理工大学, 2006.

[19]姚启鹏,余江成,吴剑. 从边界层理论看水轮机磨损某些形态和规律 [A]. 北京:第14次中国水电设备学术讨论会论文集.

[20]夏泰淳主编. 工程流体力学[M]. 上海:上海交通大学出版社, 2006.

[21]马胜利,席本强,梁冰. 基于边界层理论的叶轮的仿真[J]. 排灌机械工程学报, 2005.